ENCYCLOPÉDIE
DES
TRAVAUX PUBLICS

Fondée par M.-C. LECHALAS, Inspecteur général des Ponts et Chaussées

Médaille d'or à l'Exposition Universelle de 1889

COURS DE ROUTES

ET

VOIES FERRÉES SUR CHAUSSÉES

CHEMINS VICINAUX

PAR

Lucien LIMASSET

Inspecteur général des Ponts et Chaussées,
Professeur à l'École Nationale des Ponts et Chaussées.

---

*EXPLOITATION — CONSTRUCTION — ENTRETIEN
STATISTIQUES ET BUDGETS — ADMINISTRATION — VOIES FERRÉES
D'INTÉRÊT LOCAL — CHEMINS VICINAUX ET RURAUX*

PARIS ET LIÉGE

LIBRAIRIE POLYTECHNIQUE CH. BÉRANGER, ÉDITEUR

PARIS, 15, RUE DES SAINTS-PÈRES, 15
LIÉGE, 21, RUE DE LA RÉGENCE, 21

LAVAL. — IMPRIMERIE L. BARNÉOUD ET Cie

COURS DE ROUTES

ET

VOIES FERRÉES SUR CHAUSSÉES

CHEMINS VICINAUX

ENCYCLOPÉDIE
DES
TRAVAUX PUBLICS

Fondée par **M.-C. LECHALAS**, Inspecteur général des Ponts et Chaussées

Médaille d'or à l'Exposition Universelle de 1889

COURS DE ROUTES

ET

VOIES FERRÉES SUR CHAUSSÉES
CHEMINS VICINAUX

PAR

Lucien LIMASSET

Inspecteur général des Ponts et Chaussées,
Professeur à l'Ecole Nationale des Ponts et Chaussées.

EXPLOITATION — CONSTRUCTION — ENTRETIEN
STATISTIQUES ET BUDGETS — ADMINISTRATION — VOIES FERRÉES
D'INTÉRÊT LOCAL — CHEMINS VICINAUX ET RURAUX

PARIS ET LIÉGE
LIBRAIRIE POLYTECHNIQUE CH. BÉRANGER, ÉDITEUR
PARIS, 15, RUE DES SAINTS-PÈRES, 15
LIÉGE, 21, RUE DE LA RÉGENCE, 21

1918

TOUS DROITS RÉSERVÉS

PREMIÈRE PARTIE

EXPLOITATION

PREMIÈRE LEÇON

INTRODUCTION

1. *Objet du cours.* — La construction, l'entretien et l'administration des voies de communication de toute nature constituent la fonction essentielle des ingénieurs des Ponts et Chaussées.

Parmi les services qui leur sont confiés, on distingue le service, ordinaire. C'est un service territorial, dirigé, dans chaque département, par un ingénieur en chef, qui a sous ses ordres des ingénieurs ordinaires dont les attributions s'étendent à un arrondissement ne coïncidant pas forcément avec un arrondissement administratif. Chaque arrondissement

1

est à son tour partagé en subdivisions, conduites par des sous-ingénieurs ou des conducteurs.

La compétence territoriale entraine, pour le service ordinaire, la connaissance de toutes les affaires qui ne ressortissent pas à des services spécialisés. Elle comprend notamment la construction, l'entretien et les réparations des routes nationales, les services départementaux, tels que les voies ferrées d'intérêt local, les chemins vicinaux, etc, lorsqu'ils n'ont pas été réservés par les Conseils généraux, pour être attribués à un personnel exclusivement départemental.

Le cours de routes et voies ferrées sur chaussées s'applique, en principe, à tous les objets qui se rapportent, directement ou indirectement, au service ordinaire des Ponts et Chaussées.

2. *État successif des routes.* — Les premières voies méthodiquement tracées en Gaule ont été les voies romaines. Elles furent peu à peu abandonnées lors de l'invasion des barbares, malgré les tentatives de Brunehaut et de Charlemagne.

Au moyen âge, le commerce n'existait guère ; il était entravé par les seigneurs, les transports ne pouvaient se faire qu'à cheval.

Le premier essai d'organisation des transports remonte au xiiie siècle, avec les messagers privilégiés de l'université de Paris. Plus tard, Louis XI institue les postes et Charles VIII introduit l'usage des coches et des carrosses.

Les premières dispositions générales relatives à la police et à l'entretien remontent au xvie siècle (ordonnanceu du 20 octobre 1508 et de septembre 1535, édit de janvier 1583). La royauté, se dégageant peu à peu de la féodalité, centralise le pouvoir et crée les généralités. Le *Guide des grands chemins*, publié par Charles Étienne en 1553, accuse une longueur de 25.000 km.

Henri IV supprime les bureaux des Trésoriers (édit de mai 1598-1599) et crée la charge de Grand voyer confiée à Sully (règlement du 13 janvier 1605, édit de décembre 1607). Mais l'assassinat du roi affaiblit le pouvoir ; les Trésoriers sont rétablis et les fonctions en sont attribuées à trois personnes, qui les occupaient successivement pendant un an. Cette organisation fut vouée à un insuccès complet.

Colbert, chargé de l'Administration des Finances (1661), spécialisa les Trésoriers à la juridiction financière. L'administration fut confiée à des commissaires spéciaux, les routes reçurent alors des allocations du pouvoir royal. La comptabilité est organisée (15 septembre 1661). Néanmoins les communications restaient difficiles, souvent impossibles ou dangereuses, en raison du mauvais état des routes.

Au xviiie siècle, on trace les routes en avenues (arrêts du 26 mars 1705, du 3 mai 1720). C'est de cette époque que date l'organisation des Ponts et Chaussées (arrêt du Conseil du 1er février 1716), avec d'Ormesson (1716), Daniel Trudaine (1743), Charles Trudaine (1769), de Cotte (1777), Chaumont de Millière (1781). On crée également l'assemblée des Ponts et Chaussées, origine du Conseil général, en même temps que l'Ecole des Ponts et Chaussées. Trésaguet, ingénieur à Limoges, formule les principes de la construction et de l'entretien des routes. Faute d'argent, on généralise et réglemente la corvée (1738). Les routes sont classées d'après leur largeur (arrêt du 6 février 1776). Leur longueur atteignait 40.000 km.

Avec la révolution, l'administration des routes fut décentralisée, et l'entretien plus ou moins abandonné. Un nouveau classement intervient, d'après la direction. La taxe d'entretien (24 fructidor an V) produit 33 millions.

L'organisation se régularise sous le premier Empire. Les routes reçoivent une dotation normale, à laquelle s'ajoutent les impositions locales et la taxe d'entretien. Celle-ci, ayant suscité des plaintes, est remplacée par l'impôt du sel. De 1804 à 1812, la dotation passe de 28 à 50 millions. Les routes sont divisées en trois classes, les deux premières incombant à l'Etat et la troisième, moitié à l'Etat, moitié aux départements (16 décembre 1811). Le décret du 7 janvier 1813 classe les routes départementales.

La Restauration trouve la France réduite. On s'applique à remettre les routes en état. On réglemente la police du roulage et institue un règlement pour les cantonniers. La comptabilité est réorganisée. C'est de cette époque que date l'application aux chaussées des principes de Macadam.

Sous le gouvernement de Louis-Philippe, la longueur des routes s'accroît un peu, mais l'attention est surtout appelée du côté des chemins vicinaux (loi du 21 mai 1836).

Sous le second Empire, la création des voies ferrées diminue l'importance des routes, et l'on s'attache surtout aux chemins vicinaux.

Après la guerre de 1870-1871, les routes avaient été laissées dans un état lamentable. Des sommes considérables furent consacrées à leur rétablissement et, en 1878, le programme élaboré par M. de Freycinet attribua aux routes nationales, soit pour des voies nouvelles, soit pour des améliorations importantes aux anciennes, une prévision de 150 millions.

Ce programme n'a été réalisé que progressivement, avec les modifications imposées par les circonstances nouvelles, de telle sorte que de 1871 à 1901, l'Etat a consacré 132 millions aux grosses réparations ou aux travaux neufs des routes nationales, et plus de 780 millions à leur entretien. Actuellement la longueur des routes est de près de 40.000 km.

Cette longueur est faible en regard de celle des routes départementales et des chemins vicinaux en état régulier d'entretien, qui atteint 550.000 km. et dont l'accroissement sous la troisième République a été d'environ 45 0/0. Cette énorme progression est due aux subsides alloués par l'Etat aux départements et aux communes, pour leur permettre d'améliorer et d'étendre leurs voies de communication (lois de 1868 et de 1880). De 1869 à 1905, les dépenses faites sur ces chemins se sont élevées à 1.750 millions, dont 450 millions fournis par l'Etat. Leurs frais annuels d'entretien s'élèvent à 160 millions.

Les chemins vicinaux étaient tellement en faveur, que l'on agita un instant la question de supprimer les routes nationales pour les incorporer dans la vicinalité. Heureusement, le Gouvernement s'opposa à cette mesure, car l'apparition des automobiles devait bientôt rendre aux routes nationales toute leur importance d'autrefois.

Au total, l'ensemble des routes et chemins vicinaux en
bon état représente un réseau de 600.000 km., dont l'entretien et l'Administration absorbent 250 à 300 millions par an.
Ces frais augmentent sans cesse par suite du développement
des automobiles qui exigent des routes excellentes. Le graphique ci-contre montre la rapidité avec laquelle le nombre
des voitures a augmenté, passant de 1.672 en 1899, à 53 659
en 1910, pendant que, dans la même période, leur puissance
passait de 8.000 à 697.327 chevaux-vapeurs.

Depuis cette époque, le nombre des automobiles, en France,

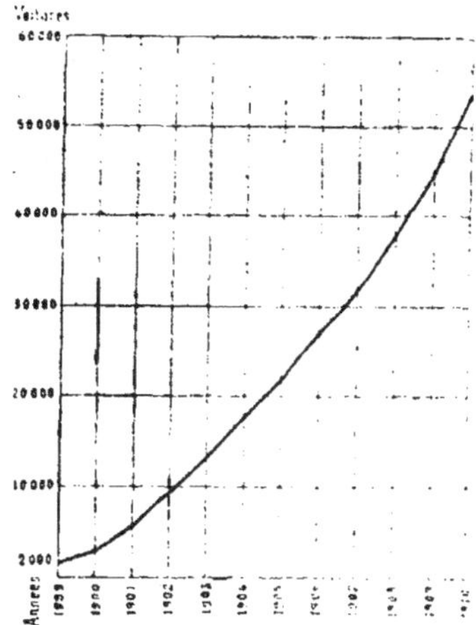

a continué à croître et il atteignait 76.144 en 1912, avec une
puissance de plus de un million de chevaux.

Pendant la même période, de 1901 à 1912, le nombre des
voitures à chevaux a passé de 1.587.877 à 1.725.123, et il est
curieux de remarquer que le produit de l'impôt a été, en
1912, presque identique pour chaque nature de véhicule,
soit : 7.737.770 francs pour les automobiles, et 7.371.142
francs pour les voitures à chevaux.

Au point de vue de l'accroissement des automobiles pendant les dernières années, la France s'est laissée distancer par d'autres pays. Cependant il est incontestable que c'est en France que l'industrie automobile a pris naissance, et non seulement ce pays a vu la première voiture à vapeur, mise en marche par Cugnot en 1769, mais ses constructeurs, les Bollée, les Serpollet, les Peugeot, les Panhard et Levassor, etc., comptent parmi les créateurs les plus actifs et les plus ingénieux de l'industrie nouvelle. Aussi, pendant les premières années du siècle, c'est la France qui a été la plus grande productrice d'automobiles. En 1904, tandis que les exportations d'automobiles françaises dépassaient 71 millions, les importations n'atteignaient pas 4 millions.

Quelle sera l'influence, sur la situation des routes, de la guerre déchaînée par l'Allemagne au cours de l'année 1914 ? C'est ce qu'on ne saurait dire dès maintenant. On peut affirmer toutefois qu'un gros effort sera nécessaire. L'Administration s'en préoccupe d'ailleurs dès maintenant, afin de rendre au pays toute l'activité économique nécessaire.

Pour aborder fructueusement la construction et l'entretien des routes, il est indispensable de connaître d'abord les circonstances principales relatives à leur exploitation. Aussi cette étude comporte-t-elle les grandes divisions suivantes :

— Exploitation ;
— Construction ;
— Entretien ;
— Statistiques et budgets ;
— Administration ;
— Voies ferrées d'intérêt local ;
— Chemins vicinaux.

EXPLOITATION

Les usagers de la route

8. — Les routes sont parcourues par des véhicules variés. Elles doivent être construites principalement en vue de faciliter leur circulation. Elles sont donc essentiellement constituées par une chaussée spécialement aménagée pour permettre le roulement des voitures. Toutes les autres parties ne sont en quelque sorte que des accessoires de la chaussée.

Les véhicules se distinguent en deux catégories, suivant qu'ils sont actionnés par des moteurs animés ou par des moteurs mécaniques.

4. *Voitures à traction animale.* — On distingue principalement les voitures à deux roues ou charrettes et les voitures à quatre roues ou charriots. Je n'ai pas à entrer dans de longs détails au sujet de ces véhicules, que l'on a constamment sous les yeux, et qui sont connus de tout le monde.

Les roues sont engagées chacune à l'extrémité d'un essieu fixe autour duquel elles tournent. Cette extrémité, appelée fusée, fait avec l'essieu proprement dit un angle φ appelé carrossage.

Les roues sont formées d'une jante circulaire généralement en bois dur, constituée par des morceaux assemblés en nombre impair, afin de ne pas avoir en même temps deux joints sur un même diamètre. La jante est protégée, au contact de la chaussée, par un bandage métallique ou autre suivant le cas.

La partie centrale de la roue forme ce qu'on appelle le moyeu, dans lequel est engagée la fusée. La jante et le moyeu sont réunis par 12 ou 14 rais en bois, engagés à force dans le moyeu (bouge) et par des tenons (broches) dans la jante.

Les rais sont disposés obliquement sur le plan défini par la circonférence de la jante, de façon à écarter la jante de

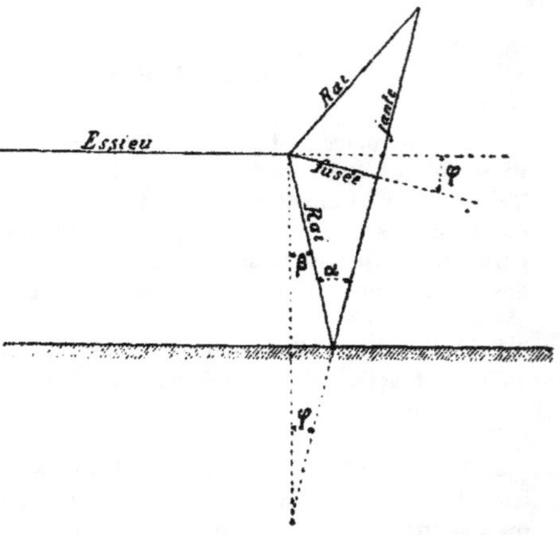

la voiture. L'angle des rais et de ce plan, α, se nomme l'écuanteur.

Si l'on désigne par β l'angle des rais avec la perpendiculaire à l'axe de la partie centrale de l'essieu, on a la relation :

$$\alpha = \beta + \varphi.$$

On attribue d'ordinaire à α la valeur $1°46'$.

L'essieu arrière des voitures à quatre roues est invariablement lié au bâti du véhicule. L'essieu avant peut au contraire tourner autour d'un axe vertical (cheville ouvrière), pour permettre de décrire des trajectoires curvilignes.

5. *Le cheval.* — Le cheval est le moteur animé par excellence : il peut exercer un effort proportionnel à son poids. Ce poids varie de 250 à 800 et même à 1.000 kg. Le poids moyen est de 400 à 500 kg.

L'effort de traction est limité par le glissement des pieds de l'animal sur le sol.

Soit q le poids du cheval ;

f le coefficient de frottement du fer sur la chaussée : cette limite est donnée par l'expression :

$$fq.$$

On admet pratiquement que l'on se trouve dans des conditions normales, lorsque l'effort de traction est égal à moitié de cette limite :

$$\frac{fq}{2}.$$

— Le travail journalier qu'on peut imposer à un cheval varie dans des limites considérables. Mais, si l'on veut ménager l'animal et ne pas l'user prématurément, il convient de se donner une limite. C'est dans ces conditions que de Gasparin a admis, pour la valeur du travail journalier à accomplir :

$$5400 \; q,$$

travail exprimé en kilogrammètres.

— On peut en déduire la longueur du parcours journalier, avec la traction normale $\frac{fq}{2}$, savoir :

$$\frac{fq}{2} x = 5400 \; q,$$

d'où :

$$x = \frac{10800}{f}.$$

Si l'on attribue à f la valeur moyenne $\frac{1}{3}$, l'effort normal de traction sera égal à $\frac{q}{6}$ et le parcours journalier 32.400 mètres.

— — Le cheval en progressant, alors même qu'il n'exerce

aucun effort de traction, effectue néanmoins un certain travail correspondant au jeu de ses muscles. Ce travail intérieur peut être évalué grâce à l'observation suivante, due à Tredgold, savoir :

Un cheval éprouve la même fatigue lorsqu'il parcourt journellement 70 km. sans exercer d'effort de traction, que lorsqu'il exerce une traction normale sur une longueur de 30 à 35 km.

Soit K le travail développé par le jeu des muscles, par unité de longueur parcourue et par kilogramme du poids du cheval ;

S le parcours journalier d'égale fatigue, sans traction ;

N le parcours journalier, avec effort normal de traction, égal à $\frac{q}{6}$;

L'équivalence ci-dessus indiquée se traduira par l'égalité :

$$KqS = KqN + \frac{q}{6}N ;$$

d'où :

$$K = \frac{N}{6(S - N)} .$$

Pour S = 70.000 m. et N = 32.400 m., on trouve :

$$K = 0,143$$

soit environ 1 7. On voit ainsi que le jeu des muscles absorbe autant d'effort de la part du cheval, ou à peu près, que la traction normale, qui a pour valeur 1 6. Le cheval, considéré comme moteur, n'est donc pas d'un bon rendement.

— Les indications qui ont été données précédemment relativement à la valeur normale de la traction ne sont pas absolues. Le cheval est en effet susceptible d'un effort supérieur, sans que sa fatigue journalière augmente, pourvu qu'il s'exerce sur un parcours limité (coups de collier).

Pour donner une idée de ces variations, M. Durand-Claye observe que, sur une longueur qui atteint environ le tiers du parcours journalier (soit 11 km.) on ne doit pas imposer un effort de traction supérieur à l'effort normal $\frac{q}{6}$.

D'un autre côté, l'effort ne doit atteindre en aucun cas la limite supérieure $\frac{q}{3}$. Cet effort limite correspondrait ainsi à une longueur nulle.

Enfin, s'inspirant d'observations faites par Devillers sur la route nationale n° 86 dans le département de l'Ain, il admet que l'effort de traction peut atteindre la valeur $0,225 \times q$, sur une longueur limitée à 4 km. 5.

Ainsi :

— Pour 11 km. ou davantage, l'effort rapporté à l'unité de poids q serait : $\frac{1}{6}$.

— Pour 4 km. 5, l'effort rapporté à l'unité de poids q serait : 0,225.

— Pour 0 km., l'effort rapporté à l'unité de poids q serait : $\frac{1}{3}$.

Il en déduit l'expression suivante :

$$M = \frac{1 - \sqrt{0.0237}}{3},$$

dans laquelle :

M représente l'effort de traction admissible, rapporté à l'unité de poids vif du cheval ;

l la longueur suivant laquelle il peut être imposé.

Il est d'ailleurs entendu que cette formule n'est applicable que pour des valeurs de l comprises entre 0 et 11 km. Pour des longueurs supérieures, on doit admettre constamment la valeur du tirage normal, soit 1 6.

Les efforts de traction ci-dessus indiqués correspondent au cas du roulage. S'il s'agit du transport de voyageurs en commun, ou de voitures particulières, susceptibles d'aller au trot, ils doivent être réduits à 1 2 et 1 3 de ces valeurs.

6. *Police du roulage.* — Les anciennes lois réglementaient le chargement des voitures et la largeur des jantes des roues. Les vérifications de chargement se faisaient au moyen de ponts à bascule.

La réglementation actuelle (loi du 30 mai 1851, décrets

des 10 août 1852, 24 février 1858, 29 août 1863 ; voir manuel de droit administratif par G. Lechalas, tome II, fascicule II, p. 107-152) ne limite ni la charge, ni la largeur des jantes. A ce point de vue, la circulation est libre.

On y trouve les dispositions principales suivantes :

— Longueur maxima des essieux . . . . . 2 m. 30

Saillie maximum de l'essieu sur le moyeu . 0 , 06

Saillie maximum de l'essieu sur le plan
extérieur des roues . . . . 0 , 12

Tolérance à l'usure . . . . 0 , 02

Clous à têtes de diamant interdits.

Saillie maximum des clous plats. . . . . 0 , 005

— Maximum du nombre des chevaux attelés :

1° Transport des marchandises :

Voitures à 2 roues . . . 5.

Voitures à 4 roues . . . 8, sans dépasser 5 chevaux
de file.

2° Transport des personnes :

Voitures à 2 roues . . . 3.

Voitures à 4 roues . . . 6.

Des dérogations spéciales peuvent être autorisées. En cas de neige ou de verglas, cette limitation est suspendue.

On prévoit des chevaux de renfort sur les rampes exceptionnelles.

On réglemente la circulation en cas de dégel, et au passage des ponts suspendus.

Les voitures doivent prendre la droite de la chaussée.

— La largeur du chargement des voitures qui ne servent pas au transport des personnes est limitée à 2 m. 50.

— Les convois sont limités aux maxima suivants :

4 voitures, pour les voitures à 4 roues attelées d'un seul cheval ;

2 voitures, pour les voitures à 2 roues ;

2   —   , pour les voitures attelées de plus d'un cheval.

— La réglementation prévoit la manière de conduire les voitures de roulage. Les plaques renseignent, le cas échéant, sur le nom et l'adresse du propriétaire.

— Toutes les voitures, sauf celles de l'agriculture locale, doivent être éclairées la nuit. Le stationnement sans nécessité est défendu.

— L'article 23 de la loi du 30 mai 1851 détermine les dimensions minima qu'il faut donner aux places des voyageurs des voitures publiques.

7. *Voitures automobiles.* — Les voitures automobiles se classent en trois catégories suivant la source d'énergie employée : à vapeur, à pétrole, électrique.

Les voitures à vapeur ne sont utilisées que pour les transports de marchandises ou les transports en commun.

Les véhicules électriques ont perdu beaucoup de leur prestige, à cause des aléas et du poids des accumulateurs.

Avec les progrès réalisés sur les voitures à pétrole (ou mieux à essence ou au benzol), c'est surtout ce type qui est utilisé.

Les moteurs sont de deux catégories, ceux à quatre temps, c'est-à-dire la majorité, et ceux à deux temps. On trouvera toutes les indications utiles dans le cours de machines à vapeur.

Les voitures à traction mécanique comportent un chassis rigide nécessité par la présence du moteur.

Il y a généralement deux essieux, l'un est moteur et l'autre directeur. Les fusées peuvent être du système patent ou à billes.

Les roues doivent être rigides et élastiques, en raison des vitesses réalisées et du poids transporté. Elles sont ordinairement sans carrossage et comprennent un moyeu, des rais et une jante sur laquelle on fixe le bandage. Les jantes les plus usitées sont les jantes amovibles Michelin.

Les bandages pneumatiques élastiques sont constitués par une chambre en caoutchouc vulcanisé, remplie d'air comprimé, puis par une enveloppe ou bandage qui s'accroche sur la jante de la roue. Quand la charge doit être grande, on se sert de « jumelés » Michelin qui peuvent porter des voitures de 3 à 4 tonnes.

Le gonflement des chambres varie de 3 kg. 5 à 5 kg. 5

suivant les charges. Ainsi, pour une grosseur de boudin de 90 mm., on pourra gonfler de 4 à 5 kg. pour une charge de 250 à 350 kg. par roue, de 5 kg. à 5 kg. 5 pour une charge de 350 à 450 kg.

Pour augmenter l'adhérence et éviter les dérapages, on se sert d'antidérapants.

Pour les poids lourds, on emploie les bandages pleins fixés sur jantes en acier.

Les embrayages sont des appareils destinés à produire, à la volonté du conducteur, une modification dans la marche ou un arrêt de la voiture. Ils doivent être progressifs, débrayer complètement et instantanément, être d'un réglage facile et avoir un faible moment d'inertie.

Les embrayages à cône sont les plus simples. Le cône creux est formé par le volant, tandis que le cône saillant, léger et mobile, peut être serré contre le cône creux de manière à déterminer l'adhérence ; il est garni de cuir.

Les embrayages à disques ou à plateau sont surtout employés dans les voitures dont la puissance dépasse 15 chevaux. Ils sont constitués par une série de disques, en cuivre, en bronze et en acier, alternés, solidaires, dans le sens de la rotation, les uns du moteur, les autres du changement de vitesse. Ces disques portent des encoches, soit intérieures, soit extérieures, qui prennent place dans le logement de la cuvette ou du tambour calé sur l'arbre des vitesses. Leur nombre est de 34 à 50 suivant la puissance du moteur.

Les voitures automobiles, dont le moteur marche à une vitesse déterminée, soit 1.000 à 1.500 tours, doivent être pourvues d'un changement de vitesse qui maintienne un travail constant du moteur, malgré les difficultés du parcours. On emploie plusieurs systèmes, les engrenages ou trains baladeurs, les galets de friction, les courroies, les plateaux à tétons, etc.

La généralité des voitures automobiles ont des trains baladeurs (un, deux ou trois) suivant leur puissance, car pour réduire les vitesses dans des rapports variables entre un et sept, ou un et huit, ce sont les engrenages qui sont les moins lourds.

La majorité des voitures possède la transmission par
cardan, qui a détrôné celle à chaînes pour les voitures
légères.

L'essieu moteur forme ce qu'on appelle le pont arrière,
qui comprend les moyeux des roues, les tambours de frein,
le carter des engrenages, le différentiel, les tubes reliant ce
dernier et enfin les arbres d'attaque des roues.

Dans un virage ou une courbe, les roues décrivent des
chemins de longueurs différentes. Pour éviter le patinage,
tout en laissant les roues solidaires, on a imaginé le différentiel, qui permet de répartir un effort moteur unique entre
deux parties de l'essieu fixées chacune à une des roues.

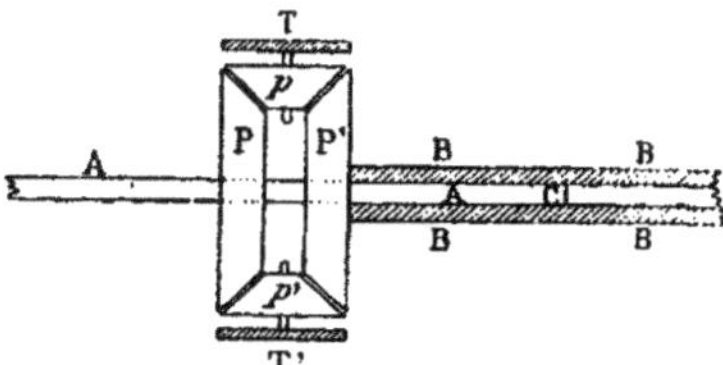

Les différentiels sont à roues à pignons, droites ou coni-
ques. La figure donne ici le schéma de cette dernière disposition.

La partie d'essieu A, solidaire de la roue gauche, est
limitée en C et s'engage dans l'autre partie B, qui est tubu-
laire et solidaire de la roue droite. Les pignons P et P'
sont calés respectivement sur les parties d'essieu A et B, ils
engrènent sur des pignons satellites p et p' fixés à un tambour TT'.

Lorsque la voiture marche en ligne droite, les satellites
ne présentent aucun mouvement de rotation qui leur soit
propre. Dans la marche en courbe, les pignons P et P'
tournent inégalement. La présence des satellites fait que,
ce que l'un des pignons parcourt en plus est égal à ce que
l'autre parcourt en moins, relativement à la vitesse du tambour TT' qui est actionné par le moteur et qui, s'il y a lieu,
reçoit l'action du frein.

Dans les voitures automobiles, on a dû abandonner l'avant-train à cheville ouvrière ; l'essieu comprend, au milieu, une partie fixe, terminée par deux pivots verticaux A et B autour desquels tournent les fusées E et F, qui sont solidaires de deux leviers c et d, reliés par une tige articulée cd, mue par le volant.

On sait que le mouvement d'une voiture en plan peut être assimilé, à tout moment, à une rotation infiniment petite autour d'un centre instantané de rotation qui, dans le cas d'une cheville ouvrière, se trouve à la rencontre du prolongement des deux essieux. Avec l'essieu brisé comme il est indiqué ci-dessus, il est essentiel, pour éviter tout glissement

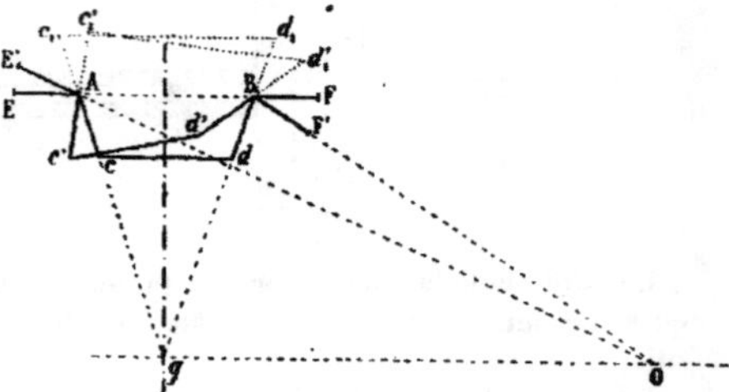

des roues avant, que l'orientation de ces roues soit dirigée dans le sens de la trajectoire. On obtient approximativement le résultat cherché en dirigeant en position normale les deux leviers Ac et Bd vers le milieu q de l'essieu arrière. On constate qu'alors, en cas de rotation, les fusées prolongées se coupent à peu près sur le prolongement de l'essieu arrière, en 0.

Au lieu de prendre les deux leviers Ac et Bd dans la direction de l'arrière, on peut les prendre en sens inverse en Ac_1 et Bd_1. Cette disposition présente l'avantage, en cas de choc, de faire travailler la bielle de connexion $c_1 d_1$ à la traction et non à la compression comme dans le premier cas.

L'angle que l'on peut faire avec les roues avant (angle de braquage) ne dépasse guère 30 à 35 degrés.

Les voitures automobiles présentent en moyenne les poids suivants :

— Camions à marchandises, de 4.000 à 9.000 kg. dont environ moitié de poids utile.

— Autobus, de 1.500 à 3.700 kg.

— Automobiles particuliers, de 1.000 à 1.500 kg.

Voici du reste les caractéristiques de deux types de véhicules :

Voiture Peugeot, moteur à pétrole.

— Poids du châssis, conducteur et accessoires . . . . 4.000 kg.
— Chargement 5.000
— Poids total 9.000
— Charge sur l'essieu avant 3.000
—   —   arrière 6.000
— Empattement . . . . 3 m. 50
— Longueur du châssis 5   60
— Saillie, en avant de l'essieu antérieur . . 1   67
—   —   en arrière de l'essieu postérieur . 1   90
— Largeur du chargement 2   05
— Bandages caoutchouc, largeur avant . . 0   15
—   —   , — arrière . . 0   30
— Vitesse maxima à l'heure . . . . . . 20 km.

Voiture Purrey, moteur à vapeur.

— Poids utile . . . . 8.000 kg.
— Poids total, en ordre de marche 16.000
— Charge sur l'essieu avant 3.700
—   —   arrière 12.300
— Empattement . . . . 3 m. 70
— Longueur du châssis 6   40
— Saillie, en avant de l'essieu antérieur . . 0   70
—   —   en arrière de l'essieu postérieur . 2   00
— Largeur du chargement 2   21
— Bandage métallique, largeur avant . . . 0   15
—   —   — arrière . . . 0   30
— Voie moyenne 1   75
— Vitesse à l'heure . . . . 15 km.

8. *Réglementation de la circulation des automobiles.* — Il n'y a aucune réglementation spéciale pour la circulation des automobiles, si ce n'est le décret du 10 mars 1899 qui ne contient que des dispositions de police telles que : limitation de la vitesse à 30 km. à l'heure, réglementation des convois remorqués, permis de conduire, etc. Ces dispositions, déjà anciennes, doivent être révisées.

Il en résulte que la loi générale sur la police du roulage est applicable en principe à la circulation des automobiles. On se souvient que cette loi consacre la liberté absolue de la circulation, sans limitation de poids ou de largeur de jante. A la vérité, lorsqu'il s'agit de voitures attelées, cette liberté se trouve tempérée par le nombre des bêtes qu'il est permis d'utiliser. Dans le cas des voitures automobiles, la liberté de circulation subsiste, sans aucune limitation indirecte. Les constructeurs du début en ont abusé pour mettre en mouvement des véhicules d'un poids excessif qui ont entraîné la destruction rapide des chaussées parcourues.

Ces circonstances ont provoqué des plaintes, et la question a été posée en 1910, au Congrès de Bruxelles. D'un autre côté, une commission a été constituée en 1911, pour refondre la loi sur la police du roulage, en l'adaptant aux nouveaux modes de locomotion. Cette commission, tenant compte des conclusions du Congrès, et des avis exprimés par les principaux constructeurs, a présenté un projet qui n'a pas encore été consacré par la loi, et qui porte le titre de « Code de la route ».

On y trouve notamment les dispositions suivantes, inscrites à l'article 5 :

1° Charge maxima par centimètre de largeur de jante, 150 kg.

2° Conditions de poids et de vitesse :

a) Transport des personnes :

Vitesse maxima. 25 km. Poids maximum par essieu, 4.000 kg.

b) Transport des marchandises :

1ʳᵉ catégorie : Vitesse maxima, 20 km. Poids maximum par essieu, 4.500 kg.

2ᵉ catégorie : Vitesse maxima, 12 km. Poids maximum par essieu, 7.000 kg.

On admet, sauf justification, que la charge sur l'essieu arrière est double de celle sur l'essieu avant.

Les constructeurs se conforment pour la plupart à ces dispositions, qui sont tout aussi favorables à la conservation des voitures qu'à celles des chaussées. Néanmoins, on a pu voir que les caractéristiques ci-dessus indiquées pour le type de voitures à vapeur s'en écartent notablement.

L'administration n'est pas désarmée pour éviter les abus lorsque des dégradations extraordinaires sont constatées. La loi générale du 29 floréal an X permet de poursuivre ces dégradations comme des contraventions, lorsqu'il s'agit de véhicules qu'on peut considérer comme anormaux (arrêt du Conseil d'Etat du 27 mars 1914. Bastin et Lombard, *Annales des Ponts et Chaussées*, 1915, nᵒ 215, page 488).

SERVICES PUBLICS D'AUTOMOBILES SUBVENTIONNÉS

9. — La loi de finances du 26 décembre 1908 (art. 65), modifiée par celle du 12 août 1914, permet d'attribuer des subventions aux services publics de transport en commun par automobiles :

1º La durée de l'entreprise ne peut excéder 10 ans ;

2º L'entreprise doit justifier de moyens suffisants pour transporter, tous les jours, sur toute la longueur à desservir et dans chaque sens : 2 tonnes de marchandises à une vitesse moyenne de 6 km. — et 20 voyageurs, en même temps que 500 kg. de bagages ou messageries, à une vitesse moyenne de 12 km.;

3º La subvention est calculée par exercice, d'après le parcours annuel des véhicules et d'après leur capacité en marchandises, voyageurs, bagages ou messageries ;

4º La subvention de l'Etat ne peut pas dépasser les maxima suivants :

— 400 fr. ou 1/2 de la subvention totale, si le centime départemental ≤ 30.000 fr.

— 450 fr. ou 3/5 de la subvention totale, si le centime est entre 20.000 fr. et 30.000 fr.

— 500 fr. ou 2/3 de la subvention totale, si le centime est au-dessous de 20.000 fr.

5° La subvention ne peut se cumuler avec d'autres subsides du Trésor, sauf le cas d'adjudication pour un service public.

a) Cette restriction ne s'applique pas à la rémunération du service de transport postal qui pourra être confié à l'entrepreneur :

b) La subvention est subordonnée à l'insertion au contrat de clauses demandées par le service postal pour le service des dépêches postal s.

Un décret du 5 juin 1909 institue un registre à souches permettant le contrôle de toutes les circonstances des voyages (heures et numéros des voitures).

Le contrôle est exercé par des agents désignés par le préfet parmi les agents des Ponts et Chaussées ou des Contributions indirectes.

L'entrepreneur envoie tous les mois au Contrôle un extrait du registre à souches, et tous les ans au préfet un mémoire justifiant son droit à subvention.

Le dossier est soumis à une commission formée d'un conseiller général, d'un ingénieur des ponts et chaussées et d'un fonctionnaire des contributions indirectes.

S'il n'y a pas de difficulté, le préfet approuve, sinon, les comptes sont arrêtés par le ministre des Travaux publics, après avis du ministre des Finances.

10. *Cahier des charges, convention et décret approbatif.* — L'entreprise est soumise à un cahier des charges, dont le type est annexé à la circulaire du 12 août 1911.

Ce cahier des charges définit le parcours, sa longueur, la composition et la capacité du matériel, la limite de charge par essieu (1.000 kg. pour les voitures, 5.000 kg. pour les camions, et 150 kg. par centimètre de largeur de jante).

Les moteurs doivent permettre, en palier, une vitesse effective de 20 km. à l'heure, et 13 km. sur l'ensemble du parcours. Pour les camions, ces vitesses sont réduites à 10 km. et 8 km.

La puissance des freins est définie par la longueur à parcourir, pour l'arrêt de la voiture, en palier, à la vitesse de 20 km.

Les voitures doivent satisfaire à l'article 23 du décret du 10 août 1852.

On y détermine le nombre journalier des voyages. S'il n'y a pas de marchandises à transporter, l'entrepreneur est dispensé de faire circuler le camion, et le parcours ainsi supprimé n'est pas compté pour la subvention.

Les tarifs des voyageurs et marchandises sont, en général, évalués au kilomètre (0 fr. 10 et 0 fr. 50). Ceux des messageries sont comptés par colis et par section, suivant une échelle de poids. Pour les voyageurs, les tarifs peuvent être établis par section.

On prévoit des pénalités, pour insuffisance du service, et, dans certains cas, la résiliation, qui est prononcée par le préfet, après avis du Conseil général.

La convention, dont le type est annexé à la circulaire du 12 août 1911, détermine l'importance de la subvention kilométrique et donne le coefficient afférent à chacune des unités de capacité (K, K′, K″ par capacité en voyageurs, messageries et marchandises) pour permettre le calcul de la subvention.

Cette subvention est indiquée en totalité, c'est-à-dire que, en dehors de la subvention de l'Etat, elle comprend la subvention locale (communes, départements, etc.).

Si, d'après les prévisions, l'entreprise fait ses frais à partir d'une recette R_0, il peut être stipulé que le maximum de la subvention kilométrique prévu sera réduit d'une fraction de l'excédant.

L'entreprise est autorisée par un décret spécial qui vise :

— la délibération du Conseil général qui a approuvé le contrat ;

— l'avis du Conseil général des Ponts et Chaussées ;

— l'avis du ministre de l'Intérieur.

Il approuve la convention et le cahier des charges et limite la subvention de l'Etat à un maximum global.

11. *Observation sur le calcul des coefficients* K, K', K''. — La circulaire du 12 août 1911 donne la manière de calculer les coefficients K, K' et K''.

Si l'on désigne par :

C, C' et C'' la capacité d'une voiture en voyageurs, messageries et marchandises ;

n et n'' le nombre des voyages journaliers dans chaque sens, d'une part pour les voitures à voyageurs et messageries et, d'autre part, pour les camions ;

p, p', p'' les tarifs kilométriques voyageurs, messageries et marchandises ;

S la subvention kilométrique totale inscrite à la convention ;

On doit avoir, d'après la loi :

$$(1) \qquad S = 2 \times 365 \left[n(KC + K'C') + n''K''C'' \right].$$

La circulaire du 12 août 1911 recommande d'adopter, pour les coefficients K, K' et K'', des valeurs proportionnelles aux tarifs.

On a ainsi :

$$(2) \qquad \frac{K}{p} = \frac{K'}{p'} = \frac{K''}{p''} = u,$$

la valeur de u est :

$$(3) \qquad u = \frac{S}{730 \left[n(pC + p'C') + n''p''C'' \right]}.$$

On en tire :

$$(4) \qquad K = pu, \qquad K' = p'u, \qquad K'' = p''u.$$

u représente la part de recette, toute capacité remplie, qui comble la subvention S.

L'équation (1) seule résulte de la loi. L'équation (2) n'est que le résultat des indications d'une circulaire ministérielle.

Il est en général assez difficile d'obtenir le tarif p' pour le transport d'une tonne de messageries à 1 km., attendu que ces tarifs sont établis par colis et par section. Il en résulte des valeurs quelque peu arbitraires pour les divers coefficients K. On peut imaginer d'autres modes de calcul, inspirés d'autres considérations.

Si l'on pose, par exemple :

$$x = KC + K'C'$$
$$y = K''C''.$$

L'équation (1) donnera :

$$(5) \qquad nx + n''y = \frac{S}{730}.$$

Pour lever l'indétermination, au lieu de considérer l'équation (2), on pourrait poser :

$$K''C'' = \beta.$$

La valeur β représente la part de subvention attribuée à chaque kilomètre parcouru par le camion.

Comme le transport des marchandises a, en général, besoin d'être encouragé, on peut attribuer *a priori* à β une valeur déterminée, valeur qui peut s'approcher du prix de revient d'une voiture kilomètre, mais sans l'atteindre pour ne pas inciter à des parcours inutiles. La valeur de y se trouve dès lors déterminée. L'équation (5) donnera la valeur de x.

K'' se déduira de l'égalité :

$$K'' = \frac{y}{C''}.$$

Le calcul définitif des coefficients K et K' reste encore indéterminé, puisqu'ils ne sont liés que par la seule relation :

$$KC + K'C' = x = \frac{\frac{S}{730} - n''\beta}{n};$$

mais cela importe peu, puisque ces coefficients n'entrent dans le calcul que par l'expression KC + K'C' (équation (1)).

On peut donc attribuer à l'un des coefficients une valeur arbitraire, l'autre s'en déduira, et le résultat final du calcul sera le même.

Il est d'ailleurs entendu que les voyages supplémentaires que l'entrepren.. exécute, en dehors de ceux qui sont prévus au cahier des charges, ne peuvent pas entrer dans le calcul de la subvention. S'il en était autrement, on pourrait concevoir des combinaisons qui permettraient d'éluder la loi. C'est ainsi qu'on pourrait, par exemple, supprimer le service des marchandises que la loi rend obligatoire et le compenser par des voyages supplémentaires pour les voyageurs et les messageries.

18. *Prix de revient.* — D'après M. Mariage, les prix de revient s'établiraient de la manière suivante :

	Nombre des places			
	15		24	
	ligne unique	petit réseau	ligne unique	petit réseau
Nombre de voitures en service	3	15	3	15
Nombre de voitures en relai	1	3	1	3
Nombre de voitures en grande réparation . .	1	2	1	2
Totaux	5	20	5	20
Parcours annuel . km.	100.000	500.000	100.000	500.000
Places kilométriques annuelles	1.500.000	7.500.000	2.400.000	12.000.000
Capital engagé . fr.	120.000	420.000	150.000	825.000
Charges de capital fr.	8.400	29.400	10.500	28.750
Dépenses de personnel fr.	21.800	68.000	21.800	68.000
Frais généraux . . fr.	11.000	23.000	12.800	32.000

Dépense par kilomètre.

Charge de capital fr.	0,084	0,059	0,105	0,0535
Dépenses de personnel fr.	0,218	0,136	0,218	0,1360
Frais généraux . fr.	0,110	0,046	0,128	0,0640
Totaux. . . .	0,412	0,241	0,451	0,2535
Traction :				
Combustible (benzol à 0 fr. 20) . . . fr.	0,07	0,07	0,085	0,085
Graissage . . . fr.	0,02	0.02	0,025	0,025
Éclairage, nettoyage, divers . . . . fr.	0,01	0,01	0,012	0,012
Fournitures pour entretien . . . . fr.	0,05	0.04	0,060	0,050
	0,12	0,12	0.160	0,160
Bandages . . . fr. Renouvellement du matériel . . . . fr.	0,075	0.06	0,090	0,075
Totaux pour la traction	0,345	0,32	0,432	0,407
Ensemble (voiture kilomètre)	0,757	0,561	0,883	0,6605
Soit par km. et par place	0,05	0,037	0,036	0,027

23. *Usure des chaussées.* — Les conventions ne doivent pas imposer aux entreprises des charges pour faire face à l'usure des chaussées (circ. du 28 sept. 1911). On doit se préoccuper de cette usure avant d'autoriser et provoquer l'avis des services intéressés.

La circulaire du 2 septembre 1912, série A n° 7, compte les autobus en colliers pour une valeur 2P, P étant le poids du véhicule en tonnes. — Si on admet qu'un collier provoque une usure de 0 fr. 02 par exemple, un autobus de 3 tonnes occasionnerait un surcroît de dépenses de 0 fr. 12 par voyage et par kilomètre.

14. *Mesures d'instruction*. — La circulaire du 1er avril 1914 donne la composition des dossiers relatifs à l'instruction des affaires pour établissement de ces services :

1° Délibérations du Conseil général et des Conseils municipaux votant les ressources ;

2° Convention et cahier des charges, avec carte du tracé et des arrêts ;

3° Rapport des ingénieurs, utilité et viabilité de l'entreprise, facultés financières du demandeur, justification de la subvention ;

4° Note de calcul des coefficients K, K' et K″ ;

5° Note des services de voirie compétents, sur l'usure des chaussées ;

6° Indications sur la concurrence aux voies ferrées ;

7° S'il s'agit d'une société, délibération du Conseil d'Administration habilitant le signataire du contrat ;

8° Avis du préfet.

S'il s'agit de plusieurs départements, on peut faire des contrats séparés, sinon, il faut joindre au dossier la convention interdépartementale. Si un département refuse sa subvention, il doit néanmoins être consulté et on doit joindre son avis ou justifier qu'il a été consulté.

15. *Services saisonniers*. — L'article 79 de la loi du 30 juillet 1913 a autorisé de subventionner des services saisonniers, sans obligation d'organiser un service de transport de marchandises.

Pour un service normal d'une durée de 75 jours ou 150 jours et pour un centime départemental inférieur à 30.000 francs, subvention ⩽ 350 francs ou 400 francs ; entre 20.000 et 30.000 francs, subvention ⩽ 400 ou 450 francs ; plus petit que 20.000 francs, subvention ⩽ 450 ou 500 francs, sans que la subvention de l'État puisse surpasser la subvention locale.

DEUXIÈME LEÇON

TRACTION DES VOITURES, ACTION SUR LES CHAUSSÉES

16. *Frottement.* — Lorsque deux corps en contact glissent l'un contre l'autre, il se produit une réaction tangentielle appelée frottement. Les lois suivantes ont été données par Coulomb :

1° Le frottement est proportionnel à la réaction normale ; le rapport se nomme coefficient de frottement f ;

2° Il est indépendant de la vitesse ;

3° Il dépend de la nature des surfaces en contact ;

4° Il est généralement un peu plus grand au départ.

17. *Application aux freins.* — Les freins servent à créer une résistance au mouvement des voitures, de manière à réduire ou à annuler la vitesse. Ils sont formés d'un corps qui frotte contre la jante ou le bandage de la roue, ou aussi contre un tambour solidaire de cette roue.

Soient :

N la pression normale exercée par le frein ;

f le coefficient de frottement ;

r le rayon du tambour sur lequel presse le frein ;

V_o et V les vitesses du véhicule à l'origine et à la fin du temps considéré ;

P le poids du véhicule ;

R le rayon des roues ;

E l'espace parcouru pendant le temps considéré.

L'équation des forces vives donnera :

$$\frac{P}{2g}(V^2 - V_o^2) = - Nf\frac{r}{R}E.$$

Si l'on a $V = 0$, cette égalité se réduit à :

$$\frac{P}{2g}V_o^2 = Nf\frac{r}{R}E.$$

Il est essentiel de ne pas serrer les freins de manière à caler les roues. Mais on peut tendre vers cette limite d'aussi près que l'on veut.

Je suppose cette limite atteinte et je désigne par P' le poids de la partie du véhicule qui porte sur les roues actionnées par les freins, et par f' le coefficient de frottement des roues sur le sol, on aura :

$$f'P' E = Nf\frac{r}{R}E.$$

En substituant dans l'expression qui précède, on trouvera :

$$E = \frac{V_o^2}{2gf'}\frac{P}{P'}.$$

Si $P' = P$, on aura la limite de la longueur d'arrêt.

$$E = \frac{V_o^2}{2gf'}.$$

Les freins des voitures sont formés par une mécanique (manivelle, vis, écrous, etc.) qui serrent un bloc (sabot) contre la roue ou le tambour, avec interposition de fonte, bois, cuir, etc.

On utilisait autrefois le sabot d'enrayage, sorte d'étrier arabe qu'on engage sous la roue pour la coincer. Le sabot frotte sur le sol. On le dégage en reculant. Bien qu'officiel (art. 27 de la loi du 30 mai 1851), le sabot doit être proscrit comme inutile et dangereux.

Dans le cas des automobiles, on peut se servir de freins analogues à ceux des voitures, mais on emploie surtout les freins à rubans, enroulés sur le tambour du différentiel et serré par un levier, les freins à mâchoires serrées par levier et cames sur la paroi intérieure d'un cylindre creux lié au différentiel.

On utilise beaucoup (anciens omnibus, voitures de livrai-

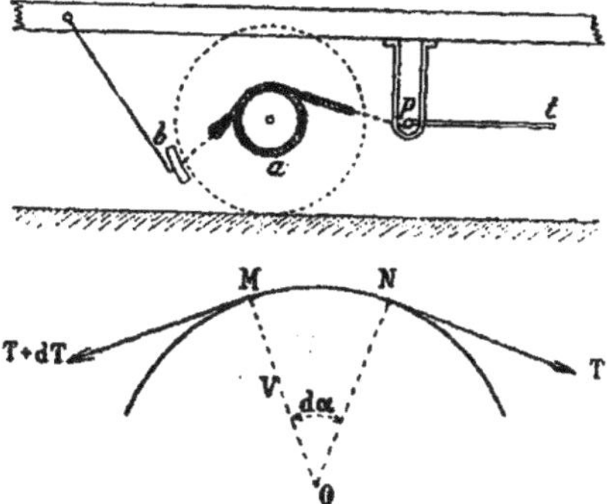

son, etc.) le frein Lemoine, formé d'un porte-patin b suscep-tible de s'appliquer contre la roue ; d'une corde a enroulée sur un tambour solidaire de la roue, attachée par une extré-mité à un palonnier p, maintenu par un étrier, et par l'autre à une tige qui peut tirer sur le patin ; d'une tringle t reliée à une pédale, sous le pied du conducteur, et qui tire sur la corde. Cette tige t peut être reliée à un second palonnier, pour la seconde paire de roues. La corde frottante appuie par l'intermédiaire de segments de bois.

Lorsque le conducteur agit sur la pédale, il serre la corde, qui frotte sur le tambour, et cette corde exerce à son tour une traction qui serre le patin b sur la roue.

La résistance exercée par le frottement de la corde peut se calculer de la manière suivante :

Soit MN un élément de corde correspondant à un angle au centre $d\alpha$;

T et T $+$ dT les tensions de la corde aux extrémités de l'arc.

La pression normale sera T$d\alpha$, et le frottement sera égal à l'accroissement de tension :

$$f\mathrm{T}d\alpha = d\mathrm{T},$$

ce qui donne :

$$\mathrm{T} = te^{f\alpha},$$

t étant la tension à l'origine et T la tension de la corde au point qui correspond à l'angle α.

Le moment de cette résistance par rapport au point O est :

$$\int_0^\alpha f\mathrm{T}d\alpha r = tr\,(e^{f\alpha} - 1).$$

Lorsque la voiture se déplace sur une longueur E, le tambour décrit un angle :

$$\frac{\mathrm{E}}{\mathrm{R}},$$

R étant le rayon de la roue. Le travail résistant provoqué par le frottement de la corde est alors :

$$\mathrm{E}t\,\frac{r}{\mathrm{R}}\,(e^{f\alpha} - 1).$$

Quant au travail résistant qui résulte de la pression du patin sur la jante, il a pour valeur :

$$f'\mathrm{T}\mathrm{E} = \mathrm{E}f'te^{f\alpha},$$

f' étant le coefficient de frottement du patin sur le bandage.

La résistance totale sera ainsi :

$$\mathrm{E}t\left(\frac{r}{\mathrm{R}}\,(e^{f\alpha} - 1) + f'e^{f\alpha}\right),$$

le coefficient $e^{f\alpha}$ peut prendre des valeurs considérables.

Pour $f = 0{,}30$ et $\alpha = 4\pi$ on a : $e^{f\alpha} = 43$.

Le frein Lemoine est donc très puissant. Il présente l'avantage de résister quand le tirage augmente. Il ne s'oppose pas à la marche arrière, mais on peut disposer, sous la voiture, d'un talon qu'on peut abaisser ou lever et qui empêche le recul.

18. *Roulement.* — Deux corps en contact roulent l'un sur l'autre, sans glissement, quand les arcs parcourus par le point de tangence, sur les courbes en contact de chacun des corps, sont constamment égaux.

Je considère un cylindre de poids P et de rayon R, posé sur un plan horizontal. J'applique aux deux extrémités A et B d'un diamètre des forces $\frac{\varphi}{2}$, donnant un couple φR.

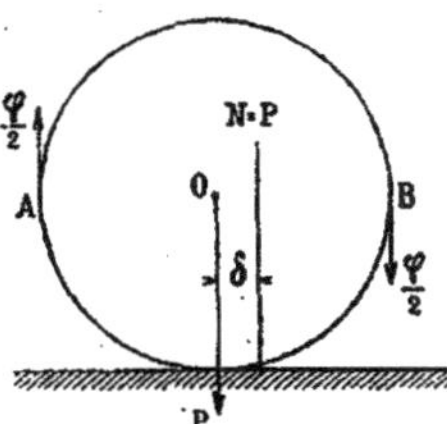

Je suppose la valeur φ d'abord très faible ; on constate que le cylindre reste immobile, ce qui exige de la part du plan une réaction formant un couple égal et de sens contraire à φR. Cette réaction passe donc à une certaine distance du centre O du cylindre.

Lorsqu'on fait croître peu à peu la grandeur φ, il arrive un moment où l'équilibre est rompu, et le cylindre roule sur le plan. Si on désigne alors par δ la distance de la réaction du plan au centre O, on aura l'équation d'équilibre

$$\varphi R = P\delta.$$

Ainsi, le propre du roulement, est de déplacer la réaction normale du plan, de manière à créer un couple Pδ.

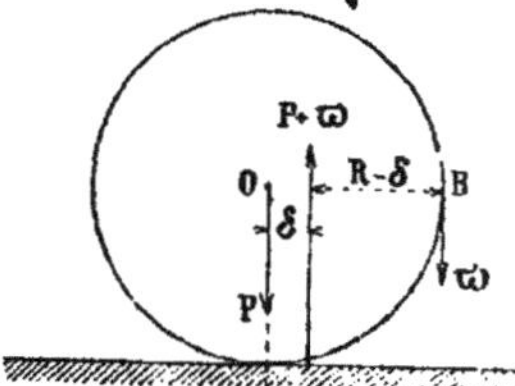

D'après Coulomb, la valeur de δ est constante, lorsque les corps en contact sont de même nature ; elle ne dépend pas du rayon.

Si, au lieu d'appliquer au cylindre le couple progressif φR, on applique en B une force verticale ϖ, partant de O, jusqu'à obtenir la rupture d'équilibre. On peut encore écrire :

$$\varpi(R - \delta) = P\delta,$$

δ est encore constant.

Au lieu d'une force verticale, j'applique au cylindre, en I,

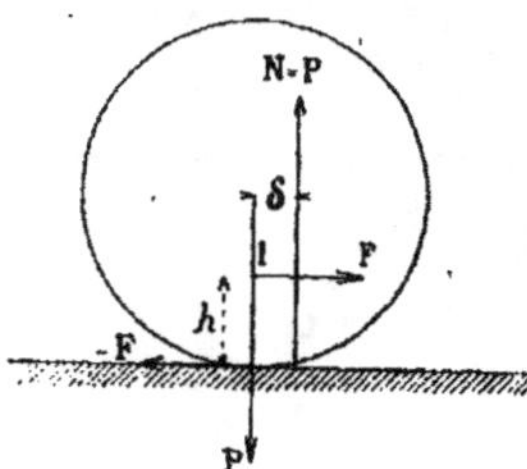

une force horizontale F. L'équilibre exige que le plan réagisse, non seulement par une réaction normale égale à P, mais encore par une réaction tangentielle — F.

Si l'on fait croître la valeur de F depuis O jusqu'au moment où l'équilibre est sur le point de se rompre, on aura l'égalité des moments :

$$Fh = P\delta, \quad \text{d'où} \quad F = P\frac{\delta}{h}.$$

Pour qu'il n'y ait pas glissement, il est nécessaire que l'on ait : $F < Pf$, c'est-à-dire :

$$\frac{\delta}{h} < f \quad \text{ou} \quad h > \frac{\delta}{f}.$$

Ainsi, pour des valeurs de h inférieures à $\frac{\delta}{f}$, le cylindre glissera sur le plan, en même temps qu'il roulera.

Je suppose enfin le cylindre O serré entre deux plans horizontaux parallèles, moyennant une réaction normale N. Je suppose le plan inférieur fixe et le plan supérieur susceptible de se déplacer horizontalement et exerçant sur le cylindre une action tangentielle F.

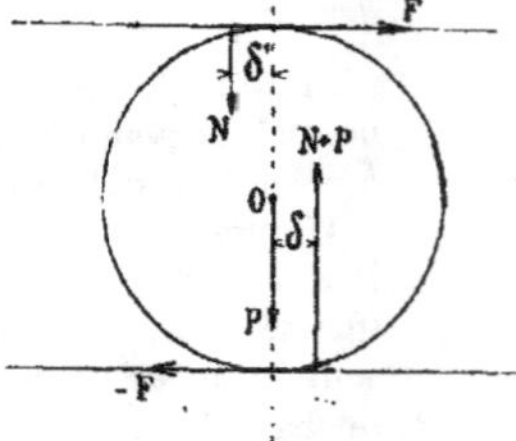

Le plan inférieur réagit normalement suivant une force égale à N + P et horizontalement suivant une force — F.

Conformément à ce qui précède, on aura :

$$N(\delta + \delta') + P\delta = 2FR.$$

Si P est négligeable, au regard de N, et si les plans sont de même substance, $\delta = \delta'$, il viendra :

$$N\delta = FR \quad \text{d'où} \quad F = N\frac{\delta}{R}.$$

Pour qu'il n'y ait pas glissement, il est nécessaire que F soit moindre que le frottement Nf, c'est-à-dire :

$$R > \frac{\delta}{f}.$$

19. *Résistance à l'essieu.* — Lorsqu'on étudiera le mouvement des véhicules, on aura besoin de connaître le moment des actions exercées sur les roues, à l'essieu, relativement au centre de la roue. Le problème est d'ailleurs le même — soit qu'il s'agisse d'une roue à moyeu portant l'essieu — soit qu'il s'agisse d'une roue solidaire de l'essieu et supportant le véhicule au moyen d'un coussinet.

Soit A le point par lequel la voiture porte sur l'essieu.

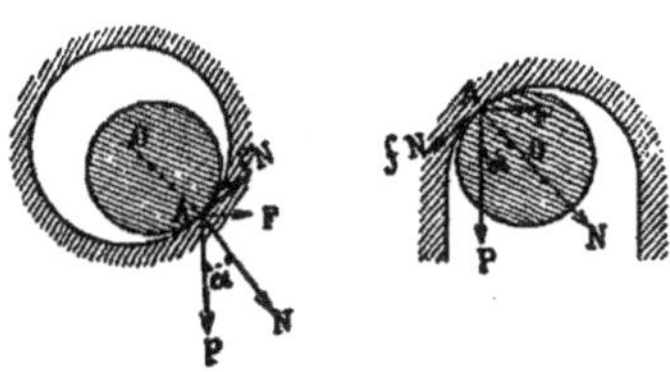

P et F les composantes verticales et horizontales de l'action de la voiture sur la roue.

N et fN les composantes des mêmes forces, suivant la normale et la tangente des surfaces en contact, f étant le coefficient de frottement.

α l'angle de la normale aux surfaces, au point A, avec la verticale.

L'équivalence des forces P et F d'une part, et N et Nf d'autre part donnera :

$$N = P \cos \alpha + F \sin \alpha.$$
$$fN = - P \sin \alpha + F \cos \alpha.$$

Elevant au carré et ajoutant, il vient :

$$N^2(1 + f^2) = P^2 + F^2.$$

Je pose $\dfrac{F}{P} = a$, on trouvera :

$$N = P \sqrt{\frac{1 + a^2}{1 + f^2}} \quad \text{et} \quad Nf = fP \sqrt{\frac{1 + a^2}{1 + f^2}}.$$

Si l'on désigne par ρ le rayon du moyeu — ou le rayon de l'essieu — suivant qu'on se trouve dans le cas d'une roue libre ou d'une roue liée à l'essieu, le moment des forces P et F par rapport au centre O de la roue sera exprimé par :

$$Nf\rho = fP\rho \sqrt{\frac{1 + a^2}{1 + f^2}}.$$

Dans le cas de coussinets à billes, on considère la bille qui est au point de pression A' et on en exprime l'équilibre, sous l'action du couple des forces normales N et des forces tangentielles T, u étant le rayon de la bille.

$$Tu = N\delta, \quad \text{d'où} \quad T = N\frac{\delta}{u}.$$

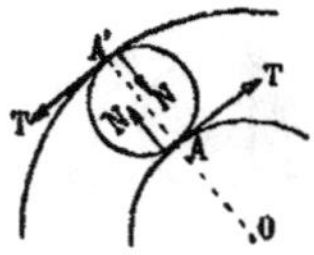

Si donc on pose :

$$\frac{\delta}{u} = f_1, \quad \text{on aura} \quad T = Nf_1.$$

On voit qu'alors le calcul se présente comme pour le cas d'une fusée ordinaire, en remplaçant le coefficient de frottement f par le coefficient f_1.

Le moment cherché sera donc exprimé par :

$$Nf_1\rho = f_1 P\rho \sqrt{\frac{1 + a^2}{1 + f_1^2}}.$$

Le rayon ρ représentera — soit le rayon OA' du moyeu, s'il s'agit d'une roue libre — soit le rayon OA de l'essieu, s'il s'agit d'une roue solidaire de cet essieu.

Il convient d'observer que, pour obtenir le roulement des billes, il est nécessaire que l'on ait $T < Nf$, c'est-à-dire :

$$\frac{\delta}{u} < f,$$

ce qui donne une limite inférieure pour le rayon des billes,

$$u > \frac{\delta}{f}.$$

Les expressions ci-dessus données du moment des forces par rapport à l'essieu peuvent être simplifiées, en remarquant que a et f sont petits et qu'on peut négliger a^2 et f^2 au regard de l'unité. L'expression du moment se réduit alors à :

$$fP\rho \quad \text{ou} \quad f_1 P\rho, \text{ suivant le cas.}$$

De plus, il est commode, pour la suite, de remplacer, dans ces expressions, le poids P par $P + p$, en désignant par p le poids de la roue. On a en effet $P + p = P\left(1 + \frac{p}{P}\right)$, ce qui ne diffère guère de P, puisque $\frac{p}{P}$ est assez petit au regard de l'unité.

20. *Problème général du mouvement d'une voiture.* — Ce problème se présente ici avec un double objet.

Il s'agit en premier lieu de calculer l'effort moteur qui est nécessaire pour donner à la voiture le mouvement que l'on veut lui imprimer ;

Il s'agit en second lieu, et surtout ici où l'on a eu vue principalement la route, de déterminer l'importance et le mode d'action des véhicules sur les chaussées.

Je suis donc amené à traiter la question, dans son ensemble, d'une manière un peu spéciale et en tenant compte de ce double but.

Il est toutefois essentiel de remarquer, dès le début, que le problème sera abordé en supposant, en premier lieu, que les roues roulent sur le sol sans glisser. Cette hypothèse en comporte d'autres, notamment une chaussée régulière et parfaitement unie. Je donnerai, en second lieu, les modifications qu'il faut faire subir au calcul, lorsque ces hypothèses ne sont pas réalisées.

Enfin, pour éviter des redites inutiles, le calcul sera conduit de manière à le rendre applicable en même temps au cas des voitures à traction animale et à celui des voitures à traction mécanique.

— Je considère tout d'abord la partie de la voiture qui ne fait pas corps avec les roues ; je l'isole de ces roues, en substituant à celles-ci des forces P et F, pour l'essieu arrière, P' et F', pour l'essieu avant, égales aux réactions exercées. Ces forces P et F ne sont autres, d'ailleurs, que celles qui ont été envisagées dans l'étude précédente de la résistance à l'essieu, mais en les prenant en sens contraire.

Je supposerai, dans ce qui va suivre, que le profil en long de la chaussée est rectiligne. J'admettrai qu'il existe une pente et que cette pente est assez faible pour qu'on puisse confondre la composante des poids, normalement à la chaussée, avec ce poids lui-même, ce qui revient à négliger le carré de la pente au regard de l'unité.

Je désigne par :

G le centre de gravité de la partie de voiture considérée ;

A et A' les points de pression sur les moyeux ou essieux ;

P, F ; P', F' les réactions des roues sur la voiture ;

i la déclivité ;

Π et Πi les composantes du poids, normales et parallèles à la chaussée ;

Φ une force parallèle à la route ;

H la distance du point G à la droite figurant la force Φ ;

h la hauteur du point G au-dessus de la ligne AA' ;

δ et δ' les distances des points A et A', à la verticale du point G ;

γ l'accélération du mouvement, égale au quotient différentiel de la vitesse par rapport au temps $\dfrac{dV}{dt}$.

On exprime l'équilibre de la partie de voiture considérée, en appliquant le théorème du mouvement du centre de gravité, le théorème des quantités de mouvement projetées

ainsi que le théorème des moments des quantités de mouvement par rapport au centre de gravité. On trouve ainsi :

$$P + P' = \Pi$$

$$\Phi - (F + F') = \Pi\left(i + \frac{\gamma}{g}\right)$$

$$P\delta - P'\delta' = -(F + F')h + \Phi H.$$

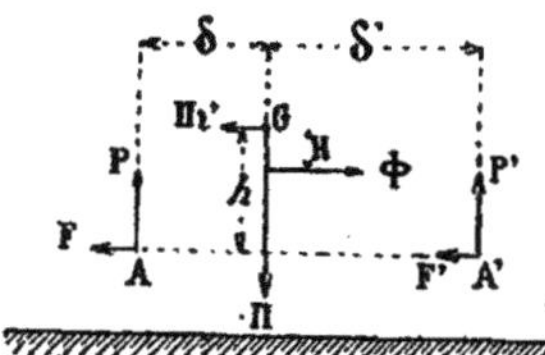

La première et la troisième des relations ci-dessus permettent de calculer P et P'. On obtient, en définitive, le
groupe des trois équations suivantes :

$$(1) \quad \begin{cases} P = \Pi\dfrac{\delta}{\delta + \delta'} + \Pi\left(i + \dfrac{\gamma}{g}\right)\dfrac{h}{\delta + \delta'} - \Phi\dfrac{h - H}{\delta + \delta'} \\[2mm] P' = \Pi\dfrac{\delta}{\delta + \delta'} - \Pi\left(i + \dfrac{\gamma}{g}\right)\dfrac{h}{\delta + \delta'} + \Phi\dfrac{h - H}{\delta + \delta'} \\[2mm] F + F' = \Phi - \Pi\left(i + \dfrac{\gamma}{g}\right). \end{cases}$$

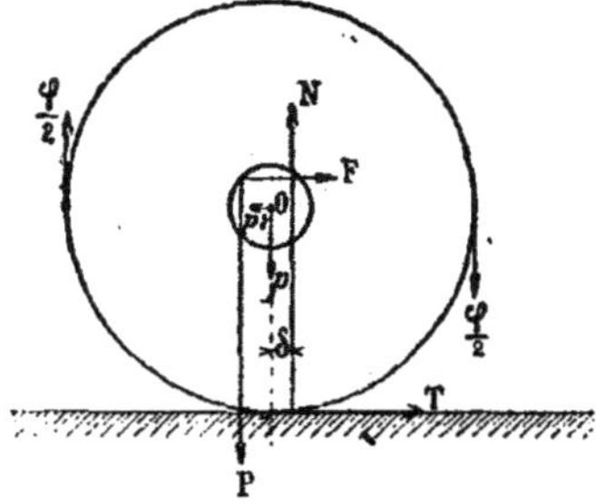

— Je considère maintenant les roues, abstraction faite de la voiture, mais en remplaçant celle-ci par les réactions P et F, comme il a été dit.

J'envisagerai d'ailleurs, par raison de symétrie et pour simplifier, les roues associées à un même essieu, comme si elles formaient un ensemble, alors même qu'elles ne seraient pas solidaires.

Dans le système ainsi défini, je désignerai par p le poids propre des roues ;

pi la composante de ce poids parallèlement à la route ;

P et F les réactions ci-dessus envisagées, à l'essieu ;

N et T les réactions normales et tangentielles de la chaussée sur les roues ;

φR un couple dont l'axe est perpendiculaire au plan des roues ;

m et r la masse d'un point de la roue et sa distance au centre ;

K le rayon de giration de l'ensemble des roues ;

ω leur vitesse angulaire ;

V la vitesse de la voiture ;

R le rayon des roues.

Si l'on applique au système le théorème du mouvement du centre de gravité, celui des quantités de mouvement projetées et enfin celui des moments des quantités de mouvement par rapport au centre de gravité, on trouvera successivement (en tenant compte de ce qui a été dit pour le moment des forces par rapport à l'essieu) :

$$N = P + p$$

$$F + T - pi = \frac{p}{g}\gamma$$

$$-(P+p)f\rho - (P+p)\delta - TR + \varphi R = \Sigma mr^2 \frac{d\omega}{dt} = \frac{p}{g}K^2\frac{\gamma}{R},$$

car :

$$\Sigma mr^2 = \frac{p}{g}K^2 \qquad \text{et} \qquad \frac{d\omega}{dt} = \frac{\gamma}{R}.$$

Je poserai :

$$\frac{\delta}{R} + f\frac{\rho}{R} = f_{\circ}.$$

en désignant cette quantité f_2 sous le nom de coefficient de traction.

Ces trois équations pourront alors s'écrire :

$$(2) \quad \begin{cases} N = P + p \\ F + T = p\left(i + \dfrac{\gamma}{g}\right) \\ \varphi - T = (P + p)f_2 + \dfrac{p\gamma}{g}\dfrac{K^2}{R^2}. \end{cases}$$

Je groupe les équations (1) et (2) de manière à les appliquer au cas d'une voiture à quatre roues. J'affecterai d'un accent le système des équations (2) lorsqu'il s'agira de l'essieu avant. En outre, comme cet essieu avant n'est pas moteur, je supposerai pour cet essieu que $\varphi = 0$. On obtiendra définitivement :

$$(1) \quad \begin{cases} P = \Pi\,\dfrac{\delta'}{\delta + \delta'} + \Pi\left(i + \dfrac{\gamma}{g}\right)\dfrac{h}{\delta + \delta'} - \Phi\,\dfrac{h - H}{\delta + \delta'} \\ P' = \Pi\,\dfrac{\delta}{\delta + \delta'} - \Pi\left(i + \dfrac{\gamma}{g}\right)\dfrac{h}{\delta + \delta'} + \Phi\,\dfrac{h - H}{\delta + \delta'} \\ F + F' = \Phi - \Pi\left(i + \dfrac{\gamma}{g}\right). \end{cases}$$

$$(2) \quad \begin{cases} N = P + p \\ F + T = p\left(i + \dfrac{\gamma}{g}\right) \\ \varphi - T = (P + p)f_2 + p\,\dfrac{\gamma}{g}\dfrac{K^2}{R^2}. \end{cases}$$

$$(2') \quad \begin{cases} N' = P' + p' \\ F' + T' = p'\left(i + \dfrac{\gamma}{g}\right) \\ - T' = (P' + p')f_2 + p'\,\dfrac{\gamma}{g}\dfrac{K^2}{R^2}. \end{cases}$$

Ces neuf équations permettent de résoudre complètement le problème posé.

Pour la facilité des calculs qui vont suivre, je donnerai à ces égalités une nouvelle forme appropriée au but poursuivi.

J'ajoute les deux dernières équations de chacun des groupes (2) et (2') et je tiens compte de la dernière du groupe (1).

Je pose en outre $p + p' = \varpi$, et je tiens également compte de ce que l'on a : $P + P' = \Pi$.

On trouvera :

$$(3) \qquad \varphi + \Phi = (\Pi + \varpi) \left(f_2 + i + \frac{\gamma}{g} \right) + \varpi \frac{\gamma}{g} \frac{K^2}{R^2}.$$

Cette relation se prêtera au calcul de l'effort moteur.

Pour ce qui est des actions de la chaussée sur les roues (ou des actions égales et contraires des roues sur la chaussée), on pourra écrire :

$$(4) \qquad \left\{ \begin{array}{l} N = P + p \\ N' = P' + p'. \end{array} \right.$$

$$(5) \qquad \left\{ \begin{array}{l} T = \varphi - (P + p)\, f_2 - p \dfrac{\gamma}{g} \dfrac{K^2}{R^2} \\[2mm] T' = - (P' + p')\, f_2 - p' \dfrac{\gamma}{g} \dfrac{K^2}{R^2}. \end{array} \right.$$

Dans ces expressions, les valeurs de P et P' sont celles qui résultent des deux premières équations du groupe (1) :

$$(6) \qquad \left\{ \begin{array}{l} P = \Pi \dfrac{\delta'}{\delta + \delta'} + \Pi \left(i + \dfrac{\gamma}{g} \right) \dfrac{h}{\delta + \delta'} - \Phi \dfrac{h - H}{\delta + \delta'} \\[3mm] P' = \Pi \dfrac{\delta}{\delta + \delta'} - \Pi \left(i + \dfrac{\gamma}{g} \right) \dfrac{h}{\delta + \delta'} + \Phi \dfrac{h - H}{\delta + \delta'}. \end{array} \right.$$

21. *Effort de traction dans le cas de la traction animale.* — Pour appliquer le problème précédent au cas de la traction animale, il suffira, dans l'équation (3), de faire $\varphi = 0$, puisqu'il n'y a pas de couple moteur appliqué aux roues. On trouvera, pour la traction Φ :

$$\Phi = (\Pi + \varpi) \left(f_2 + i + \frac{\gamma}{g} \right) + \varpi \frac{\gamma}{g} \frac{K^2}{R^2}.$$

On voit ainsi que l'expression du tirage Φ se compose de deux parties :

La première est proportionnelle au poids total $\Pi + \varpi$; ce poids est multiplié par le coefficient de traction f_2, augmenté de la pente i, qui peut être positive ou négative, ainsi que du rapport $\frac{\gamma}{g}$ de l'accélération de la voiture à celle de la pesanteur.

La seconde n'est fonction que de l'inertie des roues.

A part les cas de démarrages brusques, l'accélération γ est généralement assez faible dans le cas de la traction animale. On peut donc le plus souvent admettre que le mouvement est uniforme. L'expression du tirage se réduira alors à :

$$(7) \qquad \Phi = (\Pi + \varpi)\,(f_2 + i).$$

— On peut appliquer cette formule au calcul du chargement qu'il convient de donner à un cheval, connaissant le parcours journalier qui lui est imposé, ainsi que la longueur et la grandeur des rampes à franchir, et en tenant compte des coups de colliers.

Si je désigne par M la traction par kilogramme vif du cheval, traction comprenant l'effort iq que l'animal doit faire pour monter son propre poids, on aura :

$$Mq = \Phi + iq = (\Pi + \varpi)\,(f_2 + i) + iq.$$

Le chargement total est exprimé par $\Pi + \varpi$. Je rapporterai ce chargement au poids q du cheval, et je poserai :

$$C = \frac{\Pi + \varpi}{q},$$

C étant ce qu'on appelle le chargement spécifique. On aura :

$$M = C\,(f_2 + i) + i,$$

d'où l'on tire :

$$(8) \qquad C = \frac{M - i}{f_2 + i}.$$

On se souvient que, à propos des coups de colliers qu'un cheval peut donner, on a vu une formule qui donne la traction M, pour les rampes de longueurs l :

$$M = \frac{1 - \sqrt{0,023\,l}}{3}.$$

On pourra donc calculer la valeur de M qui convient à chaque rampe. L'équation (8) permettra d'en déduire le chargement spécifique C qui s'adapte aux diverses rampes, sans dépasser le coup de collier dont l'animal est susceptible. On obtiendra ainsi autant de valeurs de C qu'il y a de rampes. Mais, comme le chargement des voitures ne peut pas être modifié en cours de route, on devra adopter celle des valeurs de C ainsi obtenue qui est la plus petite.

Comme la valeur de M diminue quand la longueur des rampes augmente, on peut conclure de l'équation (8) qu'il y a intérêt :

1° à diminuer la longueur de chaque déclivité ;

2° à diminuer la grandeur i de ces déclivités ;

3° à faciliter la traction en faisant en sorte que le coefficient f_1 soit aussi faible que possible.

29. *Effort de traction dans le cas des automobiles.* — On obtient l'effort de traction, calculé à la jante des roues motrices, en tirant la valeur de φ de l'équation (3) ci-dessus. Il n'y a pas d'autre effort de traction que le couple moteur, on pourrait donc être tenté de faire $\Phi = 0$. Mais, avec les automobiles qui sont animées de vitesses appréciables, il est indispensable de tenir compte de la résistance de l'air. Si donc je désigne cette résistance par A, on devra faire :

$$\Phi = -A.$$

Pour ce qui est de la valeur de A, on adopte la forme :

$$(9) \qquad A = \mu S V^2,$$

dans laquelle μ est un coefficient constant auquel on peut attribuer la valeur :

$$\mu = 0,005 ;$$

S est la surface de la section du véhicule, exprimée en mètres carrés. Si la direction du vent est oblique et fait un angle α avec la surface S, on remplace cette valeur par $S \sin \alpha$.

L'équation (3) ainsi transformée donnera :

$$(10) \qquad \varphi = (\Pi + \varpi)\left(f_1 + i + \frac{\gamma}{\eta}\right) + \varpi \frac{\gamma}{\eta}\frac{K^2}{R^2} + A.$$

Le couple moteur s'obtiendra en multipliant φ par R :

$$\varphi R = (\Pi + \varpi)\left(f_2 + i + \frac{\gamma}{g}\right) R + \varpi R \frac{\gamma}{g} \frac{K^2}{R^2} + AR.$$

Le travail effectué, pour faire parcourir à la voiture une longueur E sera obtenu en multipliant le couple φR par l'angle décrit par les roues, soit $\frac{E}{R}$, c'est-à-dire :

$$(11) \quad T = (\Pi + \varpi)\left(f_2 + i + \frac{\gamma}{g}\right) E + \varpi E \frac{\gamma}{g} \frac{K^2}{R^2} + AE.$$

S'il s'agit de trouver la puissance du moteur, il suffira de remplacer E par la longueur parcourue V dans l'unité de temps :

$$(12) \quad \Theta = (\Pi + \varpi)\left(f_2 + i + \frac{\gamma}{g}\right) V + \varpi V \frac{\gamma}{g} \frac{K^2}{R^2} + AV.$$

Si la puissance du moteur est donnée, on pourra en déduire la vitesse de régime de la voiture, en faisant $\gamma = 0$.

Inversement, si on veut obtenir une vitesse de régime donnée, la même expression permettra d'obtenir la puissance qu'il est nécessaire de donner au moteur.

S'il s'agit d'un démarrage, l'accélération γ n'est pas nulle, l'équation (12) permettra de calculer la vitesse à chaque instant, pour une puissance donnée du moteur. On peut remarquer en effet que γ est égal au coefficient différentiel :

$$\frac{dV}{dt}.$$

L'intégration pourra toujours se faire, puisqu'on est en présence d'une fonction algébrique, avec différentielles séparées.

Dans ce qui précède, la valeur Θ à considérer est la puissance sur l'arbre des roues. La puissance du moteur proprement dit doit être majorée suivant le rendement. On peut admettre qu'il convient d'adopter pour ce rendement 50 0/0.

28. *Réactions de la chaussée sur les roues.* — Les réactions de la chaussée sur les roues sont données par les équations (4) et (5).

— A l'égard de la réaction normale, on a :

$$N = P + p$$
$$N' = P' + p'.$$

Ces expressions conviennent aussi bien à la circulation animée qu'à la circulation mécanique.

Quant aux valeurs de P et P', elles résultent des équations (6), qui permettent de voir dans quelle mesure elles sont influencées par les déclivités et l'accélération, ainsi que par la force Φ ou la résistance de l'air A. Le plus souvent on adopte pour les valeurs de P et P' les valeurs statiques, en terrain horizontal, qui diffèrent peu des valeurs réelles, sauf dans des cas extrêmes.

On admet ainsi :

$$P = \Pi \frac{\delta'}{\delta + \delta'}, \qquad P' = \Pi \frac{\delta}{\delta + \delta'}.$$

D'ordinaire, $\delta' = 2\delta$, de sorte qu'on a, en général :

$$P = 2\frac{\Pi}{3}, \qquad P' = \frac{\Pi}{3}.$$

Ces composantes normales, lorsque les matériaux ne sont qu'imparfaitement liés, dans les empierrements surtout, ont pour effet principal de provoquer le déplacement réciproque des cailloux, ce qui est une des principales causes d'usure, en raison des frottements qui en résultent.

Les effets de ce genre sont surtout à craindre avec les poids lourds qui, dans le cas des automobiles, n'ont aucune limitation légale de charge, même indirectement.

— A l'égard des réactions tangentielles, il convient d'appliquer les équations (5).

Dans le cas de la traction animale, φ est nul. et on a :

$$T = -(P + p)f_2 - p\,\frac{\gamma}{g}\,\frac{K^2}{R^2},$$
$$T' = -(P' + p')f_2 - p'\frac{\gamma}{g}\,\frac{K^2}{R^2}.$$

Les directions positives de T et de T' ayant été comptées dans le sens du mouvement, on voit par le signe de ces expressions, que la chaussée réagit sur les roues en sens inverse du mouvement.

Il en résulte que l'action des roues sur la chaussée est au contraire dirigée dans le sens du mouvement.

Cette remarque a une importance capitale. Si l'on observe en effet, par exemple, une particule séparée de la chaussée sur laquelle passerait une roue de voiture à traction animale, l'action tangentielle tendra à ramener la particule en avant, c'est-à-dire sous la roue. Comme d'ailleurs la vitesse n'est généralement pas grande, il y a peu de poussière soulevée.

A l'égard de la grandeur de ces actions tangentielles, on remarque qu'elles ne dépendent guère que de la charge $P + p$ et du coefficient de traction f_2. Le terme $p \dfrac{\gamma}{g} \dfrac{K^2}{R^2}$ est généralement faible.

Elles ne dépendent pas de la déclivité, et fort peu de l'accélération.

Dans le cas des voitures automobiles, φ n'est pas nul, sa valeur est obtenue par l'égalité (10). On a donc :

$$T = (\Pi + \varpi)\left(f_2 + i + \frac{\gamma}{g}\right) + \varpi \frac{\gamma}{g} \frac{K^2}{R^2} + $$
$$+ A - (P + p)f_2 - p \frac{\gamma}{g} \frac{K^2}{R^2},$$
$$T' = - (P' + p')f_2 - p' \frac{\gamma}{g} \frac{K^2}{R^2}.$$

On se souvient que $\Pi = P + P'$ et $\varpi = p + p'$.

On voit alors facilement que ces expressions se transforment de la manière suivante :

$$T = (P' + p')f_2 + p' \frac{\gamma}{g} \frac{K^2}{R^2} + (\Pi + \varpi)\left(i + \frac{\gamma}{g}\right),$$
$$T' = - (P' + p')f_2 - p' \frac{\gamma}{g} \frac{K^2}{R^2}.$$

La réaction tangentielle, sur les roues de l'essieu avant, se comporte exactement comme dans le cas de la traction animale, aussi bien en grandeur qu'en direction.

La réaction tangentielle sur les roues motrices est, au contraire, toujours positive, c'est-à-dire que l'action des roues sur les chaussées est toujours dirigée en sens inverse de la marche. Elle se compose de deux parties.

La première est égale, en valeur absolue, à l'action tangentielle des roues avant, mais dirigée en sens contraire. La seconde partie, proportionnelle à la charge totale $\Pi + \varpi$, est influencée d'une manière complète par les déclivités et l'accélération.

Il faut conclure de ce qui précède: En ce qui concerne la direction de l'effort, que la particule de chaussée ci-dessus considérée sera projetée en arrière au lieu d'être ramenée sous la roue, d'où un dégagement de poussière d'autant plus intense que la vitesse est plus grande. En ce qui concerne la grandeur de l'action, que celle du premier terme est comparable à celle que produit une voiture à traction animale, puisque les deux premiers termes équivalent précisément à l'action tangentielle des roues avant, mais elle est rendue très énergique dans les rampes, et avec les changements de vitesse, en raison des autres termes et cela en proportion du poids total du véhicule.

On conçoit, après ces explications, que les essieux moteurs des automobiles exercent, par les réactions tangentielles des roues, des effets destructeurs beaucoup plus importants que ceux qui résultent de la circulation animée.

24. *Circonstances qui altèrent l'application des calculs précédents.* — Les calculs précédents supposent :

1° Que les roues roulent sur la chaussée sans glissement ;

2° Que la chaussée est parfaitement unie ;

3° Qu'elle est résistante et n'est pas molle.

Il importe donc de se rendre compte de ce qui se passe quand ces hypothèses ne sont pas réalisées.

A. *Patinage.* — Lorsque les roues glissent en roulant sur la chaussée, on dit qu'elles patinent. Pour que ce glissement se réalise, il suffit que la réaction tangentielle puisse surpasser le frottement.

— Dans le cas de la traction animale, comme dans le cas de l'essieu avant des automobiles, en faisant abstraction de l'inertie des roues, la réaction tangentielle a pour valeur :

$$(P + p)f_1.$$

Comme cette valeur est toujours inférieure au frottement, on voit qu'il ne peut y avoir patinage.

On a en effet :

$$(P + p)f_1 < (P + p)f.$$

— Dans le cas de l'essieu moteur des automobiles, la condition pour qu'il y ait patinage s'exprime par :

$$T > (P + p)f.$$

Or la valeur de T se déduit de la première des équations (5) ; on en tire :

$$\varphi - (P + p)f_1 - p\frac{\gamma}{g}\frac{K^2}{R^2} > (P + p)f,$$

c'est-à-dire :

$$\varphi > (P + p)(f + f_1) + p\frac{\gamma}{g}\frac{K^2}{R^2}.$$

Cette condition peut être réalisée, lorsque le moteur est assez puissant. Le patinage est donc possible, et il se réalise souvent en fait.

Les formules (1), (2) et (2') qui ont servi de base aux calculs qui précèdent doivent alors être modifiées.

— 1° La valeur de la réaction tangentielle T n'est plus une inconnue, puisque la valeur en est connue à l'avance :

$$T = (P + p)f.$$

— 2° L'accélération des roues arrière, à la circonférence, n'est plus égale à γ, mais prend une valeur différente que je désigne par γ'.

Il convient donc de reprendre le calcul de la manière suivante, c'est-à-dire en remplaçant T par $(P + p)f$ et γ par γ' dans le terme $p\frac{\gamma}{g}\frac{K^2}{R^2}$.

La troisième des équations (1) et les groupes (2) et (2') deviennent :

$$F + F' = -A - \Pi\left(i + \frac{\gamma}{g}\right)$$

$$F + (P + p)f = p\left(i + \frac{\gamma}{g}\right)$$

$$\varphi - (P + p)f = (P + p)f_1 + p\,\frac{\gamma'}{g}\frac{K^2}{R^2}$$

$$F' + T' = p'\left(i + \frac{\gamma}{g}\right)$$

$$-T' = (P' + p')f_2 + p'\,\frac{\gamma}{g}\frac{K^2}{R^2}.$$

J'ajoute les quatre dernières et je retranche la première, on a :

$$\varphi = (\Pi + \varpi)\left(f_2 + i + \frac{\gamma}{g}\right) + p\,\frac{\gamma'}{g}\frac{K^2}{R^2} + p'\,\frac{\gamma}{g}\frac{K^2}{R^2} + A.$$

J'élimine γ' entre cette équation et la troisième ci-dessus ; j'obtiens :

$$(13)\quad (P + p)(f + f_2) = (\Pi + \varpi)\left(f_2 + i + \frac{\gamma}{g}\right) + p'\,\frac{\gamma}{g}\frac{K^2}{R^2} + A.$$

On sait que $\gamma = \frac{dV}{dt}$. Cette équation est une équation différentielle en V, susceptible d'être facilement intégrée.

Si l'accélération est nulle, la vitesse de régime peut être obtenue par l'équation :

$$A = (P + p)(f + f_2) - (\Pi + \varpi)(f_2 + i).$$

C'est la vitesse limite qu'on peut atteindre, même en augmentant la puissance du moteur. Tout supplément est absorbé par la force vive due à l'accroissement de vitesse angulaire des roues qui patinent. Cet effort est essentiellement destructeur de la chaussée et aussi des bandages des roues.

Le maximum de l'accélération, au démarrage, résulte aussi de l'équation (13), en faisant $A = 0$.

$$(14)\qquad \gamma = g\,\frac{(P + p)(f + f_2) - (\Pi + \varpi)(f_2 + i)}{\Pi + \varpi + p'\,\dfrac{K^2}{R^2}}.$$

En annulant cette valeur, on obtient la déclivité limite que l'automobile peut gravir :

$$(15) \qquad i = \frac{P + p}{\Pi + \varpi}(f + f_2) - f_3.$$

Il est essentiel d'éviter le patinage des roues motrices des automobiles, sur les empierrements principalement, sous peine de détruire les chaussées et les bandages.

— Le patinage peut aussi résulter des coups de freins. Il ne convient pas de caler les roues par les freins, pour les mêmes motifs.

Lorsque l'action des freins est assez énergique pour que la roue ne soit pas nécessairement incitée à se mouvoir dans le sens de son plan, la moindre influence peut provoquer des glissements latéraux que l'on nomme fringallages.

B. *Cas où la chaussée n'est pas unie.* — Lorsque la chaussée n'est pas unie, le centre instantané de rotation de la roue se meut sur le sol, comme sur la roue, d'une manière discontinue.

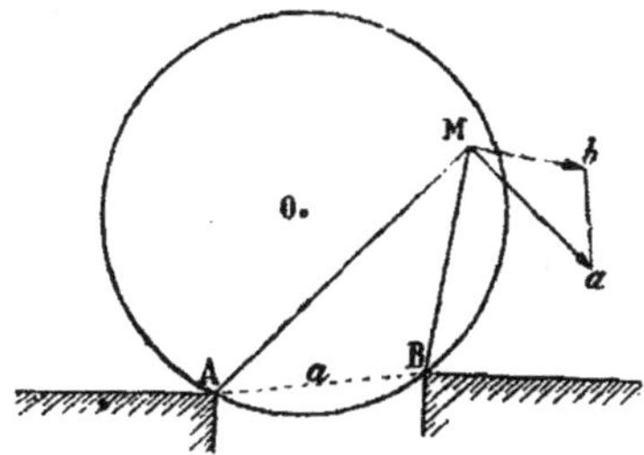

Si la roue franchit par exemple une partie de chaussée, de manière que le centre instantané de rotation passe brusquement d'un point A à un point B, il se produit un choc et une perte de force vive égale à la force vive due à la vitesse perdue.

Je considère un point M de la roue, dont la vitesse angulaire est supposée constante et égale à $\frac{V}{R}$. La vitesse du point M avant le choc, résultera de la rotation autour du point A, et sera dirigée perpendiculairement à AM. Sa valeur sera :

$$\overline{Ma} = \frac{V}{R} \times \overline{AM}.$$

Après le choc, la vitesse nouvelle du point M résultera de la rotation autour du point B, et aura pour valeur :

$$\overline{Mb} = \frac{V}{R} \times \overline{BM}.$$

La vitesse perdue sera représentée par la longueur $\overline{ab}$. En raison de la similitude des triangles ABM et abM, on aura :

$$\overline{ab} = \frac{V}{R} \times \overline{AB} = \frac{V}{R} a.$$

La force vive perdue par le point M, dont la masse est supposée égale à m, sera :

$$\frac{1}{2} m \frac{V^2}{R^2} a^2.$$

En faisant la somme des forces vives perdues par tous les points de la roue, y compris ceux qui, sans faire partie à proprement parler de la roue, sont invariablement liés à elle par son centre O (mais non compris les parties suspendues qui ne perdent aucune vitesse), on obtiendra la perte de force vive totale (Théorème de Carnot).

En désignant par Q′ le poids de la roue ainsi que de toutes les parties non suspendues de la voiture, on aura :

$$\Sigma m = \frac{Q'}{g},$$

et la force vive perdue sera au total :

$$\frac{1}{2} \frac{Q'}{g} a^2 \frac{V^2}{R^2}.$$

Si l'on veut que la vitesse de la voiture se maintienne uniforme, il faut compenser la perte de force vive par le travail d'un effort de traction supplémentaire moyen Φ_1.

Je considère une longueur de chaussée L, on aura :

$$\Phi_1 L = \frac{1}{2} \frac{Q'}{g} \frac{V^2}{R^3} \Sigma a^2,$$

d'où :

$$\Phi_1 = \frac{1}{2} \frac{Q'}{g} \frac{V^2}{R^3} \frac{\Sigma a^2}{L}.$$

Le coefficient $\frac{\Sigma a^2}{L}$ peut s'appeler coefficient de discontinuité, je le pose égal à α. On aura :

$$(16) \qquad \Phi_1 = \frac{\alpha}{2} \frac{Q'}{g} \frac{V^2}{R^2}.$$

Il est bien entendu que cette force Φ_1 ne représente pas la force réellement produite par le choc, mais simplement celle qui est nécessaire en moyenne pour maintenir la vitesse.

Dans le cas particulier où l'un des points, soit A, soit B se trouve au point bas de la roue, on pourra écrire :

$$a^2 = 2Rh,$$

en désignant par h la dénivellation entre les deux points A et B.

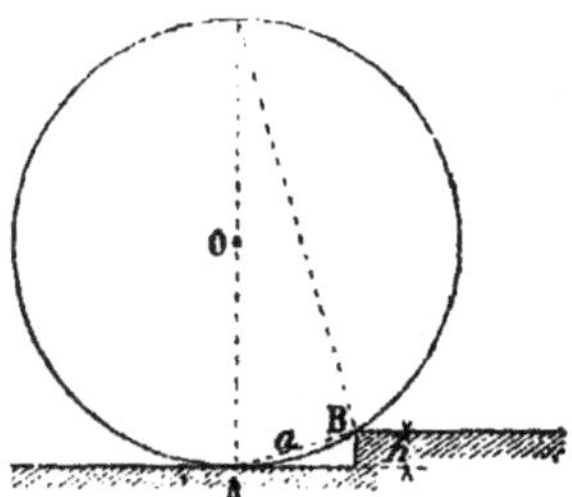

Je remplace a^2 par sa valeur dans l'expression de Φ_1 ; on trouvera :

$$\Phi_1 = \frac{Q'}{g} \frac{V^2}{R} \frac{\Sigma h}{L}.$$

Le coefficient $\frac{\Sigma h}{L}$ peut être appelé coefficient de rugosité. Je le désigne par β, et on a :

$$(17) \qquad \Phi_1 = \beta \frac{Q'}{g} \frac{V^2}{R}.$$

Ces formules s'appliquent d'ailleurs aussi bien au cas de la traction animale qu'au cas de la traction mécanique. Dans le premier cas, l'augmentation de l'effort Φ_1 s'obtient en majorant d'autant la traction Φ. Dans le second cas, il résulte d'une augmentation semblable de la force φ. Cela tient à ce que, dans l'équation (3), les forces Φ et φ n'entrent que par leur somme $\Phi + \varphi$.

Dans le calcul qui précède, on n'a pas fait intervenir le travail de la pesanteur. On peut admettre, à cet égard, que sur un certain parcours il y a autant de saillies que de creux, il se produit donc des compensations dans le travail de la pesanteur.

— Si les calculs qui précèdent conviennent pour l'effort de traction supplémentaire qui est indispensable au maintien de la vitesse, ils ne sont plus suffisants si l'on se propose de voir quelles sont les actions exercées réellement par les roues sur la chaussée. Un pareil calcul ne peut pas se faire exactement, parce qu'il est impossible de connaître quelles sont les déformations subies par la chaussée au passage des roues.

Mais, si un calcul rigoureux est impossible, il est du moins aisé de faire voir la différence capitale qu'il y a, en cas de discontinuité de roulement, dans les effets qui résultent d'une roue motrice ou d'une simple roue porteuse.

Avec une roue motrice, l'obstacle abordé reçoit, au moment du choc, une poussée énergique dans le sens de la marche. Après le choc, la réaction tangentielle, qui est dirigée en sens contraire, repousse le même obstacle vers l'arrière, avec une énergie d'autant plus prononcée qu'il est nécessaire, pour maintenir la vitesse, de produire une accélération. L'obstacle, un caillou par exemple, sollicité alternativement en avant et en arrière, ne tarde pas à être ébranlé et à être projeté sur la chaussée, vers l'arrière. C'est ainsi que naissent les dégradations spéciales causées par la circulation automobile. Le patinage détruit la matière d'agrégation, rend la chaussée discontinue, et ces discontinuités provoquent ensuite l'arrachement des cailloux des empierrements ; d'où les flaches rondes, en forme de nid de poule, que l'on constate. Ces flaches sont attaquées, au choc, par leur rebord intérieur et les cailloux sont ensuite détachés en sens inverse et renvoyés violemment dans la flache et même plus loin où la circulation les écrase.

Avec les roues porteuses, notamment avec les voitures à traction animale, rien de pareil ne se produit. S'il y a bien un choc contre l'obstacle, la réaction tangentielle après le choc est dirigée dans le même sens que celui-ci et n'est en rien influencée par l'accélération qu'il est nécessaire de provoquer pour conserver la vitesse. Si, par hasard, un caillou se trouve descellé, il n'est pas rejeté en arrière. Les flaches rondes ne se produisent pas.

Enfin il faut retenir de tout ce qui précède qu'il faut avoir des chaussées bien liées et bien homogènes pour résister au patinage, et bien unies pour éviter les dégradations dues au choc et à la vitesse.

C. *Chaussées molles.* — L'analyse suivante est due à Coriolis.

Il suppose une roue de rayon R et de largeur de jante b, circulant sur une chaussée molle.

Son poids est égal à P et la force nécessaire pour obtenir une progression uniforme est supposée égale à F.

On admet que la roue, en circulant, laisse dans la chaussée une empreinte de profondeur h. Le contact avec le sol s'opère sur un arc AA'. La réaction du sol se compose d'une force verticale N et d'une force horizontale appliquée à une distance du point A du second ordre, sa valeur est F.

Si l'on prend Cx et Cy pour axes de coordonnées, l'arc AA' étant assimilé à une partie de parabole, on aura, x, y étant les coordonnées de l'élément d'arc m :

(18)
$$a^2 = 2Rh$$

$$x^2 = 2R(h-y)$$

(19)
$$y = h\,\frac{a^2-x^2}{a^2}.$$

La force élémentaire appliquée à l'élément m est propor-

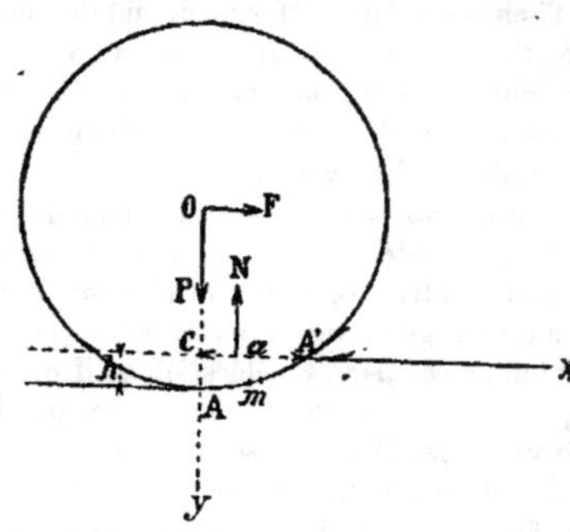

tionnelle à l'enfoncement y. On a donc, K étant une constante :

$$Khydx.$$

L'action totale est :

(20)
$$\int_o^a Kbydx = \frac{2}{3}\,Rbah = P.$$

Son point d'application a pour abscisse u ; on a :

$$u\,\frac{2}{3}\,ah = \int_o^a ydx \times x, \quad \text{soit} \quad u = \frac{3}{8}\,a.$$

Le moment des forces par rapport au centre O se compose du moment des forces horizontales qu'on peut considérer comme étant égal à FR, ainsi que du moment des forces verticales, qui est égal à $P \times \frac{3}{8}\,a$. On a donc :

(21)
$$FR = \frac{3}{8}\,Pa.$$

J'élimine a et h entre (18), (20) et (21) ; on trouve :

$$(22) \qquad F = K' \frac{P^{\frac{4}{3}}}{b^{\frac{1}{3}} R^{\frac{2}{3}}},$$

en posant :

$$K' = \frac{3}{8} \left(\frac{3}{K} \right)^{\frac{1}{3}}.$$

L'équation (22) montre que l'effort de traction n'est plus proportionnel au poids P ni en raison inverse du rayon, mais

proportionnel à $P^{\frac{4}{3}}$ et en raison inverse de $R^{\frac{2}{3}}$. De plus, cet effort n'est plus indépendant de la largeur de jante ; il est en raison inverse de la racine cubique de cette largeur.

DONNÉES·ET EXPÉRIENCES

25. *Données expérimentales.* — 1° Frottement de glissement, valeur de f :

— Bois sur bois, à sec . . . . $f =$	0,36
— — , avec enduit gras.	0,07
— Bois sur métal, à sec	0,42
— — , avec enduit gras	0,08
— Métal sur métal, à sec.	0,19
— — , avec enduit gras	0,09
— Corde mouillée sur bois	0,33
— Corde sur fonte.	0,15
— Cuir sur bois ou métal, à sec	0,30
— — , avec enduit gras . .	0,20
— Fer sur pierre	0,45
— Pierre sur bois	0,40
— Pierre sur pierre	0,76

2° Roulement, valeur de δ :

— Bois dur sur bois dur . . . . $\delta =$	0,0005
— Bandage de roue en fer sur pavés en pierre ou asphalte	0,0040
— Bandage de roue en fer sur pavés en bois ordinaire	0,0050

— Bandage de roue en fer sur empierrement très
    uni 0,0100
— Bille de roulement, sur métal 0,0008

26. *Tirage en terrain uni horizontal.* — Le tirage est donné par le produit du poids total par le coefficient f_t. Ce coefficient est lui-même formé de deux parties, résistance à l'essieu $f\frac{\rho}{R}$ et résistance au roulement $\frac{\delta}{R}$.

A. — Résistance à l'essieu :

Dans le cas d'un essieu ordinaire, on peut admettre :

$$f = 0,09 \qquad \text{et} \qquad \frac{\rho}{R} = 0,05.$$

La résistance à l'essieu est donc :

$$0,09 \times 0,05 = 0,0045$$

soit, en nombre rond   0,005.

Dans le cas d'un coussinet à bille, le coefficient f ci-dessus doit être remplacé par $\frac{\delta}{u}$.

Si l'on fait :

$$\delta = 0,0008 \qquad \text{et} \qquad u = 0,03,$$

on aura :

$$\frac{\delta}{u} = 0,027,$$

et la résistance à l'essieu serait :

$$0,027 \times 0,05 = 0,00135,$$

soit, en nombre rond   :   0,0015

B. — Résistance au roulement :

Je supposerai R = 0 m. 40. En attribuant à δ les valeurs ci-dessus, on trouvera :

Sur pavage en pierre ou asphalte :

$$\frac{\delta}{R} = \frac{0,004}{0.40} = 0,0100.$$

Sur pavage en bois ordinaire :

$$\frac{0,005}{0,40} = 0,0125.$$

Sur empierrement uni :

$$\frac{0,01}{0,40} = 0,0250.$$

En définitive, si l'on ajoute les deux éléments A et B, on aura pour valeur du coefficient de traction en terrain uni :

Coussinet ordinaire :

Pavage en pierre ou asphalte.	$0,005 + 0,01 = 0.015$
Pavage en bois ordinaire	$0,005 + 0,0125 = 0,0175$
Sur empierrement uni.	$0,005 + 0,025 = 0,030$

Coussinet à billes :

Pavage en pierre ou asphalte.	$0,0015 + 0,01 = 0,0115$
Pavage en bois ordinaire . . . . . :	$0,0015 + 0,0125 = 0,0140$
Sur empierrement uni	$0,0015 + 0,025 = 0,0265$

C. — Terme complémentaire :
Résistance du vent A.
On a admis la formule :

$$A = \mu S V^2.$$

Si :

$$\mu = 0,005 \quad \text{et} \quad S = 3 \text{ m}^2,$$

on aura :

$$A = 0,015 V^2.$$

Ce terme peut prendre une certaine importance quand la vitesse devient appréciable.

Négligeable, pour $V = 1$ m., cette expression devient égale à 13 kg. 5 pour $V = 30$ m.

37. *Influence des inégalités du sol.* — Je considère tout d'abord le cas d'un pavage en bon état, présentant simplemen cinq joints de 0 m. 01 par mètre linéaire.

L'expression complémentaire de la traction sera :

$$\Phi_1 = \frac{\alpha}{2} \frac{Q'}{g} \frac{V^2}{R^2}.$$

Q' est la partie du poids non suspendue. Si je rapporte cet effort à l'unité de poids traîné, j'obtiens :

$$\frac{\Phi_1}{\Pi + \varpi} = \frac{\alpha}{2} \frac{Q'}{\Pi + \varpi} \frac{1}{g} \frac{V^2}{R^2}.$$

On a :

$$\alpha = \frac{\Sigma a^2}{L} = 5 \times 0{,}0001 = 0{,}0005.$$

J'admets :

$$\frac{Q'}{\Pi + \varpi} = 0{,}25$$
$$R = 0{,}40,$$

on trouvera :

$$\frac{\Phi_1}{\Pi + \varpi} = \frac{0{,}0005}{2} \cdot 0{,}25 \frac{1}{g} \cdot \frac{V^2}{0{,}16} = 0{,}00004 V^2.$$

Ce terme est donc négligeable pour le cas des faibles vitesses. Si on prend $V = 30$ m., on trouve $0{,}036$.

Si le pavage est en médiocre état, par exemple si a prend une valeur de trois centimètres, le terme additionnel sera neuf fois plus fort que ci-dessus, soit $0{,}00036 V^2$.

Un calcul simple permet de voir que, en vertu de ce terme, la traction est doublée, dans le cas d'un bon pavage dès que la vitesse s'approche de 70 km. à l'heure.

Dans le cas du pavage médiocre ci-dessus envisagé, la traction serait doublée, comparativement à ce qu'elle est en terrain uni, dès que la vitesse atteindrait 23 km. à l'heure.

Les bons pavages ne gênent donc que fort peu la circulation automobile, tandis que les mauvais pavages sont un obstacle réel à la circulation rapide.

Après le cas des pavages, j'examine celui d'un empierrement présentant des têtes de chat.

J'admets qu'il y ait une tête de chat, en saillie de $0{,}03$, pour chaque mètre courant, et j'applique la formule :

$$\frac{\Phi_1}{\Pi + \varpi} = \beta \frac{Q'}{\Pi + \varpi} \frac{1}{g} \cdot \frac{V^2}{R}$$

$$\beta = \frac{0,03}{1} \qquad \frac{Q'}{\Pi + \varpi} = 0,25 \qquad R = 0 \text{ m. } 40$$

$$\frac{\Phi_1}{\Pi + \varpi} = 0,03 \times 0,25 \times \frac{1}{g} \; \frac{V^2}{0,40} = 0,0019 V^2.$$

On voit que l'effort de traction serait doublé, sur ce qu'il est en cas de terrain uni, dès que la vitesse atteindrait 14 km. à l'heure.

Ce calcul montre combien il est intéressant de conserver aux chaussées un uni aussi complet que possible.

28. *Expériences de Morin* (1837-1842). — Ces expériences étaient faites, à la demande du Ministre des Travaux publics, en vue de la loi alors projetée de la police du roulage.

Partant d'une formule analogue à celle qui a été établie,

$$\Phi = (\Pi + \varpi)(f_2 + i),$$

il tire f_2 de la relation :

$$f_2 = \frac{\Phi}{\Pi + \varpi} - i,$$

en mesurant directement les quantités qui figurent dans le second membre.

Voici les conclusions auxquelles Morin est arrivé :

— La traction est proportionnelle à la charge et en raison inverse du rayon ;

— La dégradation des chaussées diminue quand le rayon augmente ;

— Sur les empierrements et les pavages, la résistance est indépendante de la largeur de jante, dès que celle-ci dépasse 0 m. 10 ;

— Sur les terrains mous, la résistance est indépendante de la vitesse, pour les voitures suspendues ou non ;

— Au pas, la résistance est la même, pour les voitures suspendues ou non. Si la vitesse augmente, cette résistance croît d'autant plus que la surface est moins unie, elle est moindre pour les voitures suspendues.

Ces conclusions confirment en somme ce qui résulte des formules précédemment établies. L'augmentation du tirage avec la vitesse, sur les chaussées qui ne sont pas unies, tient à l'existence du terme Φ_1, terme qui comprend seulement le poids Q' de la partie non suspendue. S'il n'y a pas de suspension, sa valeur peut augmenter beaucoup.

29. *Expériences de Dupuit*. — Dupuit fit la critique des expériences du général Morin. Il reprit l'examen expérimental du tirage et aboutit aux conclusions suivantes :

— 1º Chaussées unies :
— Le tirage est proportionnel à la charge ;
— Il est indépendant de la largeur de jante ;
— Il est en raison inverse de la racine carrée du rayon $\sqrt{R}$;
— Il est indépendant de la vitesse.

On aurait donc :

$$T = \frac{P\varepsilon}{\sqrt{R}}$$

ε dépendrait de l'élasticité des surfaces en contact.

— 2º Chaussées non unies :

Sur les chaussées peu unies, les pavages en pierre notamment, les lois précédentes subsisteraient dans les grandes lignes, sauf que le tirage augmenterait avec la vitesse et serait moindre avec les voitures suspendues.

La principale divergence est en fonction du rayon R. On ne doit pas s'en étonner, car on a vu, suivant les cas, ce rayon intervenir d'une manière différente :

— La loi de Coulomb conduisait à la forme $\frac{1}{R}$;

— Le terme complémentaire Φ_1 conduirait à $\frac{1}{R}$ ou à $\frac{1}{R^2}$;

— L'analyse de Coriolis a donné $\left(\mu\,\frac{1}{R}\right)^{\frac{2}{3}}$.

On constate néanmoins que, dans tous les cas, le tirage diminue avec le rayon.

Les formules qui ont été établies précédemment subsisteraient, il suffirait d'y remplacer ε par $\varepsilon\sqrt{R}$.

30 *Résultats d'expériences.* — Parmi les résultats obtenus par le général Morin, on peut signaler les suivants :
Pour des vitesses de :

$$V = 5 \text{ km. } 4 \quad 12 \text{ km. } 6 \quad 19 \text{ km. } 6 \text{ à l'heure.}$$

Le coefficient de traction f_1 est :

	5 km. 4	12 km. 6	19 km. 6
— Sur empierrement bon et sec	0,021	0,024	0,025
— — humide avec poussière .	0,030	0,037	0,041
— — avec boue molle . . .	0,038	0,046	0,050
— — avec boue épaisse. . .	0,056	0,063	0,067
— — avec ornières , . . .	0,073	0,081	0,085
— Sur pavage, bon	0,030	»	0,070
— — , très bon	0,025	0,0226	0,060
— — . mouillé.	0,023	0,030	»
— Terrain naturel	0,065	0,250	»

31. *Objection à la Théorie du roulement.* — Avec les automobiles, la réaction tangentielle des roues motrices est :

$$T = (P' + p')f_1 + (\Pi + \varpi)\left(i + \frac{\gamma}{g}\right) + p'\,\frac{\gamma}{g}\frac{K^2}{R^2} + A.$$

On remarque que, si l'on a :

$$i = 0, \quad \gamma = 0 \quad \text{et} \quad A = 0,$$

il ne reste que :

$$T = (P' + p')f_1.$$

Si donc on diminue jusqu'à annuler la charge portant sur l'essieu avant, on obtiendrait ce résultat d'apparence paradoxale :

$$T = 0.$$

Pour justifier ce prétendu paradoxe, on explique que, si T peut être nul, en moyenne, il ne l'est pas en fait.

On explique en effet que la roue, abordant un obstacle, agissant d'abord vers l'avant, réagit en sens inverse après le choc.

Il saute aux yeux que cette objection ne porte nullement

sur la théorie du roulement, *laquelle suppose un uni parfait et sans obstacle.*

La théorie qui a été donnée ci-dessus, donne, pour ce cas, le terme Φ_1 pour l'effort moyen, terme qui, sans donner les efforts réels, permet de comprendre ce qui se passe au franchissement des obstacles. Mais ce sont là des faits étrangers au roulement qui, pour être obtenu, n'implique pas nécessairement l'existence d'une réaction tangentielle, mais seulement celle d'un *couple* et cela quelle que soit la loi du roulement (Coulomb, Dupuit ou autres).

TROISIÈME LEÇON

INFLUENCE DE LA SUSPENSION. BANDAGES
PNEUMATIQUES

INFLUENCE DE LA SUSPENSION

32. *Les ressorts.* — La suspension diminue les chocs et contribue ainsi à ménager aussi bien les véhicules et leur contenu, que les chaussées elles-mêmes. Elle facilite également le tirage, puisque le terme complémentaire de traction Φ_1 ne contient que la partie du poids non suspendue.

Le ressort le plus fréquemment employé est le ressort à pincettes, qui a été inventé en 1820 et a permis l'organisation de services de diligences rapides, bientôt supplantées par les chemins de fer. Il est constitué par une série de lames d'acier étagées en forme de solide d'égale résistance.

Bien qu'avantageux aux divers points de vue ci-dessus indiqués, les ressorts entraînent néanmoins, pour les chaussées, certaines conséquences qu'il y a lieu d'envisager.

— La flexibilité des ressorts dépend de deux éléments principaux. Elle est proportionnelle à la charge du véhicule et son amplitude est en relation avec les inégalités des chaussées.

On admettra que la réaction d'un ressort est proportionnelle à l'abaissement ; soient :

— G_1 la position du centre de gravité du poids Q porté par le ressort, dans la position de l'équilibre statique ;

— G_0 la position du même point, lorsqu'on monte progressivement la charge Q jusqu'au soulagement complet du ressort ;

— G, une position quelconque de ce centre de gravité ;

— H, l'abaissement statique G_0G_1, sous la charge Q ;

— w, la distance GG_1 comptée positivement de bas en haut ;

— l la distance du point G_0 au-dessus du centre de la roue O.

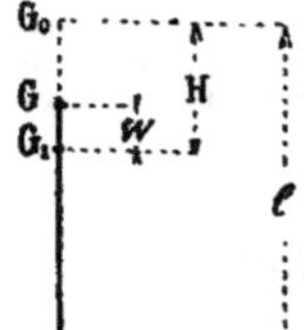

Le centre de gravité étant au point w, l'enfoncement du ressort est :

$$H - w.$$

La force du ressort étant proportionnelle à cet enfoncement, on écrira :

$$F = K(H - w).$$

D'autre part, lorsque le ressort est à l'état d'équilibre statique, cette force a pour valeur Q, et l'on a en même temps $w = 0$, de sorte qu'on peut écrire :

$$Q = KH, \qquad \text{d'où} \qquad K = \frac{Q}{H}.$$

On obtient donc, en définitive, pour la valeur de F :

$$(1) \qquad F = \frac{Q}{H}(H - w) = Q - \frac{Q}{H}w.$$

33. *Equation générale du mouvement dans le cas d'un seul essieu, considéré isolément.* — Je considère le centre de gravité G de la partie suspendue de la voiture qui correspond au poids Q.

Soient deux axes de coordonnées Ox et Oy, MN le profil de la chaussée. La roue, dont le centre est O, touche ce profil au point I, dont l'ordonnée est z, qui est fonction connue de x.

On a :

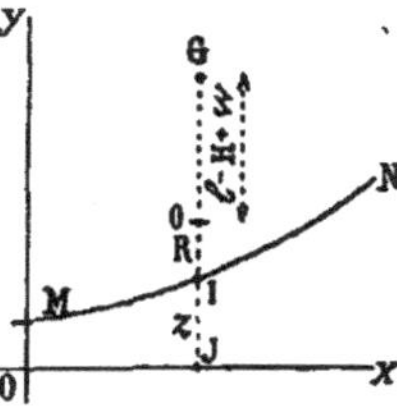

$$IJ = z, \quad IO = R \text{ et } OG = l - H + w.$$

Je suppose que la voiture se meut d'un mouvement uniforme, avec une vitesse V. On aura :

$$(2) \qquad\qquad x = Vt.$$

J'applique au centre de gravité G le théorème des quantités de mouvement projetées sur un axe vertical.

L'ordonnée du point G a pour valeur :

$$z + R + l - H + w.$$

Dès lors, la quantité de mouvement du point G projetée sur l'axe des y a pour expression :

$$\frac{Q}{g} d\left(\frac{d(z + w)}{dt}\right) = \frac{Q}{g}\left(\frac{d^2 z}{dt^2} + \frac{d^2 w}{dt^2}\right) dt,$$

ou, en prenant x pour variable indépendante :

$$\frac{V^2 Q}{g}\left(\frac{d^2 z}{dx^2} + \frac{d^2 w}{dx^2}\right) dt.$$

D'autre part, les forces appliquées au point G sont :
Le poids Q, dirigé vers les y négatifs ;

La réaction du ressort, dirigée vers les y positifs $Q - \dfrac{Q}{H} w$.

Leur impulsion a pour valeur :

$$\left(- Q + Q - \frac{Q}{H} w\right) dt,$$

d'où l'équation :

$$(3) \qquad \frac{d^2z}{dx^2} + \frac{d^2w}{dx^2} + \frac{g}{V^2H}\, w = 0.$$

Je considère en outre l'équilibre du centre de gravité O des roues, dont le poids, y compris tout ce qui n'est pas suspendu, a pour valeur Q'.

L'ordonnée du point O est égale à $z + $ R.

La quantité de mouvement projetée verticalement a pour expression :

$$\frac{Q'}{g}\, \frac{d^2z}{dt^2}\, dt \qquad \text{ou} \qquad \frac{V^2 Q'}{g}\, \frac{d^2z}{d.x^2}\, dt.$$

Le point O est soumis à trois forces : Le poids Q' de haut en bas, la réaction du ressort, également de haut en bas, et enfin la réaction N du sol, d'où les impulsions :

$$\left(N - Q' - Q + \frac{Q}{H}\, w \right) dt,$$

ce qui entraîne l'équation :

$$(4) \qquad N = Q + Q' - \frac{Q}{H}\, w + \frac{Q'V^2}{g}\, \frac{d^2z}{d.x^2}.$$

Les équations (3) et (4) donnent la solution du problème posé. La première définit le mouvement du point G ; la seconde donne la valeur de la réaction sur le sol.

Le calcul précédent suppose que la roue ne quitte pas le sol, c'est-à-dire que l'on a :

$$N > 0.$$

On peut remarquer en outre, l'angle de la chaussée avec l'axe des x étant toujours très petit, que la valeur de l'expression $\frac{d^2z}{dx^2}$ n'est autre que la courbure $\frac{1}{\rho}$ de la chaussée :

$$\frac{d^2z}{dx^2} = \frac{1}{\rho}.$$

34. *Cas d'un profil en long rectiligne.* — Si le profil en long est rectiligne, z est représenté par une fonction linéaire :

$$z = ix + c,$$

d'où :

$$\frac{d^2z}{dx^2} = 0.$$

Les équations (3) et (4) ci-dessus se réduisent à :

$$(5) \qquad \begin{cases} \dfrac{d^2w}{dx^2} + \dfrac{g}{V^2H}\,w = 0. \\[2ex] N = Q + Q' - Q\dfrac{w}{H}. \end{cases}$$

Si l'on pose :

$$(6) \qquad \frac{\pi}{a} = \frac{1}{V}\sqrt{\frac{g}{H}}$$

la première des deux équations (5) donne lieu à la racine suivante :

$$(7) \qquad w = A \cos \frac{\pi x}{a} + B \sin \frac{\pi x}{a}.$$

A et B étant des constantes ou, en posant :

$$A = h \cos \frac{\pi x_0}{a} \qquad B = h \sin \frac{\pi x_0}{a},$$

$$w = h \cos \frac{\pi(x - x_0)}{a}.$$

Sous cette forme, on voit que le centre de gravité G oscille autour de la position G_1 de l'équilibre statique.

La demi-amplitude de l'oscillation est h.

La durée de la demi-oscillation est :

$$(8) \qquad t = \pi \sqrt{\frac{H}{g}}.$$

La demi-longueur d'onde est a, c'est-à-dire, d'après l'expression (6) :

$$(9) \qquad a = \pi V \sqrt{\frac{H}{g}} = Vt.$$

La réaction N oscille entre les valeurs extrêmes :

$$Q + Q' - \frac{Qh}{H} \quad \text{et} \quad Q + Q' + \frac{Qh}{H}$$

correspondant aux abscisses :

$$x = x_0 + 2Ka \quad \text{et} \quad x = x_0 + (2K + 1)a.$$

— Pour que la roue ne quitte pas le sol, il est nécessaire que l'on ait :

$$Q + Q' - \frac{Qh}{H} > 0,$$

c'est-à-dire :

$$H > \frac{Q}{Q + Q'} h.$$

— Pour que le centre de gravité G ne dépasse pas la limite G_0 du ressort totalement détendu, il est nécessaire que l'on ait :

$$H > h.$$

— Enfin, il convient d'éviter le patinage, au moins dans le cas du mouvement uniforme. Pour cela, il faut que la réaction tangentielle des roues motrices sur le sol soit inférieure à Nf.

La valeur de la réaction tangentielle, dans le mouvement uniforme, en supposant la résistance A du vent négligeable, a pour valeur :

$$T = (P' + p')f_2 + (\Pi + \varpi)i.$$

La condition s'exprime alors par :

$$(P' + p')f_2 + (\Pi + \varpi)i < f\left(Q + Q' - Q\frac{h}{H}\right);$$

cela entraîne, en remarquant que $Q + Q' = \Pi + \varpi$:

$$H > h \frac{1}{\dfrac{\Pi + \varpi}{Q}\left(1 - \dfrac{i}{f}\right) - \dfrac{P' + p'}{Q}\dfrac{f_2}{f}}.$$

En prenant :

$$\frac{\Pi + \varpi}{Q} = \frac{4}{3}, \qquad \frac{P' + p'}{Q} = \frac{1}{2}.$$

$$i = 0,09, \qquad f = 0,30, \qquad f_i = 0,03,$$

on trouve une limite de H d'environ :

$$H > 1,13\ h.$$

En pratique, il semble prudent d'admettre pour H une valeur au moins égale à **2h**.

35. *Circonstances qui provoquent les oscillations.* — Les principales circonstances qui provoquent les oscillations sont les suivantes :

— 1° Chute brusque de la roue d'une hauteur h, comme, par exemple, à la fin d'un rechargement mal raccordé.

On suppose qu'il n'y a pas d'oscillation préalable et on prend l'origine des x au point de chute.

Pour $x = 0$, on aura, le ressort étant détendu de h,

$$w = h \ \text{et} \ \frac{dw}{dx} = 0.$$

Ces conditions à l'origine, reportées dans l'équation (7), donnent $A = h$ et $B = 0$; il vient donc :

$$w = h \cos \pi \frac{x}{a}.$$

L'amplitude totale de l'oscillation est de **2h**, soit de h au-dessus et de h au-dessous de la position moyenne.

Les points de la chaussée, pour lesquels la réaction N est minimum, correspondent à :

$$\cos \pi \frac{x}{a} = + 1, \qquad \text{soit } \pi \frac{x}{a} = 2K\pi,$$

c'est-à-dire :

$$x = 2Ka.$$

Le point le plus exposé au patinage correspond à $K = 0$, soit au point de chute, principalement s'il se produit une accélération γ appréciable.

— 2° Montée brusque de la roue d'une hauteur h, comme, par exemple, au début d'un rechargement mal raccordé.

Il suffit de changer, dans le problème précédent, h en $-h$; il vient :

$$w = -h \cos \pi \frac{x}{a}.$$

Les points où le patinage risque de se produire correspondent à :

$$\cos \pi \frac{x}{a} = -1, \qquad \text{soit } \pi \frac{x}{a} = (2K + 1)\pi,$$

c'est-à-dire :

$$x = (2K + 1)a.$$

— 3° Traversée brusque d'une flache de longueur λ et de profondeur h.

On se propose de trouver le mouvement à la sortie de la flache. Ce mouvement est la superposition des deux précédents. Si l'on prend, pour origine des x, le milieu de la flache, on aura :

$$w = h \cos \pi \frac{x + \frac{\lambda}{2}}{a} - h \cos \pi \frac{x - \frac{\lambda}{2}}{a},$$

soit :

$$w = -2h \sin \pi \frac{\lambda}{2a} \sin \pi \frac{x}{a}.$$

La demi-amplitude de l'oscillation a pour valeur :

$$2h \sin \pi \frac{\lambda}{2a}.$$

Lorsque λ est égal à a, cette demi-amplitude est égale à $2h$.

Les points où le patinage risque de se produire correspondent au cas où l'on a :

$$\sin \frac{\pi x}{a} = -1, \qquad \text{soit} \quad \frac{\pi x}{a} = \frac{3\pi}{2} + 2K\pi,$$

c'est-à-dire :

$$x = \frac{3}{2} a + 2Ka.$$

— 4° Rencontre brusque d'un emploi en saillie, dont la longueur serait λ et la saillie h.

C'est le même problème que le précédent, en changeant h en $- h$; il vient :

$$w = 2h \sin \pi \frac{\lambda}{2a} \sin \pi \frac{x}{a} .$$

L'amplitude est la même que ci-dessus, mais les points où l'on peut craindre le patinage correspondent au cas :

$$\sin \frac{\pi x}{a} = 1, \quad \text{soit} \quad \frac{\pi x}{a} = \frac{\pi}{2} + 2\mathrm{K}\pi,$$

c'est-à-dire :

$$x = \frac{a}{2} + 2\mathrm{K}a.$$

— 5° Rencontre d'une courte saillie, comme une tête de chat par exemple.

C'est le même problème que ci-dessus, en supposant λ très petit. On trouve alors :

$$w = \pi \frac{h\lambda}{a} \sin \pi \frac{x}{a} .$$

L'amplitude est alors très faible, l'oscillation de la partie suspendue est à peine sensible.

— 6° Passage brusque d'une déclivité à une autre, comme à travers un cassis par exemple.

Soit i l'angle des deux versants. Si l'on prend, comme origine des x, le point de brisure du profil en long, on aura à l'origine, pour $x = 0$:

$$w = 0, \qquad \frac{dw}{dx} = - i ;$$

l'équation (7) donne alors :

$$\mathrm{A} = 0 \quad \text{et} \quad \frac{\mathrm{B}\pi}{a} = - i,$$

d'où :

$$w = - \frac{ai}{\pi} \sin \pi \frac{x}{a} .$$

La demi-amplitude de l'oscillation a pour valeur :

$$\frac{ai}{\pi},$$

qui peut devenir assez importante.

Les points où le patinage risque de se produire correspondent à :

$$\sin \pi \frac{x}{a} = -1, \quad \text{soit} \quad \pi \frac{x}{a} = \frac{3}{2}\pi + 2K\pi,$$

c'est-à-dire :

$$x = \frac{3}{2} a + 2Ka.$$

— Des calculs qui précèdent, on peut prendre un aperçu des valeurs qu'il convient d'attribuer à H.

On a vu, à propos de l'étude des oscillations en général, qu'il est prudent d'attribuer à H une valeur double de la demi-amplitude de l'oscillation.

D'autre part, la plus grande valeur que l'on a constatée, dans ce qui précède, est le double de la profondeur d'une flache.

Si donc h est la profondeur d'une flache, on obtiendra :

$$H = 4h.$$

En attribuant à h la valeur de l'épaisseur d'un caillou, soit 0 m. 06 par exemple, on aura :

$$H = 0 \text{ m. } 24.$$

Dans ces conditions, la durée d'une demi-oscillation serait :

$$t = \pi \sqrt{\frac{0{,}24}{g}},$$

soit à peu près une demi-seconde.

Comme, d'autre part, la vitesse moyenne des automobiles peut être évaluée à 36 km. à l'heure, cela correspond à 10 m. à la seconde. Cette vitesse de 10 m., combinée avec la durée ci-dessus d'une demi-seconde, permet d'attribuer à a une valeur de :

$$a = 10 \times 0,50 = 5 \text{ m.}$$

36. *Cas d'un profil en long curviligne.* — Il convient d'attribuer à z la valeur qui résulte de la fonction qui définit le profil en long, et de considérer l'équation (3), savoir :

$$\frac{d^2z}{dx^2} + \frac{d^2w}{dx^2} + \frac{g}{V^2 H}\, w = 0.$$

On peut remarquer que, si une fonction w_1 est une racine particulière de cette équation, la racine générale sera :

$$w = w_1 + A \cos \pi \frac{x}{a} + B \sin \pi \frac{x}{a}.$$

Je suppose que le profil en long affecte une forme parabolique :

$$z = \frac{x^2}{2\rho} + bx + C.$$

En attribuant à w la valeur particulière $w_1 = -\frac{a^2}{\pi^2 \rho}$, on satisfait à l'équation différentielle, en tenant compte de la relation (6) :

$$\frac{\pi}{a} = \frac{1}{V}\sqrt{\frac{g}{H}}.$$

L'équation générale du mouvement sera :

$$(10) \qquad w = -\frac{a^2}{\pi^2 \rho} + A \cos \pi \frac{x}{a} + B \sin \pi \frac{x}{a}.$$

Cette expression montre que l'oscillation se fait autour du point défini par :

$$w = w_1 = -\frac{a^2}{\pi^2 \rho}.$$

Si donc les conditions initiales étaient telles que l'on ait à la fois :

$$A = 0 \qquad \text{et} \qquad B = 0.$$

Le centre de gravité de la partie suspendue décrirait une

courbe parallèle au profil en long et à une distance, en valeur absolue, de $\frac{a^2}{\pi^2\rho}$ de la position qu'il occuperait sur un profil rectiligne.

Cette distance doit d'ailleurs être considérée comme positivement ou négativement suivant le signe de ρ. Si la concavité est tournée vers les y positifs, ρ est positif et w_1 est négatif. Si la concavité est tournée vers les y négatifs, ρ est négatif et w_1 est positif. Dans le premier cas, le centre de gravité est abaissé et, dans le second, il est relevé. Il est aisé de voir que ces faits résultent de la force centrifuge $\frac{QV^2}{g\rho}$.

— Je vais appliquer les considérations qui précèdent au tracé rationnel du raccordement entre deux déclivités consécutives du profil en long.

Je suppose qu'il n'y ait aucune oscillation préalable et que la voiture quitte un profil rectiligne de déclivité i, pour aborder une parabole raccordée à ce profil. Je prends le point de raccordement pour origine, la parabole aura une équation de la forme :

$$z = \frac{x^2}{2\rho} + ix,$$

tandis que le profil rectiligne qui la précède aura pour équation :

$$z = ix.$$

Le mouvement de la partie suspendue sera représenté par l'équation (10) ci-dessus, moyennant les conditions initiales suivantes, pour $x = 0$:

$$w = 0 \qquad \text{et} \qquad \frac{dw}{dx} = 0.$$

Ce qui entraîne :

$$A = \frac{a^2}{\pi^2\rho} \qquad \text{et} \qquad B = 0.$$

On a donc :

$$w = -\frac{a^2}{\pi^2\rho}\left(1 - \cos \pi\frac{x}{a}\right) = -2\frac{a^2}{\pi^2\rho}\sin^2\frac{\pi x}{2a}.$$

On voit ainsi que w est toujours de signe contraire à ρ. Le centre de gravité décrit alors une sinusoïde comptée à partir du profil curviligne que décrit le point G_1, et cette sinusoïde a ses coordonnées w respectivement nulles, pour toutes les valeurs de x qui annulent $\sin\frac{\pi x}{2a}$, c'est-à-dire pour :

$$x = 2\mathrm{K}a.$$

La plus petite de ces valeurs s'obtient en faisant $\mathrm{K} = 1$. Pour cette valeur de x, égale à $2a$, le centre de gravité G occupera de nouveau la position initiale d'équilibre statique G_1. Dès lors, si on imagine qu'en ce point la parabole cesse et soit raccordée à un alignement droit consécutif, le mouvement du véhicule se continuera sans oscillation.

On conclut de ce qui précède que, pour raccorder deux déclivités rectilignes successives du profil en long, il con-

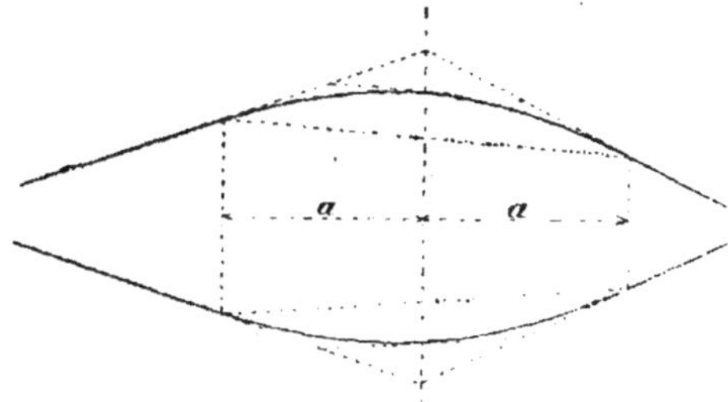

vient de tracer une courbe parabolique de raccordement sur une longueur $2a$, conformément au croquis ci-dessus, moyennant quoi le passage d'une déclivité à l'autre s'effectuera sans oscillation.

— Je vais faire une seconde application de ce qui précède au cas d'un profil ondulé.

Je considère un profil sinusoïdal :

$$z = ix + h\left(1 - \cos\pi\frac{x}{b}\right)$$

raccordé, à l'origine, à un profil rectiligne préalable :

$$z = ix.$$

On obtient une racine particulière de l'équation :

$$\frac{d^2z}{dx^2} + \frac{d^2w}{dx^2} + \frac{\pi^2}{a^2}\, w = 0,$$

en posant :

$$w_1 = M \cos \frac{\pi x}{b}$$

et, en disposant de M, pour obtenir une identité. On trouve :

$$M = \frac{ha^2}{a^2 - b^2}.$$

La racine générale sera alors :

$$w = \frac{ha^2}{a^2 - b^2} \cos \pi \frac{x}{b} + A \cos \pi \frac{x}{a} + B \sin \frac{\pi x}{a}.$$

A l'origine, quand le véhicule quitte le profil rectiligne pour aborder le profil sinusoïdal, on a, pour $x = 0$:

$$w = 0 \qquad \text{et} \qquad \frac{dw}{dx} = 0 ;$$

d'où :

$$A = - \frac{ha^2}{a^2 - b^2} \qquad \text{et} \qquad B = 0.$$

La valeur de w devient ainsi :

$$w = \frac{ha^2}{a^2 - b^2} \left(\cos \pi \frac{x}{b} - \cos \pi \frac{x}{a} \right).$$

On voit par là que le mouvement est la combinaison de deux oscillations dont les demi longueurs d'onde sont respectivement a et b.

J'envisage le cas particulier intéressant où l'on aurait $a = b$. L'expression de w se présente sous la forme indéterminée $\frac{0}{0}$.

Pour lever l'indétermination, on écrira w sous la forme :

$$w = \frac{2ha^2}{(a + b)(a - b)} \sin \pi x \frac{a + b}{2ab} \sin \pi x \frac{a - b}{2ab}.$$

Quand a tend vers b, le rapport de $\sin \pi x \dfrac{a-b}{2ab}$ à $a-b$ a pour limite :

$$\frac{\pi x}{2b^2},$$

et w prend la valeur :

$$w = \frac{\pi h x}{2b}\sin \pi \frac{x}{b}.$$

La demi-amplitude de l'oscillation a pour valeur :

$$\frac{\pi h x}{2b}.$$

Cette amplitude croît donc indéfiniment avec x, au risque de briser les ressorts.

Ainsi, dans les profils ondulés, si on adopte une vitesse telle que la longueur d'onde a soit égale à celle de l'ondulation de la chaussée, on crée une situation extrêmement critique. Le conducteur n'a d'autre ressource que de faire varier la vitesse pour réduire en proportion la longueur a.

Les profils ondulés viennent de plusieurs causes.

1° Inégalités dans le répandage ou le régalage des matériaux des rechargements ;

2° Rechargement répandu sur une vieille chaussée à laquelle on n'a pas restitué au préalable un profil régulier ;

3° Flaches périodiques espacées entre elles de la longueur $2a$, créant ainsi une chaussée onduleuse, dont la longueur d'onde est précisément celle qui correspond au cas critique qui vient d'être examiné.

On conclut à la nécessité d'éviter les ondulations dans les rechargements, et surtout de boucher les flaches au fur et à mesure qu'elles se présentent.

87. *Cas où une roue quitte le sol.* — Sans examiner le cas général où une roue quitte le sol, ce qui m'entraînerait beaucoup trop loin, j'envisage le cas très simple du calcul de l'accélération du centre de gravité quand la roue fait une chute.

La partie non suspendue a une masse $\dfrac{Q'}{g}$. Elle est soumise à deux forces, agissant chacune de haut en bas ; savoir :

Le poids Q'.

L'action du ressort qui est égale à Q, s'il n'y a pas d'oscillation préalable.

L'accélération qui en résulte est égale à l'ensemble des forces divisé par la masse, c'est-à-dire :

$$g\,\frac{Q + Q'}{Q'}.$$

Cette accélération est très supérieure à g.

Si, par exemple, Q' est le quart du poids total, cette accélération sera $4g$.

On peut remarquer d'ailleurs que les roues des automobiles sautent avec facilité. Si on annule N, dans l'équation (4), on trouve que, toutes choses égales d'ailleurs, les roues quittent le sol avec des rayons de courbures de la chaussée variant en raison inverse du carré de la vitesse.

38. — On tire de là les conséquences suivantes :

1° Quand une roue motrice a quitté le sol, il y a toujours patinage au point de chute ;

2° Ce patinage se produit surtout avec les bandages pneumatiques, en raison de leur élasticité ;

3° Avec la suspension, la chute est très rapide en raison de l'augmentation de l'accélération. La roue atteint donc le fond des flaches, même si elles sont courtes. Ces flaches sont donc progressivement creusées et on y constate en effet la formation d'abondants détritus ;

4° La flache, attaquée par le fond, l'est aussi par le bord quand la roue en sort. S'il s'agit d'une roue motrice, la bordure de la flache est soumise à l'effort alternatif qui a été signalé. Les pierres de cette bordure, arrachées de leur alvéole, sont projetées, soit dans la flache, soit au dehors. Il en résulte, avec les bandages pneumatiques, ces flaches caractéristiques rondes de la circulation automobile. La circulation animale, qui ne produit sur les bords des flaches aucun effort alternatif, ne peut pas donner naissance à ce genre de flaches ;

5° A la sortie d'un rechargement en saillie, mal raccordé, il y a toujours patinage, d'où le creusement d'une sorte d'ornière transversale ;

6° Un emploi en saillie, vu les deux sens que prend la circulation, donne naissance à deux flaches, l'une en avant et l'autre en arrière du dit emploi.

On voit par là combien il est important de maintenir un uni de chaussée aussi parfait que possible.

39. *Mouvement de galop des automobiles.* — J'ai tiré des considérations qui précèdent les conclusions principales qui peuvent se déduire de la suspension des voitures. Ces considérations s'appliquent au cas d'un seul essieu. S'il s'agit d'une voiture à deux essieux, le calcul est plus compliqué. Le mouvement se traduit par une sorte de galop, dont je me borne à donner ici une idée.

Soient A et A_1 les deux essieux et j'admets que les roues d'un même essieu subissent les mêmes influences :

G, le centre de gravité de la partie suspendue :

H, son poids, partagé en A et B ;

$$Q = H \frac{\delta}{\delta + \delta_1}, \quad Q_1 = H \frac{\delta_1}{\delta + \delta_1}.$$

Dans une situation quelconque, les roues donnent lieu aux réactions :

$$\frac{Q}{H}(H - w) \quad \text{et} \quad \frac{Q_1}{H}(H - w_1).$$

Je désigne par W le déplacement du centre de gravité G ; on a :

$$W = \frac{\delta w + \delta_1 w_1}{\delta + \delta_1}.$$

Le théorème du mouvement du centre de gravité donne :

$$\frac{H V^2}{g} \frac{d^2 W}{dx^2} = - H + \frac{Q}{H}(H - w) - \frac{Q_1}{H}(H - w_1)$$

d'où :

$$(11) \qquad \frac{d^2W}{dx^2} + \frac{g}{V^2H}\,W = 0.$$

Le théorème des moments des quantités de mouvement par rapport au centre de gravité donne, en remarquant que la vitesse angulaire relativement à un axe perpendiculaire au tableau est :

$$\frac{1}{\delta + \delta_1} \times \frac{d(w_1 - w)}{dt}$$

$$(12) \qquad \frac{d^2(w_1 - w)}{dx^2} + \frac{g\delta\delta_1}{V^2HK^2}(w_1 - w) = 0,$$

expression dans laquelle K désigne le rayon de giration de la partie suspendue par rapport à un axe perpendiculaire au tableau et passant par le centre de gravité.

L'équation (11) fait voir que le centre de gravité oscille conformément aux mêmes lois que celles qui ont été établies antérieurement.

L'équation (12) indique un mouvement de galop. Ces deux mouvements ne correspondent pas à la même périodicité, à moins que $\delta\delta_1 = K^2$.

Quoi qu'il en soit, connaissant W, c'est-à-dire :

$$\frac{\delta w + \delta_1 w_1}{\delta + \delta_1}$$

et en outre $w_1 - w$, on en tire séparément w et w_1.

Si l'on pèse en général :

$$W = \frac{\delta w + \delta_1 w_1}{\delta + \delta_1} = M \cos \pi \frac{x - x_0}{a}$$

$$w_1 - w = N \cos \pi \frac{x - x'_0}{a'},$$

on obtiendra :

$$w = M \cos \pi \frac{x - x_0}{a} - N \frac{\delta_1}{\delta + \delta_1} \cos \pi \frac{x - x'_0}{a'},$$

$$w_1 = M \cos \pi \frac{x - x_0}{a} + N \frac{\delta}{\delta + \delta_1} \cos \pi \frac{x - x'_0}{a'}.$$

D'où l'on conclut que les mouvements de chacun des ressorts des deux essieux se composent de deux oscillations superposées, dont l'une est la même que celle du centre de gravité G et l'autre deux oscillations, marchant en sens inverse et de la périodicité qui résulte du galop.

40. *Les amortisseurs.* — J'ai supposé, dans ce qui précède, le rendement des ressorts complet. Mais il y a lieu de considérer que le frottement des lames des ressorts les unes contre les autres amortit déjà sensiblement les oscillations.

En outre, pour pallier aux inconvénients de la suspension, sans en perdre le bénéfice, les constructeurs ont été amenés à établir certains organes spéciaux auxquels on a donné le nom d'amortisseurs, et qui diminuent sensiblement les oscillations.

Les amortisseurs procèdent en général de deux principes. Les uns fonctionnent par freinage et frottement. Les autres par des fléchissements appropriés.

Ils constituent une notable amélioration.

BANDAGES PNEUMATIQUES

41. — Les bandages pneumatiques sont formés d'une chambre à air en caoutchouc vulcanisé, recouverte par une enveloppe à laquelle on donne le nom de bandage proprement dit.

Les pneumatiques étaient aussi nécessaires au développement de l'automobilisme que les moteurs eux-mêmes. Ils ont permis d'obtenir les grandes vitesses que l'on constate aujourd'hui.

Le premier pneu démontable a été imaginé par M. Michelin en 1891 (Course Paris-Brest).

Les bandages pneumatiques ne peuvent guère porter que des charges relativement légères. Il existe cependant des bandages jumelés sur double jante qui permettent de les utiliser pour des voitures pesant de 3 à 4 tonnes. Au delà, on se sert de caoutchouc plein.

Le gonflement de la chambre à air varie de 3 kg. 5 à 5 kg. 5

suivant les charges. Ainsi, pour une grosseur de boudin de 90, on pourra gonfler de 4 à 5 kg , pour une charge de 250 à 350 kg. par roue et de 5 kg. à 5 kg. 5 pour une charge de 350 à 450 kg.

43. *Aplatissement du pneumatique.* — Il est pour ainsi dire impossible d'analyser exactement l'effet des pneumatiques. Aussi, pour simplifier le problème, suis-je conduit à négliger l'enveloppe et à considérer les choses comme si la chambre à air elle-même était au contact du sol.

La chambre à air est formée en quelque sorte d'un tore dont le rayon extérieur est R et le rayon du cercle générateur r. Sous l'action de la charge P, cette chambre s'aplatit sur le sol et les contours de la surface d'aplatissement présentent la forme d'une ellipse indicatrice.

Soit u la flèche de l'aplatissement, a et b les deux axes de l'ellipse, on voit, sur la figure, que l'on a :

$$a^2 = 2Ru \qquad b^2 = 2ru.$$

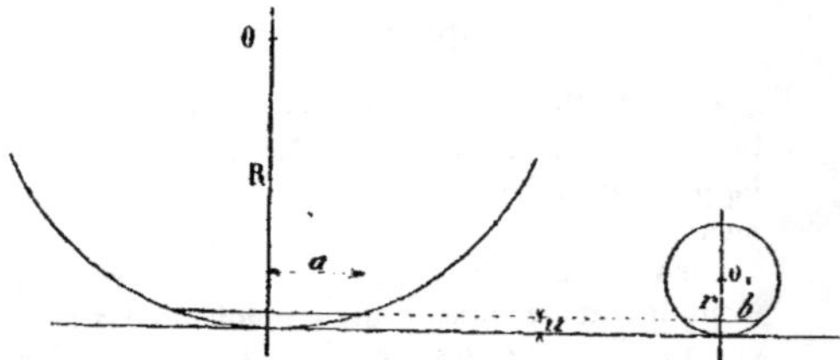

La surface de l'ellipse est :

$$\pi ab = 2\pi u \sqrt{Rr}$$

La charge à porter étant P et la pression dans la chambre exprimée en kilogrammes par centimètres carrés étant p. On aura :

$$P = 10.000\, p.\, 2\pi u \sqrt{Rr}.$$

On en tire :

$$u = \frac{P}{10.000\, p.\ 2\pi\ \sqrt{R.r}}.$$

L'aplatissement est donc proportionnel à la charge P, en raison inverse de la pression p et de la moyenne géométrique des rayons.

Si l'on fait :

$$P = 450$$
$$p = 5\ \text{kg}.\ 5$$
$$R = 0\ \text{m}.\ 40$$
$$r = 0,045$$

On trouve :

$$u = 0\ \text{m}.\ 0097$$
$$a = 0\ \text{m}.\ 0882$$
$$b = 0\ \text{m}.\ 0296$$

48. *Conséquences.* — 1° Si l'on remarque que la réaction du pneu est proportionnelle à u, ainsi que cela résulte de l'expression de P, on pourrait être tenté de croire qu'un pneumatique agit comme les ressorts de la suspension. Si l'on désigne par v la variation de u, à partir de la valeur statique u_0, on trouverait l'équation :

$$\frac{d^2v}{dx^2} + \frac{g}{V^2 u_0}\, v = 0.$$

La durée de l'oscillation serait :

$$t = \pi \sqrt{\frac{u_0}{g}}.$$

Avec la valeur précédente de u_0 on trouverait que t ne dépasse pas un centième de seconde. Il n'y a donc pas à proprement parler d'oscillation perceptible, ni comme durée, ni comme amplitude.

2° Les valeurs obtenues pour a et b montrent que l'étendue du contact est représentée :

— Dans le sens du grand axe par .   .   0 m. 176
— Dans le sens du petit axe par .   .   .   0 m. 059.

D'où il faut conclure que la discontinuité du roulement, telle qu'elle a été exposée à propos du terme complémentaire de traction, est presque toujours supprimée. C'est ce que l'on exprime en termes imagés en disant que le pneu boit l'obstacle.

Ainsi, le terme complémentaire de traction Φ_1 est supprimé avec les pneumatiques. Comme ce terme croît en proportion du carré de la vitesse, on s'explique que l'on puisse réaliser de très grandes vitesses.

Cet effet des pneumatiques est d'autant plus important et appréciable, qu'étant interposé entre le véhicule et le sol, la masse entière de la voiture profite des avantages qu'il procure.

44. *Autres effets des bandages pneumatiques.* — En raison de la variation plus ou moins élastique de l'aplatissement u, sous la charge, surtout quand la roue saute, les patinages se produisent inévitablement avec les bandages pneumatiques.

L'effet du patinage est d'autant plus désastreux qu'il s'effectue sur une étendue de contact plus grande.

Ce n'est pas tout encore. Les bandages pneumatiques ne présentent pas une rigidité absolue. La section droite du tore, qui forme le petit cercle générateur de cette surface, se trouve légèrement déformée au contact du sol et déviée, soit vers l'avant, soit vers l'arrière, suivant le sens de la réaction tangentielle de la chaussée sur la roue. Lorsque la roue, en roulant, se dégage du sol, la section déformée revient à sa position primitive avec une certaine énergie.

On en conclut qu'avec les roues motrices munies de pneumatiques, les particules de chaussées qui se détachent sont violemment rejetées vers l'arrière, ce qui provoque les tourbillons de poussière que l'on constate. De la même manière, les effets alternatifs de la roue, sur les bords et à la sortie des flaches, prennent un caractère particulier d'énergie et provoquent les flaches rondes caractéristiques.

Avec les roues simplement porteuses, la déformation de la section droite du tore se fait en sens inverse, de sorte que l'élasticité du pneu contribue en quelque sorte à remettre en place les parties de la chaussée qui auraient pu prendre une certaine mobilité, au moment où elles ont été abordées par les roues.

C'est ainsi qu'une chaussée quelque peu flacheuse, et à l'état simplement médiocre, peut être ruinée en très peu de temps, si elle est parcourue par une circulation automobile rapide un peu appréciable.

45. *Expériences sur le tirage avec des bandages pneumatiques.* — Dans le courant des années 1896 et 1897, M. Michelin se livra, aux environs de Clermont-Ferrand et à Puteaux, à des expériences dans le but de comparer entre eux les bandages employés concurremment avec les pneumatiques de sa fabrication.

Voici les valeurs des coefficients de traction déduites de ses expériences, en particulier de celles de 1897, avec un tracteur de Dion-Bouton et 900 kg. de poids total tiré.

Par tonne	Vitesse à l'heure	Pneumatique	Bandage plein	Bandage en fer
	km.	kg.	kg.	kg.
Sur bon macadam sec	11,7	20,1	22,1	24,5
Sur bon macadam avec poussière	19,7	24,8	25,2	27,6
Sur bon macadam mouillé . .	11	21,6	23,8	24,7
Sur bon macadam détrempé .	22	35	42,6	45,6
Macadam sec défoncé	22	22,5	28	33,8

En 1900, MM. Michelin reprirent leurs expériences avec une voiture électrique Jeantaud pesant 2.180 kg., y compris ses accumulateurs Fulmen, et deux voyageurs.

Ils purent se convaincre que le pneumatique donnait sur le plein une réduction de l'effort de traction (principalement au démarrage) de 14 0/0, puis un gain de vitesse de 2 à 4 0/0 et une économie de travail de 8 à 13 0/0.

Puis M. Forestier, à la suite d'expériences faites en 1899 avec M. Desdouits, sur une Panhard-Levassor à caoutchoucs pleins, a donné au Congrès de l'Automobile de 1900, les chiffres suivants qu'on peut admettre dans un avant-projet.

Par tonne	Bandage caoutchouc	Bandage en fer
	kg.	kg.
Sur bon macadam sec	15	16,5
Sur macadam défectueux.	18	20
Sur bon macadam mouillé	20	22
Sur macadam défectueux mouillé. .	22	24,5
Sur macadam détrempé	25	27,5

Lors des essais comparatifs de bandages qui eurent lieu en mai et juin 1904, sur le bord de la Seine à Neuilly, avec une électrique Gallia de 1.800 kg., MM. Arnoux et Ferrus obtinrent les résultats consignés dans le tableau suivant :

Bandages	Pression dans le pneu 6 kg.			Pression du pneu 2 kg.	
	10 km.	20 km.	30 km.	20 km.	30 km.
	kg.	kg.	kg.	kg.	kg.
Pneu Boland.	26,6	36,5	43	38,5	49,3
Pneu cuir Samson	28,3	36,2	49,3	38,6	57,8
Pneu cuir Hérault.	31,4	38	56,6	40	57,7
Pneu Falconnet trapézoïdal .	28,5	36	54,4	38,6	55,4
Pneu Falconnet normal. . . .	23,3	30,4	44,9	33,9	46,9
Pneu Gallus ferré.	26,8	34,5	49,2	36,4	52,9
Bandage plein Torilhon	22,9	31,4	44,8	»	»

QUATRIÈME LEÇON

INFLUENCE DES COURBES

46. *Mouvement cinématique d'une voiture, en plan.* — Je me propose d'étudier le mouvement des voitures dans les tournants :

1° Au point de vue de l'encombrement de la route ;

2° Au point de vue des effets mécaniques qui en résultent.

— On sait que le mouvement d'une figure plane, dans son plan, peut être considéré comme le résultat du roulement d'une courbe invariablement liée à la figure mobile, sur une courbe fixe du plan. Le point de contact des deux courbes forme ce qu'on appelle le centre instantané de rotation.

Il en est ainsi du mouvement de la projection d'une voiture sur le plan de la chaussée. Soit D le milieu de l'essieu directeur (essieu avant), et F le milieu de l'essieu fixe (essieu arrière), la position de la voiture se trouvera définie par celle de la ligne droite FD, limitée à ces deux points. La lon gueur FD, que je désigne par *a*, se nomme l'empattement de la voiture.

Le mouvement élémentaire de chacun des points F et D s'effectue normalement à la direction de chacun des essieux correspondants. On en conclut :

1° Que le centre instantané de rotation I se trouve à la rencontre des essieux prolongés ;

2° Que ce même point I est constamment situé sur le prolongement de l'essieu arrière qui est fixé à la voiture. La droite FI, perpendiculaire à FD, forme donc la courbe mobile qui, invariablement liée au véhicule, roule sur une courbe fixe telle que MN ;

3° Que la trajectoire du point F est une développante de la courbe MN.

L'angle des deux essieux, désigné par θ, se nomme angle de braquage. Avec les voitures pourvues d'une cheville ouvrière, il peut varier dans des limites étendues ; avec les automobiles, il est limité, de chaque côté, à 30 ou 35 degrés.

47. *Relations entre les éléments des trajectoires.* — Je considère la voiture dans deux positions infiniment voisines,

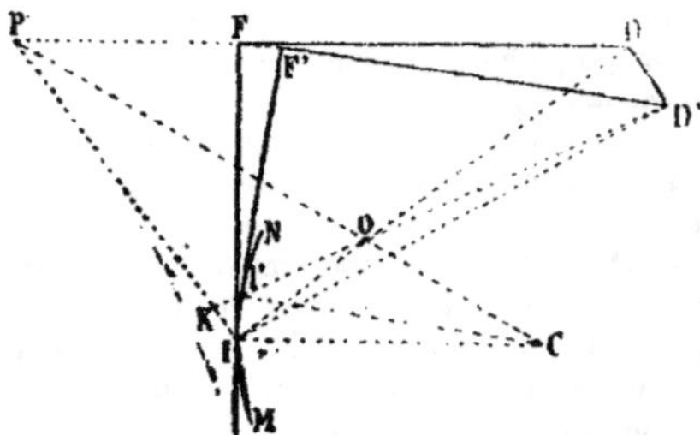

FD et F'D'. Pour chacune de ces positions, les centres instantanés sont en I et I'. Les angles de braquage, θ et θ + *d*θ, sont respectivement DIF et D'I'F'.

Lorsque la voiture passe de FD à F'D', la rotation se fait

autour du point I ; la droite DI a donc pris la position D'I, alors que la normale à DD' au point D' est venue en D'I'. On en conclut que l'angle dont *a* tourné l'essieu directeur, *sur la figure mobile*, est représenté par ID'I'. On a donc :

$$d\theta = \text{ID'I'}.$$

Je désigne par ε l'angle que forme la ligne FD avec un axe fixe. La rotation de la figure, en passant de FD à F'D' est représentée par $d\varepsilon$. Si donc le centre de courbure de la courbe MN est en C, on aura, pour $d\varepsilon$, les valeurs suivantes :

$$(1) \qquad d\varepsilon = \widehat{\text{DID'}} = \widehat{\text{ICI'}} = \widehat{\text{FIF'}} = \widehat{\text{DFD'}}.$$

Enfin, si on représente par ω l'angle que forme à chaque instant l'essieu directeur DI avec l'axe fixe ci-dessus envisagé pour l'angle ε, on aura :

$$d\omega = \widehat{\text{DOD'}}.$$

Cela posé, je considère le triangle D'OI et l'angle extérieur DOD' on aura :

$$(2) \qquad d\omega = d\varepsilon + d\theta.$$

C'est la première relation que je me proposais d'établir.

Relation de Savary. — Je désigne par :

ds l'élément d'arc II' ;

ρ le rayon de courbure IC de la courbe MN ;

N la longueur DI de la normale à la trajectoire DD' ;

R le rayon de courbure DO de la trajectoire DD' ;

θ l'angle de braquage DIF.

J'élève, au point I, la perpendiculaire IK sur I'D', on pourra écrire :

$$d\omega = \frac{\text{IK}}{\text{IO}} = \frac{ds \sin \theta}{N - R},$$

$$d\theta = \frac{\text{IK}}{\text{ID'}} = \frac{ds \sin \theta}{N},$$

$$d\varepsilon = \frac{\text{II'}}{\text{IC}} = \frac{ds}{\rho}.$$

Substituant ces valeurs dans l'équation (2), on trouve facilement :

$$(3) \qquad \frac{1}{\rho} = \sin \theta \left(\frac{1}{N - R} - \frac{1}{N} \right).$$

C'est la relation de Savary.

Construction de Savary. — Cette relation peut s'écrire :

$$\frac{\dfrac{N}{\sin \theta}}{\rho} = \frac{R}{N - R}.$$

J'élève la perpendiculaire IP à la droite DI, on aura :

$$\frac{N}{\sin \theta} = DP \quad \rho = IC \quad R = OD \quad N - R = IO.$$

La proportion qui précède s'écrira alors :

$$\frac{DP}{IC} = \frac{OD}{IO}.$$

On en conclut que les deux triangles POD et COI sont semblables et que, par suite, les trois points P, O et C sont en ligne droite. Si donc on connaît l'un des deux centres de courbure, C de la courbe MN, ou bien O de la courbe DD', on pourra trouver l'autre, au moyen du point P.

Relation différentielle. — L'arc élémentaire DD' peut s'exprimer de deux manières, qui donnent lieu à l'égalité suivante :

$$R d\omega = N d\varepsilon.$$

On pourra substituer à N la valeur $\dfrac{a}{\sin \theta}$, et à $d\varepsilon$, la différence $d\omega - d\theta$, tirée de (2), il en résultera la relation différentielle suivante :

$$(4) \qquad d\omega = \frac{a \, d\theta}{a - R \sin \theta}.$$

48. *Détermination de la trajectoire de l'essieu directeur D, quand on connaît celle de l'essieu fixe F.* — Comme la ligne FD est constamment tangente à la trajectoire donnée, on obtiendra la courbe décrite par le point D en prenant sur chacune des tangentes à cette trajectoire, dans un sens convenable à partir du point de contact, une longueur constante égale à l'empattement connu, c'est-à-dire a.

Si la trajectoire donnée est un cercle de rayon r, on voit facilement que la courbe cherchée est un cercle concentrique au premier, dont le rayon R est défini par la relation :

$$R^2 = r^2 + a^2.$$

L'angle de braquage prend une valeur particulière, qui est constante ; soit θ_1 cette valeur, on aura :

$$\operatorname{tg} \theta_1 = \frac{a}{r} \qquad \sin \theta_1 = \frac{a}{R} \qquad \cos \theta_1 = \frac{r}{R}.$$

— Au lieu de résoudre le problème par la géométrie, on peut traiter la question analytiquement de la manière suivante.

Je prends deux axes de coordonnées Ox et Oy et je désigne par x et y les coordonnées du point F, par ξ et η celles du point D. Comme la trajectoire de F est donnée, on peut admettre qu'on connaît la relation qui unit y à x, soit $y = f(x)$.

Si on désigne par α l'angle que fait la droite FD avec l'axe des x, on aura :

$$\operatorname{tg} \alpha = \frac{dy}{dx} = p \qquad \sin \alpha = \frac{p}{\sqrt{1 + p^2}} \qquad \cos \alpha = \frac{1}{\sqrt{1 + p^2}}.$$

Les coordonnées du point D seront fournies par les égalités :

$$(5) \quad \begin{cases} \xi = x + a \cos \alpha = x + \dfrac{a}{\sqrt{1 + p^2}} \\[2ex] \eta = y + a \sin \alpha = y + \dfrac{ap}{\sqrt{1 + p^2}}. \end{cases}$$

Connaissant y en fonction de x, on calculera facilement p, et par suite ξ et η. Le problème pourra donc être résolu dans tous les cas.

Reprenant l'exemple déjà cité du cas où la trajectoire donnée du point F est un cercle :

$$x^2 + y^2 = r^2,$$

on en tirera :

$$\frac{dy}{dx} = p = -\frac{x}{y}$$

substituant dans les équations (5), on trouvera :

$$\xi = x + \frac{ay}{r}$$

$$\eta = y - \frac{ax}{r}.$$

Éliminant x et y entre ces deux équations et celle du cercle donné, on trouvera :

$$\xi^2 + \eta^2 = a^2 + r^2$$

qui représente un cercle concentrique au cercle donné.

49. *Détermination de la trajectoire du point* F, *quand on connaît celle du point* D. — Ce problème est en quelque sorte l'inverse du précédent. La trajectoire du point D étant donnée, on connaît la relation qui unit les coordonnées ξ et η. Si on y substitue les valeurs qui résultent de (5), on obtient une équation différentielle qu'il suffit d'intégrer pour avoir la solution du problème.

Le problème ainsi posé peut être facilement résolu dans les cas de la pratique où la trajectoire donnée du point D serait, soit un cercle, soit une droite. Mais il me sera plus facile de tirer la solution de la relation différentielle (4). Toutefois, à titre d'exemple, j'examinerai le cas particulier où le point D décrirait une cubique :

$$\eta = m\xi^2,$$

en supposant d'ailleurs que la valeur de p est assez petite pour qu'on puisse négliger p^2 au regard de l'unité.

Dans ces conditions, les équations (5) se réduisent à :

$$\xi = x + a$$
$$\eta = y + ap,$$

ce qui donne, entre x et y, la relation :

$$y + ap = m(x + a)^3.$$

Si l'on admet que y est une fonction entière du troisième degré, on peut disposer des coefficients constants pour en faire une solution particulière. On trouve :

$$y_1 = m(x + a)^3 - 3am(x + a)^2 + 6a^2m(x + a) - 6a^3m,$$

et la solution générale sera :

$$y = y_1 + Ce^{-\frac{x+a}{a}}.$$

On disposera, par exemple, de la constante C pour que l'on ait, en même temps que $\xi = \xi_0$ et $\eta = \eta_0$, la direction $p = p_0$ de FD ; cela entraîne :

$$x_0 = \xi_0 - a \qquad y_0 = \eta_0 - ap_0,$$

et par suite :

$$C = (\eta_0 - ap_0 - m\xi_0^3 + 3am\xi_0^2 - 6a^2m\xi_0 + 6a^3m)e^{\frac{\xi_0}{a}}.$$

Ces considérations pourront trouver leur application lorsqu'on aura à tracer les élargissements de chaussées dans les courbes.

— D'une manière générale, d'ailleurs, si l'on veut se contenter d'une solution approximative, on peut adopter le tracé géométrique que voici :

Soit MN la trajectoire donnée du point D.

Soit également D_0F_0 la position initiale du véhicule.

Je prends sur la courbe MN, à partir du point D_0 une série de points D_1, D_2, D_3, etc.

Du point D_1 comme centre, avec une ouverture de compas égale à l'empattement a, je décris un arc de cercle qui coupe $D_0 F_0$ en un point F_1. Je joins $D_1 F_1$, puis du point D_2 comme centre je décris, toujours avec le rayon a un arc de cercle qui détermine sur D_1 F_1 un certain point F_2. Je joins D_2 F_2 et, sur cette ligne, je détermine de même le point F_3 et ainsi de suite.

La série des points F_0, F_1, F_2, F_3 etc. font partie de la trajectoire approximative du point F.

— Pour compléter ce qui précède, je fais la remarque suivante :

Si on veut bien se reporter aux explications données au paragraphe relatif aux relations entre les éléments des tra-

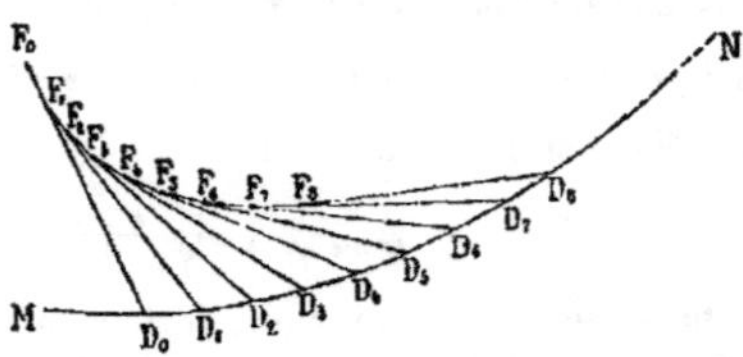

jectoires, on verra facilement que le rayon de courbure de la trajectoire du point F n'est autre que la distance de ce point au centre instantané de rotation I. Cette distance est exprimée par :

$$\frac{a}{\operatorname{tg} \theta}.$$

On en conclut :

1° Que pour $\theta = \pm \dfrac{\pi}{2}$, ce rayon est nul. La trajectoire comporte un point de rebroussement ;

·2° Que pour θ égal à 0 ou à $\pm \pi$, ce rayon est infini. La trajectoire comporte un point d'inflexion.

— *Cas où la trajectoire donnée du point D est une droite.*
— Je suppose que la trajectoire donnée du point D soit la droite OX. Je considère la voiture dans une quelconque de ses positions, soit FD cette position. La longueur FD est égale à a, l'angle de braquage FDD est égal à θ. Cet angle est représenté aussi en FDO.

Je désigne par σ l'abscisse du point D comptée à partir de l'origine et j'envisage une position F'D' de la voiture infiniment voisine de FD. L'angle des deux droites FD et F'D' est

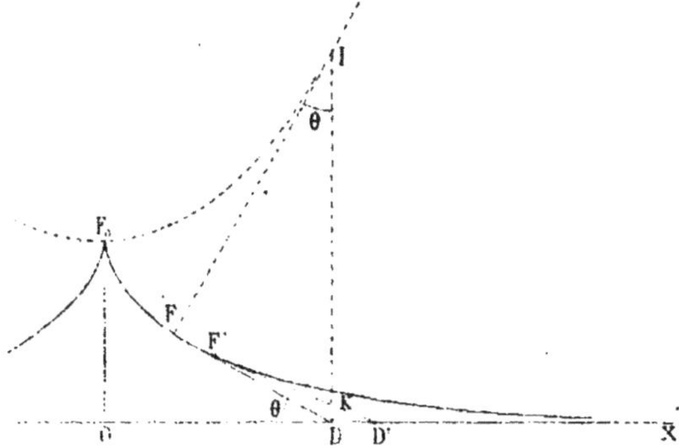

égal à $-d\theta$. DD' est égal à $d\sigma$. J'abaisse de D la perpendiculaire DK sur F'D'. On aura :

$$DK = d\sigma \sin\theta.$$

En outre, l'angle DFD' étant égal à :

$$\frac{DK}{DF} = \frac{d\sigma \sin\theta}{a},$$

d'où l'on tirera :

$$-d\theta = \frac{d\sigma \sin\theta}{a}$$

ou bien :

$$(6) \qquad\qquad d\sigma = -a\frac{d\theta}{\sin\theta}.$$

On aurait pu déduire cette relation de l'équation (1), en multipliant les deux membres par R et en remarquant que $Rd\omega$ est égal à l'élément $d\sigma$ de l'arc parcouru par le point D, puis en faisant tendre R vers l'infini.

Je pose :

$$\operatorname{tg}\frac{\theta}{2} = z$$

il viendra :

$$d\theta = \frac{2dz}{1 + z^2}$$

$$\sin\theta = 2\sin\frac{\theta}{2}\cos\frac{\theta}{2} = \frac{2z}{1 + z^2}.$$

Je substitue dans l'équation (6), et on aura :

$$d\sigma = -a\frac{dz}{z},$$

en intégrant, on trouvera :

$$(7)\qquad \sigma = -a\operatorname{Log}z = -a\log\left(\operatorname{tg}\frac{\theta}{2}\right)$$

en disposant de la constante pour que l'on ait en même temps :

$$\sigma = 0 \quad\text{et}\quad \theta = \frac{\pi}{2}.$$

En vertu de l'observation faite à la fin du paragraphe précédent, l'origine des σ correspond à un point de la trajectoire D qui présente un rebroussement.

L'ordonnée du point F est égale à $a\sin\theta$. Elle est nulle pour $\theta = 0$ ou $\theta = \pi$, en même temps que σ est infini. La trajectoire du point F est donc asymptotique à l'une des x.

Le centre instantané de rotation I se trouve à la rencontre de l'ordonnée DI et de la perpendiculaire élevée à DF au point F. L'ordonnée du point I est égale à :

$$DI = \frac{a}{\sin\theta} = \frac{a}{2}\cdot\frac{1 + z^2}{z} = \frac{a}{2}\left(\frac{1}{z} + z\right);$$

mais on peut tirer z de l'équation (7) :

$$z = e^{-\frac{\sigma}{a}}$$

en substituant, on trouve :

$$DI = \frac{a}{2}\left(e^{\frac{\sigma}{a}} + e^{-\frac{\sigma}{a}}\right)$$

ce qui montre que le point I décrit une chaînette. La trajectoire de F est donc une développante de chaînette.

En définitive, les coordonnées du point F sont définies par les égalités :

$$(8) \quad \begin{cases} x = \sigma - a\cos\theta = -a\left(\mathrm{Log}\left(\mathrm{tg}\,\frac{\theta}{2}\right) + \cos\theta\right) \\ y = a\sin\theta. \end{cases}$$

— Avec les automobiles, l'angle de braquage ne peut surpasser 30°, ce qui correspond à la valeur suivante de σ :

$$\sigma_1 = -a\,\mathrm{Log}\,(\mathrm{tg}(15°)) = +1{,}315a.$$

D'un autre côté, on peut considérer que le point F aura pratiquement rejoint la trajectoire du point D quand l'ordonnée $y = a\sin\theta$ descendra à une valeur égale à l'épaisseur du bandage. Cela sera réalisé pour une valeur de $\sin\theta$ égale à environ 0,03. La valeur correspondante de σ sera :

$$\sigma_2 = -a\,\mathrm{Log}\,0{,}03 = +3{,}507a.$$

On en conclut que, dans les circonstances les plus défavorables, lorsque l'essieu directeur suit une droite, l'essieu F rejoindra cette droite après un parcours de la différence, soit $2{,}192a$.

Pour une valeur de a égale à 3 m., ce parcours ne dépasserait donc jamais 6 m. 576.

— *Cas où la trajectoire donnée du point D est un cercle.* — Je suppose que la trajectoire donnée du point D soit un cercle de rayon R, et je considère l'équation (4) :

$$d\omega = \frac{ad\theta}{a - \mathrm{R}\sin\theta}.$$

C'est une équation différentielle qu'il est facile d'intégrer en posant :

$$\mathrm{tg}\,\frac{\theta}{2} = z \quad \text{d'où on tire} \quad d\theta = \frac{2dz}{1 + z^2} \quad \text{et} \quad \sin\theta = \frac{2z}{1 + z^2}.$$

7

Substituant ces valeurs dans l'expression de $d\omega$, on trouvera :

$$d\omega = \frac{2a\,dz}{az^2 - 2Rz + a}.$$

C'est une fraction rationnelle dont l'intégration est facile. Plusieurs cas sont à distinguer :

Si l'on a :

$$R < a, \text{ on trouvera : } \omega = \frac{2a}{\sqrt{a^2 - R^2}} \text{ arc tg } \frac{az - R}{\sqrt{a^2 - R^2}} + c$$

$$R = a, \qquad - \qquad : \omega = -\frac{2}{z-1} + c$$

$$R > a, \qquad - \qquad : \omega = \frac{a}{\sqrt{R^2 - a^2}} \text{ Log } \frac{az - R - \sqrt{R^2 - a^2}}{az - R + \sqrt{R^2 - a^2}} + c.$$

Les deux premiers cas, qui s'appliquent à des cercles dont le rayon est égal ou inférieur à l'empattement, n'intéressent pas les automobiles. L'angle de braquage étant limité à 30°, l'essieu directeur ne peut suivre, d'une manière continue, que des circonférences de rayons égaux ou supérieurs à $2a$. Il suffira donc d'examiner le troisième cas.

— Pour simplifier l'expression ci-dessus donnée pour ω, je considère l'angle de braquage θ_1 qu'il faudrait attribuer à l'essieu avant, pour que, celui-ci décrivant un cercle de rayon donné R, l'essieu F suive un cercle concentrique de rayon :

$$r = \sqrt{R^2 - a^2}.$$

On en déduit pour θ_1 la valeur suivante :

$$\sin \theta_1 = \frac{a}{R} \qquad \text{et} \qquad \text{tg } \theta_1 = \frac{a}{\sqrt{R^2 - a^2}}$$

d'où l'on tire :

$$\text{tg } \frac{\theta_1}{2} = \frac{R - \sqrt{R^2 - a^2}}{a} = \frac{a}{R + \sqrt{R^2 - a^2}}$$

de ces expressions, on peut tirer respectivement, soit $R - \sqrt{R^2 - a^2}$, soit $R - \sqrt{R^2 - a^2}$, en fonction de θ_1 et substituer dans la troisième des valeurs ci-dessus écrites de ω. On y remplacera également z par $\operatorname{tg}\frac{\theta}{2}$, et $\dfrac{a}{\sqrt{R^2 - a^2}}$ par $\operatorname{tg}\theta_1$ et on trouvera, à une constante près :

$$\omega = \operatorname{tg}\theta_1 \, \mathrm{Log}\, \frac{1 - \operatorname{tg}\dfrac{\theta}{2}\operatorname{tg}\dfrac{\theta_1}{2}}{\operatorname{tg}\dfrac{\theta_1}{2} - \operatorname{tg}\dfrac{\theta}{2}} + c$$

ou encore :

$$\omega = \operatorname{tg}\theta_1 \, \mathrm{Log}\, \frac{\cos\dfrac{\theta}{2}\cos\dfrac{\theta_1}{2} - \sin\dfrac{\theta}{2}\sin\dfrac{\theta_1}{2}}{\sin\dfrac{\theta_1}{2}\cos\dfrac{\theta}{2} - \cos\dfrac{\theta_1}{2}\sin\dfrac{\theta}{2}} + c = \operatorname{tg}\theta_1 \, \mathrm{Log}\, \frac{\cos\dfrac{\theta_1 + \theta}{2}}{\sin\dfrac{\theta_1 - \theta}{2}} + c.$$

Je dispose de la constante pour que l'on ait, suivant le cas :

soit $\omega = 0$, pour $\theta = -\dfrac{\pi}{2}$

soit $\omega = 0$, pour $\theta = +\dfrac{\pi}{2}$.

La valeur de ω pourra alors s'écrire :

Dans le premier cas :

$$\omega = \operatorname{tg}\theta_1 \, \mathrm{Log}\, \frac{\cos\dfrac{\theta_1 + \theta}{2}}{\sin\dfrac{\theta_1 - \theta}{2}}.$$

Dans le second cas :

$$\omega = \operatorname{tg}\theta_1 \, \mathrm{Log}\, \frac{\cos\dfrac{\theta + \theta_1}{2}}{\sin\dfrac{\theta - \theta_1}{2}}.$$

On voit facilement qu'à l'origine des angles, pour $\omega = 0$, la position de la voiture se trouve sur le rayon de cercle qui correspond à cette origine. Elle est extérieure au cercle dans le premier cas et intérieure au cercle dans le second.

— Premier cas. — La voiture est extérieure au cercle pour $\omega = 0$, et on a :

$$(9) \qquad \omega = \operatorname{tg} \theta_1 \operatorname{Log} \frac{\cos \dfrac{\theta_1 + \theta}{2}}{\sin \dfrac{\theta_1 - \theta}{2}}.$$

Pour que la quantité soumise au signe logarithme soit positive et par suite, pour que ω soit réel, il faut que l'angle θ varie depuis :

$$\theta = -(\pi + \theta_1) \qquad \text{jusqu'à} \qquad \theta = + \theta_1.$$

On sait d'ailleurs que pour $\theta = -\dfrac{\pi}{2}$, la trajectoire présente un point de rebroussement.

On sait également que quand on a :

$$\theta = -\pi \qquad \text{et} \qquad \theta = 0$$

la courbe présente un point d'inflexion.

Pour $\theta = -\pi,$ ω prend la valeur

$$\omega = \operatorname{tg} \theta_1 \operatorname{Log}\left(\operatorname{tg} \frac{\theta_1}{2}\right).$$

Pour $\theta = 0$, ω prend la valeur

$$\omega = -\operatorname{tg} \theta_1 \operatorname{Log}\left(\operatorname{tg} \frac{\theta_1}{2}\right).$$

Ces deux valeurs sont symétriques relativement à l'axe $\omega = 0$. La courbe est d'ailleurs symétrique relativement à cet axe.

Si l'on attribue à θ l'une des valeurs extrêmes, soit $-(\pi + \theta_1)$ soit $+ \theta_1$ l'angle ω prend des valeurs infinies, ce qui veut dire que la trajectoire du point F est asymptotique au cercle, concentrique au cercle donné, et de rayon :

$$r = \sqrt{R^2 - a^2}.$$

Les considérations qui précèdent permettent de construire la courbe par points. Il suffit de se donner la valeur de l'angle de braquage θ pour permettre, moyennant l'équa-

tion (9), d'en déduire la valeur de ω. En menant le rayon du
cercle qui correspond à cet angle, on trouvera la position du
point D. En partant de cette position D, on prendra, sous
l'angle de braquage θ, une longueur égale à l'empattement,
ce qui donnera le point F.

Le centre instantané du mouvement de la voiture décrit
une courbe ayant deux asymptotes qui correspondent aux

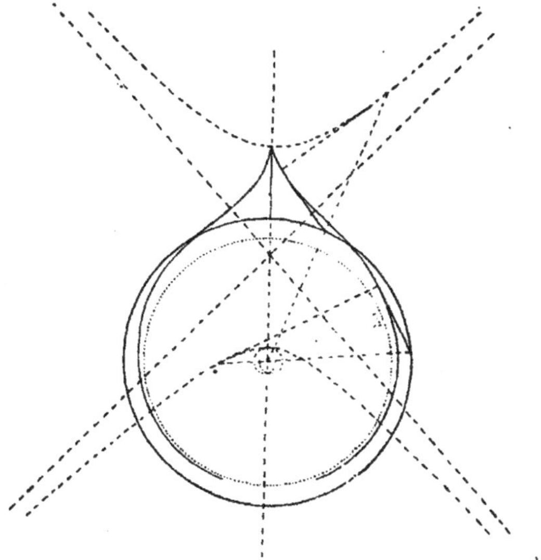

deux positions de l'essieu F, lorsque la ligne DF est tangente
au cercle. La direction de ces asymptotes est donnée par
les valeurs de ω applicables aux points d'inflexion. Quant à
la courbe elle-même, elle se compose de trois branches,
dont l'une présente quelque analogie avec une branche d'hyperbole, tandis que les deux autres, à mesure qu'elles s'éloi-

gnent des asymptotes, se rapprochent et s'enroulent asymptotiquement autour du centre du cercle donné.

La relation ou la construction de Savary permettent d'obtenir, s'il en est besoin, le rayon de courbure de cette courbe.

— Avec les automobiles, l'angle de braquage ne peut pas surpasser — 30°, ce qui correspond à la valeur suivante de ω :

$$\omega_1 = \operatorname{tg} \theta_1 \operatorname{Log} \frac{\cos \frac{\theta_1 - 30°}{2}}{\sin \frac{\theta_1 + 30°}{2}}.$$

D'un autre côté, on peut considérer que la trajectoire du point F sera pratiquement confondue avec le cercle de rayon :

$$r = \sqrt{R^2 - a^2}$$

lorsque θ prendra une valeur inférieure à θ_1 d'une quantité égale à 0,03 — (ou encore supérieure à — $(\pi + \theta_1)$ de la même quantité) — ce qui correspond à peu près à l'angle :

$$\omega_2 = - \operatorname{tg} \theta_1 \operatorname{Log} 0,015.$$

— On doit remarquer que, dans ce premier cas, le point F demeure constamment à l'extérieur du cercle de rayon :

$$r = \sqrt{R^2 - a^2}.$$

— Deuxième cas. — La voiture est intérieure au cercle pour $\omega = 0$, et on a :

$$(10) \qquad \omega = \operatorname{tg} \theta_1 \operatorname{Log} \frac{\cos \frac{\theta + \theta_1}{2}}{\sin \frac{\theta - \theta_1}{2}}.$$

Pour que la quantité soumise au signe logarithme soit positive et par suite, pour que ω soit réel, il faut que l'angle θ varie en décroissant depuis $\pi - \theta_1$ jusqu'à θ_1.

Pour $\theta = \frac{\pi}{2}$ la trajectoire présente un point de rebroussement.

Comme θ ne peut obtenir ni la valeur 0, ni la valeur $\pm \pi$, il n'y a pas de point d'inflexion.

Quand on attribue à θ les valeurs extrêmes, ω devient infini, ce qui veut dire que la trajectoire du point F est asymptotique au cercle, concentrique au cercle donné, et de rayon :

$$r = \sqrt{R^2 - a^2}.$$

Ces considérations permettent de construire la courbe par points de la même manière que dans le premier cas.

Le centre instantané de rotation du mouvement de la voiture décrit une courbe en limaçon formée d'une seule branche, dont les deux extrémités s'enroulent asymptotiquement, et en sens inverse l'une de l'autre, autour du centre du cercle donné.

La relation et la construction de Savary permettent d'ob-

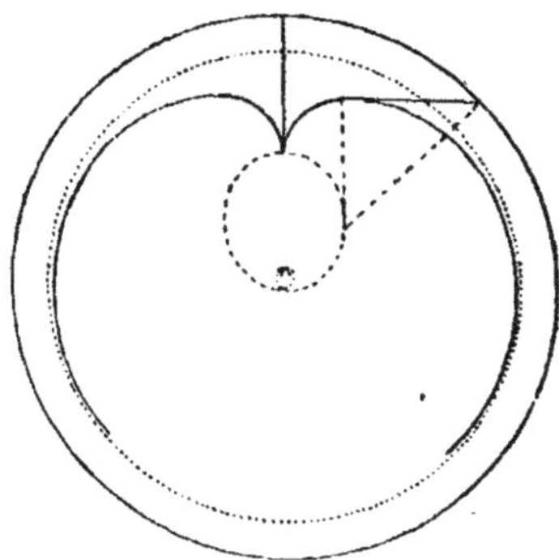

tenir, s'il en est besoin, le rayon de courbure de cette courbe.

— Avec les automobiles, l'angle de braquage ne peut surpasser 30°, ce qui correspond à la valeur suivante de ω :

$$\omega_1 = \operatorname{tg} \theta_1 \, \mathrm{Log} \, \frac{\cos \dfrac{30^\circ + \theta_1}{2}}{\sin \dfrac{30^\circ - \theta_1}{2}}.$$

D'un autre côté, on peut considérer que la trajectoire du point F sera pratiquement confondue avec le cercle de rayon $r = \sqrt{R^2 - a^2}$ lorsque θ prendra une valeur supérieure à θ_1 d'une quantité égale à 0,03. Ce qui correspond à peu près à l'angle :

$$\omega_2 = - \text{tg } \theta_1 \text{ Log } 0,015.$$

— On doit remarquer que, dans ce second cas, le point F demeure toujours à l'intérieur du cercle de rayon :

$$r = \sqrt{R^2 - a^2}.$$

50. Cas où il y a discontinuité dans la courbure de la trajectoire donnée. — Lorsqu'on se donne la trajectoire de l'essieu D, la courbe décrite par le point F est toujours tangente à la droite FD, quelle que soit d'ailleurs la trajectoire donnée.

Il n'en est pas de même lorsqu'on se donne la courbe décrite par le point F. Alors même que cette courbe ne présenterait aucun point anguleux, si elle change brusquement de courbure, la trajectoire qui en résulte pour le point D donnera lieu à un jarret.

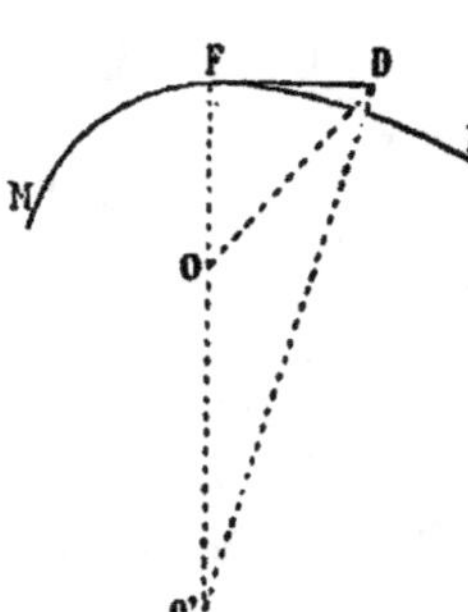

Soit MFN la courbe donnée que doit suivre le point F. On suppose cette courbe formée de deux parties MF et FN, qui se raccordent en F, mais dont les rayons de courbure en ce point soient OF et O'F.

On constate aisément que la voiture, avant d'aborder le point F, en suivant la courbe MF, tourne autour du centre instantané O. Lorsqu'elle aborde la ligne FN, son mouvement se trouve défini par un nouveau centre instantané qui est O'. La normale à la trajectoire du point D passe donc brusquement de OD à O'D. Cette trajectoire présente donc un jarret dont l'angle est égal à ODO'.

Pour réaliser ce mouvement avec une automobile, il faudrait faire varier tout d'un coup l'angle de braquage de la quantité ODO'. Je montrerai dans la suite qu'une pareille manœuvre doit être évitée, d'où la nécessité d'intercaler entre les deux courbes MF et FN une courbe de raccordement, de manière à raccorder progressivement les courbures. Cette courbe peut être par exemple une cubique, et le problème peut être traité dans le même esprit que celui qui préside au raccordement des courbes dans les voies ferrées. Toutefois, il convient d'observer que, avec les voies ferrées, la trajectoire est nettement définie par les rails, tandis qu'avec les automobiles elle varie au gré du conducteur. Il n'est donc pas nécessaire d'apporter au calcul toute la rigueur dont il est susceptible, et on peut se contenter d'une simple approximation, pour simplifier.

51. *Étude sommaire de la courbe de raccordement.* — La courbe de raccordement à établir doit être calquée sur la trajectoire effective des véhicules. J'envisagerai, comme point de départ des recherches, la trajectoire suivie par l'essieu F. Il sera aisé d'en déduire celle de l'essieu D.

Comme la courbe de raccordement à établir doit être de faible longueur, j'admettrai que, sur son parcours, l'angle décrit par la ligne FD est assez petit pour qu'on puisse en négliger la seconde puissance au regard de l'unité. J'admettrai également que la variation dans l'angle de braquage et l'angle de braquage lui-même, seront assez petits pour qu'on puisse opérer de même à leur égard.

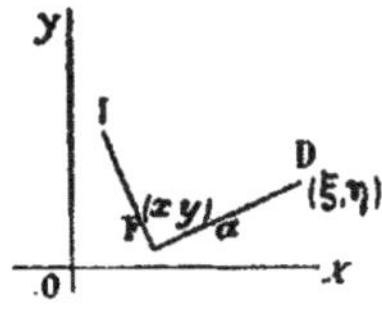

Je désigne par x et y les coordonnées du point F et par ξ et η celles du point D. Avec la limite des approximations admises, l'angle de FD avec l'axe des x étant supposé petit et égal à :

$$\alpha = \frac{dy}{dx}.$$

on pourra écrire :

$$\xi = x + a$$
$$\eta = y + a \frac{dy}{dx}.$$

Comme la différentielle $d\xi$ est égale à dx, en vertu de la première égalité, on pourra différentier indifféremment par rapport à x ou par rapport à ξ. En opérant sur la seconde égalité, on trouvera :

$$\frac{d\eta}{dx} = \frac{dy}{dx} + a \frac{d^2y}{dx^2}.$$

Mais on a vu que $\frac{dy}{dx}$ représentait l'angle α de FD avec l'axe des x. On remarque en même temps que $\frac{d\eta}{dx}$ est l'angle de la trajectoire du point D avec le même axe, c'est-à-dire $\alpha + \theta$. On pourra donc écrire :

$$\alpha + \theta = \alpha + a \frac{d^2y}{dx^2},$$

ou :

$$\theta = a \frac{d^2y}{dx^2}.$$

On a expliqué que l'angle θ ne devait varier que progressivement. On peut poser *a priori* la condition qu'il soit proportionnel au chemin parcouru à partir du point de départ, que je suppose être le point O, c'est-à-dire approximativement à l'abscisse x. Si donc on désigne par ω la variation de l'angle de braquage par unité de longueur parcourue, on écrira :

$$\theta = \omega x,$$

c'est-à-dire :

$$\omega x = a \frac{d^2y}{dx^2}$$

et en intégrant :

$$y = \frac{\omega x^3}{6a}$$

en disposant des constantes pour que y et $\frac{dy}{dx}$ soient nuls à l'origine. On voit que cette courbe représente bien la parabole cubique annoncée.

x peut varier de $-\infty$ à $+\infty$, toutefois, on s'astreindra, comme il a été dit, à ne considérer que le voisinage du point d'inflexion.

— La tangente à cette cubique a pour coefficient angulaire :

$$\frac{dy}{dx} = \frac{\omega x^2}{2a},$$

de sorte que la sous-tangente S_τ a pour valeur :

$$S_\tau = \frac{y}{\frac{dy}{dx}} = \frac{x}{3}.$$

Cette sous-tangente est donc partout égale au tiers de l'abscisse, ce qui permettra de construire facilement la tangente en un point donné de la courbe.

— La courbe décrite par le point D se déduit de ce qui précède :

$$\eta = y + a\frac{dy}{dx} = \frac{\omega}{6a}x^2(x + 3a).$$

Elle coupe l'axe des x au point correspondant à $x = 0$ et au point $x = -3a$. Si on remarque que $\xi = x + a$, ces valeurs de x correspondent à $\xi = a$ et $\xi = -2a$.

Le coefficient angulaire de la tangente s'exprime par :

$$\frac{d\eta}{dx} = \frac{dy}{dx} + a\frac{d^2y}{dx^2} = \frac{\omega}{2a}x(x + 2a).$$

La tangente touche l'axe des x pour $x = 0$, ou $\xi = a$; et lui est parallèle pour $x = -2a$, ou $\xi = -a$; à ce moment η passe par un maximum :

$$\eta = \frac{2}{3}\omega a^2.$$

Enfin, la courbure a pour expression :

$$\frac{d^2\eta}{dx^2} = \frac{d^2y}{dx^2} + a\frac{d^3y}{dx^3} = \frac{\omega}{a}(x + a).$$

Cette courbure est nulle pour $x = -a$, ou $\xi = 0$, et la trajectoire de D présente alors un point d'inflexion, dont l'ordonnée est :

$$\eta = \frac{1}{3}\,\omega a^2.$$

— Il est d'ailleurs aisé de voir que la courbe ci-dessus définie, pour la trajectoire du point D, est encore une cubique qui est représentée par la même équation que la cubique décrite par le point F,

$$\eta_i = \frac{\omega \xi^{\prime 3}}{6a},$$

en prenant un nouveau système de coordonnées obliques, dans lequel l'axe des y serait maintenu et l'axe des x serait remplacé par la tangente au point d'inflexion :

$$\xi = 0 \qquad \eta_i = \frac{1}{3}\,\omega a^2.$$

— Le centre instantané I de rotation du mouvement de la voiture a pour coordonnées (en négligeant l'ordonnée y du troisième ordre, au regard du rayon de courbure r de la trajectoire F) :

$$Y = r = \frac{1}{\dfrac{d^2 y}{dx^2}} = \frac{a}{\omega r},$$

$$X = x - r\frac{dy}{dx} = x - \frac{\dfrac{dy}{dx}}{\dfrac{d^2 y}{dx^2}} = \frac{x}{2}.$$

On en tire, en faisant le produit :

$$XY = \frac{a}{2\omega}.$$

Le centre instantané de rotation I décrit donc une hyperbole équilatère, sur laquelle roule la ligne droite formant l'essieu F pour engendrer le mouvement de la voiture.

Il convient particulièrement de retenir que la valeur de l'abscisse X du centre de courbure I de la trajectoire de F est moitié de l'abscisse du point F. Cette propriété sera utilisée dans la suite.

52. *Tracé du raccordement entre une droite et un cercle ou entre deux cercles de rayons différents.* — Le cas de raccordement le plus ordinaire consiste à passer d'une droite à un cercle ou réciproquement.

La cubique de raccordement doit être en contact avec la droite en un point de courbure nulle, c'est-à-dire au point d'inflexion. Le contact avec le cercle, dont le rayon est supposé égal à r_1, se produit au point de la cubique où la courbure est $\frac{1}{r_1}$. Si donc on désigne par x_1 l'abscisse de ce point de contact, on aura :

$$\frac{\omega x_1}{a} = \frac{1}{r_1}.$$

Si on se donne la longueur Δ du raccordement, on aura :

$$x_1 = \Delta = \frac{a}{r_1 \omega},$$

d'où l'on tirera :

$$\omega = \frac{a}{r_1 \Delta}.$$

L'équation de la cubique deviendra :

$$y = \frac{x^3}{6 r_1 \Delta}.$$

L'ordonnée y_1 du point de contact sera obtenue en faisant $x = \Delta$, on aura donc :

$$y_1 = \frac{\Delta^2}{6 r_1}.$$

Je désigne par M_1 le point dont les coordonnées sont x_1, y_1. On a vu, d'autre part, que l'abscisse du centre I_1 du cercle osculateur à la cubique au point M_1 avait pour valeur la moitié de l'abscisse x_1. Je puis donc mener, à égale distance de l'axe y et du point M_1 le diamètre du cercle qui est perpendiculaire à l'alignement droit XX'. Je connais d'ailleurs la direction de la tangente au point M_1, puisque la sous-tangente est égale à $\frac{x_1}{3}$. Il est donc aisé de tracer le cercle.

Si le centre I_1 du cercle est trop éloigné pour permettre l'usage du compas, on assimilera l'arc de cercle compris entre l'axe des y et le point M_1 à un arc de parabole en se servant du point M_1 et de la tangente M_1K, ainsi que du

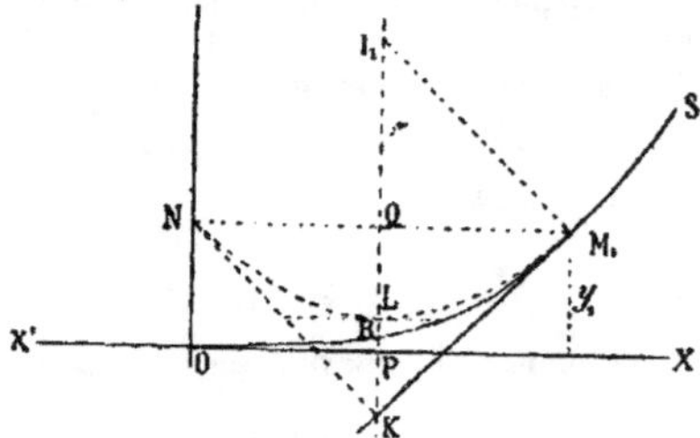

point N et de la tangente NK, symétriques par rapport au diamètre I_1 K.

Or on voit que l'on a :

$$PK = \tfrac{1}{2}\, y_1,$$

$$LK = \tfrac{1}{2}\, QK = \tfrac{1}{2}\left(y_1 + \tfrac{y_1}{2}\right) = \tfrac{3}{4}\, y_1,$$

on en déduira :

$$PL = \tfrac{1}{4}\, y_1.$$

On voit par là que, sans la cubique de raccordement, le cercle se raccorderait à la droite au point P. La présence de la cubique a pour effet : 1° de déplacer le cercle perpendiculairement à l'alignement droit d'une quantité $\tfrac{y_1}{4}$; 2° de substituer aux parties respectives de la droite et du cercle OP et LM_1, les arcs de cubique OR et RM_1, égaux chacun à $\tfrac{r_1}{2}$.

La trajectoire définitive du point F est donc la droite $X'O$, — la cubique OM_1 — et enfin le cercle M_1S.

De l'ensemble de ces considérations on déduit facilement le moyen de tracer sur un plan la courbe de raccordement.

On supposera l'alignement droit et le cercle tracés provisoirement en contact l'un de l'autre, comme s'il n'y avait aucune courbe de raccordement intercalée. On déplacera alors le centre du cercle, perpendiculairement à l'alignement droit d'une quantité :

$$\delta = \frac{\Delta^2}{24 r_1}.$$

Puis on tracera la cubique de raccordement :

$$y = \frac{x^3}{6 r_1 \Delta},$$

en partant d'une origine située à une distance $\frac{\Delta}{2}$, en deçà du point de contact du cercle sur l'alignement droit, avant son déplacement. Cette cubique se raccordera au cercle déplacé, à une distance $\frac{\Delta}{2}$ au delà dudit point de contact.

— S'il s'agit de raccorder entre eux deux cercles, on procédera d'une manière tout à fait analogue, qu'il s'agisse d'ailleurs de cercles de courbures tournées dans le même sens, ou en sens inverse.

Je suppose qu'il s'agisse d'établir une cubique de raccordement entre deux cercles de rayons r_0 et r_1 dont la courbure soit de même sens. Chacun de ces cercles devra être osculateur à la cubique aux points M_0 et M_1 dont les abscisses ont pour valeur :

$$x_0 = \frac{a}{r_0 \omega} \qquad x_1 = \frac{a}{r_1 \omega}.$$

La cubique se trouve représentée sur la figure par la ligne $OM_0 M_1 C$, et les cercles par $L_0 M_0 S_0$ d'une part et par $L_1 M_1 S_1$ d'autre part.

La trajectoire définitive du point F se composera d'un arc de cercle $L_0 M_0$, de la ligne de raccordement $M_0 M_1$ et enfin de l'arc de cercle $M_1 S_1$.

Les centres des cercles sont en des points I_0 et I_1, dont les abscisses sont respectivement $\frac{x_0}{2}$ et $\frac{x_1}{2}$.

Pour permettre de situer les deux cercles I_0 et I_1 dans leur position relative, j'observe d'abord que les cercles osculateurs traversent la cubique qui, en partant du point O est d'abord extérieure aux cercles, puis pénètre successivement à l'intérieur de chacun d'eux aux points d'osculation M_0 et M_1.

Je rappelle que les centres I_0 et I_1 sont sur une hyperbole équilatère dont les asymptotes sont Ox et Oy. On sait que toute corde $I_0 I_1$ d'une hyperbole est coupée en tronçons égaux entre les extrémités et chaque asymptote. Les projections de ces tronçons sur l'axe des x sont donc égales. Si on prolonge la ligne des centres jusqu'à l'axe des x, on aura par conséquent :

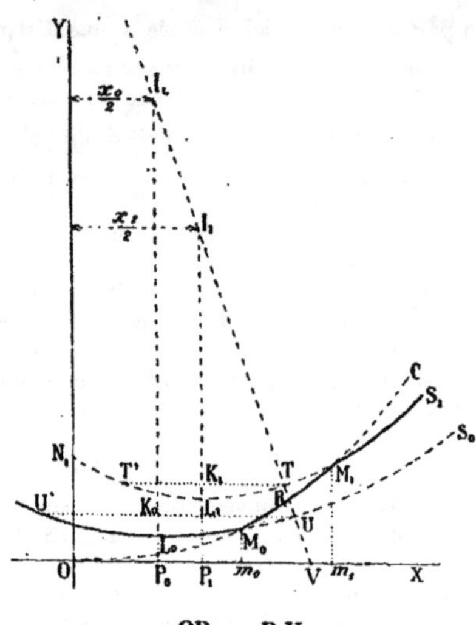

$$OP_0 = P_1 V,$$

c'est-à-dire :

$$P_1 V = \frac{x_0}{2}.$$

Comme d'ailleurs on a :

$$OP_1 = \frac{y_1}{2}$$

on conclut que :

$$OV = OP_1 + P_1V = \frac{x_0 + y_1}{2}.$$

La ligne des centres coupe donc la cubique de raccordement M_0M_1 en son milieu R.

La plus courte distance entre les deux cercles est figurée par TU.

Or, il ne faut pas perdre de vue que les ordonnées des points I_0 et I_1 sont supposées assez grandes pour que, dans les limites de l'étendue TUV, la droite TV puisse être confondue avec une parallèle à l'axe des y. Dans ces conditions, il devient aisé de calculer la plus courte distance des deux cercles :

$$TU = TV - UV.$$

On voit alors que les deux longueurs TV et UV se composent respectivement :

1° des ordonnées minima de chacun des cercles :

$$I_1P_1 \qquad \text{et} \qquad I_0P_0 :$$

2° des flèches des arcs : TT' et VV', soit K_1L_1 et K_0L_0, mais on a $K_1T = P_1V = \frac{x_0}{2}$ et par suite :

$$K_1L_1 = \frac{\frac{x_0^2}{4}}{2r_1} = \frac{x_0^2}{8r_1},$$

$$L_1P_1 = \frac{y_1}{4},$$

donc :

$$TV = \frac{x_0^2}{8r_1} + \frac{y_1}{4}.$$

On a de même :

$$UV = \frac{x_1^2}{8r_0} + \frac{y_0}{4}.$$

Par conséquent :

$$TU = \frac{x_0^2}{8r_1} + \frac{y_1}{4} - \frac{x_1^2}{8r_0} - \frac{y_0}{4}.$$

Si on remarque que :

$$x_1 = \frac{a}{r_1\omega} \qquad x_0 = \frac{a}{r_0\omega},$$

$$y_1 = \frac{a^2}{6r_1^3\omega^2} \qquad y_0 = \frac{a^2}{6r_0^3\omega^2},$$

il viendra pour la plus courte distance entre les cercles :
$\delta = TU$.

$$\delta = \frac{a^2}{24\omega^2}\left(\frac{1}{r_1} - \frac{1}{r_0}\right)^3,$$

La longueur Δ du raccordement est égale à la différence des abscisses x_1 et x_0, on aura donc :

$$\Delta = x_1 - x_0 = \frac{a}{\omega}\left(\frac{1}{r_1} - \frac{1}{r_0}\right)$$

On en tire :

$$\frac{a}{\omega} = \frac{\Delta}{\frac{1}{r_0} - \frac{1}{r_1}},$$

Je substitue cette valeur dans l'expression de δ :

$$\delta = \frac{\Delta^2}{24}\left(\frac{1}{r_1} - \frac{1}{r_0}\right),$$

Cette distance δ représente le déplacement relatif qu'il est nécessaire de donner aux deux cercles, pour permettre d'intercaler la cubique de raccordement.

En résumé, on supposera que les deux cercles de la trajectoire sont tracés provisoirement en contact l'un de l'autre, comme s'il n'y avait pas de courbe de raccordement.

On déplacera les deux cercles, sur la normale commune, de manière à les écarter de la quantité :

$$\delta = \frac{\Delta^2}{24}\left(\frac{1}{r_1} - \frac{1}{r_0}\right),$$

On tracera enfin la courbe de raccordement :

$$y = \frac{\omega x^3}{6a} = \frac{x^3}{6\Delta}\left(\frac{1}{r_1} - \frac{1}{r_0}\right),$$

en partant d'un point situé sur le premier cercle, à une distance $\frac{\Delta}{2}$ en deçà du point de contact des deux cercles avant tout déplacement. Cette cubique se raccordera au deuxième cercle déplacé, à une distance $\frac{\Delta}{2}$ au delà dudit point de contact.

53. *Élargissement des chaussées dans les courbes.* — J'examinerai ultérieurement la largeur qu'il convient d'attribuer aux chaussées dans les alignements droits. Comme les voitures encombrent davantage dans les courbes, il faut les y élargir. Il y a une infinité de manières d'aborder la question, notamment en traçant la zone occupée par les voitures qui viendraient à se croiser dans la courbe.

Le procédé qui paraît le plus simple consiste :

1° A tracer tout d'abord provisoirement l'axe de la chaussée, par alignements droits et courbes raccordés, comme si l'on ne devait intercaler aucun raccordement ;

2° A intercaler, aux divers points où la courbure change, une cubique de raccordement, en s'inspirant de ce qui précède ;

3° A faire circuler sur l'axe ainsi rectifié un véhicule fictif formé par une sorte de bicyclette ayant l'empattement des voitures qui fréquentent la route ;

a) Ce véhicule fictif commencerait par suivre l'axe rectifié, au moyen de sa roue arrière, en progressant dans une direction telle que la trajectoire de l'essieu avant décrive une courbe à droite de l'axe, courbe qu'il est facile de tracer en vertu de ce qui a été exposé ;

b) Le même véhicule suivrait ensuite le même axe rectifié de la chaussée, mais en sens inverse et au moyen de sa roue avant. La trajectoire de la roue arrière peut facilement s'en déduire.

Les deux trajectoires *a* et *b* ainsi obtenues comprennent entre elles un espace qui représente l'élargissement qu'il convient de donner à la chaussée en ses divers points ;

4° Pour réaliser l'élargissement et figurer les bords de la chaussée, on tracera en plan une série de droites normales à l'axe de la route, puis on portera sur ces normales, de part et d'autre de la zone réservée pour correspondre à l'élargissement, des longueurs égales à la demi-largeur de la chaussée telle qu'elle existe dans les alignements droits.

La nécessité de pareils élargissements ne s'impose guère qu'avec des rayons inférieurs à 30 m.

On tiendra compte, s'il y a lieu, de l'empattement exceptionnel de certains véhicules, comme ceux dont on se sert par exemple pour transporter les bois en grume.

54. *Trains Renard.* — La création de ces trains avait un double objet : On voulait d'abord utiliser l'adhérence de toutes les roues. A cet effet, le mouvement était communiqué

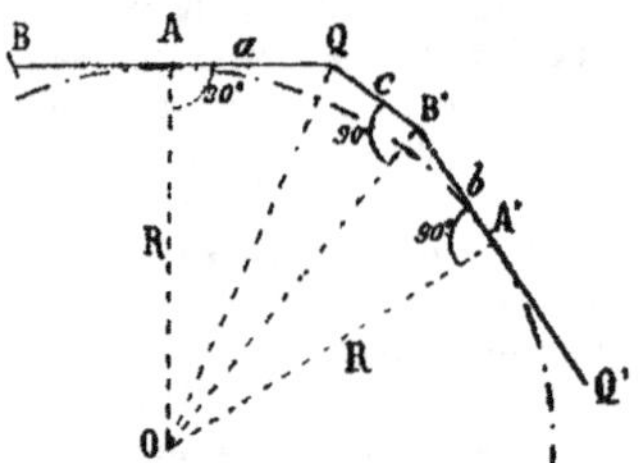

aux essieux par un arbre sous le bâti. Les arbres des voitures successives étaient reliés entre eux par des bielles avec joints à la cardan, de manière à permettre le jeu suffisant dans les courbes.

Comme de pareils joints, sous des angles variables, ne transmettent pas le mouvement avec une vitesse angulaire uniforme, on a eu soin que, sur une même bielle, les joints cardan fussent disposés en sens inverse, de manière à redresser le mouvement qui, uniforme sous chaque voiture, est transmis varié à la bielle, puis redressé pour revenir uniforme sous la voiture suivante.

Le moteur est disposé sur l'une des voitures.

— En second lieu, on se proposait d'adopter des dispositions telles que les voitures successives suivent le même itinéraire. A cet effet, les bielles d'attelage, entre deux véhicules, sont solidaires de l'essieu avant de la voiture qui suit, et font avec cet essieu un angle droit.

A et B sont les essieux d'une voiture.

A′ et B′ ceux de la voiture qui suit.

Q, Q′ sont les extrémités arrière des voitures, extrémités auxquelles on attache les bielles telles que QB′.

Si on suppose le problème résolu, les essieux A, B′ et A′ convergeront vers un même centre O, tel que OA = OA′ = R. Soit :

$$AQ = a \qquad QB' = c \qquad A'B' = b.$$

On aura, dans les triangles rectangles AQO, QB′O et B′A′O les relations :

$$\overline{QO}^2 = a^2 + R^2$$
$$\overline{QO}^2 = c^2 + \overline{B'O}^2 = c^2 + b^2 + R^2.$$

Comparant ces valeurs, on trouvera :

$$a^2 = b^2 + c^2.$$

Si cette condition est réalisée, les itinéraires des diverses voitures sont tous les mêmes.

55. *Tracé des boucles dans une route avec lacets.* — Le tracé des boucles dans les routes à lacets demande des précautions d'autant plus grandes que l'on est amené le plus souvent à adopter des rayons de courbure plus petits.

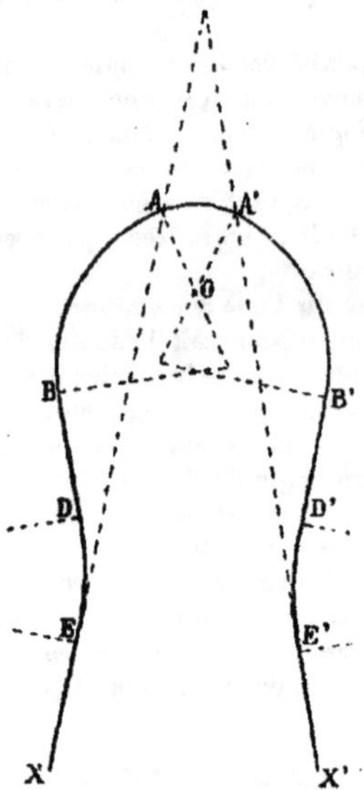

On ne peut pas adopter de rayon inférieur au double de l'empattement, soit $2a$, puisque le braquage ne dépasse pas 30°. Ce rayon minimum n'est généralement admis que sur un faible parcours tel que AA'. On s'arrange pour y accéder par deux autres courbes BA et B'A', d'un rayon double par exemple.

On regagne les alignements droits X et X' du lacet, par deux éléments rectilignes BD et B'D' d'environ trois fois la longueur de l'empattement, raccordées aux alignements XX' par des courbes de rayon égal à 5 fois l'empattement.

Le tracé ci-dessus défini correspond à l'axe de la boucle. Les bords de la chaussée se dessinent conformément aux principes précédemment exposés.

— Une décision ministérielle du 13 juin 1912 a défini de la manière suivante le tracé des boucles de lacets applicables à la route nationale n° 208 dans les Basses-Alpes.

1° L'axe du tournant est formé par une ellipse, savoir :

Largeur de la route	1/2 grand axe	1/2 petit axe
5 m.	10 m.	8 m. 50
6 m.	10 m. 50	9 m.
7 m.	11 m.	9 m. 50

2° Cette ellipse doit être raccordée aux lacets supérieurs et inférieurs :

— Au moyen d'alignements droits de 10 m.;

— et au moyen d'arcs de 20 m. de rayon.

86. *Dérapage et renversement.* — Le dérapage est un glissement latéral des roues sur la chaussée. Il convient de distinguer le cas des roues avant de celui des roues arrière.

— Le dérapage des roues avant se produit quand on fait varier brusquement l'angle de braquage d'une quantité finie, telle que $\Delta\theta$. La roue avant, pour suivre l'itinéraire imposé par la roue directrice, doit changer de direction. La vitesse perdue est égale à $V\Delta\theta$ et la force vive perdue :

$$\frac{1}{2}\,\frac{P'}{g}\,V^2\Delta\theta^2.$$

Si l'élasticité de la voiture ne l'absorbe pas, il se produit un glissement sur une longueur E et on aura :

$$P'fE = \frac{1}{2}\,\frac{P'}{g}\,V^2\Delta\theta^2$$

qui donne :

$$E = \frac{V^2\Delta\theta^2}{2gf}$$

d'où un dommage aux chaussées, aux bandages et à la voiture.

Il est essentiel de ne faire varier l'angle de braquage que d'une manière continue.

— Le dérapage des roues arrières se produit dans les courbes, par l'effet de la force centrifuge. Si l'on écrit l'équilibre entre le frottement, d'une part, la force centrifuge et la composante du poids suivant la pente tranversale i, d'autre part, on aura dérapage si la condition suivante est remplie :

$$Pf < \frac{PV^2}{gR} + Pi.$$

Cette condition oblige à limiter soit la vitesse avec des

rayons donnés, soit les rayons, pour des vitesses données, savoir :

$$V \leqslant \sqrt{2g(f-i)}$$
$$R \geqslant \frac{V^2}{g(f-i)}$$

Pour $i = 0$ $V = 8\,\mathrm{m}.33$ on trouve pour la limite de R 24 m. Il ne convient pas en général d'admettre des rayons inférieurs à 50 m., ou peut-être à 30 m. Exception est faite pour les boucles des lacets où il faut ralentir nécessairement.

— La force centrifuge pourrait encore provoquer le renversement des véhicules. Pour qu'un accident de ce genre soit évité, il faut que la résultante du poids de la voiture et de la force centrifuge tombe entre les points d'appui des roues.

Soit h la hauteur du centre de gravité de la voiture au-dessus du sol, le poids tombera à une distance du centre égale à :

$$hi.$$

La résultante du poids et de la force centrifuge tombe à une distance de ce point égale à :

$$h\frac{\dfrac{PV^2}{2g}}{P} = \frac{hV^2}{2g}.$$

L'ensemble de ces deux longueurs doit être moindre que la demi-distance entre les roues d'un même essieu, d'où l'inégalité :

$$\frac{hV^2}{2g} + hi < \frac{l}{2}$$

c'est-à-dire :

$$\frac{V^2}{2g} + i < \frac{l}{2h}.$$

Comme $\frac{l}{2h}$ est généralement supérieure au coefficient de frottement f, le dérapage se produit avant que l'on risque un renversement. Néanmoins, les deux accidents peuvent se produire simultanément dans certains cas de vitesses excessives et de courbes trop prononcées.

57. *Surhaussement dans les courbes.* — Les conditions précédemment écrites montrent l'influence de la pente transversale, pour favoriser ou retarder les accidents qui viennent d'être signalés. On peut même créer une pente transversale telle, qu'à la rigueur le dérapage devienne impossible. Mais cette pente serait fonction de la vitesse, elle ne pourrait donc profiter qu'aux véhicules capables d'obtenir cette vitesse, aussi adopte-t-on des pentes transversales intermédiaires.

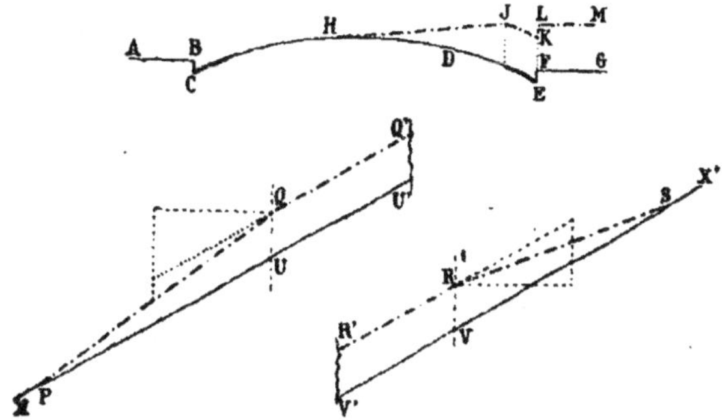

Une circulaire du 3 juillet 1905 a défini les dispositions à prendre de la manière suivante :

1° Tracer la série des profils en travers du tournant sans tenir compte du surhaussement, comme si l'on était en alignement droit ;

2° Y mener une tangente à la chaussée bombée avec une pente de 0,04 à 0,05, et rétablir, en l'exhaussant, le trottoir et la chaussée au niveau convenable ;

3° Tracer le profil en long du filet du caniveau modifié, d'abord sans le surhaussement, puis avec l'exhaussement qui résulte du surhaussement ; tel qu'il résulte des profils en travers, conformément au § 2 ;

4° Le surhaussement étant ainsi fait, dans la partie courbe du filet du caniveau, sur le profil en long, on opère le raccordement aux extrémités : à l'extrémité basse, avec une déclivité de 1/3 supérieure à l'ancienne ; à l'extrémité haute, avec une déclivité de 1/3 inférieure ;

5° Connaissant ainsi la position du filet du caniveau, à l'entrée et à la sortie de la courbe, on en déduira la hauteur du bord du caniveau contigu à la chaussée, et cette chaussée sera définie en menant des tangentes, sur chaque profil en travers, à la chaussée bombée du § 1° ;

6° S'il y a courbe et contre-courbe en descendant, et s'il n'y a pas de partie droite assez longue entre les deux, on protégera le plus possible la courbe tournant à gauche en descendant.

88. *Réduction des déclivités dans les courbes.* — Dans les chemins de fer, les courbes sont considérées comme équivalentes à des déclivités représentées par l'expression :

$$\frac{500l}{R}$$

dans laquelle l est l'écartement de la voie. Mais alors les roues d'un même essieu sont solidaires. Il en résulte des glissements dans les courbes. Cette circonstance n'existe pas avec les automobiles et le problème doit être envisagé à un point de vue différent.

— Dans les *Annales du Service vicinal* de décembre 1915, M. Bernis propose un moyen empirique pour fixer le maximum de déclivité admissible dans les courbes. Soit J ce maximum, correspondant à un rayon R. Il suppose les deux quantités liées entre elles par la relation linéaire :

$$J = A + BR.$$

Il détermine les constantes A et B de manière que J prenne des valeurs données 0 et 1 pour des rayons R_1 et R_1. on trouve ainsi :

$$J = I \frac{R - R_2}{R_1 - R_2}.$$

Cette formule ne doit d'ailleurs servir que pour des valeurs de R comprises entre R_1 et R_2.

Si $R > R_1$ on conserve le maximum I.

Si $R < R_1$ on se maintient à $J = 0$.

— Dans les Landes, on part de :

$$I = 60 \text{ mm}. \quad R_1 = 30 \text{ m}. \quad R_2 = 10 \text{ m}.$$

il vient :

$$J = 3(R - 10).$$

— Dans la Haute-Garonne, on part de :

$$I = 60 \text{ mm}. \quad R_1 = 30 \text{ m}. \quad R_2 = 0$$

il vient :

$$J = 2R.$$

— M. Bernis propose :

$$I = 55 \text{ mm}. \quad R_1 = 30 \text{ m}. \quad R_2 = 2\text{m}.50$$

il trouve :

$$J = 2R - 5.$$

Ces diverses formules n'ont d'ailleurs qu'une valeur relative. Elles peuvent néanmoins donner d'utiles indications.

CONSTRUCTION

CINQUIÈME LEÇON

59. *La Route.* — Construire une route, c'est édifier une plateforme de largeur constante et appropriée à la circulation à desservir. Sur cette plateforme, on établit une chaussée pour permettre le roulement des voitures. Le reste de la largeur est occupé, en général, par ce qu'on nomme les accotements, qui servent à l'établissement des plantations, des bornes kilométriques, etc., et en général à déposer tout ce qui est utile à la route. Ils sont également utilisés par les piétons.

La plateforme de la route doit réaliser les conditions de déclivités convenables, aussi ne peut-elle pas, d'ordinaire, se maintenir au niveau du terrain naturel. Il convient alors, soit d'abaisser le sol au moyen de tranchées (déblais), soit de la relever au moyen de levées (remblais). En dehors de la plateforme, la route comprend ainsi, accessoirement, ce qui est nécessaire à soutenir cette plateforme, notamment les terrassements.

Pour évacuer les eaux de la plateforme, dans les parties qui sont au niveau du sol ou en déblai, on creuse, sur les bords et en dehors, des fossés d'assainissement.

Lorsque la hauteur des remblais est assez grande pour rendre la circulation dangereuse, on établit, en bordure et hors de la plateforme, des levées en terre appelées banquettes de sûreté. On peut leur substituer, dans certains cas, des garde-corps ou des parapets.

La totalité de la largeur occupée par les ouvrages de la route constitue ce qu'on nomme les emprises. Pour en diminuer l'étendue, on est quelquefois amené à soutenir les terres par des murs de soutènement.

La plateforme de la route peut être supportée, à certains passages, notamment à la traversée des cours d'eau, par des ouvrages d'art, ponts ou viaducs. On peut être conduit également à l'établir en souterrain (tunnel).

L'étude des terrassements fait partie — soit du cours de topométrie — soit de celui de procédés généraux de construction ; je n'ai donc pas à m'en occuper ici. La construction des ouvrages d'art se rattache également à des cours spéciaux, je n'aurai à en parler que sommairement à l'égard des ouvrages de petite dimension (ponceaux ou aqueducs).

La représentation de la route se fait à l'aide d'un plan, d'un profil en long, et de profils en travers (circulaire du 14 janvier 1850, programme du service vicinal du 20 mars 1882, types de la vicinalité du 14 janvier 1882). Cette représentation se rattache au cours de topométrie.

CHAUSSÉES, EN GÉNÉRAL

60. *Largeur à donner aux chaussées.* — La largeur des chaussées doit être calculée d'après les besoins à satisfaire.

Lorsqu'il ne s'agit que de livrer passage à une seule voiture, on peut limiter cette largeur à 3 mètres si la circulation est faible. Les croisements nécessitent alors l'emprunt des accotements. Cette largeur peut être exceptionnellement réduite à 2 m. 40 (types de la vicinalité, planche IV).

A l'égard des routes nationales, il convient d'adopter des largeurs qui permettent le croisement des véhicules, sans quitter la chaussée.

Si L est la largeur du chargement ;

ε le jeu entre des voitures qui se croisent : .

l la distance entre les roues ;

β le jeu entre les roues et le bord de la chaussée, la largeur à adopter sera :

$$x = L + l + \varepsilon + 2\beta$$

Pour L = 2 m. 50 l = 2 m. ε = 0 m. 50 β = 0 m. 25 on trouve

$$x = 5 \text{ m. } 50.$$

On peut toutefois réduire cette largeur à 4 mètres, en tenant compte de ce que les voitures qui se croisent n'ont pas généralement la largeur de 2 m. 50, ni 2 mètres d'écartement entre les roues.

Lorsqu'une route comporte, en même temps qu'une circulation active de roulage, le passage de nombreux automobiles, on observe que le roulage se tient au milieu de la chaussée et ne se détourne qu'avec lenteur. Pour ne pas obstruer le passage, il est convenable de laisser, de part et

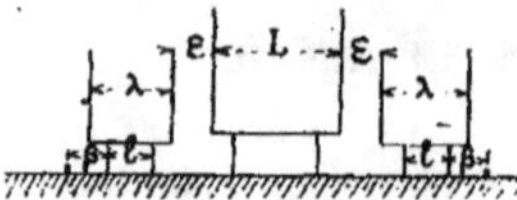

d'autre de la voiture de roulage, une largeur suffisante pour permettre aux automobiles de courir et de dépasser simultanément.

La largeur de chaussée est obtenue, conformément au croquis ci-contre, par l'expression :

$$x = \mathrm{L} + \lambda + l + 2\varepsilon + 2\beta,$$

qui conduit à adopter une dimension de 7 mètres à 8 mètres.

En général, la dimension des chaussées des routes nationales est d'au moins 5 mètres et ne dépasse pas 8 mètres.

Dans les grandes villes on va beaucoup plus loin, mais on ne dépasse pas 30 mètres qui est la largeur maxima des chaussées de Paris (avenue des Champs-Elysées).

— Les routes sont parfois empruntées par des voies ferrées. Il est indispensable de réserver, à cet effet, l'emplacement nécessaire. La réglementation actuelle se trouve définie par les articles 6, 7 et 8 du cahier des charges-type applicable aux tramways (décret du 13 février 1900).

En principe, la voie doit être posée, autant que possible, en dehors de la chaussée accessible aux voitures.

L'accotement occupé doit être limité à une bordure. Le matériel doit laisser un jeu de 0 m. 30 jusqu'à l'arête de cette bordure.

La largeur à réserver jusqu'aux limites riveraines, ou jusqu'aux alignements, doit être de 1 m. 40. Un espace de 0 m. 75 doit être laissé devant les obstacles continus, et de 0 m. 60 devant un obstacle isolé. L'entrevoie doit laisser une largeur libre de 0 m. 50 entre le gabarit des matériels qui circulent.

Si la voie doit être établie sur une chaussée accessible aux voitures ordinaires, il faut réserver, d'un côté, au moins la largeur de 2 m. 60 nécessaire pour le passage ou le stationnement des voitures, cette largeur de 2 m. 60 étant comptée depuis le gabarit jusqu'à la bordure d'un trottoir ayant 1 m. 10 au moins, ou jusqu'à l'emplacement éventuel d'une pareille bordure si le trottoir n'existe pas.

De l'autre côté, on réserve les mêmes largeurs si l'on admet le passage ou le stationnement des voitures ; dans le cas contraire, il est prescrit :

1° De laisser 1 m. 40 au moins entre le gabarit et la limite riveraine ou les alignements ;

2° S'il y a un trottoir, de laisser 0 m. 30 entre le gabarit et la bordure ;

3° De ne pas dépasser l'arête extérieure de l'accotement et même de conserver 0 m. 75 entre le matériel et cette arête, s'il y a déblai ou remblai de plus de 0 m. 50, ou un obstacle continu comme un parapet de pont par exemple. Dans le cas d'un obstacle isolé, on peut ne réserver que 0 m. 60.

Les croquis ci-après donnent un schéma des dispositions prescrites :

A- Au bord d'un remblai – Voie en chaussée.

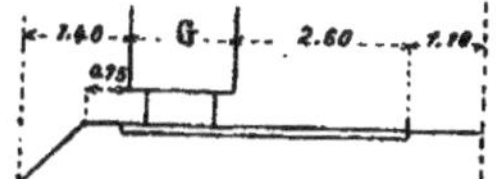

B- Au bord d'un remblai – Voie en accotement.

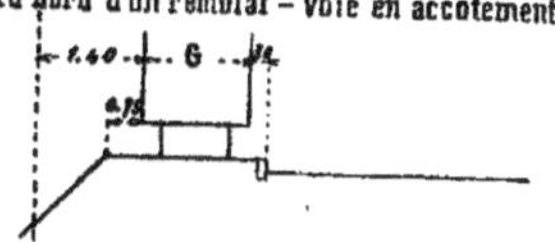

Les largeurs minima à adopter sont les suivantes :
— Profil C, L = G + 5 m. 10 ;
si G = 2 m. 10, on trouve 7 m. 20.
— Profil D, L = G + 7 m. 40 ;
si G = 2 m. 10, on trouve 9 m. 50.
— Profil E, L = 2G + 5 m. 60 ;
si G = 2 m. 10, on trouve 9 m. 80 ;
— Profil F, L = 2G + 7 m. 90 ;
si G = 2 m. 10, on trouve 12 m. 10.

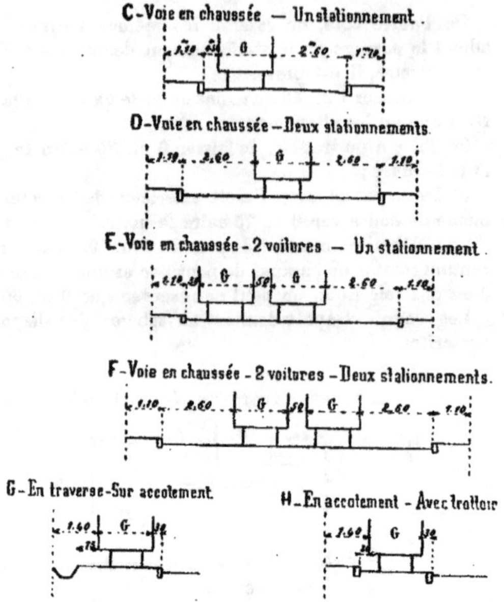

Lorsqu'on se trouve dans la nécessité d'élargir la route pour y placer la voie ferrée, on peut adopter deux solutions :

1° Conserver la chaussée et élargir la route pour y placer l'accotement du tramway. On paie alors le terrain plus cher, en raison de la proximité du tramway qui gêne l'accès des terrains riverains ;

2° Élargir du côté opposé au tramway, en modifiant l'emplacement de la chaussée. On gagne sur le prix des terrains, mais on doit payer la dépense afférente au déplacement de la chaussée.

Je donne, à titre de spécimens, le schéma du profil en travers de deux grandes avenues.

**61. *Bombement des chaussées*. — Les chaussées doivent
être bombées, pour évacuer les eaux, permettre la circulation
des piétons et éviter, pour les chaussées empierrées principalement, le ramollissement de la matière d'agrégation. Le
profil doit être toutefois aussi plat que possible pour ne pas
gêner la circulation des voitures.**

**A. *Profil rationnel de ruissellement*. — Je me propose de
déterminer la forme du profil en travers qui assurerait le
ruissellement de l'eau à la surface sous une épaisseur constante, assez faible pour que les piétons puissent suivre ou
traverser la chaussée.**

**Avant d'aborder ce problème, il est nécessaire de fixer au
préalable, un certain nombre de points.**

**— Les lois de l'écoulement de l'eau en nappe mince ne
paraissent pas avoir été l'objet d'aucune étude spéciale. On
pressent toutefois que la vitesse pourrait être exprimée par
une expression de la forme**

$$u = mh i^{\gamma}$$

dans laquelle on désigne par :

u la vitesse ;

m un coefficient constant qui dépend de la nature de la
surface ;

h l'épaisseur de la lame d'eau ;

i la pente ;

γ un exposant dont la valeur peut varier entre 1/2 et 1.

Comme l'épaisseur h ainsi que la pente i sont toujours faibles, j'admettrai que la résistance au mouvement est proportionnelle à la vitesse. Cela entraîne, pour la valeur de γ, l'unité, et on écrira :

$$(1) \qquad u = mhi.$$

— Lorsqu'on connaît les pentes de deux droites perpendiculaires entre elles et situées dans un même plan, la plus grande pente du plan est obtenue en prenant la racine carrée de la somme des carrés des pentes des deux droites données.

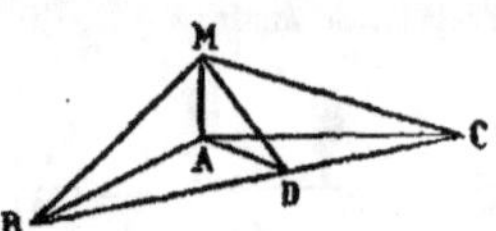

Soient MB et MC les deux droites du plan ; l'angle BMC est droit. Je considère un point A de la verticale du point M, et je mène par ce point un plan horizontal BAC.

Les pentes des droites MB et MC sont respectivement :

$$\frac{AM}{AB} \qquad et \qquad \frac{AM}{AC} \cdot$$

La plus grande pente est : $\dfrac{AM}{AD} \cdot$

La surface du triangle rectangle BAC peut être exprimée de deux manières, soit : 1/2 BC $\times$ AD ; soit 1/2 BA $\times$ AC, d'où l'égalité :

$$BC \times AD = BA \times AC,$$

on en tire :

$$\frac{BC}{BA \times AC} = \frac{1}{AD} \cdot$$

J'élève au carré les deux membres, je remplace $\overline{BC}^2$ par $\overline{BA}^2 + \overline{AC}^2$ et je multiplie de part et d'autre par $\overline{AM}^2$, il vient :

$$\frac{\overline{AM}^2}{\overline{AB}^2} + \frac{\overline{AM}^2}{\overline{AC}^2} = \frac{\overline{AM}^2}{\overline{AD}^2},$$

égalité qui correspond bien à la propriété annoncée.

Il suit de là que, si M représente un point de la surface de la chaussée, et si MC et MB figurent les tangentes au profil en travers et au profil en long en ce point, on aura la relation :

$$(2) \qquad P^2 = p^2 + J^2,$$

P étant la plus grande pente ;
p la pente du profil en travers ;
J la pente du profil en long.

En outre, si on désigne par α l'angle de la ligne de plus grande pente MD et du profil en travers MC, cet angle peut être confondu avec l'angle BAC en projection horizontale, puisque les pentes sont toujours faibles.

On pourra donc écrire :

$$(3) \qquad \cos \alpha = \frac{AD}{AC} = \frac{\frac{AM}{AC}}{\frac{AM}{AD}} = \frac{p}{P}.$$

— Ces résultats étant acquis, je considère la chaussée en plan. Je figure l'axe par la ligne ZZ' et deux lignes de plus grande pente ST et S'T' de la surface cylindrique, infiniment rapprochées. Les points de chacune de ces lignes situés sur une même parallèle ZZ' sont équidistants. J'appelle dz cette équidistance

$$dz = SS'.$$

Soit x l'abscisse du point S et S'I une horizontale du cylindre.

L'angle SS'I n'est autre que l'angle α défini par l'équations (3).

J'observe que la quantité de pluie qui tombe sur la surface comprise entre les lignes TS et T'S', depuis l'axe jusqu'à la ligne SS', dans l'unité de temps, est la même que le volume d'eau qui, coulant à la surface, passe à travers la droite SS', ou, si l'on veut, à travers la ligne S'I. Comme celle-ci est perpendiculaire à la direction des filets liquides, et que l'on a :

$$S'I = dz \cos \alpha = dz \frac{p}{P},$$

l'équivalence des volumes d'eau signalée donnera :

$$qx = mh^2 \, \mathrm{P} \times \frac{p}{\mathrm{P}} = mh^2 p,$$

dans laquelle :

q désigne la hauteur de pluie qui tombe en une seconde ;

m la constante de la formule (1) ;

h l'épaisseur de la couche de ruissellement ;

p l'inclinaison de la tangente au profil en travers en S.

Cette inclinaison n'est autre que le quotient différentiel $\frac{dy}{dx}$; on aura donc :

$$(4) \qquad p = \frac{dy}{dx} = \frac{qx}{mh^3}.$$

L'intégration donne, en faisant $y = o$ en même temps que $x = o$:

$$(5) \qquad y = \frac{q}{mh^3} \frac{x^2}{2}.$$

Le profil rationnel de ruissellement est donc figuré par une parabole, dont le paramètre est $\frac{mh^3}{q}$.

— La pente limite J_0 sur laquelle un tracteur peut traîner sans glisser une remorque égale à son propre poids est donnée par l'expression :

$$J_0 = \frac{f}{2} - f_2.$$

f étant le coefficient de frottement des roues sur le sol et f_2 le coefficient de traction.

J'admets que le coefficient m, pour chaque nature de revêtement est en raison inverse de J_0, et j'écris, en désignant par ϖ une constante, quel que soit ce revêtement :

$$(6) \qquad m \, J_0 = \varpi.$$

L'équation (4) peut alors s'écrire :

$$(7) \qquad y = \frac{J_0 q}{\varpi h^3} \frac{x^2}{2}.$$

Telle est la forme sous laquelle j'utiliserai l'équation de la parabole de ruissellement.

— Quant aux valeurs numériques à considérer, elles sont à discuter dans chaque cas :

Pour J_o, je considérerai que f_1 ne s'éloigne pas beaucoup, en général de $1/10\ f$, j'écrirai donc $J_o = 0{,}40\ f$, soit :

pour les empierrements . . . $J_o = 0{,}40 \times 0{,}30 = 0{,}12$

pour les pavages en pierres . . . $0{,}40 \times 0{,}20 = 0{,}08$

pour les pavages en bois . . . $0{,}40 \times 0{,}10 = 0{,}04$

pour les revêtements en asphalte

    mouillé. . . . . . . $0{,}40 \times 0{,}05 = 0{,}02$

Pour h je prendrai la hauteur qui paraît compatible avec la circulation des piétons, soit 0 m. 0015 pour les empierrements dont la surface peut être meuble jusqu'à un certain point. J'adopterai $h = 0{,}002$ dans les autres cas.

J'attribue à ϖ la valeur 60 et à q le débit qui correspond à une hauteur d'eau de 0 m. 072 à l'heure, ce qui donne :

$$q = \frac{0{,}072}{3.600} = 0{,}00002.$$

B. *Vidange des flaches.* — Les flaches se remplissent d'eau par la pluie. Si elles sont sur une partie de chaussée horizontale, la flaque d'eau en occupe toute l'étendue. Si elles sont au contraire sur une surface inclinée, elles se vident partiellement.

Si l'on connaissait à l'avance la profondeur des flaches, et si on se proposait d'en limiter l'étendue, dans le sens de la plus grande pente, la déclivité à donner dans le sens de cette pente serait fournie par le quotient de la profondeur par la largeur occupée par l'eau. Mais ces données manquent, elles varient d'ailleurs avec le degré de l'entretien. Dès lors, j'admettrai purement et simplement que la pente P_o nécessaire pour une vidange suffisante des flaches, suivant chaque revêtement, est une fraction μ de la pente limite J_o.

(8) $$P_o = \mu\, J_o.$$

μ marque le degré d'entretien, et la proportionnalité admise avec la grandeur de J_o correspond à cette idée que plus un revêtement est parfait, plus J_o est faible, de même que P_o. Pour fixer les idées j'admettrai que $\mu = 0{,}40$.

Si donc on veut assurer partout la vidange des flaches, il convient que nulle part, à la surface de la chaussée, la plus grande pente ne soit inférieure à P_0, c'est-à-dire à μJ_0.

Or on sait que la plus grande pente d'un plan est liée à la pente transversale et à la pente longitudinale par l'équation (2). On pourra donc définir les points pour lesquels la plus grande pente est P_0 par la relation :

$$p^2 + J^2 = P_0^2,$$

d'où l'on tire :

$$(9) \qquad p = \sqrt{P_0^2 - J^2} = J_0 \sqrt{\mu^2 - \left(\frac{J}{J_0}\right)^2}.$$

L'équation (9) fait voir que, pour toute chaussée dont la pente longitudinale J est supérieure à P_0, la question de vidange des flaches ne se pose pas, la plus grande pente étant partout supérieure à la limite.

Dans le cas contraire, il existerait au centre de la chaussée une bande sur laquelle cette vidange ne serait pas assurée. Les abscisses des droites qui limitent cette bande se déduiront de l'équation (9) où l'on remplacera p par sa valeur (4). On trouvera ainsi :

$$(10) \qquad x_1 = \frac{\varpi h^2}{q} \sqrt{\mu^2 - \left(\frac{J}{J_0}\right)^2}.$$

On substituera alors à cette bande les deux plans tangents à la chaussée le long des génératrices d'abscisses x_1.

Au delà de ces génératrices, le profil à adopter restera la parabole de ruissellement et, en deçà, il sera constitué par deux versants plans tangents, qui auront précisément la pente voulue P_0. Ces versants plans se couperont en une arête sur l'axe, arête qui doit être corrigée pour les besoins de la circulation, conformément à ce qui suit :

C. *Profil parabolique limite, pour le contact des roues.* — Les voitures reposent sur le sol par quatre roues. Je suppose qu'elles suivent obliquement la chaussée définie par un cylindre parabolique dont la section droite a pour équation :

$$(11) \qquad y = \frac{x^2}{2r}.$$

Dès lors, les quatre points d'appui ne sont plus dans le même plan et si, la voiture présentait une rigidité complète, une des roues devrait s'élever au-dessus du sol d'une quantité Δ que je me propose de calculer.

A cet effet, je représente en plan, au-dessous d'une ligne de terre LT, la position de la voiture ABCD, AB sera égal à l'empattement a et AD à l'écartement b entre les roues d'un même essieu. L'axe de la voiture fait un angle α avec la direction de l'axe de la chaussée.

Je représente, au-dessus de la ligne de terre, le profil parabolique défini par l'équation (11) rapporté aux axes rectangulaires OX et OY.

Les points dont la projection horizontale sont en A, B, C, D correspondent à des points de la chaussée qui sont figurés, en projection verticale, en a, b, c, d, dont les ordonnées, rapportées aux axes OX et OY sont :

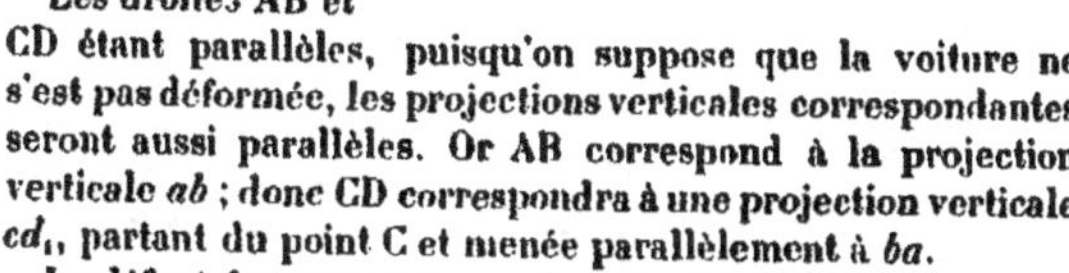

y_a, y_b, y_c, y_d.

Je suppose que les trois roues ABC reposent sur la chaussée, la quatrième D aura perdu le contact.

Les droites AB et CD étant parallèles, puisqu'on suppose que la voiture ne s'est pas déformée, les projections verticales correspondantes seront aussi parallèles. Or AB correspond à la projection verticale ab ; donc CD correspondra à une projection verticale cd_1, partant du point C et menée parallèlement à ba.

Le défaut de contact Δ sera donc égal à dd_1.

Mais l'ordonnée du point d est, comme on l'a dit, égale à y_d. Celle du point d_1 sera égale à l'ordonnée y_c du point C, augmentée de la différence des ordonnées des points a et b, soit $y_a - y_b$.

L'ordonnée de d étant

$$y_d$$

et celle de d_1 étant

$$y_c + y_a - y_b,$$

le défaut de contact sera la différence dd_1, soit :

$$\Delta = y_d - y_c - y_a + y_b.$$

Si je désigne par x l'abscisse du point a, celles des points b, c et d seront respectivement :

$$x - a \sin \alpha, \qquad \text{pour } b,$$
$$x - a \sin \alpha + b \cos \alpha, \quad \text{pour } c,$$
$$x + b \cos \alpha, \qquad \text{pour } d,$$

Si donc ou tient compte de l'équation (11), on trouvera :

$$\Delta = \frac{(x + b \cos \alpha)^2 - (x - a \sin \alpha + b \cos \alpha)^2 - x^2 + (x - a \sin \alpha)^2}{2r}.$$

Après réductions, il reste :

$$(12) \qquad \Delta = \frac{2ab \sin \alpha \cos \alpha}{2r} = \frac{ab \sin 2\alpha}{2r}.$$

Le défaut de contact est donc indépendant de x, il est par conséquent toujours le même, en tout point du profil en travers, pour une même orientation α de la voiture. Il est nul pour $\alpha = o$ et pour $\alpha = \frac{\pi}{2}$ et maximum pour $\alpha = \frac{\pi}{4}$, c'est-à-dire quand le véhicule est posé à 45° sur l'axe. Ce maximum a pour valeur :

$$(13) \qquad \Delta = \frac{ab}{2r}.$$

— En réalité, quand les circonstances qui précèdent se produisent, la voiture ne reste pas absolument rigide. Si on se borne, par exemple, à tenir compte des variations dues à la suspension, on constatera que, la voiture ne reposant plus que sur les trois points A, B, C, le ressort de A s'abaissera de $\frac{H}{2}$ (H étant l'abaissement statique considéré à propos de l'influence de la suspension, et auquel on a attribué une grandeur de 0 m. 24). Le ressort du point D ne portant plus sûr la chaussée pourra s'alléger complètement, et la roue descendre de

$$H + \frac{H}{2}, \quad \text{soit} \quad \frac{3}{2}H.$$

Cette grandeur représenterait ainsi la limite de Δ pour que la roue D ne quitte pas le sol, sans presser sur lui.

Mais il faut admettre que la voiture se meut. Dès lors il convient de lui laisser tout le jeu de la suspension auquel on a attribué la valeur H. La valeur de Δ devrait alors être limitée à $\frac{H}{2}$. Même ainsi, le véhicule pourrait, en cas d'oscillation, se trouver dans une position critique, si le jeu du ressort devait être totalement absorbé. Sans quitter le sol, la roue D n'exercerait plus sur lui aucune réaction à certains moments. Aussi est-il sage de limiter la valeur de Δ, au plus, à la valeur $\frac{H}{4}$, soit à environ 0 m. 06.

La valeur limite de Δ étant ainsi définie, l'équation (13) permettra d'en déduire le paramètre r de la parabole de contact, soit :

$$(14) \qquad r = \frac{ab}{2\Delta}.$$

Pour éviter le défaut de contact des roues qui se produirait aux abords de l'arête créée par la rencontre des versants plans précédemment envisagés, on raccordera ces deux versants par une parabole de paramètre défini par l'équation (14).

L'inclinaison transversale des versants étant égale à la valeur donnée par l'équation (9), on verra, en tenant compte de (11), que le contact de la nouvelle parabole et des versants se fera à une distance de l'axe x_t, définie par l'équation :

$$(15) \qquad x_t = \frac{abJ_0}{2\Delta} \sqrt{\mu^2 - \left(\frac{J}{J_0}\right)^2}.$$

On créera ainsi, au centre de la chaussée, une bande de largeur double de x_t, sur laquelle la vidange des flaches ne sera pas assurée comme il a été prévu, mais il faut avant tout assurer la circulation.

Si on représente la parabole de ruissellement par ABF B'A', cette parabole, lorsque la pente J est inférieure à P_o, c'est-à-dire μJ_o, ne sera utilisée qu'au delà des points B et B' dont les abscisses sont égales à x_1 ; en deçà, on la remplacera par les versants plans ayant la plus grande pente égale à P_o. Mais cette substitution ne se fera que jusqu'aux points C et C' dont les abscisses sont égales à x_2. Entre ces deux points, C et C', le profil sera figuré par la parabole de contact CDC'.

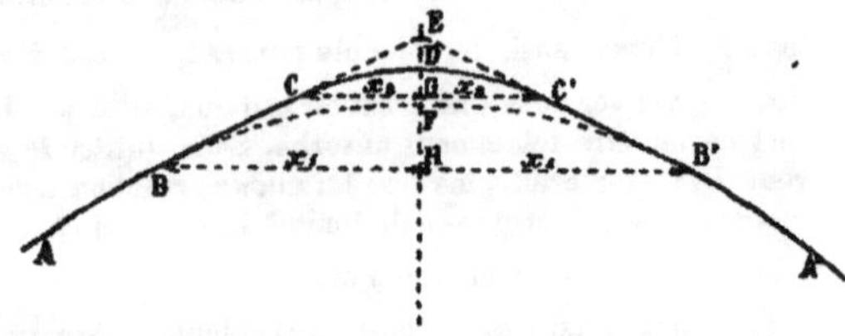

La pente en travers des versants plans BC et B'C' va en diminuant à mesure que la pente longitudinale J augmente, en partant de P_o pour J = 0, pour atteindre une valeur nulle quand $J = P_o = \mu J_o$. De sorte que, pour des pentes J supérieures à μJ_o, la parabole de ruissellement constitue seule le profil en travers de la chaussée.

— Il est une remarque intéressante à faire à propos des chaussées empierrées. Le calcul numérique montre que la valeur de x_2 tirée de l'équation (15) est égale à 2 m. 40, lorsque J = 0. La largeur de la bande CC', occupée par la parabole de contact, atteindra donc 4 m. 80, c'est-à-dire qu'elle absorbera presque toujours la totalité de la largeur de la chaussée, puisque cette largeur ne dépasse guère 5 mètres en général. On en conclut que la forme du profil des chaussées empierrées se déduit beaucoup plus des conditions de la circulation que de celles du ruissellement de l'eau.

D'un autre côté, si l'on compare, toujours à l'égard de l'empierrement, le paramètre de la parabole de ruissellement à celui de la parabole de contact, on trouve qu'ils ont respectivement pour valeurs :

$$\frac{\varpi h^2}{J_o q} = 56 \text{ m. } 25 \qquad \text{et} \qquad \frac{ab}{2\Delta} = 50 \text{ m.}$$

La différence est peu considérable, de sorte qu'il y a peu d'intérêt pratique à les distinguer l'une de l'autre, même quand la pente J n'est pas nulle.

Il est facile de voir qu'il en est tout autrement lorsqu'il s'agira de pavages, soit en pierre, soit en bois, ou de revêtements en asphalte ; mais alors, il s'agit surtout de la chaussée des rues dans les villes qui peuvent avoir de grandes largeurs. Les distinctions précédemment faites prennent, dans ces cas, une certaine importance.

D. *Circonstances qui contribuent à limiter le maximum de largeur.* — Lorsqu'on considère en particulier les empierrements, il importe d'éviter que la vitesse de l'eau qui ruisselle à la surface ne dépasse la limite qui serait capable de raviner en entraînant la matière d'agrégation. Je désigne cette vitesse limite par u_o, et je lui attribuerai, en principe la valeur numérique 0 m. 15.

Lorsque l'eau ruisselle sur le profil cylindrique constitué par la parabole de ruissellement, la vitesse augmente à mesure qu'on s'éloigne de l'axe, par suite de l'accroissement continu de la plus grande pente P, qui est égale, comme on sait, à $\sqrt{p^2 + J^2}$.

La valeur de p se déduit de (4), en tenant compte de (6),

$$p = \frac{J_o q x}{\varpi h^2},$$

ce qui donnera :

$$P = \sqrt{\frac{J_o^2 q^2 . r^2}{\varpi^2 h^4} + J^2}.$$

D'autre part, la vitesse de l'eau aura pour valeur :

$$u = \frac{\varpi h P}{J_o},$$

de sorte que l'abscisse limite, pour laquelle on aura $u = u_o$, se déduira de l'expression :

$$(16) \qquad x_o = \frac{\varpi h^2}{q} \sqrt{\left(\frac{u_o}{\varpi h}\right)^2 - \left(\frac{J}{J_o}\right)^2}.$$

On peut remarquer que ϖh, sous le radical, représente la vitesse que prendrait l'eau, en ruissellant sur un plan, sous une épaisseur h et dont la plus grande pente serait égale à J_o.

Avec les valeurs numériques indiquées, on aurait pour x_3 :

Avec : $J = 0$. . . . . . $x_3 = 11$ m. 25
Avec : $J = J_o$ . . . . . $x_3 = 9$ m. 00

Les chaussées empierrées, si l'on était limité seulement par la question du ravinement, pourraient donc obtenir des largeurs doubles, soit : 22 m. 50 et 18 mètres.

Or elles n'atteignent de pareilles grandeurs que dans des cas tout à fait exceptionnels. Ce ne sera donc pas la question du ravinement qui déterminera le maximum de largeur des chaussées empierrés, mais des questions d'une autre nature.

—Si les chaussées sont appelées à être utilisées par la circulation qui marche dans le sens de la route, il convient de tenir compte également qu'elles doivent desservir en même temps, sous diverses formes, les propriétés riveraines. A cet effet, les voitures peuvent être appelées momentanément à circuler normalement à l'axe, et l'on admet généralement que la pente transversale ne doit pas ordinairement dépasser $1/2 \, J_o$. En tenant compte de la valeur de p, qui est comme on l'a vu $\frac{J_o q x}{\varpi h^2}$, on trouvera :

$$(17) \qquad x_4 = \frac{\varpi h^2}{2q},$$

valeur indépendante de J^o.

Dans le cas des empierrements, où l'on a $h = 0,0015$ on touvera :

$$x_4 = 3 \text{ m. } 375$$

et, pour les autres revêtements, où l'on a $h = 0,003$, on trouvera :

$$x_4 = 13 \text{ m. } 50.$$

La limite des largeurs des chaussées devrait donc se tenir, en vertu de ce qui précède :

pour les empierrements, à $2 \times 3{,}375 = 6$ m. 75,
pour les autres revêtements, à $2 \times 13{,}50 = 27$ mètres.

— On doit encore se préoccuper du dérapage possible des roues lorsqu'un véhicule tourne, en vitesse, sur une courbe convexe tournée dans le sens de la pente.

La limite de largeur que l'on trouve, en vertu de cette considération, est obtenue par la formule suivante que l'on trouve facilement :

$$(18) \qquad x_s = \frac{ah^2}{J_o q} \sqrt{\left(f - \frac{V^2}{g\rho}\right)^2 - J^2}.$$

Dans laquelle f représente le coefficient de frottement des roues sur le sol, V la vitesse et ρ le rayon de courbure de la trajectoire suivie par la voiture.

Comme cette formule renferme des éléments qui ne sont pas connus à l'avance, tels que V et ρ, il n'est guère possible d'en tirer une conclusion bien positive sur la limite de largeur à adopter. Mais on peut vérifier que le dérapage est toujours à craindre, même sur les chaussées très plates, dans le cas des revêtements en asphalte, lorsqu'ils sont mouillés. La circulation doit alors nécessairement ralentir, pour éviter les accidents.

— Quoi qu'il en soit, lorsqu'on est amené à adopter, pour les besoins de la circulation, des largeurs notablement supérieures à 6 m. 75 dans le cas des empierrements, ou à 27 mètres dans le cas des autres revêtements, on devra diviser la route en plusieurs chaussées parallèles, comme on l'a vu dans les exemples donnés pour l'Avenue de la Grande Armée, ou pour celle de Roubaix à Lille.

E. *Profil des chaussées de Paris.* — Le profil en travers des chaussées de Paris est défini par la parabole :

$$(19) \qquad y = \frac{dx^2}{L - 1},$$

dans laquelle L représente la largeur de la chaussée et d une constante variable avec la nature du revêtement.

On peut vérifier que, pour $x = \frac{L}{2}$ on obtient une flèche égale à $\dfrac{dL^2}{4(L-1)}$, et que, pour $x = \dfrac{L}{2} - 1$, c'est-à-dire à une distance de 1 mètre de la bordure, y prend la valeur :

$$\frac{d\left(\dfrac{L}{2} - 1\right)^2}{L - 1}$$

la différence entre ces deux valeurs est précisément d. C'est la revanche que présente le niveau de la chaussée, au dessus du filet du caniveau, à un mètre de distance. On la désigne sous le nom de défense des caniveaux.

On attribue à d les valeurs suivantes :
— Pour les pavages en pierre . . . . 0 m. 072
— Pour les pavages en bois . . . . 0 m. 060
— Pour les revêtements en asphalte . . . 0 m. 048

69. *Ouvrages accessoires de la plateforme.* — A. *Ecoulement des eaux.* — Lorsque l'eau est évacuée de la chaussée, et qu'elle en atteint le bord, il importe de s'en débarrasser.

Si on est en rase campagne, elle est évacuée à travers l'accotement, et rejetée soit sur les propriétés riveraines quand on est en remblai, ou dans les fossés, dans le cas contraire. A cet effet, on dispose les accotements avec une pente vers l'extérieur, généralement de 4 0/0.

Les accotements peuvent être, soit au niveau même du bord de la chaussée, et l'écoulement s'effectue tout le long du parcours, soit au-dessus de ce niveau. Dans ce dernier cas, on ouvre de distance en distance, tous les 10 mètres par exemple, des saignées qui conduisent l'eau à l'extérieur, comme dans le cas des accotements non surélevés. Les saignées sont dirigées dans le sens de la plus grande pente de l'accotement.

Si l'accotement surélevé constitue un véritable trottoir et qu'on ne puisse pas, sans gêner les piétons, ouvrir les saignées comme il est dit ci-dessus, on les remplace par des gargouilles sous trottoir qui mènent l'eau à l'extérieur dans les mêmes conditions.

De toute manière, il importe que l'eau ne séjourne jamais en bordure de la chaussée où elle gênerait la circulation. En outre, à l'égard des empierrements, cette eau détremperait la bordure de la chaussée et provoquerait des désordres qu'il importe d'éviter.

A cet effet, s'il s'agit d'un accotement bas, il faut le décaper convenablement et le maintenir en cet état. S'il s'agit d'un accotement surélevé, il convient de prendre soin d'aligner convenablement, au cordeau si elle est en gazon ou en terre, la bordure comprise entre les saignées consécutives, et de bien nettoyer les saignées ou les gargouilles.

— Lorsqu'on n'est pas en rase campagne, et que la plateforme est bordée de constructions, il n'est pas possible de se débarrasser de l'eau dans les conditions qui viennent d'être exposées.

La pente de l'accotement, ou celle du trottoir s'il en existe, est dirigée vers la bordure de la chaussée. Là, l'eau est recueillie avec celle de la chaussée dans un ouvrage spécial, appelé caniveau, qui la conduit, parallèlement à l'axe de la chaussée, jusqu'à un exutoire.

Les caniveaux doivent être formés par un revêtement inaffouillable, un pavage par exemple, qui s'étendra sur toute la largeur que l'eau peut occuper en s'écoulant.

En l'absence de trottoir, le caniveau est formé de deux revers plans, qui se coupent pour former le filet.

S'il y a un trottoir, il n'y a qu'un seul revers, ou un demi-caniveau.

La pente en travers à donner aux revers est de l'ordre de grandeur de la quantité d 'éfense du caniveau), qui a été donnée ci-dessus à l'occasion des profils de chaussée de la ville de Paris.

Si l'on désigne par d cette pente et par x la largeur occupée par l'eau, la surface de la tranche d'eau qui coule est :

— Avec un caniveau à deux revers $\Omega = \dfrac{x^2 d}{4}$.

— Avec un caniveau à un seul revers $\Omega = \dfrac{x^2 d}{2}$.

Le périmètre mouillé est approximativement :

— Avec deux revers. . . . . $X = x$,
— Avec un seul revers . . . . $X = x$.

De sorte que le rayon moyen est égal à :

— Avec deux revers. . . . . $R = \dfrac{xd}{4}$.

— Avec un revers . . . . $R = \dfrac{xd}{2}$.

La vitesse de l'eau sera obtenue avec les formules applicables aux canaux découverts, telle que :

$$U = C\sqrt{RJ}.$$

Le volume d'eau qui passe en un point du caniveau sera :

$$Q = C\Omega\sqrt{RJ}.$$

Ce volume Q pourra être calculé, en tel point du caniveau que l'on voudra, en multipliant la surface du bassin correspondant S par la quantité d'eau qui tombe q, de sorte que l'on pourra écrire :

$$Sq = C\Omega\sqrt{RJ}.$$

Cette équation fournira une relation entre la largeur x occupée par l'eau et la pente en travers d.

Si on se donne l'une de ces quantités, on pourra en déduire l'autre.

Si c'est d qu'on se donne *à priori*, la valeur x permettra de connaître l'étendue qu'il faut donner au revers du caniveau. Si au contraire on se donne x, on en déduira d.

Dans le choix de ces valeurs on doit se préoccuper, suivant les circonstances, soit de ne pas entraver la circulation des piétons qui ne pourraient pas traverser de grandes nappes d'eau, soit de ne pas gêner la circulation des voitures qui desservent les riverains, en attribuant à d des valeurs trop considérables.

Ces diverses questions se rattachent d'ailleurs de beaucoup plus près au cours d'assainissement des villes qu'au cours de route proprement dit.

B. *Accotements. Fossés. Banquettes.* — Les accotements doivent livrer passage à l'eau qui s'écoule de la chaussée, je n'ai pas à y revenir.

On leur attribuait autrefois de grandes largeurs, parce

que les chaussées étaient mauvaises et qu'ils devaient permettre très souvent le passage de la circulation. Aujourd'hui, on réduit leur dimension au strict nécessaire.

S'ils servent à déposer les matériaux d'entretien, emmétrés au calibre ordinaire de 1 m. 50 de large, et si l'on veut laisser, de part et d'autre, une largeur de 0 m. 50 pour le passage des piétons ou d'autres besoins, on est conduit à adopter 2 m. 50 de large. Cette dimension peut, à la rigueur, être ramenée à 2 mètres. Au-dessous, la largeur ne permettrait pas le dépôt des cailloux d'entretien, qui risqueraient de s'égarer dans les talus ou les fossés, ou d'être écrasés par les voitures.

Lorsqu'on ne peut pas disposer d'une largeur suffisante pour ces dépôts, on crée, pour recevoir les pierres d'entretien, des gares en élargissement de la plateforme, de distance en distance.

— Les fossés sont établis en dehors de la plateforme, conformément à ce qui a été expliqué ; ils servent à écouler l'eau, et aussi à délimiter la route quand elle est à fleur de terre. On leur donne les dimensions appropriées aux besoins. Les types les plus fréquemment adoptés sont ceux qui sont définis par les croquis ci-contre :

— Les banquettes de sûreté sont établies dans le même esprit. Je donne ci-contre le type du service vicinal.

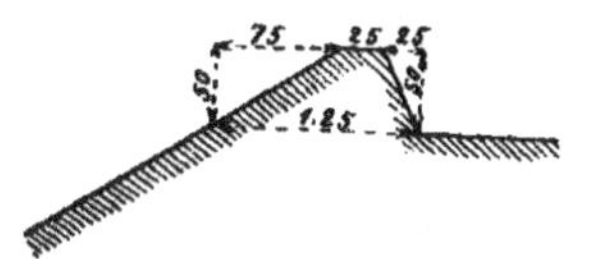

— Lorsque les accotements desservent une circulation de piétons notable, leur largeur doit être calculée d'après les besoins.

On a vu, à l'occasion des largeurs à réserver dans le cas des voies ferrées sur route, que les reglements prévoient 1 m. 10.

On peut admettre que, pour un seul piéton, une largeur de 0 m. 75 peut à la rigueur suffire. S'il faut donner passage à deux piétons marchant ensemble de front, on doit adopter 1 m. 50.

ÉTUDE DU TRACÉ

68. *Longueur virtuelle d'un tracé.* — Avant d'aborder l'étude sommaire du tracé des routes, il me faut traiter le problème classique de la longueur virtuelle, de manière à en tirer des conséquences intéressantes, au point de vue de cette étude. Ce problème a pour objet, parmi plusieurs tracés en présence, pour relier deux points donnés, de déterminer quel est le meilleur. On peut s'inspirer pour cela des circonstances les plus variées, dépenses de construction ou d'entretien, dépenses imposées au public pour le transport, etc., fatigue imposée aux bêtes de trait, travail mécanique des moteurs, etc.

M. Durand Claye, après Favier, a abordé la question de la manière suivante :

— 1° Pour une route de longueur et de profil donnés, quelle est la mesure de la fatigue imposée à un cheval, par unité de poids vif, et par unité transportée ?

— 2° Quelle longueur aurait une route horizontale donnant la même fatigue ?

Cette longueur se nomme longueur virtuelle.

On a vu que le travail total d'un cheval de poids q, traînant un poids $\pi + \varpi$, sur une rampe i de longueur l, a pour valeur :

$$T = Kql + il (q + \pi + \varpi) + f_s l (\pi + \varpi).$$

Si l'on pose :

$$C = \frac{\pi + \varpi}{q},$$

C désignant la charge par unité de poids q (charge spécifique). La partie du travail représentée par le terme Kql ne peut être compensée dans les descentes. Il en est autrement des autres, dont la somme peut devenir nulle dès que l'on a :

$$i = -\frac{f_2 C}{C+1} \cdot$$

Cette pente est appelée pente limite et, dans ce cas, le cheval n'a plus à fournir que l'effort nécessaire pour le jeu des muscles.

On peut admettre que, pour toutes les pentes supérieures à la pente limite, grâce aux freins, les choses se passent au point de vue du travail comme si l'on avait la pente limite.\ Dès lors, il sera possible de construire un profil en long fictif, pour lequel on adoptera les déclivités réelles dans tous les cas où l'on se trouvera en rampe, ou en pente inférieure à la pente limite, mais où l'on substituera la pente limite à toutes les descentes supérieures. Si i désigne la déclivité d'une rampe de ce profil fictif, remarquant que $il = h$, hauteur dont on monte sur ledit profil, on pourra écrire pour cette rampe :

$$T = l\,(Kq + f_2\,(\pi + \varpi)) + h\,(q + \pi + \varpi).$$

Faisant la sommation des travaux pour toute la longueur L de la route, on trouvera :

$$\Sigma T = (Kq + f_2\,(\pi + \varpi))\,\Sigma l + (q + \pi + \varpi)\,\Sigma h$$
$$= (Kq + f_2\,(\pi + \varpi))\,L + (q + \pi + \varpi)\,H.$$

Je rapporte le tout à l'unité de chargement, et je pose :

$$\frac{\Sigma T}{\pi + \varpi} = \Theta\,;$$

il viendra, en divisant par $\pi + \varpi$:

$$\Theta = L\left(\frac{K}{C} + f_2\right) + H\left(1 + \frac{1}{C}\right).$$

Or on a appris à calculer K qui vaut 0 m. 143, ainsi que le chargement spécifique. L et H résultent du profil en long, f_2 est le coefficient de traction qui est connu. On peut donc obtenir la valeur numérique de Θ pour la route donnée.

Une route horizontale, c'est-à-dire où l'on aurait $H = 0$, pour donner la même fatigue devrait avoir une longueur L' caractérisée par la relation :

$$\Theta = \left(\frac{K}{C} + f_2\right) L'.$$

La valeur de C' est tirée de l'équation connue $C' = \dfrac{M - i}{f_2 + i}$ en y faisant $i = 0$ et $M = \frac{1}{6}$, on trouve ainsi $\frac{1}{C} = 0,18$.

En posant :

$$m = \frac{1}{\frac{K}{C} + f_2},$$

on trouvera $m = 0,18$ et on aura :

$$L' = m\Theta,$$

c'est la longueur virtuelle cherchée.

— En résumé, pour calculer la longueur virtuelle, les opérations à faire sont les suivantes :

1° Calculer l'effort M pour chaque rampe dont la longueur est connue par le profil en long :

$$M = \frac{1 - \sqrt{0,023\,l}}{3}.$$

2° Calculer le chargement spécifique pour chaque rampe, par la formule :

$$C = \frac{M - i}{f_2 + i},$$

et s'arrêter finalement à la plus faible valeur.

3° Déterminer la pente limite :

$$\frac{C}{C + 1} f_2.$$

4° Calculer la fatigue :

$$\Theta = \left(\frac{K}{C} + f_2\right) L + H \left(1 + \frac{1}{C}\right).$$

5° *Calculer la longueur virtuelle*

$$L' = m\Theta.$$

— Si les transports se font dans les deux sens, il peut être bon de reprendre le calcul en sens inverse et d'adopter la moyenne.

— On peut tirer de ce qui précède quelques règles à suivre pour le tracé des routes.

Le meilleur tracé entre deux points est celui qui rend L minimum et par suite Θ, *qui lui est proportionnel.*

La présence du facteur L dans l'expression de Θ (premier terme) indique qu'il faut réduire cette longueur autant qu'on le peut.

A l'égard des déclivités, la présence de C au dénominateur dans chacune des parenthèses, indique qu'il faut tendre à augmenter le chargement spécifique C. Mais C est donné par la formule :

$$C = \frac{M - i}{f_2 + i}.$$

On en conclut qu'il faut réduire les déclivités i. La présence de M indique, en vertu de la relation :

$$M = \frac{1 - \sqrt{0,023\, l}}{3},$$

qu'il faut tendre à réduire la longueur des déclivités.

On doit éviter les déclivités exceptionnelles qui limiteraient la valeur de C.

La présence du facteur H, qui résulte du profil en long fictif, indique qu'il faut éviter de monter pour redescendre, car les descentes ne contribuent pas à diminuer H, puisque les déclivités sont remplacées par la pente limite toutes les fois qu'elle la surpasse. Cette réserve n'est toutefois pas valable, si la descente est inférieure à la pente limite.

Quant aux déclivités à adopter, on peut se placer au point de vue de la sécurité, à la descente, et admettre une poussée nulle, soit $i = f_2$, soit 0,03 pour les empierrements et 0,02 pour les pavages. — On peut à la rigueur admettre $i = 2f_2$, car un cheval peut résister à la descente à la poussée f, et doubler l'effort à la montée. Cette observation ne s'applique pas, à la descente, aux voitures qui seraient pourvues de freins.

Lorsqu'une rampe doit être montée au trot, on peut admettre $i = f$, et encore, pour un parcours limité.

Il y a intérêt à briser les déclivités, pour faire varier l'action des muscles.

Dans tous les cas, il convient de se régler sur les meilleures routes du pays.

Pour les courbes, on adoptera en général des rayons supérieurs à 50 mètres. En tout cas, il ne convient pas de descendre au-dessous de 30 mètres, sauf le cas exceptionnel des boucles de lacets en pays de montagne.

64. *Observations générales.* — Je n'ai pas à me préoccuper ici d'étudier la configuration du sol qui se rattache au cours de topométrie.

En ce qui concerne le tracé en plan, je me borne à rappeler que l'axe d'une route est défini pour une série d'alignements droits raccordés par des courbes. Lorsqu'on prolonge deux alignements droits consécutifs, ils se coupent en un point qu'on nomme sommet d'angle.

On distingue sous le nom de tangente la longueur entre le sommet d'angle et le point de contact de la courbe de raccordement. Si T est cette longueur, α l'angle des alignements droits, R le rayon de la courbe, on aura :

$$T = R \, \text{cotg.} \frac{\alpha}{2}.$$

Le tracé des courbes de raccordement se rattache au cours de topométrie.

Lorsqu'on étudie le tracé en plan d'une route, il convient de remarquer que la ligne droite ne présente pas, en général, une diminution de longueur aussi grande qu'on pourrait être tenté de le croire au premier abord. Si on suppose en effet que le tracé adopté, tout en s'écartant de la ligne droite, ne forme nulle part un angle appréciable avec la direction de cette droite, on peut le vérifier de la manière sui-

vante : soit AMB le tracé adopté
et AB la ligne droite. On considère
un élément ds du tracé faisant
avec AB un angle α.

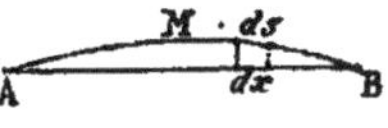

On pourra écrire :

$$ds = \frac{dx}{\cos \alpha}$$

et par suite, on aura :

$$s = \int \frac{dx}{\cos \alpha}.$$

Si on remplace, dans cette expression, l'angle α par la
valeur maxima α_1 que présente cet angle sur le parcours
considéré, on pourra écrire

$$s < \frac{1}{\cos \alpha_1} x.$$

Mais on peut approximativement remplacer $\frac{1}{\cos \alpha_1}$ par
$1 + \frac{\alpha_1^2}{2}$, de sorte que l'avantage proportionnel obtenu sera
simplement :

$$\frac{s - x}{x} < \frac{\alpha_1^2}{2}$$

qui est toujours très faible, puisque α_1 est petit par hypothèse.

— Lorsqu'on aborde l'étude du tracé d'une route, on
commence par faire une reconnaissance sur la carte pour
avoir une idée générale sur les divers tracés possibles, ce
qui permet de déterminer approximativement les communes
dont le territoire est susceptible d'être traversé.

Avant de se livrer aux recherches à faire sur le terrain,
on doit remplir les formalités prévues par l'article 1er de la
loi du 29 décembre 1892, afin de pouvoir pénétrer dans les
propriétés privées. Un arrêté préfectoral, publié dans les
communes, indique les territoires sur lesquels les études
sont autorisées. Les agents autorisés peuvent alors pénétrer
dans les propriétés privées.

Les maisons d'habitation sont exclues de la servitude ;
quant aux propriétés closes, on ne peut y entrer que cinq

jours après notification faite au propriétaire ou au gardien. A défaut de gardien, la notification peut être faite à la mairie, mais on ne peut pénétrer alors qu'avec l'assistance du juge de paix.

On ne doit abattre aucun arbre de valeur sans un accord avec le propriétaire, à défaut duquel il est nécessaire de faire des constatations contradictoires permettant l'évaluation ultérieure du dommage.

A la fin des opérations, à défaut d'accord, le règlement se fait devant le Conseil de préfecture, conformément à la loi du 22 juillet 1889.

— Quant aux opérations de levé de plan ou de nivellement, ou toute autre opération géodésique, je n'ai pas à en parler puisqu'elles se rattachent au cours de topométrie.

— Tous les tracés comportent, soit la traversée d'un pays plat dans le sens de ce tracé, soit l'ascension ou la descente de un ou plusieurs versants à flanc de coteau. Le problème se ramène donc à deux cas : cas d'un pays plat, cas d'un versant à gravir à flanc de coteau.

65. *Cas d'un pays plat*. — Ce cas se présente quand les déclivités du terrain, dans la direction du tracé, sont inférieures à une déclivité limite qu'on se donne, en s'inspirant des idées qui ont été données précédemment.

D'une manière générale, on doit se rapprocher de la ligne droite, tout en évitant s'il y a lieu les obstacles qui peuvent se présenter. Il est souvent intéressant de respecter autant que possible l'ancien tracé lorsqu'il y en a un. On tient compte également de la disposition des propriétés à traverser, de manière à causer un dommage moindre.

On trace ainsi sur le terrain une série d'alignements droits, définis par les sommets d'angles — ou bien encore sur un plan qui peut être un extrait des plans communaux au 1/2000 ou 1/2500.

Je donne ci-dessous, à titre d'exemple, le cas où un tracé doit traverser une ligne de chemin de fer, en supposant que la droite qui joint les extrémités A et B fasse avec la voie ferrée un angle moindre que la limite de 45°, fixée par le cahier des charges.

Les lignes XX' et YY' indiquent, parallèlement à la voie ferrée, la distance à laquelle on doit placer les sommets d'angle C et D, distance qu'on se donne à l'avance, de manière à pouvoir insérer la courbe de raccordement.

On mènera par le point B une droite BE inclinée à 45° sur la voie ferrée et on prendra une longueur BE égale à l'espacement des lignes XX' et YY', compté obliquement et à

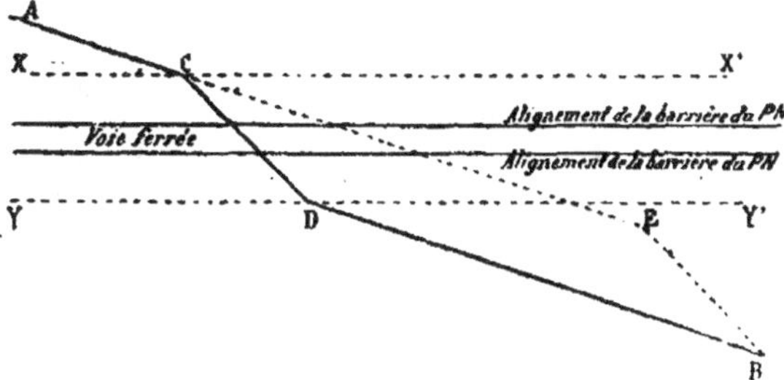

45°. On joindra AE qui coupera XX' au point C. La partie AC de cette ligne fait partie du tracé cherché. On le complétera, en menant la ligne CD à 45° sur la voie ferrée et en joignant DB. Il est aisé de voir que, parmi tous les tracés réalisant la condition posée pour la traversée du chemin de fer, la ligne brisée ACDB est la plus courte.

Le tracé ainsi obtenu, étant reporté sur le plan et rapporté sur le terrain au moyen des sommets d'angles, peut être admis provisoirement et servir pour un avant-projet.

Le nivellement en long et en travers se fait alors sur le tracé comme ligne de base.

Pour obtenir le tracé définitif, on fait un levé exact du terrain. On y reporte le tracé provisoire. On nivelle en long et en travers et on dresse les profils. On y trace la plate-forme de la route en suivant le terrain d'aussi près que possible, et en équilibrant les terrassements. L'examen de ces documents permet de voir s'il y a intérêt, au point de vue des terrassements notamment, à déplacer soit le niveau de la plateforme, soit même l'axe du tracé provisoire, en se servant du nivellement en travers pour définir les cotes sur le nouvel axe.

Le tracé définitif étant obtenu, on peut, si cela est nécessaire, vérifier sur lui, par de nouvelles opérations, soit le levé de plan, soit le nivellement.

66. *Cas d'un versant à gravir à flanc de coteau.* — A. *Tracé d'un sentier d'égale pente.* — Les éléments qui sont donnés dans le cours de topométrie permettent de dresser un plan avec courbes de niveau. Je suppose qu'on est en possession d'un pareil plan, et que l'équidistance verticale des courbes soit égale à h. On se propose de tracer à fleur de sol un sentier de pente donnée i. Il est facile de voir que la longueur de la partie du sentier comprise entre deux courbes consécutives est égale à

$$l = \frac{h}{i}.$$

Cette longueur étant connue, il sera possible, en partant d'un point d'une courbe, de déterminer les points où le sentier doit aboutir sur la courbe voisine. Il y aura en général deux solutions (Toutefois il y aura impossibilité si la longueur l est plus faible que la distance entre deux courbes consécutives). En partant de l'un des deux points obtenus sur la courbe suivante, on peut opérer de la même manière et obtenir en définitive un tracé qui figure un sentier d'égale pente i.

B. *Tracé provisoire d'une route à flanc de coteau.* — S'il s'agit de relier entre eux deux points A et B par une route dont les déclivités ne dépassent pas un maximum I, on tracera, à partir de l'une des extrémités A ou B, un sentier d'égale pente I. Deux cas peuvent alors se présenter :

— *Premier cas.* — Je trace sur le plan les lignes de plus grande pente AA' et B'B, qui correspondent aux points A et B, de manière que A' soit sur la courbe de niveau de B et que

B' soit sur celle de A. Le premier cas à envisager est celui pour lequel le sentier d'égale pente qui partirait du point A, par exemple, aboutirait en un point γ, sur la ligne de niveau A'B, qui serait compris entre A' et B (Si l'on était parti du point B, on serait parvenu de même en un point γ', sur la courbe AB', compris entre A et B').

Premier cas.

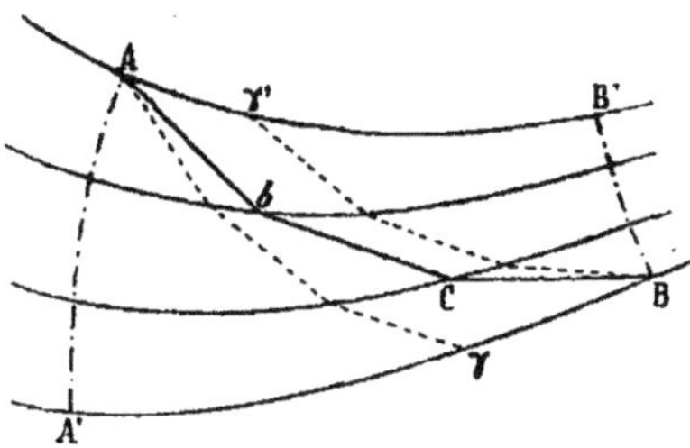

Un simple aperçu fait voir qu'il est alors possible de trouver un sentier d'égale pente, joignant A à B, pour lequel la pente serait plus faible que le maximum I. Avec quelques tâtonnements, on arrive facilement à trouver la pente nécessaire. Moyennant cette pente, moindre que I, on tracera le sentier AbcB, que l'on pourra considérer comme étant un tracé provisoire.

— *Second cas.* — Si le tracé du sentier d'égale pente obtenu, en partant du point A par exemple, et en allant toujours dans la même direction, aboutit sur la courbe A'B en dehors de la partie comprise entre A' et B, il est nécessaire, afin d'arriver au point B, de revenir en arrière vers ce point. A cet effet, on tracera à partir du point B et en sens inverse de la direction de A, une ligne d'égale pente I jusqu'à ce qu'elle rencontre, en un point L, la ligne d'égale pente tracée à partir du point A dans la direction de B. Le tracé provisoire ainsi obtenu sera formé par les deux portions de sentier allant en sens inverse AL et LB. Ces deux parties de tracé forment alors ce qu'on appelle un lacet, et le point L est la boucle du lacet.

Deuxième cas.

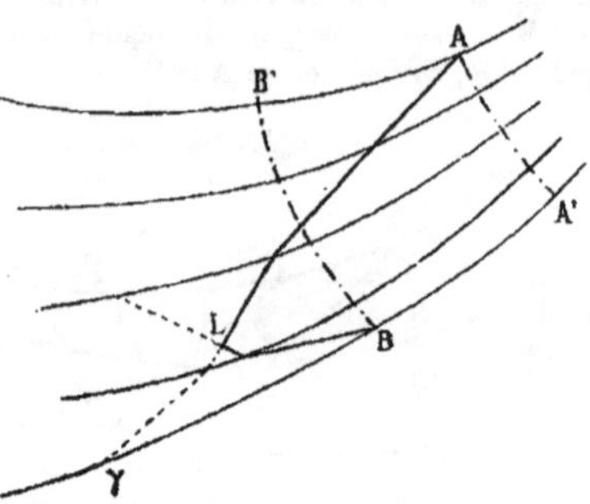

Au lieu de partir du point A, on aurait pu partir du point B ; on aurait obtenu une autre solution. En général on choisira celui des deux tracés pour lequel la boucle L se trouve sur la partie la moins accidentée du terrain.

Il arrive, principalement lorsque la dénivellation entre les points extrêmes est grande, et qu'ils se trouvent sur une ligne qui s'écarte relativement peu de la plus grande pente, que le point de la boucle L peut être rejeté à une assez grande distance à droite ou à gauche. Il peut arriver aussi que des obstacles se trouvent au passage du tracé ci-dessus envisagé et qu'il faille le dévier. Il sera aisé alors de faire faire au tracé autant de lacets que cela sera nécessaire, à la rencontre desquels on obtiendra un nombre de boucles correspondant. Toutefois, les boucles étant des points de sujétion pour le tracé définitif, il faut non seulement s'arranger pour qu'elles se trouvent en des points du terrain aussi peu inclinés que possible, mais encore pour en diminuer le nombre autant de faire se peut.

C. *Tracé définitif d'une route à flanc de coteau.* — Ayant obtenu le sentier qui forme le tracé provisoire, on trace sur le plan une série d'alignements droits, de manière à le contenter. On serre le sentier d'autant plus que le versant est plus raide. On raccorde les alignements droits par des courbes.

La ligne ainsi obtenue est nécessairement plus courte que le sentier, la pente en est donc plus grande. En conséquence, il convient d'étudier le sentier d'égale pente avec une déclivité plus faible que la limite donnée.

Le plan avec courbes de niveau permettra d'établir un profil en long et des profils en travers provisoires. On figurera le tracé de la plateforme comme il a été dit pour le cas des pays plats, sans dépasser la déclivité limite. On calculera sommairement les terrassements et si on n'obtient pas la compensation entre les déblais et les remblais, l'examen des profils en travers fera juger de la direction dans laquelle il faut déplacer l'axe, si la compensation n'a pu être obtenue par le déplacement du niveau de la plateforme.

S'il s'agit d'un simple avant-projet, on peut souvent se contente des résultats qui précèdent.

Pour un projet définitif, on reporte le tracé sur le terrain. On fait le nivellement en long et en travers (programme du 14 janvier 1850 ou du 20 mars 1893, s'il s'agit du service vicinal).

On raccorde les déclivités différentes du profil en long, ainsi qu'il a été expliqué à propos de l'influence de la suspension.

On doit enfin remarquer que le niveau de la plateforme ainsi obtenue n'est pas exactement le niveau de la chaussée, en raison du bombement et de la pente des accotements ; la ligne supérieure de la plateforme est une ligne de compensation des terrassements.

67. *Points de jonction entre parties de tracé de catégories différentes.* — Lorsque le tracé à établir est exclusivement en pays plat, ou encore si les deux extrémités sont sur un même versant, les explications qui précèdent suffisent pour arrêter le tracé.

Si au contraire la route traverse successivement des parties plates, et doit gravir ou descendre divers versants, il faut compléter ce qui a été dit pour fixer les points où l'on doit quitter un pays plat pour aborder le commencement d'un versant, ou pour passer d'un versant montant à un versant descendant.

Il convient de remarquer, en premier lieu, que ces points de passage peuvent être définis à l'avance. Il en est ainsi par exemple quand on doit passer par un col déterminé. Dans d'autres cas, des nécessités politiques ou économiques conduisent à passer par certains points obligés, soit pour desservir certains centres, soit pour favoriser certaines industries. La détermination des points de passage résulte souvent de ces considérations.

Si, malgré tout, il reste encore une certaine indétermination, la fixation du tracé dépend essentiellement de l'appréciation de l'auteur du projet. Il est difficile de donner à cet égard des indications générales, aussi me bornerai-je à quelques exemples, géométriques en quelque sorte et purement schématiques.

Premier exemple. — Il s'agit de joindre par une route un point A situé sur un versant incliné, que je suppose être un plan, à un point B situé dans une plaine que je suppose être un plan horizontal séparé du versant par la droite MN.

J'abaisse du point A la perpendiculaire AP. J'envisagerai toujours comme aboutissant le même point A, mais je considérai diverses positions du point B que je déplacerai parallèlement à MN.

Je trace sur le versant plan la ligne de pente qui correspond à la déclivité maxima qu'on s'est donnée, soit AK cette ligne que je prolonge en L.

— Si le point B est en B₁, à gauche du point L, le tracé à adopter sera la droite B₁A et le point de passage sera en M sur cette ligne droite.

J'élève au point K la perpendiculaire KI sur MN.

— Si le point B est en B₂, entre le point L et le point I,

le tracé à adopter sera la ligne brisée B₁KA, et le point de
passage cherché sera le point K.

— Si le point B est compris entre le point I et le point P,
le tracé sera figuré par la ligne BnqA, comportant deux lacets
et une boucle en q. On voit en même temps qu'il peut y
avoir d'autres solutions, telles que Bnq'A.

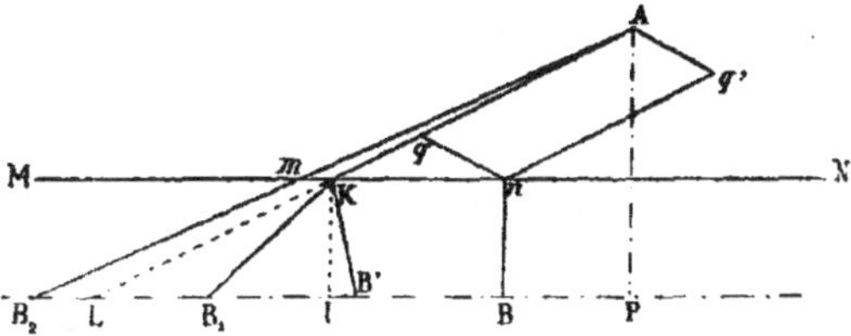

Symétriquement à la droite AP, les diverses positions que
pourrait occuper le point B donnent lieu tout naturellement
à des solutions analogues.

Dans le troisième cas, lorsque le point B est voisin de I,
il peut être avantageux, pour éviter une boucle, d'adopter
un tracé tel que B'KA.

Second exemple. — Je suppose qu'il faille joindre un point
A situé sur un versant plan à un point B situé sur un autre
versant plan opposé et séparé du premier par une vallée
étroite limitée aux droites parallèles MN et M'N', avec la
condition que le passage de la vallée, entre ces deux droites,
doive se faire normalement à leur direction.

Comme précédemment, je considérerai le point A comme
fixe et j'examinerai les diverses solutions à adopter en faisant
varier la position du point B parallèlement à la vallée. Je
suppose d'ailleurs que la vallée est inclinée en allant de
gauche à droite, de sorte que, pour la traverser à une hauteur aussi grande que possible, il conviendra en principe de
la passer du côté amont.

Je mène par le point A la ligne AK présentant, sur le premier versant, la déclivité maxima I. J'abaisse du point K
ainsi obtenu la perpendiculaire KK', et du point K' je mène,

sur le second versant, les deux lignes K'I et K'I' ayant toutes deux la pente I.

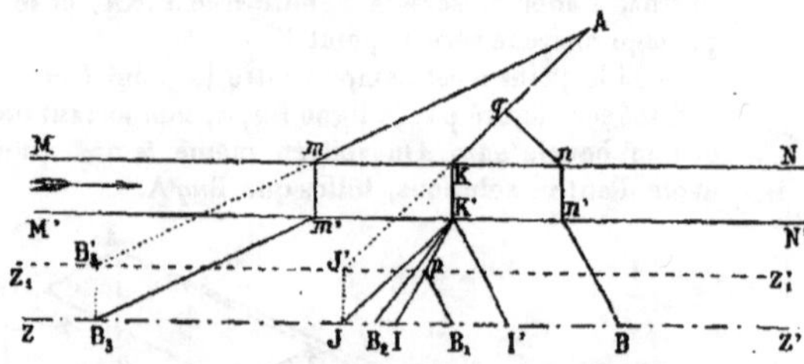

Je suppose d'ailleurs que les droites K'I et K'I' font avec la direction MN un angle plus grand que la direction KA.

J'admets que l'on fasse varier, dans la discussion qui va suivre, la position du point B sur la droite ZZ' et je mène Z_1Z_1' parallèle à ZZ' à une distance égale à l'écartement des droites MN et M'N'. Je prolonge AK jusqu'à cette droite Z_1Z_1', en un point J', j'abaisse la perpendiculaire J'J sur ZZ', qui détermine le point J.

Cela étant, il est facile de vérifier que les tracés les plus courts sont les suivants, avec les diverses positions du point B.

— Si B est à gauche de J, le tracé sera : $B_3m'm$.A qui correspond à la ligne droite B'_3A.

— Si B est entre J et I, il sera : B_1K'KA.

— Si B est entre I et I', il sera : BpK'KA, avec une boucle en p.

— Si B est à droite de I', il sera B$n'n$A, et ainsi de suite.

68. *Remarques sur les divers tracés.* — Il convient de faire les recommandations suivantes :

1° Éviter, dans certains cas, les paliers, parce qu'ils peuvent créer des difficultés pour l'écoulement des eaux ;

2° Il faut tenir compte de l'exposition des versants. Dans les climats secs, il peut être avantageux de choisir les versants recevant peu de soleil, et inversement avec les climats humides;

3° Si les transports à charge ne se font que dans un sens, adopter les déclivités favorables dans la direction correspondante ;

4° Dans les tracés en vallée, éviter de gravir les contreforts, comme on l'a fait parfois pour les vieilles routes ;

5° Le tracé en ligne droite doit être abandonné, s'il y a des motifs pour le faire, car souvent le raccourci est peu important ;

6° Tenir compte de la nature du sol, on évitera, par exemple, les terrains argileux, surtout à flanc de coteau ;

7° On réduira les déclivités dans les courbes prononcées ;

8° Si l'on prévoit qu'une voie ferrée pourra être ultérieurement établie sur la route, il convient d'adopter des déclivités dont la circulation puisse s'accommoder, etc.

— Souvent, lorsqu'on étudie un tracé de faible longueur, comme dans le cas d'une rectification par exemple, aucun doute n'existe sur le tracé à adopter.

D'autres fois, principalement s'il s'agit d'une route qui doit avoir une certaine longueur, il peut y avoir plusieurs tracés en présence, parmi lesquels il convient de faire un choix.

On peut s'inspirer, en principe, de considérations telles que celles qui viennent d'être sommairement exposées pour éliminer certains d'entre eux. On peut aussi se guider d'après les longueurs virtuelles.

Dans tous les cas, on peut tenir compte :

1° De l'intérêt de la dépense d'établissement ;

2° De la dépense annuelle d'entretien ;

3° Des charges annuelles qui incombent au public pour les transports :

On choisit alors celui qui donne, pour l'ensemble, le résultat le plus économique.

Le plus souvent, on tient compte principalement de la dépense de construction.

Mais il convient de remarquer que, dans le tracé d'une route à établir, les conditions techniques ne sont pas les seules qui sont à envisager. Il y a aussi certaines conditions politiques, pour desservir certains centres plutôt que d'autres, ainsi que des considérations économiques qui échappent au rôle proprement dit de l'ingénieur.

SIXIÈME LEÇON

CONSTRUCTION DES EMPIERREMENTS

EMPIERREMENTS PROPREMENT DITS

69. Chaussées empierrées : Trésaguet; Macadam ; Telfort ; Mode actuel
de construction.

LUTTE CONTRE LA POUSSIÈRE ET CONTRE L'USURE

70. Lutte contre la poussière et contre l'usure. — **71.** Terminologie. —
72. Goudronnages superficiels. — **73.** Chaussées à liant incorporé ;
Méthode de pénétration ; Méthode de mélange, ou tarmacadam. — **74.**
Instructions du Road Board. — **75.** Applications en France ; Avec le
goudron ; Avec les dérivés du goudron ; Rechargements à l'asphalte et
au bitume. — **76.** Produits divers.

EMPIERREMENTS PROPREMENT DITS

69. *Chaussées empierrées.* — Les empierrements sont formés par une couche de pierres cassées de grosseur uniforme,
liées entre elles par un liant ou matière d'agrégation, de
manière à former une masse compacte et homogène, reposant
ou non sur une fondation.

Les chaussées empierrées sont les plus répandues et reste-
ront pendant longtemps le type des chaussées des routes en
rase campagne. Avec des précautions qui seront indiquées à
l'occasion de l'entretien, elles peuvent parfaitement suffire
aux besoins, même avec une circulation automobile marquée.

Trésaguet. — Trésaguet, ingénieur en chef de la généralité de Limoges, a exposé le premier, en France (1775), les
principes à appliquer pour la construction des empierrements.

Il donnait, au début, les dimensions suivantes aux chaussées :

Largeur .   5 m. 80 ;
Epaisseur.   0 m. 47, au milieu ; 0 m. 32 sur les bords.

Ces dimensions étaient alors nécessaires, à cause de la mauvaise qualité de la main-d'œuvre des corvées.

Après la suppression de celle-ci, il réduisit l'épaisseur à 0 m. 27, avec forme bombée. Il posait une bordure recouverte de pierraille, dont l'arête seule était apparente. Dans ses premiers essais, l'empierrement reposait sur une fondation formée de pierres posées à plat. Il les posa ensuite en forme de blocage, les pierres posées sur la tranche à la main et serrées à la masse.

Cette fondation portait une première couche de pierres battues et cassées grossièrement à la main. La seconde couche, de 8 centimètres d'épaisseur, était formée de pierres de la grosseur d'une noix, choisies dans la qualité la plus dure. Le bombement était réglé pour donner une flèche de 0 m. 15 environ. Le fond de la forme était alors réglé parallèlement à la surface de la chaussée.

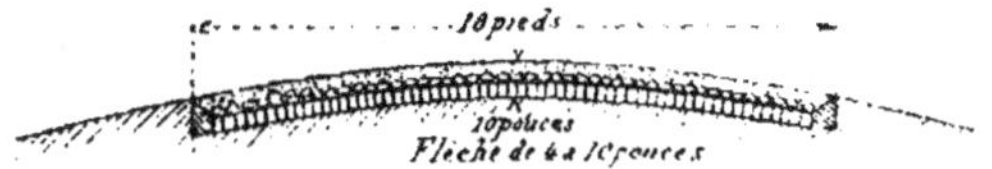

Trésaguet avait préconisé, pour certaines applications, l'adoption de profils de chaussées concaves, pour favoriser l'écoulement des eaux dans les déclivités, à défaut de fossés. Ces profils sont mauvais : ils n'ont du reste pas été admis par l'assemblée des Ponts et Chaussées de l'époque.

La méthode de Trésaguet se généralisa en France, mais elle fut souvent mal pratiquée, et les résultats ne furent pas ce qu'on pouvait en attendre.

Macadam. — Macadam, ingénieur anglais, inaugura de nouvelles méthodes pour la construction des empierrements, méthodes, qui furent importées en France vers 1820.

Les principes formulés par Macadam étaient les suivants :

1° Ne pas creuser de forme pour y mettre l'empierrement, relever le sol pour que le fond soit sec et que les eaux s'écoulent latéralement ;

2° Faire casser la pierre en morceaux uniformes dont le poids ne dépasse pas 6 onces (128 grammes) ;

3° Trier et purger les pierres, rejeter les cailloux roulés ;

4° Répandre les matériaux en plusieurs couches, sans matière d'agrégation ; une épaisseur de 0 m. 25 est *toujours* suffisante, et la fondation est inutile ;

5° Rendre la chaussée imperméable, un sol sec résistera toujours à la pression.

Ces principes sont trop absolus. L'encaissement de la chaussée est aujourd'hui la règle, et les bordures en saillies sont dangereuses. L'uniformité du cassage est excellente ; aujourd'hui, on ne pèse pas la pierre, on la fait passer par morceaux, en tous sens, dans un anneau variant, suivant les cas, de 5 à 9 centimètres. Le triage et le purgement sont absolument recommandables et les cailloux roulés ne se lient pas facilement. Le répandage par couches successives n'est nécessaire que si l'épaisseur dépasse 12 centimètres. Mais il est rationnel de combler les vides de la pierre avec de la matière d'agrégation, plutôt que de l'obtenir en broyant les matériaux. Le maximum d'épaisseur de 0 m. 25 n'est guère atteint aujourd'hui : on ne dépasse pas 0 m. 20. Avec des hérissons, on admet même 0 m. 10 ou 0 m. 15. Quant à l'imperméabilité, c'est une bonne précaution.

Le succès de Macadam a tenu en partie aux facilités qu'il a rencontrées avec d'anciennes chaussées, constituées par de grosses pierres et qu'il a démontées. Il est dû également à la surveillance assidue qui a été exercée.

Telfort. — Telfort, ingénieur anglais, a repris la méthode de Trésaguet, en posant les pierres de la fondation à plat. L'épaisseur était, au milieu, de 20 à 25 centimètres, et, au bord, de 8 à 10 centimètres. Toutes les aspérités étaient brisées à la masse. Ce pavage était recouvert de pierres cassées sur 15 centimètres, en deux couches, la seconde après la prise de la première. On répandait du gravier à la surface pour activer la prise. Le bombement admis était de 1/60.

Les chaussées de Telfort étaient meilleures et plus solides que celles de Macadam.

Mode actuel de construction. — On adopte aujourd'hui une combinaison des méthodes de Trésaguet et de Macadam. Le devis général des Travaux publics du 29 octobre 1913 en définit les principes. Encaissement dressé à la cerce et pilonné (art. 58). Les chaussées peuvent être établies avec ou sans fondation. S'il y a fondation, on la fait en forme de blocage ; l'empierrement est répandu sur la forme ou la fondation et soigneusement réglé (art. 59). La pierre doit être cassée régulièrement (art. 5).

Pour décider s'il faut ou non une fondation, il faut tenir compte de la résistance du sol et du poids des véhicules, celui-ci augmente d'ailleurs à mesure que les chaussées s'améliorent.

Si le terrain est rocheux, on s'abstient de fondations.

Si la roche est gélive, il convient de l'isoler avec un matelas de sable sur 40 ou 50 centimètres d'épaisseur.

Si le fond n'est pas rocheux mais sec, la fondation peut consister en matériaux de moindre valeur, de 8 à 12 centimètres de grosseur, serrés à part sur 10 ou 15 centimètres d'épaisseur. La chaussée de revêtement peut lui être superposée, sans assainissement spécial, pourvu qu'elle reste bombée et imperméable et que les accotements ne s'opposent pas à l'écoulement des eaux.

Avec les fonds non rocheux, mais humides, il faut assainir la chaussée par un drainage, avec pierres cassées dans des tranchées espacées de 5 mètres à 20 mètres.

Autrefois, on livrait les chaussées à la circulation sans les cylindrer. Dès 1834, Polonceau introduisit la méthode de cylindrage, sur laquelle je m'expliquerai à propos de l'entretien. Toutefois, lorsqu'il s'agit de chaussées neuves, on doit modérer l'arrosage, pour ne pas détremper le terrain et ne pas risquer que le cylindre s'enfonce dans les terrassements.

LUTTE CONTRE LA POUSSIÈRE ET CONTRE L'USURE

70. — La circulation des automobiles rapides soulève des tourbillons de poussière, comme il a été expliqué, à propos de la traction et de la suspension. Lors des comptages de 1903, on a constaté qu'il n'y avait encore que fort peu d'automobiles, tandis qu'en 1913, la circulation automobile est devenue équivalente à la circulation animale. Entre temps, des plaintes du public s'élevèrent pour protester contre les soulèvements de poussière sur les chaussées empierrées. Dès 1906, une commission fut instituée par le Ministre des Travaux publics, pour traiter les questions concernant la suppression de la poussière.

Les procédés auxquels on a recours sont de deux sortes :
— Procédés contre l'usure superficielle ;
— Procédés contre l'usure en profondeur.

On commença par de simples arrosages à l'eau, dont l'effet n'était utile que s'ils étaient constamment renouvelés.

On songea ensuite à l'emploi de sels déliquescents, tels que les chlorures de sodium, de calcium ou de magnésium, dont l'effet était de retenir plus longtemps l'eau sur le sol. Ce procédé a contre lui son prix élevé (0 fr. 10 à 0 fr. 12 par m²) et le peu de durée de son efficacité. On ne peut guère y recourir que si les autres procédés sont impossibles, eu égard à l'état de la chaussée, et s'il s'agit de supprimer la poussière pour un jour donné.

Dans le même ordre d'idées on a essayé des arrosages à l'eau de mer, mais ils se sont montrés inefficaces, s'ils ne sont pas renouvelés.

On eut recours encore à des arrosages à l'eau additionnée de mélanges goudronneux, dont le type est la westrumite, produit à base de goudron rendu soluble à l'eau par des savons appropriés. Leur objet est de recouvrir la chaussée d'un enduit protecteur en couche extrêmement mince. L'eau sert seulement de véhicule au produit qu'elle dépose, en s'évaporant, à la surface de l'empierrement et dans les joints des cailloux. Mais l'effet n'est pas durable, et l'opération, qui coûte 2 ou 3 centimes par mètre carré, doit être renouvelée un grand nombre de fois par saison. On n'y peut guère recourir que pour supprimer la poussière, à l'occasion d'une course d'automobiles, ou d'une cérémonie.

Les arrosages aux huiles de pétrole et similaires (opérés généralement à chaud) forment une couverture qui colle la poussière, sans adhérer aux véhicules. Ils suppriment radicalement la poussière, aussi bien celle de la route que la poussière d'apport. Malheureusement, avec les pluies, cette couverture purement superficielle se détrempe sous l'action du roulage et disparaît avec la boue. Ils correspondent à une dépense assez élevée (0 fr. 20 le m²). Pour toutes ces raisons, ils ne se sont pas généralisés.

Le procédé classique de lutte contre la poussière et en même temps contre l'usure superficielle consiste en goudronnages superficiels.

Ce procédé présente une certaine efficacité dans le cas d'une circulation d'automobiles légers et rapides, il empêche dans une certaine mesure le limage de la matière d'agrégation par patinage ou dérapage, et s'oppose dans une large mesure à la production de la poussière.

S'il s'agit, au contraire, de poids lourds, le passage des véhicules peut entraîner l'écrasement des matériaux, surtout par l'humidité ou la sécheresse. Ils provoquent alors la dislocation de l'empierrement, en détruisant la cohésion de la masse. Les pierres en se déplaçant frottent les unes contre les autres, les arêtes s'émoussent et perdent leur forme anguleuse. C'est là, en somme, la principale cause de l'usure des chaussées, qui donne lieu à la formation d'une grande quantité de détritus, en se transformant en poussière.

Pour remédier à ces difficultés, on a été amené à construire des chaussées à liant goudronneux ou bitumineux, incorporés dans la chaussée, en profondeur.

31. *Terminologie.* — Avant d'aller plus loin, il est utile de préciser les substances qui ont été employées jusqu'ici pour améliorer la liaison des matériaux des empierrements. Voici le résumé de la terminologie adoptée par le bureau exécutif de l'Association internationale permanente de la route.

— *Goudron*. — Produit, généralement visqueux, de la distillation sèche, à haute température, à l'abri de l'air, de matières hydrocarburées, minérales ou végétales. On dira :

Goudron de houille (de four à coke, ou de gaz). Goudron de bois. Goudron de lignite. Goudron de schiste. Goudron de gaz à l'eau, etc.

On distinguera le goudron brut du goudron raffiné, c'est-à-dire ayant subi une préparation qu'il faut préciser (réchauffage, déshydratation, etc.).

— *Brai*. — Résidu à consistance solide, plus ou moins pâteuse, obtenu, soit en débarrassant les goudrons, par distillation, des produits plus ou moins volatils qu'ils contiennent, soit même dans une première distillation poussée plus loin que celle qui donne le goudron. Il convient de préciser la matière d'où on l'a tiré (Brai de houille, ou brai de goudron, de gaz de houille, brai de lignites, etc.).

On appellera, d'après la consistance :

Brai gras fondant à 60°.

Brai demi-sec — 80°.

Brai sec — 100°.

Brai très sec — à plus de 100°.

— *Bitume*. — Hydrocarbures naturels opaques, noirâtres ou brun foncé, généralement solides ou peu fluides, contenant peu de produits volatils et existant, soit en poches, soit en imprégnation de roches. Le bitume pur se dissout entièrement dans le sulfure de carbone. On distinguera :

Le bitume brut, tel qu'il sort du lieu d'extraction.

Le bitume épuré, c'est-à-dire ayant subi une fusion simple, destinée à le priver de son eau et d'une partie des substances terreuses qu'il contient.

Le bitume raffiné, c'est-à-dire ayant subi une fusion avec addition d'un fondant approprié, qui l'a privé de son eau et de la presque totalité des substances terreuses qu'il contient, et dont les propriétés, notamment la plasticité, ont été modifiées par l'adjonction du fondant.

Il convient de donner l'origine du bitume et la désignation du fondant, comme : Bitume de Virginie, raffiné au goudron de schiste.

— *Roches asphaltiques.* — Roches naturelles, imprégnées de bitume. On mentionnera leur nom d'origine, comme : Grès asphaltique, ou calcaire asphaltique de telle ou telle provenance.

— *Asphalte.* — Calcaire asphaltique usiné en vue de son emploi aux travaux de voirie.

Asphalte comprimé (calcaire asphaltique pulvérisé, chauffé et pilonné).

Mastic d'asphalte (calcaire asphaltique enrichi de bitume et coulé en pain).

Asphalte coulé (mastic asphaltique fondu avec un fondant approprié et étendu en nappe).

— *Pétroles.* — Hydrocarbures naturels liquides, plus ou moins translucides, de coloration généralement plus claire que les bitumes, contenant une forte proportion de produits volatils, et d'où l'on tire, par distillation fractionnée, toute une série de produits, tels que essences ou huiles légères, huiles lourdes, huiles de graissage, paraffines, vaselines, etc.

Certains pétroles se rapprochent des bitumes par la proportion d'hydrocarbures peu volatiles qu'ils renferment. Dans ce cas, on les appellera pétroles bitumineux et non pas pétroles asphaltiques.

On distinguera :

Les pétroles bruts, tels qu'ils sortent des lieux d'extraction ;

Les pétroles raffinés, c'est-à-dire ayant subi une préparation. On les qualifiera comme il est dit ci-après pour les huiles.

— *Huiles.* — Produits généralement liquides, plus ou moins translucides, extraits par distillation ou par compression de certaines matières.

On fera suivre le mot huile de la désignation de la matière dont l'huile est extraite.

Les huiles se divisent en catégories, suivant leurs densités et la proportion de matières volatiles qu'elles contiennent.

Il est difficile de définir ces catégories d'après la température de distillation, parce que les points d'ébullition ne valent que si l'on fixe en même temps, de manière précise, les dimensions et les dispositions des appareils.

Les densités sont, au contraire, assez constantes dans les diverses catégories d'huiles. On les distinguera donc par leur densité approximative, comme :

Huiles légères de goudron de houille (densité inférieure à 0,98);

Huiles moyennes de houille (densité de 0,98 à 1,03);

Huiles lourdes de houille (densité entre 1,03 et 1,13);

Huiles légères de pétrole ou essences (densité de 0,700 à 0,725);

Huiles moyennes de pétrole ou huiles lampantes (densités de 0,725 à 820);

Huiles lourdes de pétrole (densité de 820 à 880).

— *Factices.* — Le bitume et l'asphalte sont remplacés, dans certaines applications, par des produits qui les imitent, mais qui sont fabriqués avec des corps généralement dérivés de la houille, alliés à des matières plus ou moins inertes.

On qualifiera, comme :

Bitume factice : mélange de brai de.... de goudron de..., entre eux ou avec des bitumes naturels.

Asphalte factice : mélange de calcaire avec des bitumes naturels ou des bitumes factices.

78. *Goudronnages superficiels.* — Le principe de l'opération consiste dans le répandage à la surface des empierrements, d'un goudron assez fluide pour pénétrer dans la chaussée à une profondeur aussi grande que possible.

L'objet est de consolider la surface sur une certaine épaisseur et de la rendre imperméable.

Il est dès lors indispensable de ne procéder à l'opération que sur des chaussées bien unies, faute de quoi elles ne résisteraient pas aux chocs de la circulation. S'il s'agit d'une vieille chaussée, on ne goudronnera qu'après mise en état suffisante, par des emplois cylindrés par exemple.

Il faut que le goudron pénètre. La surface doit être dès lors exempte de boue et de poussière, autrement il s'étalerait en plaques et disparaîtrait promptement avec la circulation, en s'écaillant. Le goudron n'a aucune résistance par lui-même, ce n'est qu'un liant qui permet d'agglomérer la matière d'agrégation préexistante, mais, pour jouer ce rôle, il doit pénétrer.

Pour pénétrer, il faut une chaussée sèche, pas trop froide. L'humidité empêche le goudron d'entrer. Une température basse lui fait perdre sa fluidité. En outre, la matière d'agrégation qui comble les vides entre les pierres doit être perméable et ne pas contenir d'argile.

On emploie ordinairement, pour les goudronnages, des goudrons chauffés à 70°. Dans d'autres cas, on se sert de goudron froid fluidifié par une addition de 10 0/0 d'huile lourde ; on n'a pas l'embarras du chauffage, mais l'économie du combustible est compensée par le prix supérieur de l'huile lourde.

Le répandage se fait avec des arrosoirs ou des tonneaux, et l'étendage s'effectue, soit à la main par une équipe de balayeurs, soit par des balais dont le tonneau est pourvu.

La quantité de goudron employée par mètre carré varie de 1 à 2 kg. ; la proportion la plus communément adoptée est de 1 kg. 5 pour une première opération. Lorsqu'on renouvelle le goudronnage, une seconde et une troisième opération exigent une quantité moindre.

Appareil Grillot. — Il comprend :

1° Un chariot portant un support de chaudière ;

2° Le support de chaudière servant d'enveloppe au foyer ;

3° Un foyer mobile, brûlant du charbon, ou du bois ou du coke, avec cendrier pour régler le tirage ; il est monté sur roulettes pour être retiré instantanément si, malgré les dispositions prises, le moussage venait à se produire ;

4° Une chaudière de 100 litres, pouvant contenir 80 litres de goudron, en laissant 10 centimètres de vide. Au centre s'élève une cheminée qui augmente la surface de chauffe et produit un courant vertical dans la masse du goudron, pour permettre à la vapeur d'eau d'échapper et éviter le moussage. Le puisage se fait par le moyen d'un robinet ;

5° Un thermomètre, placé dans un tube en cuivre, permettant de surveiller la température ;

6° Un arrosoir en tôle galvanisée de 12 litres, muni d'une

pomme plate percée de trous de 4 millimètres, avec lequel s'effectue l'arrosage ;

7° Un seau permettant le transport du goudron froid jusqu'à la chaudière ;

8° Un balai souple en soie ou en coco, ayant 1 m. 25 de large, avec inclinaison facultative, permettant d'égaliser le répandage.

Ce matériel suffit pour un atelier de 4 hommes.

Si, par accident, il y a moussage, le rebord supérieur de la chaudière rejette le goudron à distance. Un demi-couvercle, du côté du foyer, localise en tout cas le moussage du côté opposé.

Cet appareil peut faire le service d'une subdivision.

Appareil Lassailly. — Il comporte deux voitures dont une pour chauffer le goudron et l'autre pour goudronner.

La voiture chauffe-goudron, permet d'opérer sur 2400 kg. à l'heure ; elle comporte :

— Un générateur vertical de vapeur ;

— Un réservoir cylindrique, communiquant avec le générateur, destiné à chauffer le goudron par un serpentin intérieur ;

— Un bac récepteur, au-dessous du réservoir, recevant le goudron froid, avec une pompe à main.

L'opération comporte trois phases :

Le réservoir est rempli de vapeur, puis refroidi au moyen de 70 litres d'eau environ. Le vide fait monter le goudron du bac par un tuyau muni d'un robinet ;

On chauffe le goudron à 70° ou 100° à l'aide du serpentin ;

Enfin la vapeur est introduite dans le réservoir et refoule le goudron, par un tube plongeur, dans la voiture goudronneuse.

On recommence la série des opérations autant de fois qu'il est nécessaire.

La voiture goudronneuse comprend :

— Une tonne arroseuse contenant le goudron chaud et l'écoulant dans un bac régulateur à niveau constant, au moyen d'un flotteur, afin d'obtenir un répandage uniforme ;

— Une rampe d'arrosage de 1 m. 80, percée de trous réglés

pour que, le cheval marchant au pas, on répande la moitié du goudron nécessaire (0 kg. 60 environ par mètre carré). On fait donc deux passes, s'il s'agit d'un premier goudronnage. Pour le renouvellement, une seule suffit ;

— Un système de quatre balais lisseurs, qui prend le goudron chaud sur le sol, à la sortie de la rampe, et l'étend automatiquement en couche mince et régulière ; ces balais sont mobiles, attelés par des chaînes et lestés. Il n'est pas besoin de balayeurs.

Cette machine peut étendre 2.400 kg. de goudron à l'heure et recouvrir une surface de 2.000 mètres carrés.

Appareil Vinsonneau et Hédeline. — Cet appareil comprend un tonneau sur roue, qui peut être rempli de goudron froid au moyen d'une pompe. On chauffe par un thermosiphon, avec un foyer ou un brûleur qui porte la température à 80°. Un compresseur d'air à 5 kg. permet d'admettre cet air dans le tonneau au moyen d'un détendeur à pression constante, pour l'écoulement uniforme du goudron, lors de l'étendage, qui se fait par un ajutage réglant l'épaisseur du jet. Un robinet de distribution et d'arrêt est placé entre le tonneau et l'ajutage de distribution. Le tonneau progresse à la vitesse d'un homme au pas ; il répand environ 1 kg. 10 à 1 kg. 30 de goudron par mètre carré, sur une bande de 1 m. 60 à 1 m. 80 de large.

L'appareil Grillot, le plus simple, est excellent, mais produit peu. Il a, au contraire, l'avantage de ne pas nécessiter un outillage coûteux et permet d'attendre et de choisir le temps, pour la bonne exécution.

Les autres appareils donnent également de bons résultats, ils vont vite, mais, dans la crainte de perdre le temps des entrepreneurs, on est souvent conduit à goudronner presque par tous les temps, ce qui est mauvais.

Goudronnage à froid. — Pour goudronner à froid avec du goudron fluidifié par addition d'huile lourde, on approvisionne le plus souvent séparément le goudron et l'huile dans des fûts disposés sur les accotements. Le mélange se fait, à raison de 90 de goudron, pour 10 d'huile, dans un baquet ouvert placé sur une charrette à bras ; il est brassé et vidé dans des arrosoirs sans pommes, au moyen d'un robinet.

Un ouvrier verse le mélange avec l'arrosoir, dans le sens transversal, deux hommes l'étalent avec des balais de cantonniers dans le sens longitudinal ; un troisième, derrière eux, balaie transversalement et égalise. Un baquet unique peut alimenter deux équipes.

Observations. — Les goudronnages donnent en général de bons résultats.

En saison sèche, ils suppriment ou diminuent l'usure et enraient les dégradations, quelle que soit la circulation. En saison humide, le résultat n'est pas aussi complet. Ils conservent bien la chaussée tant qu'ils ne sont pas détruits par l'effet combiné du trafic et de l'eau. La préservation n'a donc lieu que jusqu'à un certain chiffre de circulation, au delà duquel la boue se forme comme sur les chaussées non goudronnées.

C'est qu'en effet l'eau est l'ennemi du goudron d'une part, et que, d'autre part, la pénétration du goudron dans la chaussée, sur une profondeur de 1 cm. 5 à 2 centimètres n'est pas assez profonde pour une solidité suffisante. Il convient alors de poursuivre une agglutination plus forte par une plus complète incorporation du goudron. C'est ce que j'examinerai à propos de la lutte contre l'usure interne.

Les goudronnages ne durent guère plus d'un an. Ils doivent donc être renouvelés. Mais on se heurte à de nouvelles difficultés. Il se forme, après deux ou trois opérations, un vernis glissant assez dangereux, malgré les sablages qui doivent suivre toute opération de goudronnage. Le mieux est alors de ne répéter le travail que là où le goudron a disparu. On est ainsi conduit à opérer, par strict entretien, des reprises au goudron, c'est-à-dire un travail de peinture assez assujettissant.

Malgré cet entretien, les flaches caractéristiques des automobiles peuvent encore se produire, avec leurs bords abruptes. Elles sont sujettes à de rapides extensions, et sont d'une réparation assez difficile en été. La chaussée n'est pas assez molle pour que des emplois ordinaires prennent facilement, et cette prise est d'ailleurs gênée par le passage des automobiles qui dispersent les pierres aussitôt placées. Le mieux paraît être, comme on le fait en Angleterre, de combler les flaches en se servant de goudron comme aggloméraut incorporé à l'emploi, au moyen de l'une des méthodes exposées ci-après (pénétration ou mélange).

Comme il faut opérer très vite, l'Administration se préoccupe d'étudier des engins pour l'exécution rapide du travail et le transport de ce qui est nécessaire.

Avant de quitter ce qui a trait aux goudronnages, il convient de signaler les essais qui ont été faits en 1912, à Versailles et à Orléans, en remplaçant le goudron par du bitume liquide de Trinidad, et en saupoudrant de menues cassures de pierres cylindrées. L'aspect est celui d'un goudronnage. La croûte paraît plus dure qu'avec le goudron et par suite plus résistante.

Enfin, je ne parle que pour mémoire des avantages indirects qui résultent des goudronnages, pour l'hygiène, et des inconvénients, peu graves d'ailleurs, qu'on leur reproche soit de provoquer des conjonctivites, soit de nuire à la végétation. Ces effets sont loin d'être prouvés, tout au moins dans le second cas, et il n'apparaît pas qu'il y ait lieu de s'y arrêter.

78. *Chaussées à liant incorporé.* — Les substances susceptibles d'être utilisées en France, pour la construction de pareilles chaussées, sont principalement le goudron et le brai additionné d'huile lourde.

L'incorporation du liant dans les chaussées se fait de deux manières :

Ou bien on répand la matière au cours des opérations de cylindrage : c'est la méthode de pénétration ;

Ou bien on opère le rechargement avec des pierres préalablement enrobées avec le liant : c'est la méthode de mélange ou tarmacadam.

Méthode de pénétration. — On se sert de la vieille chaussée régularisée comme d'une fondation.

Dans certains cas, le goudron a été répandu sur cette fondation. La pierre posée sur cette couche est cylindrée, et on compte sur la compression pour faire refluer le liant.

Dans d'autres cas, le goudron est versé à la surface après cylindrage partiel de la couche de cailloux, on complète ensuite le cylindrage.

Cette méthode n'est plus guère en faveur en France. On aurait tort toutefois de l'abandonner complétement. Si elle est moins parfaite que celle de mélange, car elle donne des chaussées moins homogènes, avec nids de pierrailles mal imprégnées ou avec poches de liant, elle a du moins l'avantage d'être plus simple et moins coûteuse.

Ce procédé est au contraire assez en honneur dans la région de Liverpool, où M. de Brodie s'en est révélé le promoteur.

Méthode de mélange ou tarmacadam. — Cette méthode comprend deux opérations : goudronnage préalable des matériaux et leur emploi.

Moyennant des précautions élémentaires, elle donne de bons résultats et assure une parfaite répartition du liant.

Le goudronnage des matériaux se fait, pour des opérations de peu d'étendue, par des moyens de fortune : trempage dans des chaudières pleines de goudron bouillant, ou bien encore gâchage au rabot sur des planches.

Pour des quantités plus considérables, on commence à employer des machines. Leur usage permet d'abaisser aux environs de 50 à 55 kg. de goudron par mètre cube de pierres à enrober, alors que le simple trempage peut absorber le double. Il y a également économie de main-d'œuvre.

Ces machines comportent :

— La préparation du goudron chauffé ;
— Le séchage et le chauffage des pierres ;
— Leur enrobage.

Elles peuvent être installées sur les carrières à titre fixe, ou bien à pied d'œuvre et être transportables.

Avec les goudrons les plus fluides, on recommande souvent d'abandonner les matériaux enrobés à eux-mêmes quelques semaines avant leur emploi, afin de permettre à l'enduit de se dessécher partiellement.

74. *Instructions du Road Board.* — L'emploi des liants à base de goudron et de brai s'est assez généralisé en Angleterre ; aussi le Road Board a-t-il rédigé des instructions détaillées, soit pour définir la qualité des produits, soit pour donner des indications sur le mode d'exécution du travail.

En ce qui concerne la qualité des produits, on définit deux types de goudrons, l'un plus fluide que l'autre, et on caractérise enfin le brai et l'huile lourde tels qu'ils convient de les employer.

Le goudron de la première catégorie, c'est-à-dire le plus fluide, est celui qui convient surtout pour les goudronnages superficiels. Son point d'ébullition varie de 105° à 115° :

Il provient de la houille bitumineuse ; on admet qu'il ne doit pas renfermer plus de 10 0/0 de goudron de gaz à l'eau.

Sa densité à 15° doit varier de 1,16 à 1,22.

Il ne doit pas contenir plus de 1 0/0 d'eau ou de liqueur ammoniacale, laquelle ne doit pas renfermer plus de 70 milligrammes par litre d'ammoniaque libre ou en combinaison.

Agité avec 20 fois son volume d'eau à 21°, le goudron ne doit pas communiquer plus de 70 milligrammes par litre de corps de la nature du phénol, calculés comme le phénol.

— S'il s'agit spécialement du goudron des usines à gaz, il ne doit être soumis à aucune autre préparation que celle qui a pour objet d'enlever l'eau et la liqueur ammoniacale, ainsi que les huiles légères.

A la distillation, le goudron ne doit pas fournir, au-dessous de 170°, plus de 1 0/0 et, entre 170° et 270°, moins de 16 0/0 ni plus de 26 0/0 de distillat (à l'exclusion de l'eau).

— S'il s'agit de goudron provenant des distilleurs de goudron, il ne doit pas donner, à la distillation : au-dessous de 170° plus de 1 0/0, et, entre 170° et 270°, plus de 26 0/0 de distillat (à l'exclusion de l'eau).

Le distillat doit rester clair et exempt de matières solides (cristaux de naphtaline, etc.) lorsqu'on le laisse pendant 1/2 heure à la température de 30°.

La distillation, prolongée jusqu'à 300°, donne un brai résiduel qui ne doit pas représenter plus de 75 0/0 du goudron.

Le carbone libre ne doit pas représenter plus de 16 0/0 du goudron.

Le goudron de la deuxième catégorie, c'est-à-dire le moins fluide, est surtout convenable pour le renouvellement des goudronnages ; il ne doit être appliqué que sur des chaussées bien séchées et chauffées par le soleil. Il convient aussi pour la construction des chaussées à liant incorporé :

Le point d'ébullition varie de 127° à 138°. La densité à 15° est comprise entre 1,18 et 1,24.

Il provient de la houille bitumineuse et peut contenir au plus 10 0/0 de goudron de gaz à l'eau.

S'il faut ajouter du brai, pour obtenir la densité voulue, ce brai doit provenir de houille bitumineuse. Si c'est de l'huile, celle-ci doit provenir du goudron ci-dessus spécifié et être, pratiquement, exempte de naphtaline et d'acides goudronneux ou phénols. La vérification se fait comme pour le goudron de première catégorie.

Il doit être exempt d'eau. A la distillation, il ne doit pas fournir de distillat en dessous de 140° et pas plus de 3 0/0 de distillat jusqu'à 220°. Ce distillat, maintenu à 30°, doit rester clair et sans matières solides (cristaux de naphtaline).

Le carbone libre ne doit pas représenter plus de 28 0/0 du poids du goudron.

Indépendamment du goudron le Road Board a également défini les qualités du brai utilisable pour l'application aux chaussées à liant incorporé.

On obtient le brai en amolissant le brai gras du commerce avec de l'huile lourde. Le brai doit provenir du goudron résultant de la carbonisation du charbon bitumineux. Il peut contenir 10 0/0 au plus de brai provenant du goudron de gaz à l'eau ; à la distillation, il ne doit pas fournir, en dessous de 270°, plus de 1 0/0 de distillat, entre 270° et 315°, moins de 2 0/0 ni plus de 5 0 0 ; le carbone libre, sauf diminution correspondante dans le prix jusqu'à 28 0/0, ne doit pas dépasser 22 0/0 du poids du brai.

Les huiles doivent provenir de goudron de houille, ou, pour 10 0/0 au plus, de goudron de gaz à l'eau. La densité à 20° doit être comprise entre 1,065 et 1,075. Laissées

1/2 heure à 20°, elles doivent rester claires, sans cristaux de naphtaline. Elles ne doivent pas contenir pratiquement d'huiles légères, c'est-à-dire ne pas fournir, à 140°, à la distillation plus de 1 0/0 de distillat. Entre 140° et 270°, la proportion de distillat pourra varier de 30 à 50 0/0.

La proportion du mélange de brai et d'huile sont les suivantes :

Brai, de 88 à 90 0 0 ;
Huiles de goudron, de 10 à 12 0/0.

Indépendamment des instructions précédentes, le Road Board a donné des indications générales sur le mode d'exécution :

1° des goudronnages superficiels;
2° des revêtements en macadam goudronné ;
3° des revêtements en macadam à liant de brai.

En ce qui concerne le goudronnage, il faut opérer sur des chaussées sèches, neuves ou convenablement reprofilées, râcler et balayer la route.

Le liant de la chaussée doit être constitué par des cassures de pierres et non par de la boue de route.

Si l'on a recours au goudron le plus dense, il ne faut opérer que sur une chaussée chaude.

Le goudron doit être appliqué aussi chaud que possible, dans tous les cas, et balayé, pour assurer une couche uniforme. Pour une chaussée à enduire une première fois, on compte 0 l. 77 à 1 l. 09 par mètre carré.

Si on doit livrer la route avant que le goudron soit durci, il faut sabler, pour éviter l'adhérence des roues : mais il faut retarder ce répandage et le limiter à ce qui est indispensable pour éviter cette adhérence. Le sablage est fait avec des cassures de pierres, du gravier broyé, du gros sable ou de toutes matières analogues exemptes de poussière, susceptible de passer dans des mailles de 0 cm² 4, à raison de 4 kg. au plus par mètre carré. Avec du gros sable, on peut aller jusqu'à 6 kg.

Sur les chaussées très fréquentées, il est recommandé d'appliquer une seconde couche, soit sur toute la largeur, soit sur une bande centrale de 2 m. 75 à 3 m. 50, à raison de 0 l. 60 environ par mètre carré, et cela deux ou trois mois après la première application.

Il est recommandé de renouveler le goudronnage, en tant que de besoin, tous les ans, sur les routes importantes.

A l'égard des revêtements au macadam goudronné, les recommandations du Road Board sont les suivantes :

Toute chaussée, pour recevoir ces revêtements, doit avoir une fondation appropriée ou une assise suffisante pour porter la circulation.

L'épaisseur de la couche de macadam goudronné varie de 5 à 7 cm. 5 : dans ce dernier cas, il faut appliquer les matériaux en deux couches. L'épaisseur totale, fondation comprise, doit être d'au moins 0 m. 15, ou même 0 m. 28 sur les sous-sols argileux ou compressible.

Le bombement doit être réglé à 1/32.

On constitue l'agrégat formant le nouveau revêtement à l'aide de pierraille de bonne qualité, ou de laitier choisi. Il doit renfermer au moins 60 0/0 de pierraille à l'anneau de 0 m. 063, pas plus de 30 0/0 à l'anneau de 0 m. 032 et 10 0/0 à 0 m. 019. La pierraille de ce dernier calibre est mise à part et sert, pendant le cylindrage, pour parfaire la couche supérieure.

La pierraille doit être complètement séchée avant l'enrobage. On emploie le goudron de seconde catégorie. Avec le goudron de première catégorie, il faut laisser la pierraille goudronnée exposée à l'air pendant un temps suffisant.

La quantité de goudron employée par mètre cube varie de 40 à 54 litres, selon la grosseur de la pierre, la variété du goudron employé et le mode de mélange adopté.

Après répandage, on cylindre, mais moins énergiquement qu'avec le macadam à liant de boue. Un rouleau de 10 tonnes peut convenir, mais on obtient de bons résultats en commençant avec 6 tonnes et en finissant avec 10 tonnes.

Il est bon d'enduire de goudron la surface, plusieurs semaines après qu'on a livré à la circulation et de sabler.

Pour ce qui est enfin des revêtements en macadam à liant de brai, les instructions sont les suivantes :

Comme dans le cas précédent, il faut une fondation appropriée.

L'épaisseur du revêtement en une seule couche varie de 0 m. 063 à 0 m. 076, sauf sur les routes peu fréquentées où l'on peut descendre à 0 m. 05. Avec deux couches, comme il sera expliqué ci-après, on doit donner 0 m. 10 à 0 m. 117. L'épaisseur totale, fondation comprise, doit atteindre les mêmes dimensions que dans le cas précédent; le bombement est le même.

L'agrégat de pierraille du nouveau revêtement doit renfermer 60 0/0 de pierres à l'anneau de 0 m. 063, 35 0/0 à des calibres s'échelonnant entre 0 m. 063 et 0 m. 032. En outre, on utilise 5 0/0 de brisures allant de 0 m. 0095 à 0 m. 019, pour parfaire la route quand le brai fondu a coulé dans les interstices.

Le brai ne doit être répandu que sur la pierre complètement sèche. Si elle est humide, il faut la sécher.

La quantité de brai nécessaire pour une couche unique de 0 m. 05 est d'environ 6 litres, 79 par mètre carré; pour une couche de 0 m. 063, d'environ 8 litres 15 : pour une épaisseur de 0 m. 076, d'environ 10 litres 15.

L'agrégat étalé et régalé doit être cylindré, mais sans ajouter d'autres matériaux que les 5 0/0 de brisures menues indiquées plus haut. Le brai est alors fondu à 300° Fahr. Du sable maigre, bien propre, doit être chauffé sur des réchauds à sable à 400° Fahr. Un bac à mélange est rempli, par parties égales de brai et de sable chaud. Ce mélange, appelé matrice, est toujours énergiquement remué pendant tout le temps qu'on le transvase du bac dans les brocs qui servent à déverser la matrice sur la chaussée. La matrice doit être en quantité suffisante pour combler les vides de l'agrégat.

Le cylindrage final doit commencer aussitôt après l'épandage de la matrice et être mené promptement, avant la prise de celle-ci. Les petits éclats de pierre formant 5 0/0 de l'agrégat, doivent être répandus, moitié avant, moitié après le cylindrage final. On peut livrer la route une demi-heure après cette dernière opération.

Lorsque la circulation est assez intense pour exiger deux couches, l'inférieure est plus épaisse et formée de la grosse pierraille. Les deux couches sont cylindrées et reçoivent leur liant séparément.

Pour la couche inférieure, il suffit de matériaux de qualité très ordinaire, avec un calibre de 0 m. 03 à 0 m. 076, et il n'est pas besoin de brisures pour achever le cylindrage.

Pour la couche supérieure, il faut de la pierre dure, capable de résister à l'usure, au calibre de 0 m. 038. On répand 5 0/0 de débris de la même pierraille, de calibres entre 0 m. 0125 et 0 m. 0063, moitié avant, moitié après le cylindrage final.

Lorsqu'on répand le brai sur la couche inférieure, le niveau du brai ne doit pas être amené au niveau de la pierraille, mais rester à environ 0 m. 0125 au-dessous, pour ménager un jeu pour la couche supérieure.

La quantité de brai nécessaire, pour une double couche, est, pour une épaisseur de 0 m. 20, d'environ 14 litres 72 par mètre carré, pour 0 m. 1125 de 15 litres 8.

Pour la fusion du brai, on remplit les bacs contenant 2 ou 3 tonnes et on allume le feu. On maintient un feu constant, avec les portes du fourneau fermées, jusqu'à ce que le brai soit, au bout de 4 ou 5 heures, complétement fondu. On gardera un feu vif jusqu'à ce que le brai atteigne la température de 300° Fahr., moment où l'on ajoutera les huiles, en remuant bien le mélange; on ouvrira alors les portes du fourneau, et on laissera descendre la température du brai fondu à 270° ou 250° Fahr. Le brai est alors prêt à être utilisé et doit, dans tous les cas, être bien remué avant d'être retiré.

Il faut préserver les bacs de toute pénétration d'air quand le brai est en fusion et ce, au moyen de joints étanches, garnis de façon à assurer la fermeture hermétique du couvercle.

75. *Application en France, avec le goudron proprement dit.* — L'application du goudron, par la méthode de pénétration n'ayant pas donné des résultats très favorables, n'a pas donné lieu à des essais récents.

La méthode des mélanges (tarmacadam) a été au contraire assez répandue.

— Dès 1906, M. Luya, sous-ingénieur des Ponts et Chaussées à Aix-les-Bains, a utilisé ce procédé avec succès, en employant des matériaux calcaires. Le prix de revient, tout compris, n'a pas dépassé 9 fr. 90, le mètre cube, alors que les quartzites, sans goudronnage, revenaient à 14 fr. 60.

— Dans Seine-et-Marne, une expérience a été faite sur une section de route de Melun à Fontainebleau, comportant une circulation de 1.000 automobiles l'été. La section a été divisée en trois parties :

La première fut rechargée avec des pierres siliceuses du pays, cassées à 7, enrobées de 100 kg. de goudron par mètre cube.

La seconde, avec les mêmes matériaux, mais avec moitié moins de goudron.

La troisième, avec des pierres calcaires, enrobées à raison de 50 kg. de goudron par mètre cube.

Le cylindrage a été fait avec fort peu d'eau (8 cm. d'épaisseur).

Le troisième essai s'est révélé le meilleur ; la chaussée a duré cinq ans, sans qu'aucun emploi ait été fait, alors que les chaussées ordinaires en pierres siliceuses et avec emplois partiels comportent la même durée.

Cette supériorité relative des matériaux tendres, s'écrasant en partie sous le poids du rouleau, a été constatée aussi en Angleterre avec les laitiers. La cause en est dans la réduction des vides et leur meilleur remplissage de goudron. L'usure en profondeur est presque entièrement supprimée.

Dans l'Yonne, le calcaire obtint le même succès, comparé à des silex du pays de bonne qualité.

— Dans Seine-et-Oise, on signale une application, en 1911, près de Versailles, du procédé du Road Board. On a employé :

60 0/0 de porphyre de Lessines à l'anneau   de 6
30 0/0   —   —   de 3 à 6
10 0/0   —   —   de 1 à 2

Les pierres des deux premières catégories avaient été

enduites de goudron et laissées en tas un certain temps avant l'emploi. On les étendit et on cylindra sans excès, puis on répandit la pierraille de troisième catégorie, et on cylindra à nouveau. Enfin on opéra un goudronnage superficiel peu de temps après avoir livré à la circulation.

Les résultats ont donné satisfaction.

Quant au prix de revient, il a été, par mètre carré :

Pierraille de 3 à 6	1 fr.84
Grenaille de 1 à 2	0 17
Goudron	0 54
Combustible	0 30
Matériel (chauffage, enrobage)	0 25
Main-d'œuvre (cylindrage, etc.)	1 91
Total	3 fr.01

— Dans Seine-et-Marne, en 1911, on procéda à un essai inspiré de procédés indiqués par quelques ingénieurs américains.

On a d'abord reprofilé la vieille chaussée, qu'on a ensuite recouverte d'une couche d'usure de 0 m. 05 après compression. Cette couche d'usure a été composée de tarmacadam constitué de pierres de 0 m. 015 à 0 m. 010.

Après enrobage des pierres, à chaud, sur une planche de gâchage, on répandit d'abord du goudron sur la fondation, puis la pierre enrobée par dessus, et on cylindra. On coula alors à la surface du goudron chaud, sur lequel on jeta une couche mince de menues cassures de pierres, et on cylindra jusqu'à refus pour faire pénétrer dans la masse. Les résultats obtenus ont été satisfaisants, et le prix de revient est évalué :

Rechargement pour fondation		1 fr.14	
Couche d'usure :			
Façon, goudronnage compris . . .	0 fr.66		
Fourniture de porphyre	2 30	3 28	
Fourniture du goudron	0 32		
Total . .		4 42	

— D'une manière générale, lorsqu'il n'y a pas de poids

lourds, mais seulement des automobiles ordinaires, le succès des matériaux tendres est digne de remarque. Mais, dès qu'il y a superposition de circulation lourde et ordinaire, les matériaux durs reprennent leur supériorité.

On remarque également qu'on obtient plus de succès, en employant des matériaux de grosseur décroissante du fond à la surface.

Applications en France, avec les dérivés du goudron. — La méthode au brai, suivant le Road Board, a été essayée en 1911 à Perreux (Seine). On utilisa :

60 0/0 de porphyres à l'anneau   de 6.

35 0/0   —   de 1,5 à 3,5.

5 0/0 de pierraille à l'anneau   de 1 à 1,5.

Les deux premières catégories ont été étendues et cylindrées. Sur la mosaïque on répandit le liant, préalablement fondu (brai de gaz, additionné de 10 0/0 d'huile lourde et mélangé par parties égales de sable maigre). On étala ensuite la pierraille et on cylindra, en corrigeant les irrégularités de la surface en répandant un peu de brai saupoudré avec le reste de la pierraille et en cylindrant de nouveau.

On a utilisé 27 kg. de liant, dont 3 pour sceller la surface. Le prix de revient a été :

Fourniture, brai et huile 1 fr.83

Fourniture, pierre et sable 3   17

Matériel (location, achat). 2   »

Main-d'œuvre, y compris règlement de fondation. 2   »

Chauffage 0   23

Total . . . 9 23

— Un essai analogue a été fait à Versailles en 1912. La pierre a été séchée sur la route, à la flamme, après répandage. Le brai, après addition de 10 0/0 d'huile lourde, a été fondu à 170°, puis versé pour colmater les joints, sans employer de sable, en raison de la difficulté de le mélanger.

On répandit à la surface une couche abondante de menue pierraille de 0,008 à 0,015, préalablement chauffée et séchée sur des foyers montés sur des chariots. On a terminé le cylindrage en faisant refluer le brai.

Une première section, d'une épaisseur de 0 m. 07 après compression, a reçu 31 kg. de liant. Une seconde, de 0 m. 09, en a reçu 40 kg. La première a reçu en outre un goudronnage superficiel, suivi d'un sablage.

Les deux expériences ont été satisfaisantes et les prix de revient ont été les suivants :

	1re section	2e section
Porphyre.	2 20	2 88
Liant	2 80	3 60
Combustible	0 65	0 125
Compression.	0 46	0 10
Main-d'œuvre	0 83	0 925
Goudronnage et sablage. .	0 27	»
Totaux. . .	7 21	7 63

Rechargements à l'asphalte et au bitume. — En 1911, M. le Gavrian a eu l'idée, avec de la pierraille très dure et du mortier asphaltique, de constituer un béton plein, bien serré, le mortier ne devant servir qu'à agglomérer et au besoin protéger la surface.

Ce béton, préparé à l'avance, est étendu en couche un peu épaisse sur l'ancien empierrement reprofilé. On a cylindré et ramené à 0 m. 05 d'épaisseur.

On s'est servi de pierraille :

2/3 à l'anneau de 2 à 4.
1/3 à l'anneau de 0,5 à 2.

Cette pierraille était chauffée, séchée et mélangée, sur les mêmes tôles, de mortiers asphaltiques, ainsi composés :

Sur une première section :
Mastic d'asphalte naturel en pain. . . 88 0/0
Brai de gaz, employé comme fondant. 12 0/0
Sur une seconde section :
Même mastic . . . . 90 à 92 0/0
Bitume de schiste, comme fondant . . 8 à 10
Sur une troisième section :
Même mastic 88 0/0
Bitume de Trinidad, comme fondant. . 12.

Finalement, on badigeonna la surface d'une légère couche
de goudron, puis on sabla et gravillonna.

La longueur ainsi traitée atteignait 470 mètres, sur 7 m. 20
de largeur.

On employa en moyenne, par mètre carré,

50 litres de pierres cassées de 2 à 4.

24 litres de pierres cassées de 0,5 à 2.

48 kg. de mastic d'asphalte.

6 kg. 5 de fondant, soit 55 kg. de mortier asphaltique.

La dépense accusée a été la suivante :

Fourniture de pierre	1 62
Fourniture d'asphalte, brai, bitume	4 10
Matériel (location, achat)	0 92
Chauffage	1 28
Cylindrage et main-d'œuvre.	3 62
Total	11 54

Les résultats ont été satisfaisants, et on a constaté, en
démolissant la chaussée, que les matériaux restaient de
nouveau utilisables.

78. *Produits divers.* — Un très grand nombre de produits
brevetés, de composition secrète, mais utilisant inévitablement les substances dont il a été question jusqu'ici, ont été
proposées et employées en divers endroits, à titre d'essai.
J'en signalerai quelques-uns :

— La Béthulithe. — Béton de pierres variant de 0 m. 04
à la fine poussière, avec 12 à 16 0/0 de mastic breveté. On le
répand et le cylindre sur une épaisseur de 0 m. 05 à 0 m. 06
et on recouvre de gravillon. La chaussée offre l'aspect de
l'asphalte (Essais nombreux à Paris. Prix de 8 francs à
10 fr. 50 le mètre carré).

— Le Dustabato. — Essai rue Caulaincourt. Pierre meulière, à l'anneau de 6, répandue et cylindrée à sec. Le liant,
formé de 300 kg. de goudron pour 1000 kg. de Dustabato,
chauffé dans une chaudière, est répandu à l'arrosoir. La surface est gravillonnée et cylindrée. La prise a lieu en un
quart d'heure. Le prix de revient est de 8 francs.

— Le Pix Road. — Essai en 1911, avenue Kléber (circulation active et lourde). Répandage de la pierre sur 0 m. 12 à 0 m. 13, cylindrage sans sable avec très peu d'eau. Epandage du liant fondu à 170°. On recouvre d'une légère couche de gravillon.

Le liant est formé d'un mastic spécial à raison de 24 kg. par mètre carré, additionné de 5 kg. 25 de brai.

D'autres essais ont eu lieu la même année, avenue de la Grande Armée et à Courbevoie. Les prix de revient ont été :

Avenue Kléber.	7 fr. 22	le mètre carré.
Avenue de la Grande Armée.	5 83	
A Courbevoie	4 65	

— Le Tarvia. — Essayé en 1911, avenue Kléber. Après piochage et nettoyage de la forme, on répand successivement des couches superposées de gravillon enrobé de Tarvia, de pierre meulière (épaisseur 0 m. 07 avant cylindrage) et gravillon de porphyre. On cylindre, on répand une nouvelle couche de Tarvia et on gravillonne. La quantité de Tarvia employée est de 55 kg. par mètre carré. Les résultats ont été bons.

PAVAGES ET CHAUSSÉES DIVERSES.
OUVRAGES ACCESSOIRES. PONCEAUX, AQUEDUCS
ET MURS DE SOUTÈNEMENT

CONSTRUCTION DES PAVAGES ET CHAUSSÉES [DIVERSES

77. Pavages : Pavés ; Sable ; Exécution des pavages ; Comparaison des pavages et des empierrements. — 78. Chaussées diverses : Pavages en bois ; Chaussées en asphalte ; Pavages en asphalte comprimé ; Chaussées en ciment ; Chaussées en petits pavés ; Voies dallées, trams ; Choix du revêtement.

OUVRAGES ACCESSOIRES

79. Ouvrages accessoires : Trottoirs ; Caniveaux ; Cassis ; Pistes ; Bouches d'égout.

PONCEAUX, AQUEDUCS ET MURS DE SOUTÈNEMENT

80. Ponceaux, aqueducs et murs de soutènement : Ponceaux ; Ponceau voûté, en plein cintre ; Ponceaux en arc de cercle ; Ponceaux en ellipse ; Cintres ; Profils en travers sur les ponceaux ; Perrés et murs de soutènement.

CONSTRUCTION DES PAVAGES
ET CHAUSSÉES DIVERSES

77. *Pavages.* — Les pavages proprement dits sont des revêtements de chaussées formés de pierres ayant une certaine dimension et juxtaposées à la main.

Les voies romaines étaient quelquefois pavées au moyen de dalles. C'est le cas de la voie Appienne.

Les pavages sont constitués, dans d'autres cas, notamment

dans le Midi, par de gros cailloux roulés étêtés. Les premiers pavages de Paris, au xiiᵉ siècle, étaient établis de la sorte. Le dernier dont on ait vu la trace existait aux abords de la Grève, près du pont Notre-Dame.

La mise en œuvre des petits pavés est délicate, et ils manquent d'assiette. Les dalles sont exposées à basculer et à se rompre. Aussi aujourd'hui n'emploie-t-on plus guère que des pavés en forme de parallélipipède rectangle. Toutefois, on tolère une différence dans la longueur des arêtes de la face supérieure et de la face inférieure, c'est ce que l'on nomme le démaigrissement.

Pavés. — Les pavés doivent répondre aux prescriptions du devis général des Ponts et Chaussées du 29 octobre 1903, article 7.

Le devis particulier fait connaître dans quelles limites devront varier les dimensions de chaque échantillon, le maximum du démaigrissement, ainsi que celui des bosses ou flaches que pourront présenter les faces.

On a renoncé aujourd'hui aux queues excessives. 0 m. 16 à 0 m. 17 est considéré comme un maximum. Les pavés de hauteur 0 m. 13 ou 0 m. 14 manquent au contraire d'assiette ; on est pourtant amené, exceptionnellement, à la réduire à 0 m. 11 pour ceux des pavés qui sont en contact avec des rails de tramways.

À l'égard de la largeur, la nécessité de ne pas augmenter le tirage, commande de la limiter à ce qui est indispensable. On considère 0 m. 15 à 0 m. 16 comme un maximum. On ne descend pas au-dessous de 0 m. 09 à 0 m. 10 : les prix deviennent alors assez élevés.

Pour ce qui est de la longueur, il y a un avantage évident à l'augmenter pour éviter les joints longitudinaux nuisibles, mais on est limité par la possibilité de basculement et de rupture. On ne va pas au-delà de 0 m. 25 à 0 m. 30, sans descendre au-dessous de 0 m. 15.

En résumé, les pavés sont en général inscrits et circonscrits dans des prismes ayant les dimensions suivantes :

$$13 \times 30 \times 17$$
$$9 \times 15 \times 10.$$

Le tableau ci-après donne une idée des types d'échantillon que l'on peut admettre, ainsi que des tolérances susceptibles d'être admises tant pour le démaigrissement que pour les bosses ou les flaches. Toutefois, il convient d'observer que les pavés constituent une marchandise commerciale et que les carrières, obligées de préparer à l'avance des approvisionnements, limitent leurs échantillons à des types déterminés, variables avec les localités et la nature de la pierre. Il faudra, en général, adopter des échantillons et des types compatibles avec la marchandise que peut livrer normalement la carrière, sous peine de payer très cher, ou même de se heurter à des impossibilités.

Types d'échantillons.

a			b	c	
$\dfrac{10 \times 16}{11}$	$\dfrac{10 \times 16}{14}$	$\dfrac{10 \times 16}{16}$	$\dfrac{10 \times 20}{11}$	$\dfrac{10 \times 24}{14}$	$\dfrac{10 \times 24}{16}$
$\dfrac{12 \times 18}{11}$	$\dfrac{12 \times 18}{14}$	$\dfrac{12 \times 18}{16}$	$\dfrac{12 \times 0,225}{11}$	$\dfrac{12 \times 27}{14}$	$\dfrac{12 \times 27}{16}$
$\dfrac{14 \times 20}{11}$	$\dfrac{14 \times 20}{14}$	$\dfrac{14 \times 20}{16}$	$\dfrac{14 \times 25}{11}$	$\dfrac{14 \times 30}{14}$	$\dfrac{14 \times 30}{16}$
a			b	c	

Les tolérances à admettre peuvent être :

Echantillons *a* : ± 0 m. 01 sur la longueur ;

Echantillons *b* : ± 0 m. 012   —

Echantillons *c* : ± 0 m. 015   —

Enfin, pour ce qui est de la perfection de la taille, on peut prescrire les limites suivantes :

	Démaigrissement	Bosses ou flaches
Première catégorie . . .	0 cm. 5	0 cm. 3
Deuxième — . . .	1 cm. 0	0 cm. 5
Troisième — . . .	2 cm. 0	1 cm. 0

Les roches les plus fréquemment employées pour la fabrication des pavés sont :

Le porphyre qui est excellent, mais parfois glissant ;

Les grès de l'Ouest et le granit des Vosges, qui donnent, en général, de fort bons résultats ;

L'arkose d'Autun et du Charollais, qui est quelquefois brisant;

Le grès de l'Yvette n'est pas mauvais, mais il est souvent peu homogène.

— Il est utile de voir des carrières en activité pour se rendre compte de la fabrication des pavés et voir comment les diverses roches se comportent à cet égard.

Un mortaiseur, avec un mortaisoir de 4 kg., pratique dans la pierre une longue rainure où l'on enfonce des coins avec une masse de 10 kg. pour obtenir un morceau de roche.

Un briseur, avec un lourd marteau de 9 à 11 kg., après avoir marqué les lignes qui délimitent le morceau à débiter, étonne la pierre sur tout le pourtour. Un coup sec et fort suffit pour fendre la pierre suivant les lignes étonnées.

Un recoupeur subdivise les blocs par les mêmes moyens.

Un épinceur avive les arêtes, achève l'émondage et fait disparaître les bosses dans les limites tolérées.

Un smilleur achève la taille, si on veut plus de perfection.

Sable. — Pour répartir sur le sol la pression que la circulation exerce sur les pavés, on pose ceux-ci sur un matelas de sable dont la qualité est définie à l'article 6 du devis général du 29 octobre 1913. Le devis particulier limite la grosseur des grains du sable qui doit être employé, tant pour le fond de la forme que pour le remplissage des joints. Cette grosseur ne doit pas dépasser, en général, cinq millimètres.

— *Exécution des pavages* (art. 60 du devis général du 29 octobre 1913). — Les pavés sont disposés en rangées régulières perpendiculairement à l'axe de la chaussée. Un joint d'une rangée doit toujours correspondre au milieu d'un pavé de la rangée voisine, pour former la découpe des joints sans laquelle la circulation dégraderait la tête des pavés. Aux bords de la chaussée, pour gagner la différence provoquée par la découpe, on se sert d'un pavé qui a une fois et demie la longueur de l'échantillon et qu'on appelle boutisse.

L'encaissement de la chaussée ayant été convenablement

préparé, on y répand le sable au fur et à mesure de l'avancement, et on tend des cordeaux pour diriger les paveurs.

L'un des cordeaux est tendu sur l'axe, au niveau du pavage, deux sur les bords et d'autres intermédiaires s'il y a lieu.

D'autres cordeaux sont placés dans le sens des ranges et comprenant entre eux un nombre entier de ranges.

Un premier paveur met en place les boutisses et carreaux de bordure, pour amorcer la range, deux compagnons attaquent le pavage, en partant du bord et en complétant successivement chaque range.

Les paveurs se servent d'un marteau à spatule (marteau de paveur). Ils creusent le sable avec la spatule, assujettissent le pavé qu'ils prennent ou qu'on leur passe, au moyen de quelques légers coups de marteau; s'il s'enfonce trop, il remet du sable, s'il ne s'enfonce pas assez, il en retire.

Le paveur doit avoir du coup d'œil et savoir choisir le pavé qui convient pour chaque place; il doit en tout cas, et il faut y veiller, ne pas retailler les pavés pour s'éviter la peine de chercher.

Une fois la pose faite, les joints sont garnis de sable, on arrose quand on peut, pour tasser et on recouvre le tout de sable, jusqu'au dressage.

Pour dresser un pavage, on commence par balayer le sable, puis on dame, avec une hie ou demoiselle, chaque pavé étant soumis à une pression identique. Si, après cette opération, il y a des pavés trop bas, on les relève à la pince, on ajoute du sable, et on dame.

Le sable des joints est alors complété à la fiche. La chaussée en est recouverte ensuite, pour que l'opération se termine sous l'action du roulage.

— *Comparaison des pavages et des empierrements.* — Je me place à l'époque où l'on est sur le point de construire une chaussée et je suppose qu'on veuille résoudre la question de savoir s'il est plus avantageux, au point de vue des charges qui en résulteront, d'adopter la solution du pavage, ou celle de l'empierrement.

Comme il importe d'apprécier non seulement les dépenses

de construction, mais encore celles de l'entretien, je suis obligé d'anticiper et de dire, en quelques mots, comment il faut concevoir cet entretien.

— A l'égard des pavages, l'entretien s'opère en refaisant complétement le pavage, avec des pavés neufs, après des périodes de temps déterminées, égales entre elles. Pour le surplus, en dehors des dépenses annuelles d'entretien, pour soins à la chaussée, réparation des flaches par soufflage ou repiquage, on admet qu'il est indispensable de remanier une fois le pavage d'une manière complète (relevé à bout), mais en n'utilisant que les vieux pavés provenant du démontage de la chaussée (sauf le remplacement du déchet).

Ces diverses opérations se traduisent en charges annuelles de la manière suivante :

1° Construction et renouvellement du pavage par des pavés neufs :

Soient N la période du renouvellement ;

P la dépense de construction, par mètre carré ;

r le taux de l'intérêt.

La charge annuelle correspondante sera :

$$\frac{Pr(1 + r)^N}{(1 + r)^N - 1}.$$

2° Relevé à bout avec réemploi des vieux pavés :

On admet que cette opération est entreprise après un nombre d'années K à partir de la construction en pavés neufs, et qu'elle coûte P' francs par mètre carré. Mais cette dépense n'est à faire qu'après K années. La valeur du capital, à l'origine est donc :

$$\frac{P'}{(1 + r)^K}.$$

Elle correspond à une annuité de :

$$\frac{P'r(1 + r)^{N-K}}{(1 + r)^N - 1}.$$

3° Strict entretien annuel (soins à la chaussée et réparation des flaches par soufflage ou repiquage). On admet une dépense annuelle de P_1 francs par mètre carré.

En définitive, la charge annuelle totale s'écrit :

$$\Delta_1 = \frac{Pr(1+r)^N + P'r(1+r)^{N-K}}{(1+r)^n - 1} + P_1.$$

— A l'égard des empierrements, la dépense de premier établissement n'est jamais renouvelée, à proprement parler. On se borne à faire, après une période de n années (période d'aménagement) un renouvellement de la couche superficielle, c'est-à-dire un rechargement cylindré. Avant la fin de cette période, il est nécessaire, en raison de l'usure inégale et pour préparer la chaussée, èn la reprofilant, à recevoir le rechargement périodique, de rendre l'uni en procédant à des emplois cylindrés. Enfin, il faut compter une dépense annuelle d'entretien, pour soins à la chaussée et réparation des flaches, au moyen d'emplois partiels dont on assure la prise.

Ces diverses opérations se traduisent en charges annuelles de la manière suivante :

1° Construction : Intérêt simple de la dépense p, par mètre carré.

$$pr.$$

2° Rechargement cylindré à effectuer, moyennant une dépense de p' francs par mètre carré, après une période de n années. Ce capital, ramené à l'époque de la construction, est exprimé par :

$$\frac{p'}{(1+r)^n}.$$

Il correspond à une annuité :

$$\frac{p'r}{(1+r)^n - 1}.$$

3° Les emplois cylindrés à faire à partir de l'année d'ordre k, comptée à partir de la construction, correspondent à une dépense de p'' francs par mètre superficiel. Ramenée à l'époque de la construction, cette dépense est de :

$$\frac{p''}{(1+r)^k},$$

et correspond à une annuité de :

$$\frac{p''r(1+r)^{n-k}}{(1+r)^n-1}.$$

4° Enfin la dépense annuelle de strict entretien est supposée égale à p_t.

La charge totale annuelle qui s'applique à un mètre carré de chaussée empierrée s'exprime ainsi :

$$\Delta_2 = pr + \frac{p'r + p''r(1+r)^{n-k}}{(1+r)^n-1} + p_t.$$

Ainsi, au moment d'entreprendre la construction d'une chaussée, on est en présence de charges annuelles respectivement égales à Δ_1 ou Δ_2, suivant qu'il s'agit d'un pavage ou d'un empierrement. Pour fixer son choix, on peut prendre celle des deux combinaisons qui correspond aux charges moindres.

Pour fixer les idées et à titre de simple indication, j'admettrai que l'on a :

$$
\begin{array}{ll}
r = 0\ 04 & p = 4 \quad \text{»} \\
P = 18 \quad \text{»} & p' = 2 \quad \text{»} \\
P' = 3 \quad \text{»} & p'' = 1 \quad \text{»} \\
P_t = 0\ 05 & p = 0\ 10 \\
N = 30 \text{ ans} & k = n - 1 \\
K = 20 \text{ ans} &
\end{array}
$$

Je laisse la valeur n indéterminée, et j'en dispose pour que l'on ait :

$$\Delta_1 = \Delta_2.$$

On trouve facilement que, pour qu'il y ait avantage en faveur des pavages, il faut que n soit inférieur à trois années.

Les pavages sont donc justifiés toutes les fois que la circulation est assez intense pour exiger une courte période d'aménagement avec la combinaison de l'empierrement.

Les pavages présentent un avantage essentiel sur les empierrements en ce sens qu'ils peuvent être quelque peu négligés sans que la circulation soit compromise, alors que les chaussées macadamisées ont besoin d'un entretien constant, sans lequel elles se ruineraient avec rapidité.

Les pavages sont particulièrement indiqués dans les traverses, précisément parce que, la chaussée n'ayant pas besoin de soins incessants, ne comporte pas à chaque instant l'organisation d'ateliers d'entretien qui gênent les riverains. Les pavages se prêtent également, au point de vue de l'hygiène, à un nettoyage plus facile.

Au droit de certains établissements industriels, comme les sucreries par exemple, où l'on constate une circulation intense pendant la mauvaise saison, les chaussées empierrées ne peuvent pas être maintenues dans un état d'entretien suffisant. On peut avoir intérêt à adopter des pavages.

— Lorsqu'une chaussée existe à l'état de pavage ou d'empierrement, il peut y avoir avantage à faire la transformation inverse, c'est-à-dire en empierrement ou en pavage. C'est ce qu'on appelle faire un convertissement. Ces transformations se justifient par des considérations analogues à celles que je viens d'exposer.

— Lorsque les pavages sont usagés et mal entretenus, ils ne se prêtent pas à la circulation rapide, et les automobilistes sont portés à se plaindre et à demander leur convertissement. Cette opération ne serait, dans tous les cas, justifiée que comme il vient d'être expliqué. Si c'est la solution du pavage qui l'emporte, c'est un pavage qu'il faut refaire et non pas un convertissement.

Il importe en effet de bien préciser. Les pavages ne sont difficilement praticables par les automobiles rapides que s'ils sont entretenus d'une façon défectueuse. Un bon pavage convient tout aussi bien aux automobiles qu'un empierrement, surtout lorsqu'il y a une circulation lourde qui ne risque pas de le détériorer au même point qu'un empierrement.

78. *Chaussées diverses.* — En dehors des pavages proprement dits et des empierrements, il y a d'autres revêtements, d'une application moins générale, dont je vais passer en revue rapidement quelques-uns :

— *Pavages en bois.* — L'idée d'employer le bois comme revêtement de chaussée n'est pas nouvelle. Dès 1838, un pavage de cette nature a été établi, pour un passage à voiture, au château de Versailles, et, au Havre, pour la chaussée Lamandé.

Diverses observations ont été faites, en 1841 par M. Devillers, en 1850 par Darcy, sur les pavages de Londres. On peut également consulter le journal de mission de M. Malézieux écrit en 1870.

Les pavages en pierre que l'on avait essayé de poser sur béton n'avaient pas réussi, en raison de la dureté de la pierre, dont le défaut d'élasticité brisait le béton sous l'action des chocs dus au roulage. C'est de là qu'est venue l'idée de remplacer la pierre par le bois, plus élastique, pour les pavages sur forme de béton.

Depuis 1881, ils ont été introduits à Paris, et leur succès ne se démentit pas. On a adopté le système de l'Improved Wood pavement C° (brevet Kerr) consistant à poser debout, sur fondation en béton, des parallélipipèdes et à remplir les joints, par un mastic bitumineux, sur un tiers de la hauteur, et, par un coulis de ciment, sur le reste. Les blocs ont 0 m. 15 de haut, sur 8 × 22 cm. Il sont légèrement créozotés et placés jointivement en ranges. Deux ranges étaient séparées par une réglette donnant un joint de 9 millimètres.

On a apporté depuis quelques modifications, dont les principales sont la suppression du goudron, qui a été remplacé dans certains cas par du ciment, la réduction de la hauteur des pavés et de l'épaisseur de la fondation, et enfin la suppression du joint entre les ranges.

Le premier travail consiste dans la préparation de la forme en béton, à laquelle on donne le profil qui doit correspondre au bombement de la chaussée. On doit éviter d'emprisonner des conduites sous le béton, principalement les conduites de gaz, en raison des dangers d'explosion.

Le béton de fondation est ainsi composé :

1 m³ de cailloux de 2 à 6 ;

0 m³ 50 de sable ;

250 kg., ou 200 kg. ou même 150 kg. de ciment.

L'épaisseur de la couche, autrefois 0 m. 20, est aujourd'hui réduite à 0 m. 15 ou même à 0 m. 10. On la recouvre d'un enduit de mortier.

Jusqu'en 1886, on n'employait que du sapin du nord ou pitchpin ; depuis, on emploie presqu'exclusivement le pin des Landes, où l'on distingue le bois gemmé et le bois non gemmé. Le gemmage consiste à extraire la résine, ce qui durcit la base du tronc par laquelle celle-ci coule, et qui constitue le bois gemmé, le meilleur pour le pavage.

A Paris, on rejette les bois durs (chêne, karri, Jarah, etc.) qui sont coûteux et trop durs. Le mortier n'adhère pas et ils martellent la fondation tout comme les pavés en pierre.

La fabrication des pavés se fait par tronçonnage des madriers du commerce ayant 8 centimètres de largeur. La longueur varie de 17 centimètres à 27 centimètres afin, d'une part, de n'avoir pas trop de joints et, d'autre part, de permettre d'épouser la courbure du profil en travers.

La queue, primitivement de 15 centimètres, a été réduite à 12 centimètres et même à 10 centimètres. La préparation est faite par les services de la ville de Paris, à l'usine de Javel.

Le créozotage des pavés consiste en un simple trempage dans un bain d'huile lourde, contenant 13 0/0 de produits créozotés, pendant une demi-heure. La pénétration est toute superficielle et n'atteint que quelques millimètres. On a renoncé aux autres antiseptiques (sulfate de cuivre, chlorure de zinc, sulfate de fer, etc.), qui revenaient trop cher.

Avant la pose, la fondation étant prête, on commence par arroser les pavés. Le long de la bordure, on laisse un joint de 4 à 6 centimètres maintenu par un madrier, et on place de 2 à 4 rangées de pavés parallèlement à la bordure, qu'on peut enlever ou réduire quand la dilatation du pavage l'exige.

Lorsqu'on maintient un joint entre les ranges, on interpose une réglette de 8 m/m.

La pose se fait à la hachette, jointivement dans les ranges.

On remplit les joints d'une couche de mortier de 600 kg. de ciment, puis on recouvre de sable avant de livrer à la circulation. Par les temps humides, on répand, en deux ou trois fois, une couche de trois à quatre centimètres de porphyre.

On tend à supprimer les joints entre les ranges, ce qui n'impose plus, d'une manière impérative, de disposer ces ranges dans un sens perpendiculaire à la circulation.

Les pavés en bois se gonflent par l'humidité. Il peut en résulter des poussées considérables, de 500 à 1.200 kg. par pavé. On les combat en diminuant ou en supprimant les ranges placées longitudinalement près de la bordure, et en arrosant abondamment avant l'emploi.

Lorsqu'on place une voie de tramway dans un pavage en bois, il faut lui donner une très grande rigidité. Pour atténuer les effets de la dilatation du bois on a essayé d'y faire des injections d'eau sous pression ; c'était coûteux et inefficace. Autrefois, on posait les voies en contrebas en créant une ornière longitudinale, pour se donner une marge d'usure. Mais l'effet de cette ornière était nuisible. L'expérience a montré qu'il valait mieux poser le pavage au niveau du rail.

A Paris, le prix de revient d'un mètre carré de pavage en bois est le suivant :

— Encaissement de 1 franc à 2 fr. 50 . . .	2 50
— Fondation en béton	3 65
— Enduit au mortier.	0 55
— Pavés, pin des Landes créozoté	10 »
— Main-d'œuvre du pavage	1 15
— Fourniture et répandage de gravillon de porphyre	0 40
— Surveillance.	0 25
Total	18 50

A Paris, les pavages en bois ne durent guère que dix ans. Cette durée se réduit même à sept ou huit ans, s'il y a des tramways.

Le prix d'un simple relevé à bout est de 12 fr. 55.

Les pavages en bois résistent à la circulation automobile, même lourde, mais leur prix élevé n'en permet l'emploi que dans les grandes villes.

— Chaussées en asphalte. — Ce n'est guère qu'en 1838 qu'on a songé à appliquer l'asphalte aux trottoirs. La première chaussée en asphalte, établie à Paris, remonte à 1855, elle a été construite sous la direction de MM. Homberg, ingénieur en chef, et Vandrez, ingénieur ordinaire.

Les principaux gisements d'asphalte sont :

— Seyssel, Saint-Jean de Maruéjouls, Mons et Volant, en France ; au val de Travers, en Suisse ; à Raguse et San Valentino, Italie.

La roche asphaltique, chauffée à 100°, se désagrège par ramollissement du bitume et se débite en poudre brune. Si, en cet état, on comprime la poudre chaude, les éléments se recollent et reprennent leur dureté primitive.

Les chaussées en asphalte, à Paris, se composent d'une fondation en béton de 10 à 15 centimètres, sur laquelle pose une couche d'asphalte de 4 à 6 centimètres.

On fait arriver la roche des carrières à l'état brut. Elle doit contenir au moins 7 0 0 de bitume et moins de 13 0 /0. On la broie à froid, à l'aide de concasseurs qui la réduisent en poudre fine. Si la proportion de bitume n'est pas bonne, on mélange la poudre à d'autres de composition différente, de manière à obtenir le dosage voulu.

La poudre est alors portée à 120° ou 130° dans des cylindres qui tournent uniformément. On l'y maintient un certain temps, pour purger la vapeur d'eau, puis on la porte au lieu d'emploi, dans des tombereaux couverts, pour éviter le refroidissement. On étale la poudre sur la fondation, de manière à obtenir l'épaisseur voulue. On pilonne avec des pilons chauffés à l'aide de fourneaux portatifs, en commençant par les bords et en assurant la soudure des bandes contiguës des bordures et des pavages. Un premier, puis un deuxième pilonnage sont suivis de lissage au fer pesant et courbé préalablement chauffé. Enfin on fait un troisième pilonnage énergique, complété par le passage d'un rouleau de 500 kg., en ayant constamment soin d'assurer un bon profil.

On suit la même marche pour les réparations partielles. Mais, si on refait la fondation, on la recouvre d'un enduit bitumineux provisoire, avant d'appliquer l'asphalte, lorsque la circulation ne peut pas être interrompue.

Le prix de revient d'un mètre carré de chaussée en asphalte s'élève, à Paris, pour une fondation de 0 m. 15 et une épaisseur d'asphalte de 0 m. 05, à :

Asphalte.	14 76
Fondation	2 25
Total. .	17 01

— *Pavages en asphalte comprimé.* — La construction des chaussées en asphalte, qui entraîne un matériel spécial, est trop compliquée pour les petites villes. La Compagnie des asphaltes du centre a créé des pavés en asphalte comprimé qui peuvent être posés sur une couche de béton, par un bon maçon, et qui réalisent les avantages de l'asphalte. Les pavés ont 14×14 centimètres ou 10×20 centimètres avec une épaisseur de 15 à 60 millimètres. Les premiers sont pour trottoirs et les seconds pour chaussées. Ils sont moulés sous une énorme pression (600 kg. par centimètre carré). A l'air, ils perdent leur couleur brune et deviennent gris.

Des pavés de $20 \times 10 \times 5$ centimètres ont pu supporter une pression de 8.800 kg. à sec, de 1.772 kg. dans l'eau à 50°, et 380 kg. dans l'eau à 100°. Ils sont quelquefois chanfreinés.

Les pavés sont posés jointifs, à joints croisés. Après la pose, on répand une couche de ciment, dont on enlève l'excès, par un lavage à grande eau.

— *Chaussées en ciment.* — Ces chaussées sont répandues à Grenoble. Elles comprennent :

1° Une couche de gros graviers posés sur un sol drainé et résistant, servant de fondation et de drainage.

2° Une couche de béton maigre (200 kg. de ciment artificiel pour un mètre cube de graviers lavés, à l'anneau de 5).

3° Un enduit de mortier de ciment (1.200 kg. de ciment par mètre cube de sable lavé et criblé); c'est la surface de roulement.

Après règlement et pilonnage de la couche de fondation, on pose des cerces ou gabarits dont l'arête supérieure donne le profil perpendiculairement à l'axe. Elles divisent la surface en compartiments de 12 à 15 mètres. Sur un plancher, on brasse à sec le gravier et le ciment (250 litres de gravier et un sac de ciment), au moyen de griffes. On verse l'eau soigneusement dosée, à l'aide d'un arrosoir à pomme et avec lenteur, pendant que le gâcheur continue le brassage.

On porte alors le béton dans les compartiments, auxquels on donne le nom de branchées, on le régale à la pelle, on dame et arrose, puis on dresse la surface en promenant une règle ferrée sur les deux gabarits voisins, règle qui porte une saillie représentant l'épaisseur de la couche de ciment pour le roulement.

Pendant la pose du béton, les applicateurs préparent à sec le mélange pour l'enduit supérieur. L'addition de l'eau se fait comme pour le béton, et le brassage s'opère à la griffe. Le mélange doit se présenter comme du sable humide. Un excès d'eau le rend impropre à l'emploi.

On verse le mortier sur le béton non encore pris. On le pilonne avec des dames spéciales, et on l'arase au niveau des cerces, par un champ ferré. Près des cerces, le damage se fait au marteau, à coups répétés, sur de petites règles à main.

On lisse à la truelle, puis on achève par le passage du rouleau à boucharde. Au bout de deux heures, on recouvre de sable, pour protéger pendant la prise. Huit jours après, on établit un plancher protecteur et on livre à la circulation ; ce plancher est maintenu pendant un mois.

Le prix de revient est de 9 fr. 50 le mètre carré.

— *Chaussées en petits pavés.* — On a fait grand bruit sur un système de pavage en mosaïque, essayé en Allemagne.

Le pavage est posé sur une forme saine, dressée entre bordures de 18 à 20 centimètres de hauteur et 8 à 10 centimètres de largeur. On répand d'abord une couche de sable dressée suivant le bombement, ou mieux en fin gravier. On donne d'abord à cette couche quatre à cinq centimètres d'épaisseur.

La queue des pavés doit être sensiblement uniforme, mais

ils peuvent avoir des échantillons variés. On les pose en mosaïque.

Le prix de revient est de 8 francs le mètre carré.

Les essais faits à Paris ont été peu satisfaisants. Il n'apparaît pas, d'ailleurs, *a priori*, qu'avec des échantillons très variables on puisse obtenir une résistance homogène. Avec la circulation lourde, il y a nécessairement des tassements inégaux.

— *Voies dallées, trams.* — Les voies romaines étaient dallées et servaient au transport des armées. Les rues de Pompei étaient dallées en lave.

On a parfois constitué un dallage sur la piste des roues, à Milan notamment. On a adopté ce système pour le commercial Road, aux docks de Londres. Il ne s'est pas propagé.

En 1856, on l'a essayé avenue de la Grande Armée. Le but a été manqué; la circulation se comportait comme s'il n'y avait pas de dallage.

De nouveaux essais ont été effectués (1873-1892) dans la Gironde. Les bandes dallées étaient interposées dans un pavage. L'essai n'a pas réussi, il s'est produit des discontinuités.

— *Choix du revêtement.* — Pour choisir un revêtement, on doit tenir compte de divers éléments :

Le prix ;

La nature de la circulation ;

L'insonorité ;

La production de poussière et la facilité de nettoiement ;

Le glissement des chevaux et les déclivités ;

La facilité de réparations ;

La présence de voies de tramways ;

L'hygiène ;

La résistance au roulement ;

Les circonstances locales.

Le choix à faire dépend de l'importance plus ou moins prépondérante qu'on attribue à telle ou telle considération.

Dans les villes où l'intensité de la circulation présente un caractère exceptionnel, le pavage en pierre est généralement le revêtement le plus économique, bien que le prix de revient dépasse un peu celui du pavage en bois ou de l'asphalte. Cependant, avec un trafic d'un poids et d'une intensité exceptionnels, il peut être plus onéreux que le pavage en bois. La sonorité le fait exclure de toutes les voies de luxe, pour lesquelles on préfère, à Paris, le pavage en bois, sauf pour quelques rues à faible trafic et à déclivités peu prononcées, dans lesquelles l'asphalte présente quelque avantage.

Les prix de revient sont à peu près les suivants à Paris :

Pavages en bois.

— Fondation	6 40
— Pavés, réglettes, transport	9 45
— Pose	1 20
Total	17 05

Empierrements de 0 m. 35 d'épaisseur.

— Avec cailloux seuls.	5 95
— Avec cailloux et meulière.	5 92
— Avec cailloux et porphyre.	7 »

Pavages en pierre.

Main-d'œuvre.

— Déblai	1 28	
— Sable	1 31	
— Transport de pavés. . . .	0 54	
— Main-d'œuvre.	0 60	4 45
— Manutention des pavés. . .	0 45	
— Surveillance	0 25	

Fournitures.

— En grès de l'Yvette. . . .	12 79	Ensemble	17 24
— Arkose ou granit. . . .	13 25	—	17 70
— Quartzite de l'Ouest . . .	14 85	—	19 30

Asphalte.

Épaisseur 0 m. 05, fondation 0 m. 15.

— Asphalte	14 76
— Fondation	2 25
Total.	17 01

On admet qu'à Paris l'entretien revient par mètre carré :

— Pour les pavages en bois, à. 1 194
— Pour les empierrements, à 2 504
— Pour les pavages en pierre, à . . . 0 702
— Pour l'Asphalte, à 1 042

OUVRAGES ACCESSOIRES

79. — En dehors des chaussées, la route comporte la construction d'ouvrages accessoires. Je laisserai de côté ceux qui se rattachent à d'autres cours, comme les grands ponts, les souterrains, les égouts, etc., pour ne m'occuper que des trottoirs, des caniveaux, des aqueducs. Je n'indiquerai que pour mémoire les murs de soutènement. Enfin, je donnerai quelques indications relativement aux ponceaux, pour permettre de dresser un petit projet.

— *Trottoirs.* — Les trottoirs ne sont pas autre chose que des pistes réservées pour les piétons et inaccessibles aux voitures. On les rencontre principalement dans les agglomérations. On s'en préoccupait peu autrefois; ce n'est que vers 1825 que disparurent, à Paris, les ruisseaux occupant l'axe des rues.

La loi du 7 juin 1845, applicable aux agglomérations, a permis de les généraliser. Après déclaration d'utilité publique, s'il y a un plan d'alignement, la dépense peut être en partie imposée aux riverains, sans abolir toutefois les anciens usages.

Les trottoirs sont placés ordinairement sur le côté des rues. Hors traverse, on n'en établit souvent qu'un seul.

Dans les rues, ils sont limités par des bordures d'une hauteur de 15 à 30 centimètres, divisées en tronçons de 0 m. 80 à 1 m. 50. La face supérieure prolonge la pente du trottoir. Le parement qui s'élève au-dessus du caniveau présente un fruit de 2 à 3 centimètres, faisant saillie de 0 m. 12 à 0 m. 17 sur le filet. La largeur de la face supérieure varie de 18 à 30 centimètres.

Les bordures peuvent être posées, comme les pavages, sur

une forme de sable ou de béton. On les abaisse au droit des portes cochères.

Hors des traverses, on supprime souvent les bordures en pierre, en établissant parfois des bordures en gazon.

— Les revêtements des trottoirs, en arrière de la bordure, ne sont souvent constitués qu'en terre, hors des traverses, en les recouvrant, s'il y a lieu, de gravillon.

Dans les agglomérations, on a recours à diverses espèces de dallage, dont voici les principales :

— *Asphalte coulé*. — Les revêtements de trottoirs présentent moins de difficulté que ceux des chaussées. Il suffit d'offrir aux piétons une surface unie, propre et non glissante.

Le revêtement en asphalte coulé comprend une couche de béton de 5 à 10 centimètres et une couche de mastic de 15 à 20 millimètres.

On prépare le terrain de manière à éviter les tassements. Quand le béton est posé, pilonné et sec, on coule le mastic, qui doit être mélangé de gravier pour atténuer les effets de la température, l'été.

Le mastic se compose de 23 kg. de mastic d'asphalte de Seyssel, pour 1 kg. de gravier, et 1 kg. 5 de bitume libre comme fondant.

On utilise souvent de vieux relevés.

Dans une chaudière à portée de l'atelier, on fond le bitume, on y jette les pains de mastic brisés en morceaux, on verse le gravier et on brasse.

On procède ensuite à la coulée, au moyen d'un pochon dont on verse le contenu sur le béton et qu'un applicateur étale avec une spatule, et lisse uniformément. On saupoudre la surface avec du sable.

Pour une épaisseur de 15 millimètres d'asphalte, le prix du revêtement, à Paris, est de 7 francs tout compris.

— *Carrelage céramique*. — Ce revêtement est plus coûteux (de 8 à 9 fr.), il est formé de carreaux de 12×12 centimètres, sur 3 ou 4 centimètres d'épaisseur posés sur mortier, et chamfreinés pour éviter le glissement.

— *Dallage en ciment*. — Posé sur couche de béton de 10 centimètres, pilonné, avec une épaisseur de 2 à 3 centimètres. On comprime la surface avec un rouleau à boucharde, et on lisse les rainures au fer. Il a l'inconvénient de se fendiller.

— *Dallage en granit.* — Ce dallage revient cher (22 fr.) et on ne l'emploie plus guère. Les dalles de Normandie ou de Bretagne ont une épaisseur de 0 m. 10 ; leur surface atteint en moyenne 0 cm² 30, sans que leur largeur soit inférieure à 0 m. 40. La nécessité de leur faire épouser les contours des trottoirs rend l'appareillage très laborieux.

Les dalles sont posées sur forme de sable, avec enduit de mortier.

— *Dallages en petits pavés.* — Ces dallages présentent en partie l'inconvénient des dalles. Ils peuvent donner néanmoins de bons résultats. Il existe, notamment à Givet ou à Saint-Laurent (Ardennes), des carrières qui préparent spécialement des petits pavés de ce genre. Ils sont assez répandus dans les Ardennes et dans le nord de la Marne, à Reims principalement.

— *Caniveaux.* — Les trottoirs sont pourvus, au pied de la bordure, d'un caniveau à un seul revers. Lorsque la chaussée est formée d'un revêtement non affouillable, le revers est constitué comme la chaussée Dans le cas des empierrements, il est généralement formé d'un pavage en pierre, dont la largeur est telle que l'eau qui s'écoule ne déborde pas sur l'empierrement. Pour avoir un revers bien solide, il ne faut généralement pas descendre au-dessous de 0 m. 30.

Pour conserver l'étanchéité quand cela est nécessaire, on garnit les joints du pavage de mortier de ciment ; on évite ainsi de voir les caniveaux envahis par l'herbe, ce qui exige des nettoyages fréquents et obstrue le passage de l'eau.

On doit également garnir de mortier les bordures de trottoirs que l'on constituerait au moyen de vieux pavés, dans le même but.

S'il n'y a pas de trottoirs, les caniveaux sont établis à deux revers, dans les mêmes conditions.

— *Cassis.* — Ce sont en quelque sorte des caniveaux transversaux, qui permettent de faire passer l'eau, à ciel ouvert.

d'un côté à l'autre de la chaussée. Ils se rencontrent au point de concours de deux pentes opposées.

Les cassis sont construits comme les caniveaux, mais avec une difficulté de plus, celle de ne pas gêner la circulation. Ils ne doivent donc pas présenter de filet comme les caniveaux, mais ils doivent être arrondis comme il a été expliqué à propos de l'étude de la suspension ; leur largeur doit s'étendre en général sur une longueur de chaussée égale à $2a$, c'est-à-dire l'amplitude complète de l'oscillation des ressorts des automobiles rapides. Il faut éviter les cassis et les remplacer par des aqueducs.

— *Pistes.* — Certains trottoirs sont aménagés spécialement pour être empruntés par une circulation spéciale, comme les bicyclettes ou les cavaliers. Le revêtement doit alors être établi en conséquence.

— *Bouches d'égout.* — Bien que ces ouvrages concernent surtout le cours d'assainissement des villes, je donne ici le croquis des dispositions souvent adoptées.

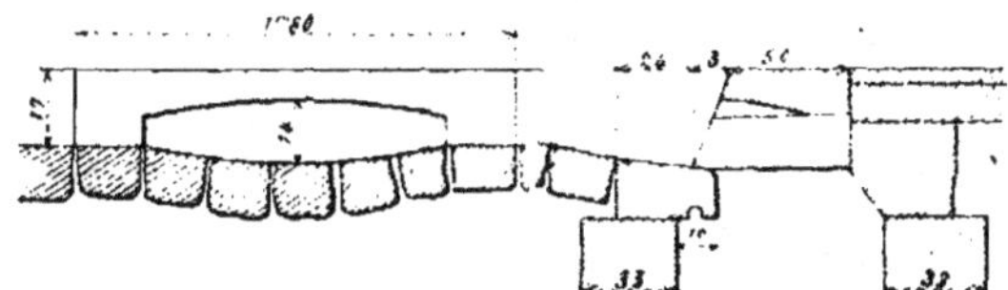

Lorsqu'il est nécessaire d'établir des regards, on adopte des dispositions analogues. Les regards peuvent d'ailleurs être fermés par des plaques de fonte.

PONCEAUX, AQUEDUCS ET MURS DE SOUTÈNEMENT

80. — On a vu que, pour écouler les eaux au travers de la route, il était convenable d'éviter les cassis. On établit alors des aqueducs ou ponceaux.

Les aqueducs sont généralement formés par des ouvrages

recouverts de dalles et qui portent le nom de dalots. Ils se composent de piédroits de faible hauteur, ayant une épaisseur qui peut descendre à 0 m. 35 ou 0 m. 60.

Les dalles sont en pierre. A part quelques carrières qui, comme à Lourdes, peuvent procurer des dalles de plusieurs mètres de long, on n'utilise que des dalles de 0 m. 70 à 1 m. 20, qui ne peuvent guère recouvrir que des vides de un mètre au plus. Leur épaisseur varie de 0 m. 15 à 0 m. 20; elles ne sont que simplement dégrossies sauf, pour les têtes.

Lorsqu'on a besoin d'un plus grand débouché, on accole plusieurs dalots les uns à côté des autres. Du reste, l'emploi que l'on peut faire de dalles en béton armé, permet de recouvrir de plus grandes largeurs.

Au lieu de dalots, on établit quelquefois des aqueducs ronds en mortier ou béton de ciment que l'on peut, soit exécuter sur place, soit acquérir directement dans le commerce, en morceaux qui s'emboîtent les uns dans les autres. Ces aqueducs ronds sont appelés des buses. Ils peuvent être posés sur forme de béton ou même de sable et doivent être établis de manière à éviter les tassements, faute de quoi ils pourraient se briser.

Il existe des types de ces petits ouvrages dans tous les services. Je me borne à recommander d'étudier et de soigner particulièrement les têtes, par où ils risquent le plus souvent de se détériorer.

— *Ponceaux*. — J'ai en vue principalement de donner quelques règles susceptibles d'être appliquées pour la présentation d'un petit projet, règles qui sont souvent purement empiriques et que l'on pourra discuter à propos du cours de ponts.

Les ponceaux ne sont en définitive que de petits ponts.

On appelle débouché linéaire, l'espace compris entre les piédroits. Le débouché superficiel est la section par laquelle l'eau peut s'écouler sous l'ouvrage.

On détermine le débouché d'un ponceau par comparaison avec des ouvrages voisins sur le même cours d'eau, ou, à défaut, par les formules de l'hydraulique, quand on connaît le débit maximum à écouler.

A défaut d'étude particulière, Belgrand a posé les règles suivantes qui peuvent servir pour un avant-projet.

1° Vallées granitiques boisées à fortes pentes :

0 m² 40 à 0 m² 50 par kilomètre carré de bassin ;

2° Vallées granitiques non boisées à faibles pentes, ou dans le liais (calcaire compacte) :

1 m² 50 par kilomètre carré de bassin ;

3° Calcaire à entroques (fossile des terrains primaires et secondaires) ; grande oolithe et le forestmarble :

0 m² 0128 par kilomètre carré de bassin ;

4° Oxford Clay, tenace, formant la base du terrain oxfordien :

au plus 0 m² 30 par kilomètre carré ;

5° Grès vert sableux : 0 m² 70 ;

6° Grès vert argileux : 1 m² ;

7° Craie, nul ou à peu près ;

8° Terrains tertiaires (sables, calcaires, grès, marnes et argiles plastiques) très plats : 0 m² 10 ;

9° Mêmes terrains accidentés : 0 m² 40 ;

10° Terrains tertiaires perméables, nuls ou presque.

Il convient de laisser une revanche au-dessus de l'eau pour les corps flottants ; elle doit être de 0 m. 20 à 0 m. 30 pour les tabliers plats et de 0 m. 50 à 0 m. 60 pour les ponceaux voûtés.

Lorsqu'on est en présence d'un remblai élevé, sous lequel on doit établir un ponceau, on a le choix entre deux combinaisons. Si l'on place la voûte près de la chaussée, la longueur de l'ouvrage est faible, mais la hauteur est grande. Si on place au contraire la voûte aussi bas qu'on le peut en raison du débouché à réserver, l'ouvrage est plus long, mais moins haut. On se décide par la considération de la dépense.

L'ouvrage peut être fondé séparément pour chaque culée si l'on peut atteindre le terrain solide. Dans d'autres cas, on établit un radier général sous tout l'ouvrage, en ayant soin de construire un garde radier pour éviter les affouillements.

— *Ponceau voûté en plein cintre*. — Les planches 11 et 13 des types de la vicinalité, donnent des types de ce genre d'ouvrage.

On y distingue la clef et le joint situé à mi-hauteur entre la naissance et la clef (joint de rupture).

On peut adopter les dimensions suivantes :

Epaisseur de la voûte à la clef :

$$l = \frac{1 + 0,10\ d}{3}$$

d désigne l'ouverture.

Epaisseur de la voûte au joint de rupture : $2l$.

Rayon d'extrados : $R' = R + 3l + \frac{3l^2}{R}$.

Epaisseur des culées :

$$x = (0,80 + 0,10\ h)\ (0,50 + 0,20d)$$

d désigne l'ouverture et h la hauteur du piédroit.

La chape qui recouvre l'extrados peut être formée de mortier de sable fin battu et lissé, ou par du mastic d'asphalte.

La tête de la voûte, construite en moellons de choix, peut avoir des dimensions un peu inférieures au corps de la voûte et être extradossées parallèlement. $B = l - 0,01d$.

L'ouvrage peut être terminé par un mur en retour avec quart de cône, ou par des murs en ailes droits ou courbes (planche 11 des types de la vicinalité). Les murs en aile sont couronnés par un rampant. Les angles des culées sont pourvus de chaînes d'angle.

Les pierres de taille ou moellons qui forment la tête de la voûte ou la chaîne d'angle présentent ordinairement une saillie de 2 ou 3 centimètres sur le parement de maçonneries ordinaires.

La route présente souvent, au passage des ponceaux, une

diminution de largeur, il convient dès lors d'étudier le raccordement avec le plus grand soin.

Les joints de la voûte sont tracés normalement à l'intrados.

En général, on ne donne pas aux piédroits des hauteurs surpassant une fois et demie ou deux fois l'ouverture.

Pour fixer les idées et en désignant par :

A la hauteur totale de l'ouvrage ;

h la hauteur de la plinthe ;

h' la hauteur du couronnement du parapet ;

f la flèche de courbure du parapet ;

s la saillie de la plinthe sur le mur en retour ;

i l'inclinaison du chanfrein de la plinthe ;

s' la saillie du bahut sur le fût du parapet, on peut admettre, comme premier aperçu :

$$h = 0 \text{ m. } 15 + 0{,}02 \text{ A ou } 0 \text{ m. } 20 + 0{,}02 \text{ A} :$$
$$h' = 0{,}70 \, h ;$$
$$f = 0{,}05 \text{ L, L étant la largeur du parapet} ;$$
$$s = 0{,}40 \text{ ou } 0{,}50 \, h, \text{ s'il n'y a pas de moulure} ;$$
$$s = 0{,}70 \, h, \text{ s'il y a une moulure} :$$
$$i' = 0{,}30 \, s :$$
$$s' = 0 \text{ m. } 025.$$

La largeur du fût de parapet peut être prise pour :

$$L = 0 \text{ m. } 35$$

et sa hauteur, pour 0 m. 90.

Les rampants des murs en aile de la plinthe doivent partir du plan supérieur de 'a plinthe et non du plan inférieur.

La largeur des rampants des murs en aile peut varier de 0 m. 35 à 0 m. 60 pour des ouvrages variant de 1 mètre à 5 mètres de portée. Elle peut être augmentée, si le mur en aile se termine à un dé.

— *Ponceaux en arc de cercle.* — Les ponceaux en arc de cercle peuvent être établis suivant des principes analogues. L'épaisseur à la clef peut être calculée suivant la même formule, en attribuant à d une valeur double du rayon d'intrados. On peut adopter également un rayon d'extrados :

$$R' = R + 3l + \frac{3l^2}{R}.$$

A la naissance, la voûte repose sur un sommier qui participe des voussoirs et amorce la chaîne d'angle (Types de la vicinalité, planche 12).

— *Ponceaux en ellipse.* — On adopte les mêmes principes (planche 14 des types de la vicinalité).

Les joints sont tracés perpendiculairement à l'ellipse d'intrados. On peut les dessiner par divers moyens :

Bissectrice des rayons vecteurs des foyers ;

Par les propriétés de la projection du cercle sur un plan ;

Par la sous normale $\left(\frac{b^2 x}{a^2}\right)$ qui est proportionnelle à l'abscisse ;

En utilisant le centre instantané de rotation d'une droite de longueur égale à $a - b$ dont les deux extrémités glissent sur les axes (roulement intérieur d'un cercle sur un autre de rayon double).

Le rayon de courbure au sommet du grand axe est $\frac{b^2}{a} = p$ et au sommet du petit axe $\frac{a^2}{b}$.

Si N désigne la normale en un point quelconque, on l'exprime par :

$$\rho = \frac{N^3}{p^2}, \qquad \text{et en posant :} \qquad \frac{p}{N} = \cos \varphi,$$

φ étant l'angle de la normale et du rayon vecteur

$$\rho = \frac{N}{\cos^2 \varphi} = \frac{p}{\cos^3 \varphi}.$$

Le rayon de courbure est donné également par la construction de Savary.

L'épaisseur à la clef se calcule comme pour une voûte en arc de cercle de même surbaissement.

L'épaisseur à la demi-montée (joint de rupture) est donnée de la manière suivante :

$1,8\,l$ pour un surbaissement égal à $1/3$,
$1,6\,l$ —   — $1/4$,
$1,4\,l$ —   — $1/5$.

On peut attribuer à l'extrados une forme elliptique et admettre que les axes de l'ellipse sont les mêmes que pour l'intrados.

On connaît, en vertu de l'épaisseur à la clef, la dimension du petit axe et sa position. On connaît un point de l'extrados, en vertu de l'épaisseur calculée au joint de rupture. Si, de l'extrémité supérieure du joint de rupture comme centre, on trace un cercle ayant pour rayon le petit axe de l'extrados, on obtient un point d'intersection avec le grand axe de l'intrados. En joignant le centre du cercle à ce point et en prolongeant jusqu'au petit axe de l'intrados, on a la longueur du grand axe de l'extrados, qu'il est dès lors facile de construire.

— *Cintres.* — Pour construire les voûtes, on se sert de cintres, dont on trouvera divers types aux planches 5, 6 et 7 des types de la vicinalité.

L'ensemble du cintre se compose de fermes, qui portent des couchis et un voligeage.

L'espacement des fermes varie d'ordinaire entre 1 m. 25 à 1 m. 80 ; elles comprennent le plus souvent des arbalétriers, un tirant, un poinçon et des vaux, pour racheter la courbure entre les arbalétriers et la voûte.

L'ordre de grandeur de l'équarrissage des pièces des fermes est : $0 \text{ m. } 10 + 0{,}015\,d.$

Celui des couchis : $\dfrac{d\sqrt{e}}{15}.$

Les fermes reposent ordinairement sur des longrines placées le long des piédroits, chacune de ces longrines porte sur une seconde longrine analogue avec interposition de coins ou de boîtes à sable. La seconde longrine repose à son tour sur des potelets supportés par une dernière longrine au niveau du sol, ou sur des pieux.

— *Profils* en travers sur les ponceaux, voir à titre d'exemple la planche 4 des types de la vicinalité.

Sur les grandes routes parcourues par une nombreuse et rapide circulation, on ne réduit pas la largeur au passage des petits ouvrages.

— *Perrés et murs de soutènement.* — Il est quelquefois

nécessaire de protéger les talus, soit pour les raidir, soit pour les empêcher de s'ébouler ; on a recours souvent à un revêtement en maçonnerie, avec ou sans mortier, auquel on donne le nom de perré.

S'il arrive qu'on ne puisse pas obtenir les terrains nécessaires à l'emprise des terrassements, soit à cause de leur valeur, soit à cause de l'éloignement du point de rencontre des talus des terrassements et du terrain naturel, on est amené à soutenir les terres par des murs de soutènement.

Tous ces ouvrages font l'objet d'une étude spéciale dans d'autres cours. Je me borne ici, dans le simple but de permettre de dresser au besoin un petit projet, à renvoyer aux types donnés dans les *Annales des Ponts et Chaussées* de l'année 1910 (tome 14, 2ᵉ volume (mars-avril), nº 21, page 183).

PROJETS

81. Avant-projets — 82. Projets définitifs : Dessins ; Pièces écrites ; Titre ; Devis particulier ; Détail estimatif ; Bordereau des prix et renseignements sur la composition des prix : Avant-métré ; Plans parcellaires.

81. *Avant-projets.* — On appelle projet le travail par lequel on fixe sur le papier les dispositions à prendre pour construire les ouvrages et pour évaluer les dépenses à prévoir.

S'il s'agit d'engager une dépense peu importante, applicable à des ouvrages existants auxquels on n'apporte aucune modification essentielle, les ingénieurs présentent d'emblée un projet définitif que le ministre approuve. L'imputation de la dépense se fait alors sur les crédits normalement ouverts et dont le ministre dispose.

S'il s'agit de dépenses importantes, ou si les travaux doivent plus ou moins profondément modifier l'état de choses existant, ou encore s'il s'agit de créer une voie de communication nouvelle, avant de dresser le projet définitif d'exécution, il est nécessaire de faire prononcer, par un décret ou par une loi, la déclaration d'utilité publique des travaux (Loi du 27 juillet 1870, loi du 3 mai 1841, art. 3).

Dans ce cas, on présente, au préalable, un avant-projet que le Ministre examine et prend en considération, s'il y a lieu.

Dans l'affirmative, on procède à une enquête, conformément à l'ordonnance du 18 février 1834, après laquelle l'Administration peut proposer le décret ou la loi déclarative d'utilité publique.

L'avant-projet ainsi dressé n'est destiné qu'à renseigner

les pouvoirs publics. Bien qu'il soit sommairement établi, il importe néanmoins qu'il donne des indications aussi exactes que possible, soit au point de vue technique, soit au point de vue des dépenses. L'acte d'utilité publique fait état de celles-ci, ainsi que des concours locaux obtenus (circulaire du 21 mars 1909). Une erreur dans l'évaluation obligerait à revenir sur la répartition des dépenses, arrêtée à l'avance, ce qui est toujours regrettable.

Un avant-projet doit comprendre, en vertu des instructions du 14 janvier 1850 :

— Un extrait de carte ;

— Un plan général ;

— Un profil en long ;

— Des profils en travers ;

— Des types d'ouvrages d'art :

— Un mémoire justificatif ;

—. Un tableau approximatif des terrassements et ouvrages d'art ;

— Une estimation de la dépense.

En matière de voies ferrées d'intérêt local, les pièces à fournir pour les avant-projets résultent du décret du 18 mai 1881.

En matière de service vicinal, l'autorité qui statue sur l'utilité publique est le Conseil général, pour les chemins de grande communication et d'intérêt commun, ou la Commission départementale, pour les chemins vicinaux ordinaires (sauf le cas de terrains bâtis). On dresse presque toujours immédiatement le projet définitif; les assemblées déclarent l'utilité publique des travaux et le préfet statue sur le projet. On fusionne même en une seule les enquêtes d'utilité publique et parcellaire. On ne dresse guère d'avant-projet que dans le cas où il s'agit d'un projet d'ensemble, dont on ne veut exécuter, pour le moment, qu'une partie.

88. *Projets définitifs.* — Le mode d'exécution des travaux de l'Etat est réglé par le décret du 18 novembre 1882. La règle est l'adjudication. On n'admet les marchés de gré à gré et l'exécution en régie que dans des circonstances exceptionnelles.

Les entrepreneurs sont soumis :

— Aux clauses et conditions générales du 29 décembre 1910, modifiées par la circulaire du 2 juillet 1913 ;

— Au décret du 10 août 1899, sur les conditions du travail.

Les projets doivent être dressés suivant le programme du 14 janvier 1850 et suivant les prescriptions de la circulaire du 30 janvier 1910, modifiée par celles des 22 novembre 1912 et 25 août 1913.

Des formules spéciales de devis, comprenant en outre un cahier des charges général, ont été annexées à la circulaire du 29 octobre 1913. Elles constituent le guide le plus sûr pour la rédaction des projets.

Si, à ce qui précède, on ajoute l'arrêté du 2 juin 1902, relatif aux chaux et ciments, modifié par les circulaires des 29 novembre 1904, 9 novembre 1909, 24 décembre 1910, 22 mars 1912, ainsi que l'arrêté du 24 août 1912 relatif aux ouvriers blessés ou malades, on aura l'ensemble des instructions les plus essentielles pour la rédaction des projets définitifs.

— *Dessins.* — Les dessins à produire sont :

1° Plan général ;

2° Profil en long (échelle des hauteurs 5 ou 10 fois plus grande que celle des longueurs) ;

3° Profils en travers (échelle unique 1/200°) ;

4° Dessins des ouvrages d'art (ordinairement au 1/100°) :

Se reporter, pour le détail, au programme du 14 janvier 1850.

Lorsqu'on étudie un projet, on commence par arrêter les dessins qui servent à définir la disposition des travaux, puis on continue par les pièces écrites.

— *Pièces écrites.* — Elles comprennent :

1° Un mémoire à l'appui du projet ;

2° Un devis et cahier des charges ;

3° Un avant-métré des travaux ;

4° Un bordereau des prix ;

5° Les renseignements sur la composition des prix ;

6° Le détail estimatif ;

7° Un état sommaire des indemnités a payer.

La circulaire du 30 décembre 1910, § 23, indique comment ces pièces doivent être groupées et complétées pour le dossier d'adjudication.

Ce dossier, compris dans un bordereau général, est divisé en trois dossiers partiels, que l'on distingue par les lettres A, B, C.

— *Dossier A*. — Pièces servant de base au marché, mentionnées à l'article 6 du cahier des clauses et conditions générales :

— Devis particulier ;

— Bordereau des prix ;

— Détail estimatif ;

— Bordereau des salaires normaux et de la durée normale de travail (décret du 10 août 1899) ;

— Cahier des charges général (circ. du 29 octobre 1913) ;

— Clauses et conditions générales (circ. du 29 décembre 1910 et du 2 juillet 1913) ;

— Arrêté du 24 août 1912 (ouvriers blessés ou malades).

— *Dossier B*. — Pièces ne faisant pas partie du marché, mais propres à faciliter aux candidats à l'adjudication l'intelligence du projet :

— Plans, profils et dessins divers ;

— Renseignements sur la composition des prix ;

— Avant-métré (peut également se mettre dans le dossier C).

— *Dossier C*. — Renseignements destinés à l'Administration :

— Rapport des ingénieurs ;

— État sommaire des indemnités à payer ;

— Documents annexes divers.

— *Titre*. — Toutes les pièces d'un projet doivent porter exactement le titre du projet, le même pour toutes, en outre, le titre particulier de chaque pièce.

— *Devis particulier*. — Ce devis fait l'objet du modèle B de la circulaire du 29 octobre 1913 ; il comprend six chapitres :

I — Indications générales, profils en long et en travers ;

II. — Description des ouvrages d'art ;
III. — Provenance, qualité et préparation des matériaux ;
IV. — Mode d'exécution des travaux ;
V. — Mode d'évaluation des ouvrages ;
VI. — Prescriptions diverses.

Le dernier article du devis particulier vise le devis général du 29 octobre 1913, les clauses et conditions générales du 29 décembre 1910, modifiées le 22 juillet 1913, l'arrêté du 21 août 1912, relatif aux ouvriers blessés ou malades.

Ces trois documents font partie du dossier A. Les notes que l'on trouve au bas des pages de la formule B donnent de précieuses indications pour la rédaction des divers articles, avec les références au devis général. Pour le surplus, on se référera aux indications que l'on trouve dans les divers cours de l'Ecole.

La circulaire du 30 décembre 1910 complète ce qui précède par certaines indications indispensables, pour les objets suivants :

§§ 2 à 13. Observations générales ;
13. Envoi des soumissions ;
14. Réadjudications éventuelles ;
15. Conditions du travail (décret du 10 août 1899) ;
16. Domicile de l'entrepreneur ;
17. Prise de possession anticipée des ouvrages ;
18. Prescriptions spéciales aux chaux et ciments ;
19. Application des clauses et conditions générales ;
20. Bordereau des salaires normaux et de la durée normale et courante du travail.

Il est recommandé de ne pas déroger, en général, soit au devis général, soit aux clauses et conditions générales, ou de ne le faire qu'avec la plus expresse réserve.

— *Détail estimatif.* — Cette pièce comprend la nomenclature des travaux à exécuter, la quantité et le prix de chacun d'eux, tels qu'ils résultent de l'avant-métré et du bordereau des prix. La nomenclature doit suivre d'ailleurs le même ordre que le métré et comprendre les mêmes articles.

La dépense est évaluée, par article, par ouvrage et par section de l'avant-métré.

A la dépense totalisée on ajoute une somme à valoir pour travaux imprévus, en arrondissant les chiffres de manière que l'évaluation globale soit ronde. On y ajoute, s'il y a lieu, en les évaluant, les divers travaux qu'on se réserve d'exécuter en régie, comme les cylindrages par exemple.

Il est généralement commode d'arrêter la nomenclature du détail estimatif dès qu'on a rédigé le devis, sauf à ne remplir que plus tard les chiffres à provenir de l'avant-métré et du bordereau des prix : Cette nomenclature, une fois arrêtée dans un ordre logique, peut servir de base pour rédiger, dans le même ordre, les articles de l'avant-métré et les divers prix du bordereau. Voici un exemple de nomenclature :

§ 1. — *Terrassements.*

— Déblais ;
— Transport de déblais à une distance moyenne de... ;
— Déblais dragués et transportés en dépôt.

§ 2. — *Chaussées.*

— Pavés d'échantillon ;
— Sable pour pavage ;
— Façon de pavage.

§ 3. — *Ouvrages d'art.*

a) Maçonneries.

— Béton ordinaire posé à sec ;
— Béton armé ;
— Parement vu de béton armé ;
— Maçonnerie de pierre de taille ;
— Maçonnerie de moellons ordinaires ;
— Taille de parements vus de pierre de taille ;
— Rejointement de maçonnerie de pierre de taille ;
— Chape en mortier de ciment ;
— Enrochements à pierre perdue, mis en place.

b) Charpentes et métaux.

— Bois de chêne en grume pour pieux ;
— Charpente en chêne équarri à vives arêtes ;
— Battage de pieu jusqu'à un mètre de fiche ;
       — Décimètres en sus ;
— Fer forgé pour sabots et boulons ;
— Acier laminé, pour pont métallique, mis en place ;
— Acier, pour armature de béton, mis en place ;
— Fonte, pour plaques d'appui, mise en place.

Il va sans dire que les divers articles du détail estimatif, dans certains cas, peuvent être utilement groupés, de manière à faire ressortir la prévision de dépense afférente à chaque ouvrage.

— *Bordereau des prix et renseignements sur la composition des prix.* — Ayant la nomenclature des travaux à effectuer, on arrête ces deux documents.

Le libellé des prix doit être sommaire ; c'est le devis qui stipule les fournitures et mains-d'œuvre que ces prix comprennent. Le cahier des charges général donne là-dessus des indications auxquelles il ne faut pas déroger, en général.

Le bordereau est divisé en deux parties. La première comprend les matériaux à pied d'œuvre, les prix élémentaires de transport et, en général, tous ceux qui, sans correspondre à aucun article du détail estimatif, peuvent être nécessaires, tant pour le règlement de l'entreprise en cas de résiliation, que pour le paiement des acomptes prévus à l'article 14 des clauses et conditions générales.

La seconde partie comprend uniquement les prix composés dont il est fait application au détail estimatif.

On rédige donc en premier lieu le libellé des prix du bordereau, en conformité de ce qui précède et en se servant des indications que donne la nomenclature inscrite à l'avance sur le détail estimatif.

Pour arrêter les prix eux-mêmes, il faut rédiger tout d'abord un document spécial appelé : renseignements sur la composition des prix.

On y mentionne d'abord les prix de journées, en prenant

15

des chiffres au moins égaux à ceux du bordereau du salaire normal, puis les prix de transport et enfin la série des prix du bordereau, première et deuxième partie.

On mentionne, pour chaque prix :

1° Les dépenses pour fournitures (on y comprend, sans les détailler, les frais d'outillage, ainsi que les transports effectués par voie ferrée justifiés) ;

2° Les faux frais sur les fournitures, en général 5 0/0 ;

3° Les prix de façon (main-d'œuvre de l'entreprise) ;

4° Les frais d'assurances et retraites sur la main-d'œuvre, soit 6 0/0 en général ;

5° Les faux frais sur l'ensemble de la main-d'œuvre, augmentés des frais d'assurances et de retraites ;

6° Le bénéfice sur l'ensemble.

Le Conseil général des Ponts et Chaussées a arrêté le 4 novembre 1915 un exemple de bordereau de prix et de renseignements sur la composition des prix. Les dispositions en question doivent être adoptées par les ingénieurs, en vertu d'une circulaire ministérielle du 12 février 1916, à laquelle il convient de se reporter.

— *Avant-métré*. — L'évaluation des ouvrages doit être faite en conformité des indications contenues dans le chapitre III du devis général du 29 octobre 1913.

Les terrassements sont calculés, en même temps que les distances moyennes de transport, conformément à ce qui est exposé dans le cours de topométrie.

Le métré relatif aux chaussées est on ne peut plus simple.

En ce qui concerne les ouvrages d'art, il faut recommander d'indiquer sur les dessins toutes les cotes qui figurent à l'avant-métré, sans qu'il soit nécessaire, en général, de se livrer à aucun calcul. On peut d'ailleurs les compléter en faisant l'avant-métré. Les cotes doivent être très lisibles et en caractères suffisamment gros.

On décompose les ouvrages en parties d'ouvrage géométriquement définies, qu'on rattache les unes aux autres par addition ou soustraction, et en procédant en général par grandes masses. S'il y a des parties semblables ou symétriques, on ne mesure qu'une partie et on multiplie par leur nombre.

Le métré étant terminé, on complète le détail estimatif.

— *Plans parcellaires*. — S'il y a lieu d'appliquer la loi du 3 mai 1841, il est nécessaire de dresser le plan parcellaire prévu par l'article 3 pour le soumettre à l'enquête. Le dossier doit comprendre aussi un état parcellaire (circ. du 14 janvier 1850, § c).

On consultera avec fruit, pour les dossiers relatifs à la déclaration d'utilité publique, les types annexés à la circulaire du 28 juin 1879 (de la lettre A à la lettre M). Ces formules, établies pour les voies ferrées, s'appliquent aussi au cas des routes.

TROISIÈME PARTIE

NEUVIÈME LEÇON

ENTRETIEN

EMPIERREMENTS

83. Entretien des chaussées empierrées ; Berthaut-Ducreux et point à temps ; Aménagement et strict entretien ; Méthode actuelle. — 84. Soins préventifs ; Enlèvement des détritus ; Effacement des frayés. — 85. Opérations ayant pour objet de maintenir et de rendre l'uni ; Cas où il n'y a pas de circulation automobile ; Cas où il y a une circulation automobile appréciable. — 86. Restitution de l'usure ; Cas de la méthode de Berthaut-Ducreux ; Méthode par aménagement ; Période d'aménagement ; Epaisseur des rechargements ; Largeur des rechargements ; Soins à donner ; Matière d'agrégation ; Choix de l'époque. — 87. Cylindres ou rouleaux compresseurs. — 88. Atelier de cylindrage ; Rainure ; Répandage de la pierre et régalage ; Arrosage ; Cylindrage répandage de la matière d'agrégation et soin au rechargement — 89. Circulaire du 10 octobre 1907 ; Statistique des cylindrages ; Graphique des cylindrages ; Devis de cylindrages. — 90. Défoncements de chaussées.

PAVAGES

91. Entretien des pavages ; Relevés à bout ; Repiquages ; Soufflages ; Retaille des pavés ; Devis d'entretien ; Concours des collectivités ; Nettoyage des routes dans les traverses.

EMPIERREMENTS

83. *Entretien des chaussées empierrées.* — L'entretien des empierrements a un double objet :

1° Maintenir en tout temps et d'une manière continue, l'uni de la surface ;

2° Remplacer ce qui est usé, soit d'une manière continue, soit d'une manière intermittente.

L'entretien des chaussées a une importance capitale, parce qu'il engage le capital chaussée et qu'il s'appliqu· à des dépenses qui se répètent tous les ans.

— Dans un mémoire publié en 1834, Berthault-Ducreux a préconisé l'entretien continu et a créé la méthode dite du point à temps.

Dès qu'une chaussée cesse d'être unie, il y a souffrance pour elle et pour le roulage. Une chaussée unie reçoit le minimum de dommage, d'où la nécessité de réparer le mal dès qu'il paraît, et de restituer constamment à la chaussée ce qu'elle perd par l'usure. Ces opérations nécessitent une main-d'œuvre permanente, c'est-à-dire des cantonniers et une provision de matériaux.

Cette méthode d'entretien a été très longtemps en usage en France, elle a fait l'objet d'une circulaire du 23 avril 1839.

En 1830, Fortin ; 1836, Morandière : 1840, de Coulaine : 1843, Dumas ; 1851, Graeffe, etc. inaugurèrent l'emploi du rouleau compresseur pour recharger les chaussées.

Au lieu de restituer l'usure au moyen d'emplois partiels, d'une manière continue, on eut l'idée de réfectionner la chaussée au moyen de rechargements généraux cylindrés, d'une manière périodique.

Cette méthode d'entretien, dite par aménagement, a été lente à se développer ; entrevue dès 1856 (circ. du 21 janvier), elle n'a été officiellement définie qu'en 1878 (circ. du 29 juillet).

Tant que la circulation conserva son caractère ancien, avec la traction exclusivement animale, les rechargements périodiques constituèrent l'opération principale de l'entretien. L'uni de la surface se conservait, à part les cas exceptionnels, sans qu'il fût nécessaire de faire autre chose que quelques emplois, vers la fin de la période d'aménagement.

La presque totalité de la fourniture des matériaux était occupée en rechargement ; une part très minime était utilisée à ces emplois de fin de période, c'est ce qu'on appelait le strict entretien.

En dehors des rechargements et des emplois, la route était l'objet, comme par le passé, de soins préventifs pour le maintien de la solidité et de l'imperméabilité de la chaussée (ébouage, époudrages, écoulement des eaux, etc.). L'uni de la surface se conservait pour ainsi dire de lui-même ; les quelques inégalités rencontrées n'avaient qu'une influence relativement faible, en raison du mode d'action spécial des roues des véhicules traînés.

— Aujourd'hui, l'intervention de la circulation automobile est venue jeter une perturbation profonde dans l'organisation de l'entretien.

L'uni de la surface est plus nécessaire que jamais, en raison de la vitesse et du poids des véhicules. L'entretien de cet uni, qui était passé au second plan, avec la méthode par aménagement, est devenu une nécessité primordiale. Cet entretien doit être continu, conformément aux principes de la méthode du point à temps, c'est ce qui fait dire quelquefois que l'on revient à cette méthode.

Cela est exact, s'il s'agit de rendre continu l'entretien de l'uni, mais les procédés employés ne peuvent pas être ceux qui ont été préconisés par Berthault-Ducreux et par la circulaire du 25 avril 1839. A ce moment, on admettait que la prise des emplois partiels pouvait être assurée par l'action même du roulage. Cela était possible en effet, avec la traction animale, dans la très grande majorité des cas. Avec la circulation automobile, au contraire, les emplois sont attaqués par les roues motrices ; les pierres sont dispersées, puis écrasées par les voitures. C'est un travail en pure perte. Il est dès lors de toute nécessité de réparer l'uni, au moyen d'emplois si l'on veut, mais d'emplois dont on assure immédiatement la prise complète.

En outre, les emplois de strict entretien que l'on était amené à faire autrefois, plus spécialement sur les rechargements presque usés, à la fin de la période d'aménagement, ne peuvent pas non plus être abandonnés à eux-mêmes. Comme l'uni doit être maintenu, surtout à ce moment où la chaussée est presque usée et où elle risque d'être ruinée en un temps très court si l'on n'y prend pas garde, il convient de procéder à des emplois aussi multipliés qu'il est nécessaire et dont on assure la prise au moyen d'un rouleau compresseur, tout comme s'il s'agissait de réfectionner complètement la chaussée.

Cette restauration de l'uni, en fin de période, sur un vieux rechargement en grande partie usé, est d'ailleurs une nécessité. J'ai montré, en diverses circonstances, combien il était indispensable de ne faire des rechargements généraux que sur des vieilles chaussées convenablement profilées. Les emplois cylindrés, en fin de période d'aménagement, répondent à cette idée. Ils préparent la chaussée à recevoir le véritable rechargement, celui qui a pour objet de restituer à la chaussée, ce qu'elle perd par l'usure.

Ainsi, en résumé, les nouvelles méthodes d'entretien correspondent aux opérations suivantes :

1° Opérations préventives, telles que ébouage, époudrement, écoulement des eaux, etc., qui tendent à conserver la solidité de la chaussée, en évitant qu'elle se désagrège par l'humidité ou la sécheresse.

2° Maintien de l'uni, d'une manière continue, et suivant les principes du point à temps. C'est-à-dire que les réparations doivent être faites dès que la dégradation paraît ; mais les procédés ne peuvent plus être ceux de Berthault-Ducreux, cette réparation doit non seulement être immédiate, mais elle doit être complète.

3° Lorsqu'une chaussée, anciennement rechargée, tend à s'user, le défaut d'uni devient assez général pour nécessiter une opération qui s'étend sur toute la longueur. Faute de cette réparation, le dommage deviendrait vite considérable. On reprofile la chaussée, sans se préoccuper de lui donner de l'épaisseur, au moyen d'emplois, que l'on cylindre. On prépare ainsi, en même temps, la chaussée à recevoir le rechargement général qui doit intervenir peu de temps après.

4° On rend à la chaussée son épaisseur, périodiquement, au moyen d'un rechargement cylindré, comme on le faisait avec la méthode d'aménagement antérieure.

Tels sont les principes généraux que l'on doit suivre aujourd'hui pour l'entretien des empierrements. Si l'on a bien soin de prendre toutes les précautions de détail nécessaires, on peut maintenir ainsi les chaussées en un état très convenable, même avec une circulation automobile importante.

Il va sans dire que, sur les chaussées qui ne sont pas suivies par des véhicules à traction mécanique, il est encore possible, suivant les convenances locales, d'assurer l'entretien par les anciennes méthodes. Je suis ainsi amené à en dire quelques mots.

84. *Soins préventifs.* — Les soins préventifs à donner aux empierrements sont les mêmes, quel que soit le système d'entretien adopté. Ils consistent en un certain nombre d'opérations que j'examine successivement.

— *Enlèvement des détritus.* — Le soin le plus élémentaire est d'enlever les détritus qui recouvrent la chaussée. Ces détritus se présentent sous la forme de poussière, qui se transforme en boue sous l'influence de la pluie et de l'humidité. La présence de la boue rend impossible l'assainissement de la chaussée qui est alors susceptible de se ramollir et de perdre sa consistance. Les matériaux se déplacent et s'usent les uns contre les autres sous l'influence de la circulation ; la chaussée se déforme au passage des roues. A l'état gras, la boue collante s'attache aux véhicules, la chaussée s'arrache en lambeaux, en formant des frayés et même des ornières, etc. C'est donc une nécessité de tous les instants d'enlever la poussière et la boue. Il est non moins indispensable de se débarrasser de la neige, non seulement pour faciliter le passage, mais encore pour ne pas nuire à la chaussée.

— L'ébouage se fait à l'aide d'un râcloir, d'un balai ou d'une machine balayeuse.

Le râcloir doit servir pour la boue grasse et encore dans des cas exceptionnels, car l'enlèvement régulier des détritus doit le rendre rarement nécessaire. D'ailleurs cet outil produit peu d'ouvrage et doit être manié avec précaution, car il attaque l'épiderme de la chaussée.

Lorsque la boue est liquide, le balai en piazava à résis

tance facultative suffit en général à nettoyer les chaussées. Avec cet instrument, un ouvrier peut balayer 4.000 mètres carrés par jour.

Pour profiter intégralement des moments quelquefois courts pendant lesquels la boue est liquide, il faut aller vite. On a recours alors aux balayeuses mécaniques.

Les détritus ne proviennent pas seulement de l'usure de la chaussée. Il arrive souvent, par exemple, que les voitures qui sortent des champs recouvrent la chaussée d'une terre grasse, très nuisible. Il faut l'enlever avant qu'elle s'étale sur toute la surface; cet enlèvement, dès le début, peut se faire facilement à la pelle.

Les ébouages poussés comme il convient, ont pour effet de diminuer la proportion de détritus intercalés entre les pierres de la chaussée. Ils contribuent ainsi à l'affermir et à empêcher qu'elle se ramollisse sous l'influence de l'eau.

— La neige présente, si on ne s'en débarrasse pas en temps utile, d'assez graves inconvénients. Elle gêne la circulation, puis, en séjournant sur la chaussée, elle durcit sous l'action du roulage et rend la route glissante. Par un faux dégel, elle fond incomplètement et produit un verglas des plus dangereux. Par un dégel complet, elle fournit une quantité d'eau considérable qui détrempe et ramollit l'empierrement au point que le roulage entame la chaussée et y creuse des ornières.

Pour enlever méthodiquement la neige, les cantonniers doivent commencer par ouvrir une voie charretière de 2 mètres à 2 m. 50 de largeur; ils procèdent ensuite à des élargissements successifs, en ménageant avec soin, tous les 10 mètres, des rigoles pour écouler les eaux. Enfin, si le temps le permet, la neige est poussée dans les fossés, pour éviter des infiltrations pernicieuses.

Si la main-d'œuvre manque, dès que l'épaisseur atteint 8 à 10 centimètres, on recourt à des chasse-neige qui, en un jour, peuvent ouvrir un passage sur 20 à 30 kilomètres. Chacun de ces engins, remisé en un point convenable, doit avoir un parcours défini à l'avance et un attelage qui n'attend qu'un ordre pour être mis à la disposition de l'Administration.

— Il ne peut guère se former de boue sur une chaussée, dont on a régulièrement balayé la poussière. C'est un principe que l'on perd malheureusement de vue bien souvent. L'époudrement est au moins aussi utile que l'ébouage. Il est mieux de prévenir la production de la boue que de la combattre.

Même par la sécheresse, l'époudrement constitue le moyen le plus puissant de restaurer avec économie une route mauvaise, et de conserver régulière une chaussée unie.

Si la poussière se forme sur une chaussée défectueuse, dès qu'une pluie survient, elle devient boue et se colle aux roues. On constate dans les tas de boue provenant de l'ébouage l'existence de matériaux ayant de un à six centimètres de diamètre, qui sont le résultat de la destruction partielle de l'empierrement. Il faut balayer la poussière avec intelligence, pour purger la chaussée sans la désagréger. Elle pourra ainsi se rétablir bientôt sans flaches profondes ni frayés. Cet époudrement nécessaire doit être fait avec mesure, d'après la composition plus ou moins pure de la chaussée, et aussi d'après la nature des matériaux, calcaire ou siliceuse. Les matériaux siliceux demandent en effet certains ménagements.

Si la chaussée est parfaite et comprend de la matière d'agrégation en proportion convenable pour donner à la croûte solide son maximum de résistance et la plus grande compacité, l'époudrement maintient cette proportion et par suite le parfait état de la chaussée. Il faut remarquer qu'avec le balai à résistance facultative, on peut opérer sans risque de désagréger. Il est possible d'en opérer le réglage pour n'enlever que les détritus flottants, sans liaison avec l'empierrement.

Lorsque la gelée dure quelque temps, il se forme promptement de la poussière qu'il est nécessaire d'enlever. Cette poussière contient en effet beaucoup d'eau gelée qui, au dégel, se réduirait en une boue grasse qui détruirait la surface de la croûte solide et amènerait de profondes dégradations.

— La boue et la poussière ne doivent jamais être laissés en bourrelets sur le bord de la chaussée. Chaque jour, il convient de les mettre en tas et de les évacuer ou de les ranger si on doit les utiliser, plus tard, comme matière d'agrégation.

— *Effacement des frayés*. — La poussière, en trop petite quantité pour être enlevée, donne lieu à des traces que les voitures attelées ont tendance à suivre. Ces traces deviendraient vite des frayés, il faut les effacer. A cet effet, le cantonnier régale à grande volée la poussière qui recouvre la chaussée et fait disparaître la trace des voitures. En une journée un cantonnier peut tenir toute sa station. Mais, pour obtenir un effet utile, il ne faut pas opérer sur une largeur réduite de deux ou trois mètres. Ce serait plus nuisible qu'utile, puisqu'on signalerait aux voitures une piste, au lieu de la supprimer. Il est indispensable d'agir sur toute la largeur.

85. *Opérations ayant pour objet de maintenir et de rendre l'uni*. — Ces opérations se font d'une manière différente suivant le mode d'entretien.

S'il s'agit de la méthode du point à temps, telle que la comprenait Berthault-Ducreux, les réparations se font à l'aide d'emplois partiels, en utilisant la circulation, partiellement tout au moins, pour en assurer la prise, et en se préoccupant non seulement de conserver l'uni de la surface, mais encore de restituer à la chaussée ce qu'elle perd par l'usure.

Avec la méthode de rechargement pure et simple, telle qu'on la concevait avant l'apparition des automobiles, les emplois étaient rares. La nécessité du strict entretien n'intervenait guère qu'à la fin de la période d'aménagement. Les dégradations étaient réparées par les mêmes procédés qu'antérieurement, sauf qu'on ne se préoccupait pas de rendre à la chaussée ce que l'usure lui avait fait perdre.

Avec les méthodes nouvelles, il est nécessaire de réparer toutes les flaches immédiatement, dès qu'elles apparaissent, et même de les prévenir si l'on peut. Mais cette réparation, pour être efficace, doit être complète, c'est-à-dire que l'on doit assurer la prise des emplois sans le secours de la circulation.

En outre, lorsque le rechargement antérieur arrive à sa limite de durée, et que les dégradations prennent un caractère général, il convient, sans délai, de faire des emplois strictement suffisants pour rendre l'uni, sans se préoccuper de l'usure, emplois qui doivent être cylindrés tout comme un rechargement.

Je vais examiner successivement ces différents modes de réparation.

— *Cas où il n'y a pas de circulation automobile.* — On peut alors recourir, soit à la méthode du point à temps définie par Berthault-Ducreux, soit à la méthode d'aménagement telle qu'on la concevait autrefois.

Dans les deux cas, les emplois partiels peuvent être effectués de la même manière, sauf la préoccupation de restituer l'usure qui n'existe pas dans le second cas.

— S'il s'agit d'une route en parfait état d'entretien, on n'a besoin de faire des emplois qu'en vue de maintenir l'épaisseur de la chaussée ; avec la méthode par aménagement, ils sont inutiles.

En pareil cas, la pluie seule décèle les flaches qui sont irrégulièrement réparties. Pour gêner le moins possible le roulage, les premiers emplois doivent être longuement espacés et toujours surveillés, en rangeant les matériaux déplacés et en rabattant les bourrelets au pilon. La chaussée doit être préalablement ébouée avant tout emploi.

D'ordinaire, les flaches présentent une longueur de deux ou trois mètres, sur une largeur de un mètre à 1 m. 50. On les répare alors en un seul emploi. Si elles sont plus grandes, il faut opérer en plusieurs fois, en ne dépassant pas les dimensions précédentes.

On compte en grande partie sur la circulation pour la prise des emplois. Si on se bornait à ce qui précède, même en opérant comme il est recommandé (matériaux fins au bord, et gros ramenés au milieu), les voitures de roulage, en rencontrant l'emploi, produiraient un choc qui écraserait la pierre, et les voitures rapides disperseraient les matériaux. Il faut donc prendre certaines précautions.

1° Ramasser les pierres roulantes sorties des emplois, pour ne pas gêner la circulation et économiser la pierre ;

2° Piquer l'emplacement de la flache. C'est une opération délicate sur une route unie. Il ne faut pas faire l'emploi à côté du trou, car les saillies provoquent deux nouvelles flaches ; il est donc nécessaire de déterminer avec soin la forme de la flache.

Sur les routes peu fréquentées, il peut être utile de piquer toute la surface de la flache pour favoriser la prise.

Sur les routes moyennement fréquentées, on pique les bords un peu largement, en profitant des moments où la chaussée est un peu ramollie.

Sur les chaussées très fréquentées, où les emplois prennent en un jour, il suffit de piquer les contours uniquement pour en dessiner la forme.

La profondeur du piquage dépend d'ailleurs de la grosseur des matériaux.

3° Employer des matériaux de dimension convenable, en les recassant si c'est nécessaire.

Pour faire l'emploi, le cantonnier dispose les matériaux autour et sur les bords de la flache préalablement curée à vif. Puis il les tire dans la flache au râteau, de manière à amener les grosses pierres au milieu et à laisser les fines sur les bords. Les pierres d'un emploi doivent se toucher, mais il ne doit jamais y avoir plus d'une pierre d'épaisseur sur une bonne route où les flaches sont peu profondes. Il convient d'utiliser tout de suite la pierre de la grosseur voulue pour éviter que le roulage les brise et provoque l'usure en forme de gaufrier.

4° Les emplois doivent être saupoudrés de matière d'agrégation, mais seulement quand la prise s'annonce ; on utilise à cette fin les produits du piquage, qu'il ne faut jamais employer à l'état gras, pour éviter les arrachements par les roues.

5° Les emplois ne doivent jamais être abandonnés ; il faut

aider la circulation pour faire la prise et pilonner avec un pilon d'environ 13 kg.

6° Il faut arroser par la sécheresse, autant qu'on le peut.

Quand une chaussée est attendrie, on peut combattre efficacement les frayés au moyen d'emplois mobiles, qui ne doivent pas prendre. Ils ont pour objet de dépister le roulage. On les place au passage des chevaux et on les déplace aussi souvent que cela est nécessaire. Il ne faut recourir à ce moyen qu'en cas de nécessité, car il gêne le roulage.

— S'il s'agit d'une route à l'état d'entretien imparfait, cet état est dû le plus souvent à un excès de matière d'agrégation, qu'il faut faire disparaître par des époudrements et ébouages répétés, afin d'améliorer la composition de la chaussée et la durcir.

On pourra ensuite y faire des emplois conformément aux vues précédentes, ce qui contribuera encore à donner à la chaussée la croûte solide qui lui manque.

Il convient tout particulièrement d'éviter les frayés. Lorsqu'un frayé a peu de longueur, on le traite comme une flache. Mais, s'il est trop long, sa réparation devient difficile. Si l'on remplit les frayés de pierres, ou bien la circulation les écrase, ou bien elle creuse d'autres frayés à côté. Il convient alors de relier le frayé à toutes les dépressions voisines, par des emplois qui font varier le roulage.

S'il s'agit d'une ornière, on doit la combler en plusieurs fois, pour ne jamais avoir plus d'une pierre d'épaisseur. Souvent, on ne fait cette opération que sur une partie de l'ornière, en choisissant les plus profondes, en alternant de celle de droite à celle de gauche et en laissant des intervalles du même côté, intervalles qui seront réparés ultérieurement de la même manière.

Dans tous les cas, quoi qu'il arrive, jamais la pierre ne doit être employée, sans que la chaussée ait été purgée de sa boue, et sans qu'on ait assuré complètement l'évacuation des eaux.

— *Cas où il y a une circulation automobile appréciable.* — Les flaches qui se produisent doivent alors être réparées immédiatement et il faut que cette réparation soit complète, sans l'intervention du roulage.

Les flaches se présentent sous deux formes différentes.

— Les premières que j'appellerai flaches spéciales, se manifestent à tout instant. Elles naissent avec la circulation automobile qui, en patinant, râpe la chaussée et fait disparaître la matière d'agrégation partout où elle est en excès à la surface. Une pierre vient-elle à s'échapper, la discontinuité du roulement commence bientôt à se produire avec toutes ses conséquences. Une flache naît, de forme ronde, avec des bords souvent abrupts, et cette flache s'agrandit sans cesse et en provoque d'autres.

Les flaches spéciales sont distribuées d'une façon irrégulière sur la route, elles se multiplient en peu de temps, même sur des rechargements neufs. Une route excellente au début de la campagne peut se trouver tout à coup criblée de trous qui n'ont rien d'analogue avec les flaches classiques.

La route ayant, sans raison apparente, résisté par place, les dégradations signalées ne peuvent venir que d'un défaut d'homogénéité. Le premier remède à employer est donc de faire des rechargements aussi homogènes que possible, quant à la qualité de la pierre ; quant à la régularité du cassage ; quant à la proportion et à la qualité de cohésion de la matière d'agrégation, etc.

Si, malgré ces soins, les flaches spéciales ont une tendance à naître, il faut d'abord s'y opposer autant qu'on le peut, en redonnant à la matière d'agrégation la cohésion qu'elle tend à perdre, soit par des arrosages, s'il fait sec, ou par tout autre moyen.

Si la flache apparaît néanmoins, il faut la réparer immédiatement, pour éviter qu'elle s'agrandisse et en provoque d'autres.

Pour réparer la flache, il faut restituer à la chaussée, à l'emplacement du trou, une couche d'empierrement identique à la partie voisine non attaquée. On enlève donc complètement, à l'emplacement de la flache et sur le bord, ce qui reste de la couche du rechargement. On la remplace par une autre conformément aux vues ci-dessus, après nettoyage à vif et arrosage. On répand méthodiquement la pierre, de la forme, de la qualité et de la grosseur voulues, les plus grosses au fond ; puis on arrose et on pilonne jusqu'à prise complète, en ajoutant, au fur et à mesure que les pierres sont bien casées, un liant ou matière d'agrégation susceptible de prendre une cohésion appropriée. Il faut que, le travail terminé, disparaisse toute trace, même apparente, de la dégradation.

Si la circulation automobile est très intense, le cantonnier ne suffit plus à la tâche. Il faut organiser des ateliers dirigés par des chefs expérimentés. Comme les ouvriers ont une répugnance marquée pour l'emploi du pilon à bras, il faudra avoir recours, si cela est nécessaire, à des pilonneuses mécaniques.

Une organisation de ce genre a été introduite dans le département d'Eure-et-Loir par M. Lordereau. Elle est basée sur le principe de la substitution d'un territoire ou itinéraire d'équipe au cantonnier isolé. Les cantonniers sont groupés en équipes, trois ou quatre, exceptionnellement cinq, sous la direction de l'un d'eux qui prend le nom de chef d'équipe. Ils sont chargés de l'entretien d'un itinéraire se développant sur 3, 4, 5 ou même 6 fois la longueur d'un canton ordinaire. La résidence des ouvriers est fixée dans le bourg du territoire le mieux placé pour le travail, dans toutes les directions ; c'est le centre de l'équipe. Ce système pourra être parfois difficile à appliquer, en raison des distances à parcourir par l'équipe ; il était particulièrement indiqué dans le département d'Eure-et-Loir, où il n'y a plus de chemins vicinaux ordinaires et où toutes les voies de communication sont confiées aux ingénieurs.

Lorsque les chaussées à entretenir comportent les liants nouveaux au goudron ou au bitume, dont j'ai parlé à propos de la construction, l'organisation en équipe des ouvriers paraît devenir obligatoire. L'atelier devient souvent assez compliqué pour que ce soit indispensable.

— Les secondes flaches à considérer, dans le cas de la circulation automobile, sont celles que je désignerai sous le nom de flaches d'usure.

Lorsqu'un rechargement arrive à sa limite de durée, l'usure se produit inégalement. La couche du rechargement disparaît par place et subsiste ailleurs, produisant des inégalités nombreuses qu'il faut faire disparaître sans retard, sous peine de voir la chaussée ruinée en très peu de temps sous l'influence de la circulation automobile et des poids lourds.

Comme je l'ai expliqué, on comble les flaches et on cylindre toute l'étendue à réparer. La grosseur des matériaux et leur répandage sont calculés uniquement dans le but de donner à la chaussée un profil régulier, sans se préoccuper de réparer l'usure.

Cette opération prépare, en même temps, la fondation du rechargement à intervenir.

La compression des emplois cylindrés peut se faire avec un cylindre quelconque, notamment avec un cylindre à pétrole, ou avec un rouleau à ornière comme ceux dont dispose chaque subdivisionnaire dans le département d'Eure-et-Loir. L'essentiel est de faire vite, bien et en temps voulu.

86. *Restitution de l'usure.* — La restitution de l'usure, avec la méthode du point à temps, telle qu'elle était en usage avec les principes de Bertault-Ducreux, se faisait en même temps que les réparations nécessaires pour le maintien de l'uni de la surface. Cette restitution s'opérait d'une manière continue, conformément à ce qui a été exposé.

— Avec la méthode par aménagement, la restitution de l'usure n'a lieu que périodiquement. On laisse la chaussée s'user jusqu'à la limite compatible avec une résistance suffisante. Cette limite étant atteinte, on reconstitue la chaussée avec son épaisseur et son profil, au moyen d'un rechargement qu'on cylindre.

L'intervalle entre deux rechargements au même point constitue ce que l'on nomme la période d'aménagement.

Si on envisage, par exemple, les routes d'une même subdivision la quantité de pierres dont on disposera doit suffire pour en recharger une longueur telle que tout le réseau ait été recouvert au bout de la période, de manière à pouvoir revenir au point de départ.

Mais il va sans dire que les opérations de cylindrage ne

doivent pas être nécessairement et systématiquement juxtaposés bout à bout sur la même route. Il est essentiel de toujours réparer de préférence les parties de route qui en ont un besoin plus urgent.

— La méthode par aménagement est, pour ainsi dire, toujours plus avantageuse que la méthode par emplois partiels. Elle est moins gênante pour la circulation et elle est plus économique.

Soient a, la fraction des matériaux écrasés par le roulage avec la méthode des emplois partiels ;

P, p et p', les prix d'achat d'un mètre cube de pierres et les prix d'emploi, par emploi partiel, et par rechargement ;

V le volume consommé dans le cas des emplois partiels.

La dépense, dans chaque cas, est la suivante :

Avec les emplois partiels. . . . $V (P + p)$.

Avec les rechargements . . . . $V (1 — a) (P + p')$.

La seconde méthode sera donc plus avantageuse, toutes les fois que l'on aura :

$$(1 — a) (P + p') < P + p,$$

c'est-à-dire :

$$P > \frac{p' (1 — a) — p}{a} .$$

Si l'on suppose $p' = 3$ francs, $p = 2$ francs et $a = 0,25$, on trouvera :

$$P > 1 \text{ franc}.$$

Comme les matériaux reviennent toujours à un prix supérieur, il est permis de di   qu'il y a toujours avantage à opérer par rechargement.

— *Période d'aménagement.* — Pour avoir une idée de la période d'aménagement, il faut considérer, comme on le verra par la suite, que la consommation kilométrique de matériaux en rechargements est proportionnel au nombre C des unités de circulation qui fréquentent la route et en raison inverse de la qualité Q des matériaux. La quantité de matériaux à cylindrer sera :

$$A = \frac{KC}{Q},$$

K étant un coefficient constant, dont la valeur se tient dans le voisinage de 3.

Soient l et e la largeur et l'épaisseur du rechargement ; on pourra recharger, avec le volume A, une longueur égale au quotient de A par le volume le, c'est-à-dire :

$$\frac{A}{le} = \frac{KC}{Qle}.$$

Autant de fois cette longueur sera comprise dans la longueur de 1.000 mètres, autant d'années il faudra pour la période d'aménagement, et on aura :

$$n = \frac{1000\,Qle}{KC}.$$

Cette période est donc d'autant plus grande que les matériaux sont meilleurs, que le rechargement se fait sur une largeur et sur une épaisseur plus fortes, et d'autant plus faible que la circulation est plus importante.

— *Épaisseur des rechargements.* — Cette épaisseur est en général de l'ordre de grandeur du cassage. On ne doit pas dépasser 10 ou 12 centimètres. Elle peut être plus grande avec les matériaux tendres qu'avec les matériaux durs. Il convient de s'arranger, en tout cas, pour ne pas allonger démesurément la période d'aménagement, autrement l'uni pourrait être longtemps compromis pendant les dernières années.

Cette épaisseur doit d'ailleurs varier du centre au bord, de manière à rétablir le bombement normal.

— *Largeur des rechargements.* — Cette largeur dépend des circonstances locales ; en général, il ne faut pas aller jusqu'au bord de la chaussée qui ne s'use guère. On adoptera par exemple, 4 mètres pour une chaussée de 5 mètres, et on creusera sur le bord une rainure dont on ramènera les produits

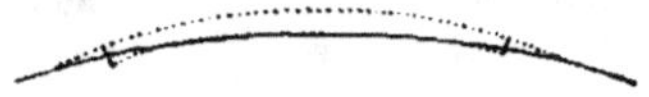

à l'extérieur, pour raccorder le rechargement, sur les bords.

Il convient d'observer qu'une largeur excessive contribue à augmenter la période d'aménagement, au risque de compromettre l'uni pendant un certain temps, à la fin de ladite période.

— *Soins à donner.* — La nouvelle chaussée doit reposer sur une chaussée convenablement reprofilée, au moyen d'emplois cylindrés. La surface doit en être nettoyée à vif avant d'entreprendre le rechargement. La nouvelle chaussée doit être homogène, par la qualité et la grosseur de la pierre, par la qualité et la répartition de la matière d'agrégation. Les cailloux doivent s'accoler par leurs surfaces planes, en s'épauffrant le moins possible. Pour qu'ils se casent bien, il faut arroser ou profiter d'un temps humide. Employer en moyenne 200 litres d'eau par mètre cube de pierres.

— *Matière d'agrégation.* — La quantité à employer peut varier de 1/8 à 1/4 du cube de la pierre, selon la dureté de celle-ci. Elle doit être uniformément répartie et combler les vides des cailloux, sans former de nids. Elle doit présenter les qualités de cohésion nécessaires pour donner à la chaussée la consistance d'un béton monolithe. Elle doit être imperméable, à moins qu'on ne doive procéder à un goudronnage superficiel.

— *Choix de l'époque.* — La meilleure époque est le printemps, mais il faut tenir compte de la nécessité d'utiliser convenablement l'outillage, de la difficulté plus ou moins grande de trouver de la main-d'œuvre et les attelages nécessaires pour l'atelier de cylindrage, et enfin de la nature de la circulation qui ne permet pas toujours de livrer au public, sans dommage, un nouveau rechargement. Il en est ainsi, par exemple, en automne, aux abords des sucreries.

87. *Cylindres ou rouleaux compresseurs.* — On utilise, soit des cylindres à traction animale, soit des cylindres à traction mécanique.

— Les premiers sont encore utilisés là où l'on dispose d'attelages, notamment avec la prestation pour le service vicinal. Ils ont également l'avantage d'être à la disposition du service dans chaque subdivision, et, par suite, de permettre de faire une opération de cylindrage imprévue et nécessaire, sans déranger le programme et l'itinéraire du cylindre à traction mécanique.

Ils comprennent un cylindre en fonte spéciale, résistant à l'usure. La longueur de la génératrice est d'environ 1 m. 10 à 1 m. 20. Ce cylindre s'adapte à un système de jante avec rais et essieu, qui porte un bâti assez long auquel sont suspendues, à l'avant et à l'arrière, deux caisses généralement en tôle, que l'on peut remplir à volonté, pour faire varier la charge. Le bâti comporte, en outre, deux systèmes de brancards, pour permettre l'attelage dans les deux directions opposées. L'appareil doit être muni d'un frein.

A vide, le poids est de trois à quatre mille kilogrammes, à charge, il est de six à huit mille kilogrammes. Il peut être traîné par cinq ou six chevaux ou par des bœufs.

— Les cylindres à traction mécanique ont été employés à Paris dès 1860. Les plus répandus actuellement sont du type locomobile routière ; ils comprennent un rouleau directeur à l'avant et deux rouleaux moteurs à l'arrière, recouvrant en partie la piste du premier.

On doit avoir, par centimètre de largeur de jante, une charge de 40 kg. au moins sur la roue avant, et de 90 kg. au plus sur les roues arrière ; 75 kg. est une charge normale.

La largeur de la voie ne doit guère excéder 2 mètres.

Il ne faut pas utiliser des engins trop lourds. Il suffit d'obtenir un poids suffisant pour que les pierres se casent. Tout poids supplémentaire est presque inutile et risque d'écraser les matériaux. Un poids de seize tonnes est un maximum pour un service normal ; un poids plus fort, outre qu'il écrase les matériaux, ne permet pas l'emploi du rouleau sur une route étroite.

On utilise quelquefois des rouleaux monojante. La répartition des charges se rapproche de l'égalité. La longueur de la génératrice est ordinairement de 1 m. 50 et ne doit pas dépasser 2 mètres. Le poids par centimètre de génératrice ne doit pas surpasser 50 ou 60 kg.

On dispose quelquefois de rouleaux à pétrole, qui suppri-

ment les difficultés de l'allumage et de l'approvisionnement du charbon. Mais on leur reproche une allure saccadée,
de nature à provoquer des profils ondulés. Néanmoins, ils
sont légers et maniables et peuvent rendre de bons services,
notamment pour les emplois cylindrés.

88. *Atelier de cylindrage.* — Un atelier de cylindrage doit
être rationnellement combiné, de manière que toutes les
opérations se fassent en temps utile, sans perte de temps
pour aucune partie de l'atelier. Le travail comporte :
— Le creusement de la rainure, s'il y a lieu ;
— Le répandage et le régalage de la pierre :
— L'arrosage ;·
— Le cylindrage ;
— Le répandage de la matière d'agrégation et l'entretien
pendant le cylindrage ;
— La surveillance.
— *Rainure.* — L'ouverture de la rainure latérale, doit
précéder les autres opérations. Un ouvrier peut ouvrir environ 40 mètres de rainure à l'heure.
— *Répandage de la pierre et régalage.* — Le répandage
de la pierre doit être précédé d'un nettoyage de la chaussée ;
il nécessite un atelier plus ou moins complexe.
Dans les cas ordinaires, en rase campagne, les pierres
sont déposées sur le bord de la route, au droit du lieu d'emploi. Si la largeur n'est pas trop grande, un ouvrier les
prend au tas et, par simple jet de pelle, les envoie sur la
chaussée.
On doit employer des pelles à grilles ou fourches à dents
multiples, qui ne prennent que la pierre et laissent les détritus
qui ont pu rester dans l'approvisionnement, ou qui y sont
accumulés par la durée du dépôt.
Si la route présente une largeur qui excède le jet de pelle,
les matériaux doivent être chargés dans une brouette ou
dans une benne, pour être déposés au lieu d'emploi.
Dans les traverses où l'on ne peut déposer les matériaux à
l'avance, le transport du lieu de dépôt au lieu d'emploi se
fait au moyen de tombereaux.

Les prix varient donc beaucoup, depuis 0 fr. 35 jusqu'à 0 fr. 50.

L'atelier doit être organisé pour avoir toujours une avance convenable sur le rouleau, mais sans excès cependant, car les pierres répandues gênent toujours la circulation. Il faut, en tout cas, que celle-ci ne s'opère jamais sur des pierres non roulées. On doit laisser un passage libre sur la chaussée ou sur les accotements. Le répandage sur la partie réservée de la chaussée se fait au dernier moment, quand les pierres de l'autre partie ont subi déjà une compression appréciable.

Il faut particulièrement soigner le régalage, pour obtenir un bon profil. La vieille chaussée sur laquelle s'effectue le répandage doit avoir été reprofilée préalablement par des emplois cylindrés.

Il convient de réserver 1/10 ou 1/20 de la fourniture pour combler les flaches et irrégularités qui pourraient se produire pendant le cylindrage.

— *Arrosage.* — L'arrosage doit précéder et accompagner le cylindrage. Il se fait généralement au moyen de tonneaux traînés par des chevaux, pouvant contenir 200 à 300 litres. Cette eau est prise aux bouches d'arrosage, s'il en existe, ou puisée au moyen d'une pompe rustique dans les rivières, les réservoirs ou mares voisines. L'organisation de l'atelier doit être conduite pour répandre environ 200 litres d'eau par mètre cube de cailloux.

— *Cylindrage, répandage de la matière d'agrégation et soins au rechargement.* — Il convient de distinguer le cas du cylindre à traction animale de celui du cylindre à traction mécanique.

— Avec le cylindre à traction animale, la réaction tangentielle du rouleau sur le rechargement est toujours dirigée vers l'avant. Par le roulage, les pierres se casent en suivant l'impulsion de cette réaction. Si, après avoir roulé dans un sens au même point, on roulait en sens inverse, il y aurait tendance à détruire en partie l'effet du premier passage. Aussi prend-on des dispositions pour rouler toujours dans le même sens.

On commence par les bords, l'un dans un sens, à l'aller,

l'autre en sens contraire, au retour. L'opération se fait d'abord à vide, puis à demi-charge et enfin à charge entière, en gagnant peu à peu vers le milieu, par où l'on finit.

Une équipe d'ouvriers efface les frayés des voitures et les dégradations produites par les pieds des chevaux.

Quand les matériaux sont serrés, le surveillant donne l'ordre de répandre à la volée la matière d'agrégation.

L'eau et la boue produite par l'arrosage et qui tendent à s'échapper par les bords sont balayées et ramenées vers le centre. Il faut pourtant éviter d'emprisonner l'eau sur l'axe de la chaussée, dans les vides des pierres, ce qui empêcherait la matière d'agrégation d'y pénétrer.

Avec le cylindre à traction animale, qui opère lentement, il faut éviter de cylindrer en une seule fois une trop grande longueur. La circulation détruirait en partie le travail au fur et à mesure de l'opération. On ne doit pas non plus travailler sur un parcours trop faible à cause des pertes de temps qui correspondent au changement de côté de l'attelage, à chaque extrémité.

On se tient d'ordinaire aux environs de 300 mètres.

— Avec les cylindres à traction mécanique, un des essieux est porteur et l'autre moteur, les bourrelets qui se forment au passage du rouleau, en raison des directions différentes des actions tangentielles, se font dans les deux sens, de sorte qu'on peut passer sans inconvénient au même point, à l'aller et au retour.

La marche arrière est d'ailleurs aussi facile que la marche avant, et le changement se fait avec rapidité.

On peut donc cylindrer sur de petites longueurs. On peut adopter 100 mètres, par exemple.

On commence par un bord, tant à l'aller qu'au retour, en progressant peu à peu vers le centre, mais sans l'atteindre tout d'abord, afin de ne pas épauler le rechargement. On continue par l'autre bord de la même manière, puis on finit par le centre.

La vitesse du rouleau ne doit pas excéder 3 km. à l'heure.

Les soins à donner sont les mêmes que dans le cas des rouleaux à traction animale.

69. *Circulaire du 10 octobre 1907.* — Une circulaire du 10 octobre 1907 a donné des instructions relatives, d'une part, aux attachements à prendre à l'occasion des cylindrages et, d'autre part, aux statistiques correspondantes, afin que les ingénieurs puissent se rendre compte des résultats économiques de l'opération.

En ce qui concerne les constatations contradictoires à recueillir pour le paiement des tâches accomplies, il faut remarquer, que, à l'égard des cylindrages à traction mécanique, ce paiement se fait à la tonne kilométrique parcourue sur rechargement. Des expériences directes donnent le poids du rouleau, ainsi que le chemin parcouru par numéro du compteur.

L'inscription des tâches devient facile, elle s'opère sur une formule spéciale, modèle A — 1. A l'égard des cylindres à traction animale, le paiement se fait à la longueur parcourue. On note le nombre des passages sur un rechargement dont on connaît la longueur (modèle A — 2).

— En ce qui concerne les documents statistiques, il y a deux formules de procès-verbal de cylindrage (B — 1 et B — 2) suivant qu'il s'agit de l'un ou de l'autre mode de traction.

Elles permettent toutes deux de répartir la dépense en ses divers éléments :

— Fourniture de l'eau d'arrosage à pied d'œuvre ;
— Fourniture de la matière d'agrégation à pied d'œuvre ;
— Cylindrage proprement dit ;
— Main-d'œuvre, cantonniers compris ;
— Surveillance. Dépenses diverses.

Le même procès-verbal fournit quelques renseignements parmi lesquels il faut signaler :

— Poids du rouleau ;
— Longueur, largeur et surface du rechargement ;
— Nature et volume des matériaux ;
— Cube des matériaux par hectomètre ;
— Cube et proportion de matière d'agrégation :
— Longueur parcourue sur rechargement ;
— Tonnage kilométrique sur rechargement ;

— Passages en un point.

— L'unité de mesure, avec les cylindres mécaniques, est la tonne kilométrique, rapportée au mètre cube de pierres cylindrées.

Dans les statistiques de 1912, la moyenne pour la France ressort à 8 tonnes kilométriques, en variant de 2 tk. 12 pour le Jura, à 15 tk. 90 pour la Haute-Saône. Avec des matériaux de dureté moyenne et un chantier bien organisé, on doit obtenir un bon résultat avec 5 tk.

— Avec la traction animale, on se sert souvent, pour la comparaison, du nombre de passages en un même point.

On considère par exemple qu'un rouleau qui aurait une longueur de génératrice égale à 2 mètres doit donner lieu à un nombre absolu de passages deux fois moindre qu'un rouleau dont la génératrice serait de 1 mètre. On ramène donc le nombre des passages absolus à l'unité de longueur de la génératrice.

Si N est le nombre des passages absolus et λ la longueur de la génératrice, le nombre des passages, ramené à l'unité de génératrice, sera : $N\lambda$.

Le parcours unitaire sera, en désignant par L la longueur en kilomètres du rechargement : $N\lambda L$, c'est la surface couverte.

Ce parcours, ramené à l'unité de surface du rechargement, sera :

$$\frac{N\lambda L}{L l} = \frac{N\lambda}{l},$$

c'est ce que l'on nomme le nombre des passages en un même point.

Il est facile d'établir la relation qui existe entre les deux unités de mesure : Tonnes kilométriques par mètre cube, ou nombre de passages en un même point :

Soit e l'épaisseur du rechargement, en mètres ;

    C le volume des matériaux par hectomètre ;

    P le poids du rouleau en tonnes.

On pourra écrire :

Tonnage kilométrique total . . . . . NLP.

Cube total de la pierre . . . . 1000 L*l*e.

Le tonnage kilométrique par mètre cube sera donc :

$$\theta = \frac{NLP}{1000\,Lle} = \frac{NP}{1000\,le}.$$

On a vu d'autre part que le nombre des passages au même point était égal à :

$$\varpi = \frac{N\lambda}{l}.$$

On en tire :

$$\frac{\varpi}{\theta} = \frac{1000\,\lambda e}{P}.$$

Si on désigne par p le poids du rouleau par centimètre de génératrice, cette expression se réduira à :

$$\frac{\varpi}{\theta} = 100\,\frac{e}{p}.$$

Elle peut également être mise sous une autre forme, en remarquant que l'on a 100 $le = $ C :

$$\frac{\varpi}{\theta} = 10\,\frac{C\lambda}{Pl} = \frac{C}{lp}.$$

Ainsi, avec un cylindre à traction animale, pour lequel on aurait :

$$P = 7\,t.\,2 \quad \varpi = 44 \quad \lambda = 1\,m.\,10 \quad e = 0\,m.\,06,$$

on trouvera :

$$\theta = 4\,tk.\,8.$$

— Les statistiques qui résultent des procès-verbaux de cylindrages permettent d'obtenir des renseignements utiles pour l'organisation des ateliers de cylindrage.

Elles permettent, en particulier, de déterminer le nombre des rouleaux nécessaires pour une campagne, d'après la quantité de pierres à cylindrer et en tenant compte du nombre de jours prévus pour leur utilisation.

Si l'on veut comparer le travail que peuvent faire deux rouleaux de poids P et P' et parcourant en un jour des longueurs L et L', on considérera que le travail utile journalier de chacun est PL et P'L', donnant un rapport :

$$\frac{PL}{P'L'}.$$

Appliquant au cas de la traction mécanique et animale et posant :

$$P = 2P' \quad \text{et} \quad L = \frac{3}{2} L',$$

on trouvera qu'un rouleau mécanique travaille trois fois plus vite qu'un rouleau à traction animale.

— Quant aux éléments de dépenses qui figurent dans les procès-verbaux de cylindrage, on les rapporte soit au volume des pierres cylindrées, soit à la surface du rechargement. De ces deux manières, la meilleure est la première, parce que la seconde ne tient pas compte de l'épaisseur du rechargement.

Les formules B-3 et B-4 de la circulaire du 10 octobre 1907 donnent, par subdivision, la décomposition des dépenses de cylindrages.

On trouve, dans les statistiques de 1912, pour la moyenne de la France :

— Proportion des cailloux employés en rechargement, à la fourniture totale 88 0/0.

— Prix moyen du mètre cube de cailloux . . .	9 fr. 35
— Dépense totale de cylindrage par mètre cube.	2 fr. 77
— Nombre de tonnes kilométriques par mètre cube.	7 tk. 96

La dépense de cylindrage peut se décomposer ainsi :

1. Ouverture de la rainure	0 07
2. Répandage et régalage des cailloux . .	0 45
3. Cylindrage	0 88
4. Arrosage	0 55
5. Matière d'agrégation	0 60
6. Répandage de matière d'agrégation et ragréement	0 09
7. Surveillance et divers.	0 13
Total	2 77

Les dépenses des articles 1, 2 et 5 ci-dessus sont les mêmes quel que soit le mode de cylindrage. Celles des articles 4, 6 et 7 sont moindres avec la traction mécanique qui va plus vite.

Quant au cylindrage proprement dit, article 3, on peut

remarquer que le prix de la tonne kilométrique revient à 0 fr. 11 avec la traction mécanique.

Si on considère, avec la traction animale, que la journée de l'attelage et des conducteurs peut revenir à 36 francs avec un poids de 7 t. 2 et un parcours journalier de 20 km., on voit que la tonne kilométrique reviendrait à :

$$\frac{36}{7,2 \times 20} = 0 \text{ fr. } 25.$$

Le prix est donc plus que doublé. Le résultat obtenu est meilleur avec un rouleau mécanique.

— *Graphique des cylindrages.* — La formule B-9 de la circulaire du 10 octobre 1907, donne le graphique des cylindrages annuels effectués sur une route donnée.

Une ligne par année permet d'indiquer sur les divisions kilométriques et hectométriques du graphique les cylindrages successivement faits.

La formule donne, en tête du tableau, divers renseignements parmi lesquels les résultats des comptages de la circulation et des sondages.

C'est un document d'une grande utilité, lorsqu'on étudie le programme des fournitures et des rechargements annuels.

— *Devis de cylindrages.* — Depuis longtemps l'Administration recommande de procéder aux travaux de cylindrages par voie d'adjudication. Elle a établi à cet effet une formule de devis, dont le dernier spécimen est joint à la circulaire du 19 janvier 1914.

90. *Défoncements de chaussées.* — Lorsqu'un profil de chaussée se trouve déformé à un point tel qu'il est impossible de le rétablir par des emplois cylindrés, ou encore si on a laissé la chaussée s'user démesurément, au point qu'elle ne soit formée que de détritus, avec des pierres éparses çà et là, il n'est pas possible d'y répandre un rechargement. Le défaut d'homogénéité fait qu'il ne dure pas. Le seul remède paraît être de défoncer la vieille chaussée et d'enlever tout ce qui est mauvais. Le rechargement se fait alors sur le sol nouveau obtenu, avec ou sans fondation suivant les cas.

Les défoncements se font avec des machines spéciales.

PAVAGES

91. *Entretien des pavages.* — Il est une opinion parfois répandue, que les pavages n'ont pas besoin d'entretien. C'est une grossière erreur. Ils peuvent évidemment attendre les réparations plus longtemps que les empierrements, mais, si on les abandonne, il arrive qu'un pavé s'enfonce et se brise. Si on ne le remplace pas, sous le choc des roues, les six pavés adjacents se déforment et se perdent. Peu à peu le désordre se généralise et s'aggrave. Tout le mal eût été évité si on avait remplacé à temps le pavé, cause première de tout le mal. Il en est de même dans le cas d'une flache.

La méthode du point à temps est donc tout aussi nécessaire pour les pavages que pour les empierrements.

Les pavés ne s'usent guère qu'à la surface, surtout en raison de la déformation de leur tête. Quand on circule sur un pavage soigné, même sur une vieille chaussée, on peut trouver des pavés à tête arrondie, mais on ne doit voir ni trou, ni flache. La chaussée peut être dure aux voitures, mais on peut toujours maintenir un profil régulier et d'un parcours facile.

— L'entretien des pavages comprend les travaux nécessaires au maintien de l'uni de la surface et le remplacement des pavés brisés.

Après un temps plus ou moins long, qu'on peut appeler période d'aménagement, les pavés sont trop déformés, il faut renouveler le pavage avec des pavés neufs : c'est ce qu'on appelle faire un relevé à bout.

Avant la fin de la période d'aménagement, les menus travaux que l'on a pu faire pour entretenir l'uni, peuvent ne pas avoir été suffisants pour maintenir un bon profil. On opère alors un relevé à bout avec les vieux pavés, retaillés si c'est nécessaire, et en remplaçant seulement le déchet.

Entre temps, l'entretien de l'uni se fait au moyen de repiquages et de soufflages.

— Lorsqu'on entreprend un relevé à bout, on commence par nettoyer la vieille chaussée, en enlevant la boue et la terre, puis on démonte le pavage. On enlève alors la partie supérieure du sable plus ou moins impur et sali par les infiltrations. Mais il faut se garder de piocher l'ancienne fondation qu'une longue compression a rendue dure et résistante. On remplace le sable enlevé par du sable neuf qu'on dame et qu'on arrose, si la qualité le permet. On vérifie le profil à la cerce et on pose les pavés comme il a été dit pour la construction.

Les relevés à bout se font souvent à l'entreprise : l'entrepreneur en est responsable pendant un an (délai de garantie), après lequel il doit le livrer en parfait état. Les entrepreneurs ont intérêt à faire de larges joints ; il faut s'y opposer : le pavage est moins solide et moins roulant.

— Les repiquages consistent dans la réparation des flaches ; ils constituent, en quelque sorte, un petit relevé à bout, limité à l'étendue de la flache. Ils sont faits ordinairement par les cantonniers paveurs. On n'emploie que les vieux pavés sortis de la baie ouverte, en remplaçant au besoin les déchets par des pavés provenant de démontages antérieurs et conservés à cet effet.

— Les soufflages sont des opérations qui consistent généralement à relever les pavés isolés qui se sont enfoncés. On soulève le pavé avec de petites pinces, de manière à le mettre en saillie de 2 à 3 centimètres, après avoir au préalable dégarni les joints et balayé la surface, pour empêcher le sable avarié de pénétrer dans la forme. Avec le pied on pousse dans les joints du sable neuf en quantité suffisante pour ramener le pavé au niveau voulu. On procède ensuite au battage à la hie et au fichage des joints. Lorsqu'on a de l'eau, on arrose avec un arrosoir, pour faire pénétrer le sable sous le pavé.

Des ouvriers habiles peuvent aussi réparer par soufflage des flaches étendues.

Les soufflages sont confiés à des cantonniers paveurs.

— Il y a une certaine analogie entre l'entretien des pavages et celui des empierrements. Dans les deux cas, il y a réfection du revêtement par aménagement. Les relevés à bout en pavés neufs correspondent, en quelque sorte, au rechargement cylindré.

Le relevé à bout intermédiaire, avec vieux pavés, forme le pendant des emplois cylindrés pour rendre un uni général à la surface.

Les repiquages et soufflages correspondent aux emplois de strict entretien.

— *Retaille des pavés.* — Lorsqu'on a démonté un pavage, il convient de déposer les vieux pavés avec ordre et méthode et de prévoir le réemploi, pour que les dépôts ne s'éternisent pas.

A cet effet, il convient de faire un triage, en classant les pavés :

1° Ceux qui peuvent être utilisés sans aucune retouche ;

2° Ceux qui doivent être retaillés :

3° Ceux qui ne peuvent trouver emploi qu'en caniveaux et bordures ;

4° Ceux qui peuvent être complètement rebutés.

La retaille doit être aussi parfaite que possible, et, pour cela, il ne faut pas hésiter à y mettre un prix suffisant qui, en cas d'exécution à la tâche ou à l'entreprise, peut être fixé après essai.

— *Devis d'entretien.* — Les formules de devis d'entretien ont été arrêtées par les circulaires des 19 février 1898, 17 octobre 1900, 31 mai 1902 et 30 décembre 1910.

Pour les pavages, le délai de garantie prévu aux clauses et conditions générales est conservé. Il est, au contraire, supprimé pour les fournitures d'empierrement, conformément à la circulaire du 18 mai 1909.

— *Concours des collectivités.* — L'exécution des relevés à bout avec pavés neufs n'est pas payée sur les crédits normaux d'entretien. Ils ne peuvent être exécutés qu'après présentation de projets spéciaux, dont la dépense, imputée sur les crédits de 2° catégorie, fait l'objet d'allocations spéciales.

Le concours des collectivités est exigible dans les conditions prévues par la circulaire du 21 mai 1909.

17

— *Nettoyage des routes dans les traverses.* — Sans qu'il soit question, pour l'Etat, de se décharger de l'entretien proprement dit dans les traverses, on doit remarquer que les communes ont également certaines obligations, puisqu'il s'agit, jusqu'à un certain point, de voirie urbaine.

Pour ce qui est de l'ébouage, une distinction est à faire entre les pavages et les empierrements. Sur les premiers, les opérations de balayage et d'enlèvement des immondices, et apports divers nuisibles à la salubrité, sont incontestablement à la charge des communes, parce qu'elles ne constituent, à aucun titre, des opérations d'entretien.

Sur les empierrements, la question est plus complexe. Ici, en effet, les produits de l'usure dus à la circulation générale et locale s'ajoutent aux détritus inhérents à toute agglomération, et que l'hygiène seule commanderait d'évacuer rapidement par un service de voirie régulièrement organisé.

Comme on ne peut séparer la boue provenant de l'usure des autres détritus, il faut étudier, dans chaque cas, les charges qui doivent légalement et équitablement incomber à la commune et à l'Etat.

L'Etat doit le balayage de la boue et la mise en tas. Mais le souci de défendre les piétons et les riverains contre la poussière et les éclaboussures, et d'enlever les immondices dangereuses pour la salubrité, a incité les municipalités à organiser des services de nettoiement, pour se mettre à l'abri des responsabilités qu'elles pourraient encourir par suite des lois en vigueur (art. 4 de la loi du 11 frimaire an VII ; art. 97, 98, 133 de la loi du 5 avril 1884).

Comme le triage de la boue est impossible en fait, et que l'usure résulte, pour une grande part, de la circulation locale, il paraît équitable d'exiger, même pour les routes nationales, l'enlèvement de la totalité des boues et immondices pour la commune, qui peut d'ailleurs en tirer profit. Ce serait, pour l'Etat, une juste compensation des sujétions de l'entretien des traverses.

De nombreuses conventions ont été passées sur ces bases entre les villes et l'Etat. Il est recommandé aux ingénieurs de généraliser cette pratique.

J'ajoute que des observations analogues s'imposent, avec plus de force encore, pour l'enlèvement des neiges dans les traverses.

DIXIÈME LEÇON

CANTONNIERS

92. Cantonniers; Nomination; Cantonniers-chefs; Classes et salaires; Mode de fixation des salaires; Allocations familiales; Signes distinctifs; Outils-Vélocipède; Livret; Déplacements; Travail par la pluie et la neige. Police; Congés; Période d'instruction militaire; Maladies et accidents; Gratifications; Peines disciplinaires; Cessation de service; Médaille d'honneur; Retraite. — **93.** Manuel des cantonniers; Travaux spontanés; Travaux commandés; Partie à l'usage du cantonnier chef.

92. — Les cantonniers, dont l'institution paraît remonter à Trésaguet, sont des ouvriers chargés des travaux de main-d'œuvre relatifs à l'entretien des routes. Chacun d'eux est plus particulièrement attaché à une certaine étendue de route, qui prend le nom de canton.

Les cantonniers sont soumis à un règlement en date du 21 mars 1904.

— *Nomination*. — Les cantonniers sont nommés par le préfet, sur une liste de propositions présentée par l'ingénieur en chef, et contenant, autant que possible, un nombre de candidats double du nombre d'emplois à remplir.

Pour être nommé cantonnier, il faut :

1° Avoir satisfait aux lois sur le recrutement de l'armée, et être âgé de moins de 35 ans ;

2° N'être atteint d'aucune infirmité qui puisse s'opposer à un travail journalier et assidu ;

3° Avoir travaillé dans les ateliers de construction ou de réparation des routes ;

4° Fournir un extrait de son casier judiciaire.

Une circulaire du 25 septembre 1907 indique les formules dont il convient de faire usage.

— *Cantonniers-chefs*. — Les cantons des routes sont répartis en brigades dirigées par un chef-cantonnier, nommé par le préfet sur la proposition de l'ingénieur en chef. Le cantonnier-chef doit savoir lire, écrire et calculer; il est choisi parmi les cantonniers qui se sont distingués par leur zèle, leur bonne conduite et leur intelligence.

Les cantonniers-chefs accompagnent les subdivisionnaires dans leurs tournées.

Ils prennent connaissance des ordres donnés par ces agents aux cantonniers de leur brigade et veillent à leur exécution.

Ils parcourent leur brigade, au moins une fois par semaine, sauf ordre contraire de l'ingénieur, suivant des itinéraires, des jours et heures variables, fixés par le subdivisionnaire. Ils s'assurent de la présence des cantonniers et les guident dans leur travail. Ils rendent compte de la marche du service, conformément aux instructions qui leur sont données par l'ingénieur ordinaire. Enfin, ils fournissent à leurs chefs les renseignements qui leur sont demandés.

Au début de chaque semaine, le subdivisionnaire écrit ses ordres sur une feuille hebdomadaire (formule B-9 circ. du 25 septembre 1907). La semaine écoulée, le chef-cantonnier retourne la feuille au subdivisionnaire avec ses observations, puis elle est transmise à l'ingénieur ordinaire avec les mentions appropriées.

Les cantonniers-chefs peuvent être momentanément employés à surveiller l'exécution de certains travaux.

Ils concourent à la constatation des infractions à la police de la grande voirie et du roulage, après avoir été dûment assermentés (formule B-3. Circ. du 25 septembre 1907, visant les lois du 29 floréal an X. décret du 16 décembre 1811, art. 112. Loi du 23 mars 1842, lois des 12-30 avril et 20 mai 1851).

— *Classes et salaires.* — Dans chaque département, les cantonniers sont divisés en cinq classes (circ. du 6 mars 1912).

Les salaires de chaque classe sont fixés par le préfet, sur la proposition de l'ingénieur en chef. A ces salaires peuvent s'ajouter des indemnités de résidence (Il faut calculer ces indemnités sur des bases réelles, afin qu'elles ne deviennent pas des augmentations déguisées de salaire).

Le classement des cantonniers est fait, chaque année, par le préfet sur la proposition des ingénieurs, d'après les services rendus l'année précédente (formule B-4. Circ. du 25 septembre 1907).

Le nombre des cantonniers ordinaires et des cantonniers-chefs est le même dans chaque classe.

— *Mode de fixation des salaires.* — Le mode de fixation des salaires résulte de la circulaire du 20 mai 1914. Il est inspiré du principe posé pour la détermination des salaires en vertu du décret du 10 août 1899, sur les conditions du travail (Circ. du 12 septembre 1899), les cantonniers étant assimilés aux ouvriers agricoles.

Une commission est constituée pour constater les salaires agricoles, elle comprend :

Deux membres de corps élus (Conseillers généraux ou d'arrondissement). Deux représentants de l'agriculture. Deux fonctionnaires du service des Ponts et Chaussées. Deux cantonniers.

Le préfet ou son délégué préside.

Les commissions ne doivent fonctionner qu'à des intervalles éloignés, en principe tous les sept ans. Elles se bornent à de simples constatations des salaires agricoles et de la durée correspondante de travail.

Les conclusions des commissions sont transmises aux ingénieurs qui les examinent et font leurs propositions. Le salaire mensuel est obtenu en multipliant le salaire journalier par 25.

Les ingénieurs présentent, en même temps, des propositions pour fixer les indemnités attribuées à quelques résidences. On se base d'ordinaire, pour les déterminer, sur le prix des loyers.

La circulaire du 12 septembre 1899 a prescrit, dans tous les cas, de ne pas fixer de salaires inférieurs à 52 francs.

— *Allocations familiales.* — Des allocations familiales sont attribuées aux cantonniers. Elles ont été fixées par la circulaire du 29 juin 1912, savoir :

1° 30 francs à la naissance de chaque enfant;

2° 4 francs par mois et par enfant, au-dessus de deux,

jusqu'au **31** décembre de l'année au cours de laquelle les enfants atteignent l'âge de **13** ans.

— *Signes distinctifs.* — Les cantonniers, dans l'exercice de leurs fonctions, doivent porter un signe distinctif, coiffure ou ruban, portant l'inscription du mot cantonnier.

Le signe distinctif des cantonniers-chefs est arrêté par l'ingénieur en chef. Le meilleur consiste en une casquette spéciale, avec inscription des mots Chef-Cantonnier.

Chaque cantonnier reçoit un guidon, qui doit être placé, sur la route, à moins de **100** mètres de l'endroit où il travaille. La tige du guidon est divisée en décimètres et porte une plaque indiquant le numéro du canton.

— *Outils, vélocipède.* — Chaque cantonnier qui entre en service reçoit **20** francs pour acheter les outils suivants :

1° Une brouette ;

2° Une pelle en fer ;

3° Un râteau en fer ;

4° Un cordeau de **20** mètres avec ses piquets.

Les cantonniers chefs doivent se pourvoir d'une roulette ou d'un ruban décamétrique et d'un mètre pliant.

Lorsqu'un cantonnier quitte le service, l'Administration peut exiger, si sa nomination remonte à moins de six mois, le remboursement de la somme totale ou partielle qui a été allouée.

Les cantonniers-chefs peuvent être autorisés à se servir de vélocipèdes. Ils reçoivent alors une indemnité annuelle de **75** francs.

L'Administration fournit aux cantonniers tous les autres outils qui leur sont nécessaires.

L'entretien des outils est à la charge du cantonnier ou de l'Administration, suivant leur origine. Ils doivent être portés à la réparation en dehors des heures de travail.

— *Livret.* — Chaque cantonnier est pourvu d'un livret (modèle B-8 circ. du **25** septembre **1907**). Il contient un exemplaire du règlement, l'indication des heures de travail et de repos fixées par le préfet, sur la proposition de l'ingénieur en chef, d'après les usages du pays.

Le livret doit être visé, à chaque tournée, par le subdivisionnaire et par le chef-cantonnier.

Les cantonniers ne doivent pas s'en dessaisir.

Les cantonniers doivent prendre leurs repas sur la route. Les heures sont fixées par l'ingénieur en chef. La durée d'un repas ne peut excéder 2 heures, sauf par les grandes chaleurs, où elle peut atteindre 3 heures.

— *Déplacements.* — Les cantonniers et les cantonniers-chefs peuvent être momentanément déplacés par leurs chefs, de leur canton ou de leur brigade. Ils peuvent être constitués en équipes. Ils reçoivent alors des indemnités fixées par l'ingénieur en chef, sur la proposition de l'ingénieur ordinaire.

— *Travail par la pluie et la neige. Police.* — Les cantonniers doivent demeurer au travail par les intempéries et redoubler de zèle, sauf à se construire, s'il y a lieu, des abris qui n'embarrassent ni la voie publique, ni les propriétés riveraines.

Ils doivent assistance aux voyageurs, mais sans quitter la route.

Ils veillent à ce qu'il ne soit commis aucune infraction à la police et avisent leurs chefs, s'il y a lieu.

— *Congés.* — Les cantonniers peuvent obtenir des congés sur demande écrite. On leur retient leur salaire, sauf dans la limite de 12 jours de congés annuels auxquels ils ont droit, en vertu d'une circulaire du 10 avril 1909.

Des congés de moissons peuvent être donnés aux cantonniers qui les demandent, mais ils ne peuvent pas être imposés.

Pour un congé de faible durée, on ne retient pas l'indemnité de résidence (circ. du 21 août 1905).

— *Périodes d'instruction militaire.* — Les cantonniers célibataires reçoivent le demi-salaire. Ceux qui sont mariés ou qui ont des charges de famille reçoivent le salaire intégral.

— *Maladies, accidents.* — Les cas de maladie et d'accidents sont réglés par l'arrêté et la circulaire du 31 décembre 1915.

I. Pour les accidents dont les cantonniers seraient victimes à l'occasion de l'exercice de leurs fonctions, il est fait application des lois, décrets, arrêtés ministériels en vigueur ou à intervenir, concernant les ouvriers des Ponts et Chaussées, notamment de la loi du 9 avril 1898, sauf en ce qui concerne les frais funéraires à la charge de l'Etat et les secours après décès, pour lesquels il sera procédé conformément aux §§ II et III suivants.

II. Pour les maladies qui surviendraient aux cantonniers pendant la durée de leur service, il est fait application des dispositions ci-après :

a) Les cantonniers sont traités à l'hôpital ou à domicile.

Ils reçoivent, pendant l'interruption obligée du travail, les soins médicaux et, en outre, un secours égal à moitié de leur salaire. Ce secours n'est dû que pendant une année et il n'est accordé aux cantonniers soignés à l'hôpital que s'ils sont mariés ou chargés de famille.

b) Le point de départ de la maladie, la durée de l'interruption obligée du travail et, dans le cas du § III qui suit, les décès sont constatés par des certificats de médecins agréés par l'ingénieur en chef.

III. Si le cantonnier succombe aux suites des accidents ou de la maladie visée aux §§ I et II ci-dessus, l'Administration paie les frais funéraires jusqu'à concurrence d'une somme de 150 francs.

Si le cantonnier est marié ou a des charges de famille, il est alloué, savoir :

1° à sa veuve, un secours de 200 francs ;

2° à ses enfants, âgés de moins de 16 ans, une somme totale de 50 francs par mois pendant 6 mois, s'ils sont au nombre de trois ou plus ; une somme totale de 50 francs par mois, pendant 5 mois, s'ils sont au nombre de deux ; une somme totale de 50 francs par mois, pendant 4 mois, s'il n'y en a qu'un seul.

IV. L'Administration ne pourra être tenue des frais médicaux et pharmaceutiques que jusqu'à concurrence des sommes fixées dans le tarif établi par l'arrêté du Ministre du Commerce et de l'Industrie, en date du 29 décembre 1911, ou dans les tarifs qui pourraient être ultérieurement établis par le Ministre du Travail et de la Prévoyance sociale, en exécution de l'article 4 de la loi du 9 avril 1898, modifié par la loi du 31 mai 1905.

V. Les précédentes dispositions ne sont pas applicables lorsque les accidents ou les maladies sont survenus pendant les congés ou les absences non autorisées, tels qu'ils sont prévus à l'article 16 du règlement.

— *Gratifications.* — Des gratifications peuvent être allouées aux cantonniers par l'ingénieur en chef sur la proposition de l'ingénieur ordinaire. Le montant ne peut en excéder le salaire mensuel. Elles sont inscrites sur le livret et communiquées en fin d'année au préfet du département.

— *Peines disciplinaires.* — Des peines disciplinaires peuvent être infligées aux cantonniers, pour inobservation du règlement, absence non autorisée, inexécution des ordres reçus, insubordination ou toute autre faute.

Elles sont :

1° L'avertissement ;

2° La réprimande ;

3° L'abaissement de classe ;

4° La révocation.

Les deux premières sont infligées par l'ingénieur en chef sur la proposition de l'ingénieur ordinaire, les deux autres par le préfet. Les trois premières sont inscrites sur le livret.

— *Cessation de service.* — Les cantonniers quittent le service à 65 ans.

Lorsqu'un cantonnier quitte le service, il remet au subdivisionnaire les signes distinctifs et les outils remis par l'Administration. Il est opéré, s'il y a lieu, sur les sommes dues au cantonnier, une retenue de la valeur des objets qui n'auraient pas été rendus.

— *Médaille d'honneur.* — Une médaille d'honneur a été instituée par décret du 1er mai 1897, pour être attribuée, après 30 ans de service, aux cantonniers qui se sont distingués.

Même faveur a été accordée aux cantonniers départementaux et communaux par décret du 26 mars 1898.

En accord avec les ministres de l'Intérieur et des Travaux

publics, il a été décidé que, si un cantonnier passe d'un service à un autre et possède, pour l'ensemble, 30 ans de services ininterrompus, il peut être proposé pour la médaille d'honneur par celui des services dont il relève en dernier lieu (circ. du 25 octobre 1910).

— *Retraite.* — Le règlement des cantonniers soumet ces ouvriers aux lois et règlements établis en matière de retraite, notamment la loi du 20 juillet 1886, le décret du 28 décembre 1886 et celui du 22 février 1896.

La loi du 20 juillet 1886, dont l'article 16 a été modifié par la loi du 29 mars 1897, est relative à la Caisse des retraites pour la vieillesse, les décrets susvisés également. Le décret du 22 février 1896 a été pris en vertu de la loi de finances du 16 avril 1895, art. 66 ; il s'applique aux bonifications. Il a été modifié par la loi de finances du 22 avril 1905, art. 42, dans ses articles 1, 7 et 11. Cette loi crée une bonification de survivance en faveur des cantonniers retraités. Ces modifications font l'objet d'explications détaillées dans la circulaire du 22 juin 1905.

— Les cantonniers de l'État jouissaient ainsi d'une organisation de retraite bien définie, quand est venue la loi du 5 avril 1910 sur les retraites ouvrières et paysannes dont l'article 10 prévoit, pour les salariés des départements et de l'État, non soumis aux pensions civiles, une organisation de retraite par décret.

Ce décret est intervenu le 6 décembre 1911, il ratifie l'ancienne organisation en ajoutant que la retraite obtenue ne peut, en aucun cas, être inférieure à celle qui aurait résulté des articles 4 et 9 de la loi du 5 avril 1910, s'il avait été assuré obligatoire.

Pour ce qui est de la bonification attribuée à la femme, elle est calculée sans tenir compte de la majoration pouvant résulter de ce qui précède.

Il convient d'observer également que la loi du 5 avril 1910 a été modifiée par la loi du 27 janvier 1912.

— Il résulte de l'ensemble des dispositions qui précèdent que les cantonniers subissent une retenue de 5 0/0 sur leur salaire, ramenée, suivant un barème, à la moindre quantité nécessaire pour former en une année un multiple de 4 francs. Ces retenues sont faites par dixième sur chacun des cinq premiers mois des deux semestres.

Les retenues sont mandatées collectivement au nom d'un régisseur.

L'âge normal d'entrée en jouissance est fixé à 60 ans, mais cette jouissance peut être ajournée, d'année en année, jusqu'à 65 ans. L'entrée en jouissance de la femme doit coïncider avec celle du mari, sauf si elle a plus de 65 ans ou moins de 50 ans.

Après 60 ans et jusqu'à 65 ans, les cantonniers continuent à verser à la Caisse des Retraites.

Lorsqu'un cantonnier quitte le service, l'Etat verse à la Caisse des Retraites ce qui est nécessaire pour bonifier sa pension.

La rente viagère est calculée sur le salaire moyen des six dernières années, à raison de 1/60 par année de service, mais sans pouvoir dépasser un maximum fixé chaque année par décret, d'après les ressources inscrites au budget. Si la rente acquise par les versements est supérieure à ce minimum, la retraite est égale à cette rente : si elle est inférieure, l'Etat verse pour une bonification correspondante, comme il a été dit ci-dessus. Pour y avoir droit, le cantonnier doit avoir 60 ans au moins et 20 années au moins de service.

Si le cantonnier est marié, la bonification profite à la femme et au mari proportionnellement à la pension de chacun (loi du 22 avril 1905).

Lorsqu'un cantonnier en activité de service vient à mourir, l'Etat assure à la veuve la rente complémentaire qu'il aurait constituée en son nom, si le cantonnier avait quitté l'Administration le jour de son décès.

Si la femme d'un cantonnier retraité vient à mourir, il est constitué, au profit de son mari survivant, une rente complémentaire égale à la pension totale dont jouissait la femme, sans toutefois que la pension totale du mari puisse, de ce chef, excéder 360 francs (loi du 22 avril 1905).

Si, au contraire, c'est le cantonnier retraité qui vient à mourir, il est attribué à la femme une rente complémentaire pour amener la pension aux deux tiers de celle ci-dessus indiquée. Cette rente complémentaire ne peut toutefois pas dépasser le montant de la pension dont la femme jouissait à la mort de son mari.

— Pour la mise en œuvre de ces dispositions, les sommes dues, chaque mois, à l'ensemble des cantonniers sont portées sur un décompte (formule n° 7) qui sert à établir la proposition de paiement pour le salaire. Le décompte fait mention, pour chaque cantonnier, du salaire normal, des allocations supplémentaires ou des retenues diverses autres que pour la Caisse des Retraites, et aboutit à la somme due au cantonnier, c'est cette somme due que le subdivisionnaire porte sur son carnet d'attachements et sur son sommier de comptabilité, sans avoir égard aux retenues pour la retraite.

Toutefois, le décompte (formule n° 7) comporte à la suite une colonne portant les retenues spéciales pour la retraite et la somme nette à payer. C'est cette somme nette qui est mandatée par l'ingénieur en chef, au profit du cantonnier. Quant aux retenues pour retraites, elles sont portées sur un état spécial (modèle A-2, circ. du 25 septembre 1907) ; elles sont mandatées en bloc semestriellement au nom d'un régisseur comptable, nommé par le préfet et qui effectue chaque semestre le versement à la Caisse des Retraites, au nom des cantonniers.

Pour garder trace des retenues mensuelles, un état-navette (modèle A-1, circ. du 25 septembre 1907) circule chaque mois entre l'ingénieur ordinaire et l'ingénieur en chef. Il est transmis le sixième mois au régisseur, pour servir à la rédaction de la formule A-2 ci-dessus.

Les sommes versées par le régisseur sont portées au livret de retraite de chaque cantonnier, par le préposé à la Caisse des Retraites.

Il est tenu, dans chaque bureau d'ingénieur, un registre (modèle B-6, circ. du 25 septembre 1907), qui contient tous les renseignements sur les nominations et situations diverses des cantonniers, leur état civil, de famille, les gratifications annuelles, les mesures disciplinaires. Il signale les dates des premiers versements à la Caisse des Retraites et les dates d'entrée en jouissance pour le cantonnier, et sa femme, s'il y a lieu. Enfin, il donne, année par année, le montant des versements faits et des rentes acquises. Il se termine par le montant des pensions de retraites et les bonifications.

Au début de chaque année, il est adressé à chacun des cantonniers en exercice un bulletin indiquant la situation des versements et des rentes acquises au premier jour (modèle B-7, circ. du 25 septembre 1907).

Quant aux bonifications, elles font l'objet de l'instruction du 4 août 1896 et de la circulaire du 6 août 1897. Elles comportent la production d'un bulletin donnant tous les éléments pour en arrêter le montant. Les bonifications sont arrêtées par le ministre. Le bulletin contient notamment (circ. du 16 août 1912) le montant de la rente qu'aurait produite, pour chaque intéressé, l'application de la loi sur les retraites ouvrières et paysannes, afin de permettre la vérification prescrite par le décret du 6 décembre 1911.

93. *Manuel des Cantonniers.* — Les cantonniers travaillent presque toujours isolément; ils peuvent rester longtemps sans instructions ; ils doivent donc avoir une certaine initiative dans l'exécution de leur travail, mais cette initiative doit être réglementée. Il est donc nécessaire de mettre entre leurs mains un manuel qui leur donne toutes les instructions nécessaires et qui soit adapté aux traditions du département.

Parmi les travaux à effectuer par les cantonniers, il faut distinguer entre les travaux dont ils peuvent prendre d'eux-mêmes l'initiative et les travaux qu'ils ne doivent entreprendre que s'ils en ont reçu l'ordre écrit sur leur livret.

— *Travaux spontanés.* — Les travaux spontanés sont les suivants :

— Chasser l'eau des flaches :

— Ouvrir des saignées dans les zones ravagées :

— Désobstruer les gargouilles et aqueducs ;

— Débarrasser les caniveaux et les bords de la chaussée des amas de sable ou de la végétation qui peuvent les encombrer (le sable peut être mis de côté pour l'utiliser dans les rechargements).

— Régulariser les fossés, mais sommairement seulement, et uniquement dans la mesure où l'écoulement de l'eau l'exige ;

— Ebouer la chaussée jusqu'à parfait assainissement ;

— Ramasser la boue et la jeter hors de la route, ou la mettre en tas réguliers, si elle doit être utilisée pour les rechargements ;

— Epoudrer la chaussée et jeter la poussière hors de la route ;

— Effacer les frayés ;

— Enlever les feuilles provenant des plantations ;

— Déblayer la neige ;

— Entretien des emplois partiels précédemment faits en vertu d'ordres précis ;

— Réparer les dégradations accidentelles et urgentes aux ouvrages d'art ;

— Tournée d'ordre tous les samedis, savoir :

Pour ramasser les pierres roulantes ;

Pour enlever les mottes de terre, fumiers, crottins, etc. ;

Pour enlever les chardons, orties, grandes herbes ;

Pour enlever les taupinières à la bêche ;

Pour combler et rabattre les bourrelets dans les accotements ;

Pour surveiller les jeunes plantations, épinages, etc. ;

Pour noter les circonstances à signaler au chef-cantonnier ;

Pour reformer le cordon des pieds des tas de matériaux.

— Les mêmes mesures doivent être prises à l'égard des chaussées pavées, en ce qui leur est applicable, et relèvement des pavés enfoncés.

Le manuel ne doit pas se borner à une simple énonciation, il doit fournir toutes les indications utiles sur la manière dont les divers travaux doivent être exécutés, pour donner le maximum d'effet utile.

— *Travaux commandés*. — Les travaux commandés sont ceux que le cantonnier ne doit pas entreprendre sans en avoir reçu l'ordre écrit sur son livret, par exemple :

— Ebouage en commun avec un auxiliaire ;

— Déblaiement de neige avec un traîneau et un attelage ;
— Cassage des matériaux à la tâche ;
— Extraction et préparation des matériaux ;
— Purgement et emmétrage ;
— Terrassements, fossés, accotements, saignées, etc. ;
— Banquettes de sûreté, construction et entretien ;
— Réparation des chaussées, au moyen d'emplois.

De même que pour les travaux spontanés, les travaux commandés doivent faire l'objet d'instructions détaillées, quant au mode d'exécution, sur le manuel.

— Le manuel doit être complété, à l'usage du cantonnier-chef, par des instructions qui le concernent d'une façon plus particulière, par exemple :

— Mode de construction des chaussées ;
— Exécution des rechargements et des emplois cylindrés ;
— Entretien des chaussées, goudronnages, etc. ;
— Surveillance de chantiers et ateliers divers ;
— Élargissements de chaussées ;
— Trottoirs et caniveaux :
— Pavages, relevés à bout, soufflages, repiquages, etc. ;
— Qualité des matériaux, mesures à prendre pour la réception ;
— Plaques et poteaux indicateurs, bornes kilométriques, etc. ;
— Plantations, échenillage :
— Ouvrages d'art :
— Embrigadement éventuel des cantonniers, etc., etc.

ONZIÈME LEÇON

OUVRAGES ACCESSOIRES ET OUTILLAGE

PLANTATIONS

94. Plantations ; Plantations anciennes ; Plantations nouvelles ; Instruction du 21 avril 1897 ; Registre et état des plantations ; Plantations riveraines.

INDICATIONS DE DIRECTION ET DE DISTANCE

95. Indications de direction et de distance ; Circulaire du 21 juin 1853 ; Circulaire du 27 mars 1913 ; Bornes, plaques et poteaux indicateurs, système Paris-Trouville ; Essais antérieurs ; Signaux avertisseurs.

OUVRAGES ACCESSOIRES

96. Ouvrages accessoires.

OUTILLAGE

97. Outillage : I. Préparation des matériaux ; II. Emploi des matériaux ; III. Soins à la chaussée ; IV. Terrassements.

PLANTATIONS

94. *Plantations anciennes.* — La plantation des routes est une question importante, qui a attiré de tout temps l'attention des pouvoirs publics.

Les plantations contribuent, dans certains cas, à faciliter l'entretien des chaussées ; elles agrémentent la circulation et jalonnent la direction à suivre par la neige ou la nuit. Par leurs produits, elles sont une source de revenus non négligeables.

L'arrêté du Conseil du Roy du 3 mai 1720 ordonnait aux riverains des routes de planter des lignes d'arbres à une toise au moins du bord extérieur des fossés, avec un écartement de 30 pieds d'arbre en arbre.

18

L'ordonnance du 4 août 1731 défendait de planter des arbres à moins de 6 pieds du bord extérieur des fossés et berges.

La loi des 28 septembre-6 octobre 1791 interdit de détériorer les arbres.

Le Code pénal, art. 445-446-447-448 protége les plantations.

La loi du 9 ventôse an XIII ordonne aux riverains de planter les routes sur le sol même des routes.

Le décret-loi du 16 décembre 1811 stipule que tout arbre sur une route est réputé appartenir à la route, et tout arbre sur le terrain riverain appartenir au riverain. Il ordonne aussi aux riverains de planter la route sur leur propriété, à leurs frais. Les plantations ainsi faites appartiennent aux particuliers, mais ils ne peuvent les abattre sans autorisation. Il existe encore de ces plantations.

— *Plantations nouvelles.* — Pour les plantations nouvelles, bien qu'elle en ait le droit, l'Administration n'exige plus la plantation par les riverains, sur leur terrain. Elles se font sur le sol de la route. La dépense, que l'Etat prend à sa charge, sauf un concours des intéressés dans les conditions prévues par la circulaire du 21 mai 1909, est imputée sur les fonds de 2ᵉ catégorie (circ. du 4 juillet 1854).

Les projets de plantations doivent être présentés sur un modèle spécial (circ. du 21 avril 1897 et 30 décembre 1910), qui définit l'objet de l'entreprise, les dispositions des plantations, les essences d'arbres, leur origine et les conditions auxquelles les plants doivent satisfaire. Elles donnent aussi le détail des mesures qui sont imposées à l'entrepreneur, pour assurer le succès de la plantation.

Pour laisser à l'entrepreneur la responsabilité qui convient, il doit assurer l'entretien pendant le délai de garantie : labours, échenillage, taille, ébourgeonnement, etc. Le délai de garantie est de deux ans, pendant lesquels l'adjudicataire doit remplacer les arbres morts.

L'Administration attache un grand prix à la conservation des plantations (circ. du 24 septembre 1911).

— *Instruction du 21 avril 1897.* — Cette instruction rappelle celle du 17 juin 1851.

La première partie justifie l'utilité des plantations ;

La seconde partie définit les routes qui doivent être plantées, et les dispositions des lignes d'arbres.

On recommande de ne planter que des routes de 10 mètres au moins, de ne placer, de chaque côté, qu'une seule ligne d'arbres, si la largeur est moindre que 16 mètres. Au-dessus de cette largeur, on peut admettre plusieurs lignes. Il faut retenir que l'Etat n'est pas astreint à placer les arbres à une distance déterminée des limites de la route ; les règles applicables à deux propriétés particulières contiguës ne sont pas opposables, mais on doit élaguer à la limite, à la requête du riverain, les branches et racines qui sortent de l'emprise (art. 673 du Code civil, modifié par la loi du 20 août 1881).

Les lignes d'arbres doivent être, en principe, à 4 m. 50 au moins de l'axe de la route.

Sur les routes de 16 mètres, ou plus, comportant une double rangée d'arbres de chaque côté, l'axe de l'une des lignes doit être placé à 0 m. 50 de l'arête du fossé et l'autre à 4 m. 50 de l'axe de la route ; il reste ainsi une contre allée de 3 mètres entre les lignes, conformément à la circulaire du 9 août 1850.

La distance à observer entre les arbres d'une même ligne, d'après l'instruction de 1851, devait être de 10 mètres. En faisant coïncider les arbres avec les bornes, on obtenait un complément de bornage. Cette prescription n'est pas absolue, et il faut admettre de 12 mètres à 18 mètres, pour les arbres à grand développement, et descendre à 8 mètres ou 10 mètres, dans le cas contraire.

Pour le choix des essences, qui fait l'objet de la troisième partie de l'instruction, il faut tenir compte de la nature du terrain, du climat, de l'intérêt qu'il peut y avoir à ne pas trop nuire aux riverains, et aussi de la valeur du produit. Contrairement à l'instruction du 17 juin 1851, on admet quelquefois aujourd'hui, à titre d'essai, la plantation d'arbres fruitiers.

— *Registre et état des plantations.* — Il est tenu, dans les bureaux des ingénieurs, des registres de plantations. On se conformait autrefois aux circulaires des 31 août et 18 novembre 1891. Ces instructions ont été rapportées par circulaire du 29 mai 1899. Le registre est, en somme, remplacé par une situation quinquennale, tenue à jour depuis 1900. Depuis lors, les renseignements à fournir par les ingénieurs trouvent leur place dans le rapport d'inspection générale (circulaire du 17 avril 1908).

— *Plantations riveraines*. — Les plantations que les riverains veulent effectuer en bordure des routes sont assujetties à des autorisations, conformément aux articles de 31 à 34 du règlement de voirie du 15 janvier 1907.

95. *Indications de direction et de distance*. — Il est utile et même indispensable de donner aux voyageurs des indications de direction et de distance. Cette nécessité était reconnue par l'article 6 de l'ordonnance des Eaux et Forêts d'août 1667.

Une circulaire du 15 avril 1835, rappelant celle du 15 novembre 1833, a demandé des propositions aux ingénieurs, pour la pose de poteaux indicateurs :

1° Poteaux, à la rencontre des routes royales entre elles ;
2° Dépenses à prélever sur les crédits d'entretien.

D'un autre côté, les bornes kilométriques ont remplacé les anciennes bornes milliaires plantées le long des routes, de mille en mille toises et numérotées à partir du parvis Notre-Dame de Paris. Il y avait aussi des bornes donnant 1/2 ou 1/4 de mille.

— *Circulaire du 24 juin 1853*. — Cette circulaire donne des instructions pour le bornage des routes. L'objet de ces bornes apparaît alors surtout pour préciser les détails du service. On en profitait pour renseigner en même temps les voyageurs.

Les bornes devaient être placées, en principe, sur le côté gauche de la route, et, en général, vers la crête de l'accotement. Elles avaient la forme d'un prisme rectangulaire surmonté d'une moitié de cylindre.

La grande face, dirigée vers la route, comportait la désignation de cette route ainsi que le numéro d'ordre de la borne dans le département. Les faces latérales, plus petites, donnaient des indications de direction et de distance.

La signalisation comprenait, en outre, des bornes hectométriques, ainsi que des bornes spéciales indiquant la limite des départements.

— *Circulaire du 17 mars 1913. Bornes.* — Cette circulaire, considérant que les faces latérales des bornes sont insuffisantes pour donner nettement les indications aux voyageurs, a décidé de leur donner quartier de manière que celles-ci puissent être inscrites sur la grande face. Mais elle laisse subsister une incertitude sur la nature des indications.

D'après M. Lorieux, directeur de l'Office national du Tourisme (3e Congrès de la route), la face vers la route doit porter la désignation abrégée de la route : N, route nationale ; D, route départementale ; GC, chemin de grande communication ; IC, chemin d'intérêt commun ; VO, chemin vicinal ordinaire. On complète par le numéro de la route et par le numéro d'ordre de la borne.

Sur les faces latérales, on inscrit les localités dans le sens de la marche du voyageur. La première localité indiquée est la traverse la plus voisine ; la seconde est, en général, la première traverse importante qui suit. Enfin, la face arrière indique le département et l'altitude.

Quant aux bornes limites de départements, elles comportent, sur la face antérieure, la mention des grandes villes situées de part et d'autre.

Je complète ces indications par les croquis ci-après, à titre d'exemple.

— *Plaques et poteaux indicateurs.* — En dehors des bornes, on dispose, pour la signalisation des routes, de plaques indicatrices qu'on peut, suivant les cas, poser sur la façade des maisons riveraines ou sur des poteaux indicateurs.

Ces plaques sont de deux catégories : plaques de traverse, pour signaler la localité qu'on aborde ; plaques d'embranchement, pour donner la direction à suivre dans les bifurcations.

BORNE KILOMÉTRIQUE

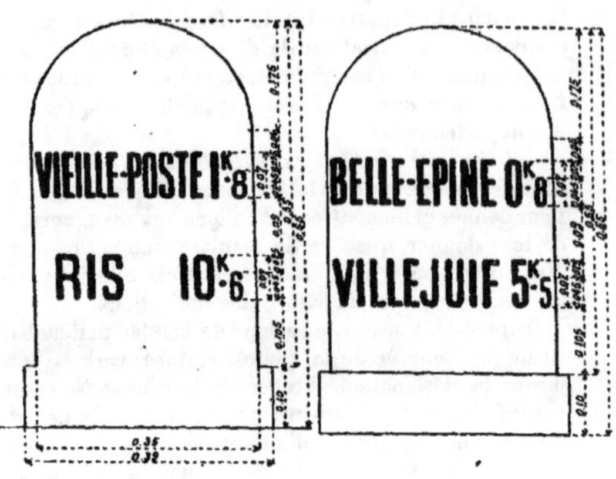

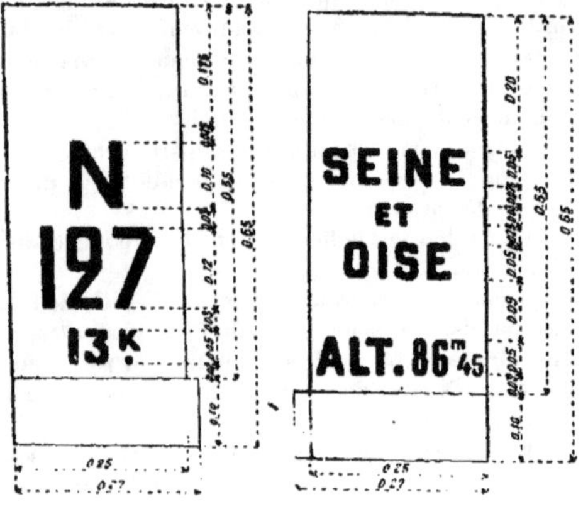

BORNE LIMITE DU DÉPARTEMENT

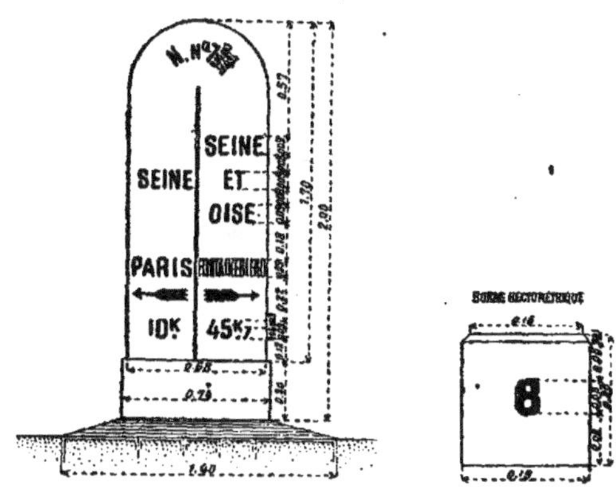

— Pour les plaques de traverses, M. Lorieux propose de placer, à l'entrée de chaque localité et perpendiculairement à l'axe de la route, une simple plaque d'assez grande dimension et portant en gros caractères le nom de la traverse. Exemple :

VILLEJUIF

— Pour ce qui est des plaques d'embranchement, M. Lorieux distingue deux cas :

1° Indications à donner dans l'intérieur d'une agglomération. Exemples :

soit :

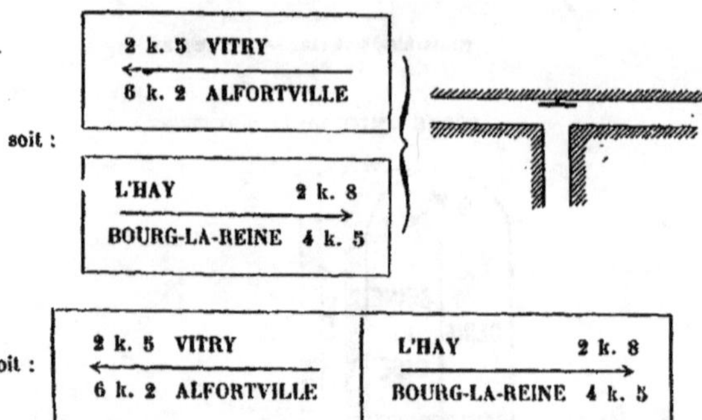

soit :

2 k. 5 VITRY	L'HAY 2 k. 8
6 k. 2 ALFORTVILLE	BOURG-LA-REINE 4 k. 5

M. Lorieux fait remarquer que l'expérience conduit à n'admettre, sur une même plaque, que des indications pour une seule direction seulement.

Dans les traverses un peu compliquées, les principaux itinéraires doivent être jalonnés sur tous les points où l'hésitation est possible, au moyen d'une plaque portant simplement le nom et la direction. Les plaques d'une direction doivent être placées d'un côté de la traverse, et celles de l'autre, du côté opposé.

Pour le cas d'un tronc commun à deux itinéraires, il est préférable de juxtaposer deux plaques distinctes pour chacun, plutôt que de les indiquer sur la même.

2° La bifurcation est en rase campagne.

M. Lorieux propose de placer les plaques perpendiculairement à l'axe de la route.

Chaque plaque indique non seulement les directions des chemins croiseurs, mais celle qu'on a devant soi, à la manière des indications des bornes. Les plaques sont à double face. Les distances des localités qu'on a devant soi doivent être indiquées de chaque côté, pour éviter la confusion avec les indications pour les chemins croiseurs. Exemples :

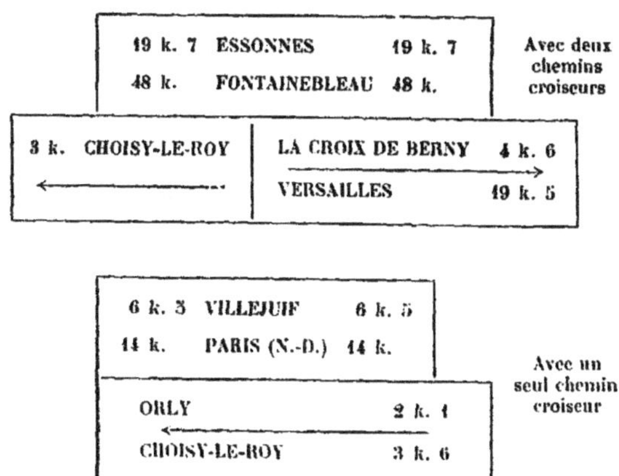

Les dispositions qui précèdent supposent un croisement avec un angle voisin de 90°. Si l'angle est aigu, on peut adopter des dispositions analogues à celles qui sont indiquées sur les croquis ci-après :

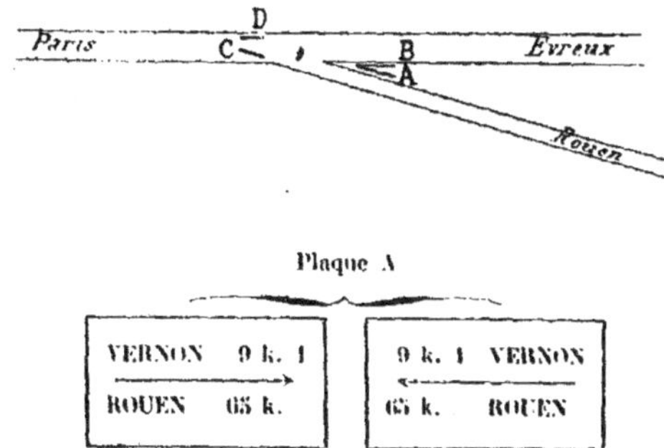

Plaque A

Plaque B

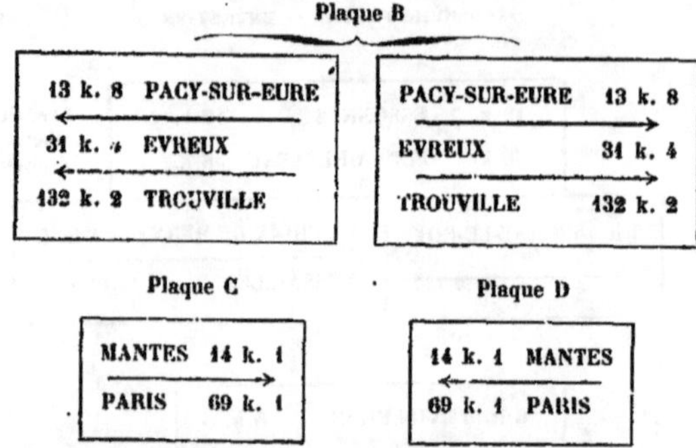

Plaque C   Plaque D

— Il est important d'adopter des dispositions telles que la lecture soit facile et rapide. M. Lorieux indique la formule

$$L = \frac{10.000}{3} p,$$

qui donne la distance à laquelle un mot est lisible, pour une vue moyenne, quand les lettres présentent des pleins d'épaisseur p, une hauteur $3p$ et un intervalle p entre les lettres. Il ajoute que, toutes choses égales d'ailleurs, la distance L augmente avec l'espacement des lettres.

D'après les expériences du Touring Club et de l'Automobile Club, les meilleures conditions de visibilité seraient obtenues avec des caractères blancs sur fond bleu.

Toutefois, pour la partie supérieure des plaques de croisement, qui indique les localités que l'on a devant soi, on a adopté des caractères noirs sur fond blanc, pour dénoncer le caractère spécial des dites plaques.

Les essais faits par l'Office national du Tourisme ont porté sur des plaques de trois sortes : -

— Tôle vernie cuite au four ;

— Tôle émaillée ;

— Verre étiré.

Au point de vue de la lisibilité, la supériorité appartient à la tôle émaillée, mais elle se brise au choc d'une manière irréparable.

La tôle vernie, cuite au four, peut être retournée et utilisée de nouveau quand les inscriptions sont abîmées.

Les plaques murales sont fixées par des pattes de scellement. Pour adapter les plaques, s'il y a lieu, aux supports de becs de gaz ou de trolley, on se sert de colliers adaptés aux circonstances. A défaut de ces supports, on utilise des poteaux en fer à double T mesurant 2 m. 75 de haut. Pour les plaques qui comportent des indications sur les deux faces, on adopte des dispositions en conséquence, la plaque étant introduite dans des rainures et serrée avec des boulons.

Le système indiqué par M. Lorieux est celui qui a été adopté, à titre d'essai, pour l'itinéraire de Paris à Trouville.

— *Essais antérieurs.* — Avant l'essai de la signalisation de l'itinéraire Paris-Trouville, d'autres avaient été tentés antérieurement. Je me borne à signaler ceux qui ont été faits par M. l'inspecteur général Henry, dans la Marne. Bien qu'ils aient eu lieu avant l'apparition de la circulation automobile, on y pourra trouver des idées qui compléteront ce que les expériences plus récentes n'ont pas précisé.

Sur les bornes kilométriques, M. Henry ne mentionnait en principe que le nom de chacune des traverses entre lesquelles était la borne, ce qu'il considérait comme suffisant pour préciser au voyageur le point exact de la route où il se trouvait.

A l'entrée de chaque traverse, une plaque indiquait, au principal, le nom de la traverse. Elle donnait, en outre, la désignation de la route et mentionnait les indications de direction et de distance, mais vers la sortie seulement, en indiquant la localité la plus voisine et la localité importante suivante.

M. Henry considérait comme inutile de donner, sur ces plaques, des indications de direction dans le sens de l'entrée, un voyageur, en traverse, pouvant toujours se renseigner. De plus, il y a toujours, dans les traverses, des directions multiples qu'on devra trouver sur des plaques d'embranchement ; il est par suite impossible, dès l'entrée de la traverse, de faire un choix, pour dicter au voyageur celle des directions qu'il veut adopter : ce rôle appartient à la plaque d'embranchement, au moment opportun.

Les plaques de traverses devaient toujours être systématiquement placées à l'angle de la première et de la dernière maison de la traverse, les plus éloignées du centre.

A chaque embranchement, une plaque indicatrice donnait les indications de direction et de distance, pour chaque direction. M. Henry estimait que les indications à grande distance étaient en général assez vaines. Un voyageur qui suit une route ne profite des indications à grande distance que s'il suit cette route jusque-là. Dans la très grande majorité des cas, il prendra des bifurcations, et l'indication à très grande distance n'a pas d'utilité. Il se contentait d'indiquer la traverse la plus voisine, ainsi que la localité importante qui suit.

M. Henry précisait la manière de compter les distances de la manière suivante. Il admettait qu'un voyageur qui se rend dans une localité et qui veut savoir à quelle distance il en est, entendait par cette distance, non pas celle qui correspond à telle ou telle maison, ou telle ou telle place de la traverse, mais bien la distance à l'entrée de la localité. Cette notion est celle qui lui avait parue la plus naturelle. C'est pourquoi les indications de distances fournies par les bornes et par les plaques, à défaut de mention spéciale, s'appliquaient à la distance à compter jusqu'à l'entrée de la traverse indiquée, dont le point se trouvait expressément fixé par la position de la plaque de traverse.

Toutefois, il admettait certaines exceptions, notamment pour les localités importantes, mais, alors, il complétait l'indication de la localité, par celle du lieu choisi. Exemple :

Châlons

(place de l'Hôtel-de-Ville)

13 k.

Enfin, des constatations multiples avaient montré à M. Henry combien il est difficile d'éviter des erreurs dans les indications (direction des flèches dans les plaques, qui varie selon que cette plaque est posée à droite ou à gauche de la route, etc.) et aussi d'assurer la concordance rigoureuse entre les divers systèmes d'indication, bornes, plaques de traverse et plaques d'embranchement.

A cet effet, les propositions à fournir pour la signalisation devaient toujours être accompagnées de croquis figuratifs de l'emplacement des bornes et plaques.

En outre, pour préciser les distances et permettre toutes les vérifications de concordance, il avait fait dresser au préalable, pour chaque route ou chaque chemin, un itinéraire sommaire où l'on figurait :

L'entrée et la sortie de chaque traverse, avec l'emplacement de la plaque de traverse, et le point métrique de ces entrées ou sorties,

Les routes ou chemins rencontrés, à droite et à gauche, avec le point métrique exact de la rencontre des axes.

Chaque fois qu'une partie de route ou de chemin forme un tronc commun emprunté par deux voies de communication, ce tronc commun fait partie, en principe, de celle des deux voies qui est de catégorie supérieure, ou qui, dans la même catégorie, porte un numéro moindre. Il suit de là que la longueur empruntée n'entre en compte que dans le bornage de la voie d'ordre supérieur ou de numéro moindre.

Dans l'exemple que je considère ici, j'envisage l'itinéraire de la route nationale n° 4. Cette route emprunte la route nationale n° 3, sur 132 mètres, qui ne doivent pas être comptés dans le bornage de la route n° 4. Les extrémités du tronc commun portent ainsi, pour cette dernière route, la même cote 31 k. 525.

On utilise, pour ces itinéraires, des formules imprimées, sur lesquelles la route ou le chemin considéré est représenté par deux traits parallèles. L'emplacement des bornes kilométriques et hectométriques est figuré par des divisions perpendiculaires.

Pour faire mention, sur le graphique applicable à la route n° 4, du tronc commun emprunté à la route n° 3, on interrompt ce graphique, quelle que soit la longueur réelle-

ment empruntée, sur un kilomètre que l'on couvre de hachures ; on se borne à inscrire la longueur réellement empruntée,
soit 432 mètres.

Le trente-deuxième kilomètre de la route n° 4 se trouve
ainsi divisé en deux parties : la première, entre la borne
31 kilomètres et l'origine du tronc commun, à la cote
31 k. 525 ; la seconde, entre l'extrémité du tronc commun,
à la même cote 31 k. 525, la borne 32 kilomètres.

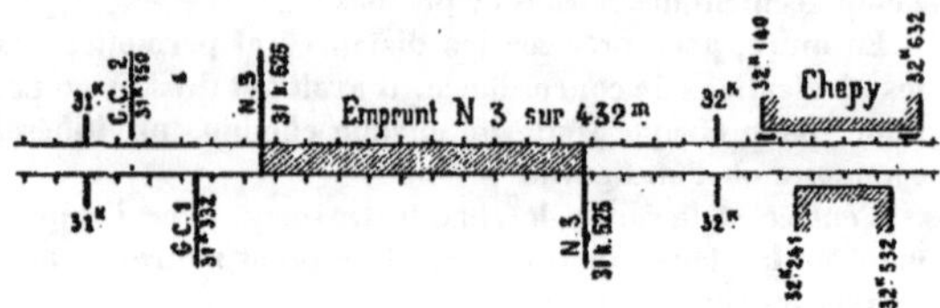

— *Signaux avertisseurs.* — Indépendamment des indications de direction et de distance, des signaux avertisseurs
préviennent souvent les voyageurs de diverses circonstances intéressantes, telles que cassis, passages à niveau,
croisements dangereux, courbes brusques, descentes rapides, etc., etc. Ces signaux sont posés par des associations
telles que le Touring et l'Automobile Club. Il importe de
donner toute facilité pour la pose de ces signaux (circ. des
29 mai 1903-10 mai 1904).

OUVRAGES ACCESSOIRES

L'entretien des ouvrages accessoires ne saurait comporter
de ma part des observations étendues.

Il faut constamment décaper les accotements, si on veut
les maintenir partout au niveau de la chaussée, en leur donnant la pente convenable. Si on les maintient en saillie, il
faut curer les saignées, pour l'évacuation régulière des eaux
et aligner les bordures au cordeau pour faciliter l'écoulement de l'eau au pied de la chaussée et lui permettre de
gagner les saignées.

Les fossés doivent être creusés pour assurer un écoulement convenable des eaux, et pour délimiter la route, lorsqu'elle est au niveau du sol.

Pour ce qui est des ouvrages d'art, des bornes, des plaques, etc., les agents s'habituent souvent très vite à passer dans leurs tournées sans voir ce qui est défectueux, aussi est-il essentiel d'appeler spécialement leur attention sur ces diverses circonstances, en les obligeant à certifier périodiquement et à une époque choisie, que telle ou telle catégorie d'ouvrages est en parfait état d'entretien.

On doit notamment profiter des basses eaux, des chômages, etc., pour vérifier l'état des fondations des ouvrages et compléter, s'il y a lieu, les enrochements.

Lorsque l'entretien ne se fait pas systématiquement par équipes, il est à recommander de profiter de la constitution des ateliers de cylindrage, pour faire, à cette occasion et périodiquement, la toilette complète de la route sur toute la longueur rechargée, de manière que, au cours de la période d'aménagement, le cantonnier n'ait que peu de chose à faire pour la maintenir.

OUTILLAGE

97. *Outillage.* — I. *Préparation des matériaux.* — *Cassage.* — Si les matériaux ont des dimensions supérieures à 15 centimètres, il faut les ramener à cette dimension en la démorcelant avec de grosses masses de 3 à 6 kg.

On les réduit ensuite à l'anneau voulu, à la massette de 0 kg. 500 à 2 kg. Elles ont, en général, deux têtes et sont pourvues d'un manche en bois, de 0 m. 80 à 1 mètre, élastique et souple, emmanché par le gros bout.

La massette est en acier fondu et le manche en houx; c'est le bois qui convient le mieux.

Le cassage à la main donne d'excellents résultats.

Les machines à casser sont de plusieurs types :

Les unes sont formées de marteaux fixés, par leur manche, perpendiculairement à un axe horizontal tournant rapidement. Les pierres sont introduites, en tombant, dans la chambre d'opération des marteaux, frappées au vol et cassées par ceux-ci. Elles sont classées à la sortie, suivant leur dimension, en passant par des orifices de grandeur déterminée. Celles qui ont la grosseur voulue se classent à part, pour être livrées ; les autres sont reprises mécaniquement et introduites à nouveau dans le concasseur. C'est le système employé aux carrières de Raon l'Etape. Il donne de bons résultats.

Un second système, peu employé, est formé de rouleaux à cannelures tournant en sens inverse. La pierre brute, posée au-dessus, entre les rouleaux, est entraînée par les cannelures et broyée par la pression des cylindres.

Un troisième système, le plus généralement employé, est formé de deux mâchoires, l'une fixe, portée par un bâti, l'autre mobile, encastrée dans un porte-mâchoire qui oscille autour d'un axe de suspension.

L'espace compris entre les mâchoires est fermé, sur les côtés, par des plaques constituant une sorte de trémie, dans laquelle on introduit la pierre à concasser.

L'écartement des mâchoirs, au point bas, est réglé par un coin que l'on peut monter ou descendre, de manière à déterminer un cassage plus ou moins gros.

Le mouvement de la mâchoire mobile est déterminé par un levier qui agit sur la mâchoire par l'intermédiaire du coin de réglage, en la poussant au moyen d'une came.

Le mouvement de recul est ensuite facilité par un ressort qui ramène la mâchoire à l'écartement voulu.

Les mâchoires sont armées de cannelures verticales ; le plein de l'une correspond au vide de l'autre. Une couche de plomb est interposée entre la mâchoire et le bâti, pour diminuer l'effet destructeur des chocs.

Le triage des matériaux cassés se fait dans un trommel à axe légèrement incliné, divisé en trois compartiments. L'un a des trous de 10 millimètres, laisse passer la poussière ; le second a des trous de 40 millimètres, laisse passer le gravillon ; le troisième, avec des trous de 60 millimètres, écoule la pierre de route. Les morceaux trop gros, refus de classeurs, sont vendus à part ou cassés à la main.

Le rapport entre le volume de pierre brute livrée au concasseur et le volume de la pierre de route obtenue est le suivant :

Porphyre.	. . . .	72,3 0/0
Meulière	. . . .	84,7
Silex	. . . .	84,7
Vieux pavés de porphyre.	. . .	90,0

Ce type de machine, ordinairement installé sur les carrières, peut aussi être installé sur un chariot et transporté au lieu de cassage.

Le prix du cassage à la machine est environ moitié du cassage à la main. Si l'on tient compte du déchet, il n'y a avantage que si le prix de la pierre est moindre que deux fois le prix du cassage à la main; aussi est-il beaucoup plus avantageux d'installer les machines sur les carrières.

Le cassage à la machine laisse malheureusement passer un bon nombre de plaquettes qui sont défavorables à l'emploi des pierres en chaussée.

— *Emmétrage.* — Autrefois, on approvisionnait la pierre par tas isolés. Aujourd'hui, avec les rechargements, l'emmétrage se fait en cordon, et on compte à l'entrepreneur le volume réel (article 128 du devis général).

L'emmétrage se fait au moyen de gabarits formés de pièces de bois solidement assemblées, pour éviter la déformation.

On manie la pierre avec des crocs, fourches ou pelles à grille ou à dents multiples, griffes, etc., afin de ne pas ramener de détritus.

II. *Emploi des matériaux.* — *Cylindres.* — J'ai donné quelques indications sur les rouleaux à propos des cylindrages. Je les complète en donnant ici les caractéristiques de deux types de rouleau mécanique, à titre d'exemples.

— Type locomobile routière :

— Longueur	. . . .	5m.20
— Largeur toutes saillies comprises	. . . . .	2 »
— Roues motrices : diamètre	. . . .	1 55
— — largeur pour chacune.	. .	0 46

— Roues directrices : diamètre 1 m.10
—   —   largeur ensemble . . .   1   20
— Largeur de voie cylindrée   2   »
— Recouvrement   0   12
— Poids à vide et à charge . . . . . .   12 t. et 12 t. 80
— Répartition, arrière, avant 7,95, 4,85
— Poids par centimètre de jante, roue motrice,
  roue directrice . . . .   86 k. et 40 k.
  — Type monojante :
— Longueur totale 4 m.70
— Largeur totale   1   70
— Rouleau moteur : diamètre.   1   25
—   —   largeur   1   35
— Rouleau directeur : diamètre   0   85
—   —   largeur   1   10
— Poids : à vide . . . .   8 t.
—   à charge   8   80
— Répartition : rouleau moteur   5   5
—   —   rouleau directeur   3   3
— Poids par centimètre de jante :
  Rouleau moteur . . . .   40 kg.
  Rouleau directeur . . . .   30 kg.

— *Tonneaux et pompes.* — Les tonneaux sont des réservoirs cylindriques en tôle, peints en dedans et en dehors, traînés par un ou deux chevaux.

L'eau est introduite par un couvercle supérieur, qui livre passage au tuyau de cuir d'une bouche de prise d'eau, ou au tuyau d'une pompe.

Pour arroser, l'eau passe dans un tuyau inférieur qui la conduit dans un autre tuyau horizontal, formant arc de cercle derrière le véhicule et percé de trous d'arrosoir par où l'eau s'élance en lame formée d'une quantité de filets parallèles aboutissant à la chaussée. L'ouverture du robinet d'arrosage est sous la main du conducteur.

Au tube d'émission à trous d'arrosoir, on substitue souvent un clapet à papillon, qui lamine la veine et la répartit en éventail.

Lorsqu'il n'y a pas de distribution d'eau, il faut user de pompes. Il convient de choisir des engins robustes, comme ceux dont se servent les cultivateurs dans les fermes, pour le purin. Elles ne doivent pas donner un trop fort débit, pour ne pas exiger trop de force. A titre d'indication, on peut admettre un litre par seconde, elles peuvent alors être manœuvrées par 2 ou 4 hommes suivant la hauteur d'aspiration. Les pompes demandent à être soigneusement entretenues.

Avec beaucoup d'arrosages à faire, il est avantageux de se servir de tonneaux arroseurs automobiles.

— *Machines à pilonner.* — Dans le strict entretien, il est nécessaire de pilonner les emplois. Pour éviter les difficultés de main-d'œuvre, par l'emploi des pilons ordinaires, on commence à employer des pilonneuses mécaniques de divers systèmes.

Le pilon, d'un poids convenable pour l'opération, est relevé à la hauteur voulue par divers systèmes, cames ou autres, puis il tombe de lui-même, par déclic ou autrement, sur l'emploi à faire prendre. L'outil est généralement porté sur un chariot pour être déplacé, et le pilon se place au point voulu, par des mouvements suivant des coordonnées rectilignes ou polaires. Le mouvement peut être donné à bras d'homme ou par machine à pétrole.

On peut encore utiliser des pilons tenus à la main et actionnés par de l'air comprimé au moyen d'un petit moteur à pétrole ; le fonctionnement ressemble à celui d'une perforatrice.

Il est difficile de se prononcer sur ces divers engins dont l'usage n'est pas encore très répandu. Mais on peut prévoir qu'ils sont appelés à un succès certain, en présence des nécessités croissantes qu'entraîne la circulation automobile.

III. *Soins à la chaussée.* — *Époudrement.* — On se sert de balais de bouleau, de genêt ou de toute autre matière très flexible. On peut aussi utiliser le balai brosse à résistance facultative. Il faut le manœuvrer avec précaution et limiter la résistance à ce qui est nécessaire, sans attaquer la chaussée.

— *Ébouages.* — On peut se servir de balais de bouleau. Si la boue a quelque consistance on peut, à la rigueur, employer le rabot en bois ou en métal, ayant une lame de 30 à 50 centimètres, pour une hauteur de 15 à 20 centimètres; ils doivent être utilisés avec ménagement, car ils attaquent l'épiderme de la chaussée. Il est préférable de s'en servir en tirant l'outil à soi.

Quand la boue est assez fluide, les râcloirs à lame de caoutchouc donnent d'assez bons résultats. La lame présente une largeur de 50 à 88 centimètres.

On peut enfin faire usage de balais-brosses, formés de joncs flexibles, du piazzava ordinairement, implantés dans une traverse en bois, à laquelle le manche est fixé obliquement.

Le balai brosse a été perfectionné pour donner aux brins plus ou moins de raideur et modifier ainsi la résistance suivant la nature de la matière à enlever. Ce résultat est obtenu à l'aide d'un système de lames ou tringles de résistance, qui embrassent la brosse et qu'on peut monter ou descendre à volonté. Le balai se manie ordinairement en le poussant devant soi.

Nombreux sont les inventeurs de machines à râcler ou à ébouer qui sont susceptibles d'être actionnés par les cantonniers. Leur usage ne s'est pas propagé.

— Les machines balayeuses, à traction animale ou mécanique, sont surtout employées dans les villes : mais elles peuvent être également très utiles en rase campagne.

Pour qu'un balayage soit efficace, il faut profiter du temps, souvent court, pendant lequel la boue a la consistance voulue, et se presser. C'est ce que ne peut faire le cantonnier avec son balai. La boue serait durcie avant qu'il arrive au bout de sa tâche. La balayeuse mécanique, qui opère vite, remédie à cet inconvénient.

Les balayeuses les plus répandues se composent :

1° D'un bâti auquel est fixé un essieu porté par des roues;

2° D'un système d'engrenages ou de chaînes de transmission, qui impriment au balai un mouvement de rotation venant des roues;

3° D'un levier, à portée du conducteur, permettant d'obtenir le débrayage ou l'embrayage ;

4° D'un balai, incliné à 35° sur l'axe de la route, pour ramener la boue de côté.

La machine balaie sur 1 m. 50 à 2 m. 10 de largeur.

La boue, ainsi mise en cordon, doit être assemblée et mise en tas au moyen du rabot, qui est le véritable outil qui convient à ce travail.

On arrive à faire, avec ces engins, 5.500 mètres carrés à l'heure, soit le travail de douze bons ouvriers.

La boue doit être évacuée hors de la route immédiatement, pour ne pas être ramenée sur la chaussée par la circulation. Lorsqu'on a à se débarrasser souvent de grandes quantités de boue, il est convenable de se munir de véhicules spéciaux, appropriés à ce transport.

Les balais en piazzava, à la main ou mécaniques, coûtent cher. Pour éviter que les brins se brisent, il faut prendre soin de les tenir propres et de les nettoyer à grande eau.

— *Décapage des chaussées.* — Pour décaper les chaussées, comme il a été exposé à propos de la réfection des chaussées d'empierrement trop déformées ou démesurément usées, on a recours à des engins spéciaux, dont les principaux sont les suivants :

— On a généralement recours à la piocheuse Bobe, qui peut être attelée à un rouleau d'au moins 10 tonnes. Elle se compose d'un solide chassis en fer à U, monté sur deux roues, et portant, par l'essieu, le bloc en fonte dans lequel sont engagées les pioches en acier, au nombre de trois, espacées de 18 centimètres et ayant 40 millimètres sur 40 millimètres de grosseur. Ces pics sont disposés obliquement ; on peut régler leur position et leur longueur de façon à décaper ou défoncer la chaussée à la profondeur convenable. Comme la machine est seulement supportée par deux roues, deux masses en fonte, fixées sur flasques, forment contrepoids et assurent l'équilibre.

La mise en contact des pics avec le sol s'opère automatiquement, ainsi que le dégagement, lorsque le tracteur recule pour se porter à l'origine de la surface à piocher. Cette double fonction est réalisée au moyen du dispositif suivant :

Le bloc dans lequel sont fixées les pioches est relié par une bielle à un arbre coudé, porteur d'un disque qui a reçu une rainure circulaire dans laquelle peut coulisser l'extrémité d'une béquille en fer, dont l'autre extrémité repose sur le sol. Un levier à contrepoids est calé sur l'arbre.

Dès que le cylindre tracteur se met en route, la béquille, s'appuyant sur le sol, pousse le disque et lui fait accomplir un demi-tour. Le villebrequin tire la bielle et fait basculer le bloc porteur des pioches, qui pénètrent dans la chaussée. La masse a été jetée vers l'avant et la béquille a pris une position opposée à celle qu'elle avait au départ.

Au retour, le mouvement contraire se produit pour mettre les pioches hors de contact avec la chaussée.

Cette machine pèse environ 3.000 kg. Elle permet de défoncer jusqu'à 0 m. 30 de profondeur ; mais il vaut mieux, dans ce cas, opérer en deux fois, avec une profondeur moindre.

Les devis municipaux prévoient, par mètre carré, les prix suivants, jusqu'à 0 m. 25 de profondeur :

En cailloux	0 40
En meulière.	0 50
En porphyre.	0 70

On peut défoncer de 500 à 600 mètres carrés par jour avec du porphyre ; 1.000 mètres carrés avec de la meulière, et 1.200 mètres carrés avec des cailloux.

— L'écorcheuse Morrison, que construit la maison Aveling et Porter, se compose, dans ses éléments essentiels, d'un bâti en tôle et d'un bloc auxquels sont adaptés les pics qui, au moyen d'un levier, peuvent tourner autour d'un axe horizontal. Le bloc se déplace entre les deux parties du bâti formant guides, et il est fixé dans la position voulue au moyen de dents d'un secteur qui accompagne le levier. Les pics, espacés de 145 millimètres, sont en acier et ont 50×50 millimètres de dimensions. Les déplacements verticaux sont obtenus au moyen d'un volant dont l'axe porte une vis sans fin agissant sur l'engrenage qui fait mouvoir une crémaillère verticale, faisant corps avec le bloc mobile. Un ouvrier, agissant sur le volant, règle la profondeur du travail.

Cette machine peut fonctionner, soit à la remorque du rouleau, soit poussée par lui. Elle pèse 1.275 kg.

— *Chasse-neige.* — Les traîneaux chasse-neige ont une forme triangulaire en plan et sont traînés par un cheval. La carcasse est en bois; la pointe est garnie de fer et, pour modérer l'usure du bois, il est bon de placer aussi une lame de fer sous les côtés.

IV. *Terrassements.* — *Décapage des accotements.* — Dès que le travail prend une certaine importance, on peut utiliser des instruments plus puissants que les instruments à main. Une simple charrue ordinaire peut faire le travail. On se sert quelquefois d'une charrue spéciale, qui en diffère par les points suivants :

1° Le soc, formé d'une lame coupante, au lieu d'être fixé au bâti, est mobile et peut être actionné au moyen de deux leviers à ressort et crémaillère placés à l'arrière.

2° Les roues arrière, indépendantes l'une de l'autre, sont établies à l'intérieur de l'outil, ce qui permet d'approcher du fossé et de décaper l'accotement sur toute sa largeur.

3° Des trous, existant au montant du train avant, facilitent le réglage, qui consiste à donner ou à ôter de l'inclinaison au soc.

Le prix de revient du décapement ainsi fait serait, d'après M. l'ingénieur Guénot, par mètre carré :

Décapement proprement dit	0,00201
Enlèvement des terres	0,00192
Total. . .	0,00393

A la main, le même travail coûterait 0 fr. 02.

— *Curage des fossés.* — Les fossés sont curés à la main avec la houe, la pioche et la pelle. On se sert quelquefois de charrues. On peut commencer le travail avec une charrue ordinaire, et le cantonnier termine.

Dans d'autres cas, cette opération complémentaire se fait avec une sorte de charrue à rasettes inclinées à 45°, auxquelles on donne l'écartement voulu.

Il existe même des charrues spéciales (charrue Crépain) pour faire toute l'opération. Elle comprend un partie coupante et une partie mécanique.

La partie coupante comprend :

1° Une lame de 0 m. 18 de largeur, dont le taillant rase le fond de la cuvette et fait avec lui un angle de 14°. Elle est armée, de chaque côté, de deux dards à rallonge, entièrement en acier et la protégeant contre les chocs des racines ou des pierres ;

2° De deux contre-seps soutenant l'extrémité des dards dans leur assemblage avec la lame et achevant le travail commencé par ces derniers, de manière à unir d'une façon irréprochable le fond de la cuvette ;

3° De deux rasettes en forme de parallélogramme dont l'extrémité inférieure se trouve dans le plan vertical du saillant de la lame ; elles sont fixées, avec les dards, dans deux rainures longitudinales. La lame, les dards et les rasettes forment dans leur ensemble, un corps coupant, dont les angles sont protégés par les dards.

La terre fouillée au fond du fossé, ainsi que celle tranchée sur les côtés reste en place, et, en raison de la forme entraînante des avant-corps, passe d'elle-même au centre de la machine, entre quatre montants, dont la distance est calculée pour éviter un engorgement à l'arrière. Des désagrégeurs permettent de partager en trois ou quatre bandes les mottes trop volumineuses.

Le mécanisme de l'appareil se compose :

1° D'un jaugeage qui s'obtient au moyen d'une vis placée à l'arrière de la machine et agissant sur la roue directrice, afin de donner plus ou moins de profondeur au travail ;

2° De la mise en transport, qui s'obtient instantanément au moyen de la même vis, mise en mouvement en sens inverse et qui élève les roues d'arrière, pour ne rien gêner ;

3° Du réglage nécessaire dans les tournants.

Le curage d'un fossé, à la main, pour une profondeur de 0 m. 25, revient à environ 0 fr. 15. Avec une charrue, le même travail revient à 0 fr. 03.

Néanmoins, cet outillage s'est peu propagé.

QUATRIÈME PARTIE

STATISTIQUES ET BUDGETS

DOUZIÈME LEÇON

RECENSEMENT DE LA CIRCULATION

98. Recensement de la circulation : Postes d'observation et sections de comptage ; Unités à recenser ; Feuilles de pointage : Dates des comptages. — 99. Mise en œuvre des résultats obtenus : Unités à distance entière, unités kilométriques : Des moyennes ; Du tonnage ; Renseignements à fournir par les ingénieurs. — 100. Résultats obtenus. — 101. Autres modes de comptage ; Comptage par les cantonniers ; Comptage ambulant.

SONDAGES

102. Sondages.

ESSAI DES MATÉRIAUX

103. Les divers matériaux d'empierrement. carrières. — 104. Coefficient de qualité. — 105. Essais de laboratoire ; Résistance à l'usure par frottement réciproque ; Résistance au choc ; Résistance à l'écrasement ; Usure par frottement sur une meule sablée ; Essai à la perméabilité : Essai au froid. — 106. De la matière d'agrégation.

RECENSEMENT DE LA CIRCULATION

98. *Recensement de la circulation.* — Les statistiques sont aussi nécessaires à l'Administration qu'elles le sont pour les industriels. Elles permettent non seulement la discussion des travaux exécutés, mais encore de prévoir les combinaisons les meilleures pour assurer, dans l'avenir, la bonne exécution des travaux.

Dans certains cas, avec les subventions industrielles des chemins vicinaux notamment, elles servent de base au calcul même des résultats que l'on a en vue.

Le recensement de la circulation a un double objet :

1° Il fournit les éléments de la statistique des transports ;

2° Comme la circulation est un élément essentiel de l'usure des chaussées, il permet d'obtenir une base de calcul pour la répartition des crédits d'entretien.

— *Postes d'observation et sections de comptage*. — On divise les routes en sections homogènes quant à la circulation ; elles prennent le nom de sections de comptage.

Un observateur, placé en un point convenablement choisi pour donner la moyenne de la circulation sur la section (poste de comptage), prend note des divers éléments de circulation qui passent devant lui.

Les propositions, pour arrêter les sections et postes de comptage, sont adressées à l'Administration, sous forme de tableaux et de cartes avec un rapport justificatif.

Pour éviter les anomalies qui pourraient se produire à la jonction de deux départements, les ingénieurs en chef intéressés doivent se concerter pour obtenir des résultats homogènes (circ. du 18 janvier 1912, série A n° 1).

Les comptages se font tous les dix ans. Le dernier a eu lieu en 1913.

— *Unités à recenser*. — Lorsqu'on se préoccupe de statistique de transport, l'unité à recenser est la tonne. Lorsqu'on a en vue l'usure des chaussées, il convient de choisir une unité particulière à laquelle on puisse ramener toute circulation se servant de la route.

Avant l'apparition des automobiles cette unité de circulation était ce qu'on appelait le collier chargé. Toute voiture chargée comptait pour autant de colliers qu'il y avait de bêtes attelées. Depuis, on a conservé la même unité de circulation, c'est-à-dire le collier, en fixant des coefficients de transformation pour les autres modes de circulation de toute nature ; cette conservation présentait une certaine utilité, pour permettre la comparaison entre les comptages successifs et pour assurer la continuité.

— A l'égard de la circulation animée, la circulaire du 2 septembre 1912, A n° 7, a fixé ainsi les coefficients :

1re catégorie. Voiture chargée de marchandise, 1 collier par cheval ;

2e catégorie. Voiture publique pour voyageurs, 1 collier par cheval ;

3e catégorie. Voitures vides ou particulières, 1/2 collier par cheval ;

4e catégorie. Animaux non attelés (chevaux, mulets, bœufs, âne), 1/5 de collier par animal ;

5e catégorie. Menu bétail (veau, mouton, porc, chèvre), 1/30 de collier par animal.

Voici comment on peut justifier ces coefficients :

Un collier chargé traîne en moyenne 3 fois son poids q sur $3q$. En comprenant le poids de l'animal, on peut donc dire qu'un collier correspond à la circulation d'un poids $4q$.

Un collier attelé à une voiture vide ou particulière ne traîne que son propre poids q, et correspond à une circulation totale d'un poids $2q$. C'est ce qui justifie le coefficient 1/2 ci-dessus indiqué.

Pour les bêtes non attelées, on aurait dû, semble-t-il, adopter le coefficient 1/4. On l'a réduit à 1/5, pour tenir compte des ânes, mulets et autres animaux de moindre poids.

Pour le menu bétail, si on admet que le poids moyen de ces animaux est égal au septième du poids d'un cheval, on trouvera que, pour fournir le poids d'un collier $4q$, il faudra $4 \times 7 = 28$ animaux, soit 30 en nombre rond.

— A l'égard de la circulation mécanique, la même circulaire a fixé les coefficients suivants :

a. Automobiles pour marchandises . . . 1,2 P colliers
b. Autobus (voyageurs en commun) . . . 2 P —
c. Automobiles particulières. . . . . . 5 —
d. Motocycle (voyageur sur une selle). . . 1/2 —
e. Vélocipède . . . . 1/20 —

Pour les deux premiers articles, P désigne le poids des voitures en tonnes.

En ce qui concerne les camions pour marchandises, si on ne tenait compte que du poids, une tonne devrait compter pour :

$$\frac{1000}{4q}.$$

Mais la dégradation augmente en même temps que la vitesse. Si on admet que la vitesse d'un camion est 1,7 fois celle d'un collier de roulage, chaque tonne de camion automobile devra compter pour :

$$\frac{1700}{4q}.$$

Si $q = 350$ kg., on trouve précisément le coefficient 1,2 ci-dessus.

Pour les autobus, la vitesse est, en moyenne, 3 fois celle d'un collier de roulage ; chaque tonne correspondra donc à :

$$\frac{3000}{4q},$$

soit 2,1. pour $q = 350$, ou 2 en nombre rond.

Pour les automobiles particulières, dont le poids moyen est 1.200 kg. et la vitesse six fois celle d'un cheval de roulage, on devra compter :

$$\frac{1200}{4q} \times 6 = 5,16,$$

soit 5, en nombre rond.

Avec les motocycles pesant 160 kg. et marchant à une vitesse égale à 4 fois 1/2 celle d'un cheval de roulage, on aura :

$$\frac{160}{4q} \times 4,5 = 0,52,$$

soit 1/2 en nombre rond.

Pour les vélocipèdes, moins nuisibles, on n'a pas tenu compte de la vitesse, mais seulement du poids 85 kg.. ce qui donne :

$$\frac{85}{4q} = 0,06,$$

ou 1/20 en nombre rond.

— *Feuilles de pointage* (circ. du 2 septembre 1907, A-7). — Les observateurs pointent la circulation qui passe devant eux, par unité et par catégorie, dans des cases définies pour chacune. Chaque unité recensée est supposée avoir parcouru toute la section.

— *Dates des comptages.* — Les dates de comptage sont fixées à l'avance, elles sont espacées de 13 jours, englobant ainsi, successivement, tous les jours de la semaine.

Les observations sont faites le jour et commencent à 5 heures du matin du 1er avril au 30 septembre, et à 6 heures le reste de l'année. Elles se terminent à 21 heures.

Les comptages de nuit se font à des dates fixées par l'ingénieur en chef, environ sept fois dans l'année, choisies de manière à obtenir un rapport moyen convenable avec la circulation diurne, en évitant les journées exceptionnelles correspondant aux foires et aux marchés.

89. *Mise en œuvre des résultats observés.* — Les feuilles de pointage fournissent, pour chaque comptage et pour chaque section, le nombre des éléments de circulation :

— Nombre de chevaux attelés à des voitures chargées ;

Nombre de chevaux attelés à des voitures publiques pour voyageurs ;

Nombre de chevaux attelés à des voitures vides ou particulières ;

Animaux non attelés (chevaux, mulets, bœufs, ânes, etc.) ;

Menu bétail (veau, mouton, porc, chèvre, etc). ;

— Camion automobile pour marchandises :

Autobus (voyageurs en commun) ;

Automobiles particuliers ;

Motocycles ;

Vélocipèdes.

Dans chaque section, le nombre moyen de chaque élément par journée est égal au quotient du total des éléments constatés par le nombre des journées d'observation.

Les ingénieurs se renseignent alors pour obtenir, à l'égard de chaque section, la documentation suivante :

— Poids moyen des animaux attelés aux voitures de roulage et d'agriculture ;

— Poids moyen des animaux attelés aux voitures publiques pour voyageurs ;

— Poids moyen des animaux attelés aux voitures particulières ;

— Poids moyen des animaux non attelés ;

— Poids moyen d'une tête de menu bétail ;

— Poids brut par collier des voitures de roulage et d'agriculture ;

— Poids brut par collier des voitures publiques pour voyageurs ;

— Poids brut par collier des voitures particulières ;

— Tonnage utile moyen par collier des voitures de roulage et d'agriculture ;

— Tonnage utile moyen par collier des voitures publiques ;

— Poids brut des automobiles pour marchandises ;

— Poids brut des autobus ;

— Poids brut des automobiles particuliers ;

— Poids brut des motocycles ;

— Poids brut des cycles ;

— Tonnage utile des automobiles pour marchandises ;

— Tonnage utile des autobus.

Les ingénieurs s'inspirent, pour cela, tant des renseignements qu'ils possèdent directement, que de ceux qu'ils peuvent obtenir de personnes compétentes, telles que : Charretiers, entrepreneurs de transports, carrossiers, éleveurs, constructeurs d'automobiles, de vélocipèdes, propriétaires, etc.

— *Unités à distance entière, unités kilométriques.* — Moyennant les renseignements qui précèdent, on peut facilement obtenir, soit la moyenne journalière des unités de circulation, soit celle du tonnage brut ou utile, etc., transportés sur une section.

Chaque unité recensée dans une section est supposée avoir parcouru toute la section ; c'est ce que l'on nomme les unités à distance entière.

Chaque fois qu'une unité parcourt un kilomètre, on dit que cette unité, collier ou tonne, donne lieu à une unité kilométrique, collier ou tonne kilométrique.

D'où il suit que chaque unité à distance entière correspond à autant d'unités kilométriques qu'il y a de kilomètres dans la section.

Si donc on désigne par n le nombre des unités constatées par l'opération de comptage, dans une section, et par u le nombre des unités à distance entière, dans la section, on aura :

$$u = n.$$

Si l est la longueur de la section, et si u_k désigne le nombre des unités kilométriques, on aura :

$$u_k = ul = nl.$$

— *Des moyennes.* — Ayant obtenu les résultats pour chaque section, il s'agit d'obtenir la moyenne correspondante à une route :

Le nombre total des unités kilométriques, pour une route entière, est la somme des unités kilométriques de l'ensemble des sections qui composent la route :

$$U_k = \Sigma u_k = \Sigma nl.$$

Le nombre des unités à distance entière doit être tel qu'en le multipliant par la longueur ($L = \Sigma l$) de la route on obtienne le nombre des unités kilométriques. On a donc :

$$UL = U_k \quad \text{d'où} \quad U = \frac{U_k}{L} = \frac{\Sigma nl}{\Sigma l}.$$

C'est ce qu'on appelle une moyenne géométrique.

— *Du tonnage.* — S'agit-il, par exemple, de trouver le tonnage brut correspondant à la circulation automobile (les autres tonnages s'obtiendraient de même), on procède de la manière suivante :

On considère une route comprenant plusieurs sections. Soit n le nombre des automobiles dans une section, p le poids en tonnes des automobiles parcourant cette section, et l la longueur de la section :

Chaque automobile constaté sur la section donne lieu à un nombre de tonnes kilométriques représenté par pl. Les n automobiles constatés donneront :

$$n.\ p.\ l. \text{ tonnes kilométriques.}$$

Si donc on désigne par t le tonnage de la section à distance entière, et par t_κ le tonnage kilométrique correspondant, on pourra écrire :

$$t = n.\ p.$$

$$t_\kappa = n.\ p.\ l.$$

Pour obtenir les totaux et moyennes applicables à une route entière, formée de plusieurs sections, on posera :

$$L = \Sigma l.$$

$$N = \frac{\Sigma n l}{L}.$$

$$T_\kappa = \Sigma t_\kappa = \Sigma n.\ p.\ l.$$

$$T = \frac{\Sigma n.\ p.\ l}{L}.$$

Il reste à trouver le poids moyen P des automobiles qui parcourent la route. Le produit $P \times N \times L$ doit donner le nombre des tonnes kilométriques, on a donc :

$$T_\kappa = P.\ N.\ L.$$

d'où :

$$P = \frac{T_\kappa}{NL} = \frac{\Sigma n.\ p.\ l}{\Sigma n l} = \frac{TL}{NL} = \frac{T}{N}.$$

Lorsqu'on a obtenu les moyennes pour une route, on pourra traiter chaque route comme une section et prendre, par les mêmes procédés, les totaux et moyennes pour tout un arrondissement, ou pour tout un département.

— *Renseignements à fournir par les ingénieurs.* — Les ingénieurs doivent envoyer au ministère :

I. Renseignements sur la division des routes en sections ;

II. Circulation brute, par route, des voitures ordinaires et animaux comprenant quatre parties : Empierrements, pavages, ensemble des empierrements et pavages, circulation de nuit.

Pour chaque partie, on a :

l,   Longueur de chaque route ;

n,   Nombre de colliers chargés ;

n',   Nombre de colliers des voitures publiques ;

n'',   Nombre de colliers des voitures vides ou particulières ;

n''',   L'ensemble des voitures ;

n^{iv},   Le nombre des animaux non attelés ;

n^{v},   Le nombre des bêtes formant le menu bétail.

Les totaux et moyennes sont :

$$ L = \Sigma l, \qquad N = \frac{\Sigma n l}{L}, \qquad N' = \frac{\Sigma n' l}{L} \text{ etc.} $$

III. Renseignements de même nature qu'au § II ci-dessus pour la circulation mécanique.

V. Ce tableau donne les renseignements relatifs au tonnage brut afférent à la circulation ordinaire et aux animaux ; il comprend cinq parties :

Voitures chargées, voitures publiques, voitures vides ou particulières, bêtes non attelées, menu bétail.

Chaque partie donne, avec la longueur de chaque route,

n, le nombre d'unités ;

p, le tonnage brut par unité ;

t, le tonnage kilométrique à distance entière ;

t_u, le tonnage kilométrique.

On les obtient par les relations :

$$ L = \Sigma l \qquad N = \frac{\Sigma n l}{L}, $$

qui résultent du § II.

On calcule ensuite :

$$ T_u = \Sigma n p l \qquad T = \frac{T_u}{L} \qquad \text{et} \qquad P = \frac{T}{N}. $$

VI. Renseignements de même nature qu'au § V, pour la circulation mécanique.

VIII. Mêmes renseignements qu'aux §§ V et VI, mais pour le tonnage utile.

IV. Circulation des voies ferrées sur route.

Lorsqu'il existe des voies ferrées sur une route, la circulation qui les emprunte appartient évidemment, au point de vue statistique, à la circulation de la route, mais on ne doit la prendre en considération que pour le seul tonnage et non au point de vue des unités de circulation proprement dites, c'est-à-dire des colliers. Ces unités sont en effet uniquement destinées à faire connaître les éléments de circulation qui ont une influence sur l'entretien des chaussées.

Le tableau à fournir par les ingénieurs, et qui est établi au moyen des renseignements contrôlés que fournissent les Compagnies exploitantes, comprend :

— Longueur empruntée ;
— Chevaux journaliers, à distance entière ;
—   kilométriques ;
— Locomotives, à distance entière ;
—   kilométriques ;
— Automotrices, à distance entière ;
—   kilométriques ;
— Wagons, à distance entière ;
—   kilométriques ;
— Tonnage brut quotidien, à distance entière ;
—   kilométrique ;
— Tonnage utile quotidien, à distance entière ;
—   kilométrique ;
— Tonnage brut annuel, à distance entière ;
—   kilométrique ;
— Tonnage utile annuel, à distance entière ;
—   kilométrique.

VII. Ce tableau donne la récapitulation des tonnages bruts et kilométriques résultant de l'ensemble des tableaux IV, V et VI.

En divisant par la longueur, on obtient le tonnage moyen à distance entière.

IX. Ce tableau établit la fréquentation, évaluée en unités de circulation, c'est-à-dire en colliers, moyennant les coefficients de transformations précédemment indiqués. C'est ce que l'on appelle la circulation réduite.

X. Ce dernier tableau établit la comparaison entre le comptage actuel et le précédent, en colliers réduits.

A l'ensemble de ces documents, les ingénieurs doivent joindre une carte des routes donnant, pour chaque section, aux traits qui limitent la route, un espacement proportionnel à la circulation réduite.

100. *Résultats obtenus.* — Les résultats des comptages de 1913 ne sont pas publiés. Voici, en tout cas, une moyenne approximative applicable à une série de départements du Sud-Est :

Ain, Ardèche, Doubs, Drôme, Gard, Rhône, Haute-Saône, Territoire de Belfort et Vaucluse :

	Nombre	Poids brut	Poids utile	Colliers réduits
Voitures chargées en colliers .	140	1539 kg.	1008 kg.	140 col.
Voitures publiques	6	889	227	6
Voitures vides	125	539	»	62,5
Bêtes non attelées	36	425	»	7,2
Menu bétail	60	54	»	2
Total				217,7
Camions automobiles	3,2	5436 kg.	2667 kg.	20,9
Autobus	0,5	3117	849	3,1
Automobiles particuliers . . .	45,1	1219	»	225,5
Motocycles	7,5	160	»	3,8
Cycles	115,8	85	»	5,8
Total				259,1
Ensembl				476,8

Le poids moyen d'une bête non attelée étant de 425 kg. et la charge brute d'une voiture étant de 1.529 kg., on peut dire, approximativement, qu'une bête attelée traîne trois fois son poids.

Le chargement utile d'une voiture attelée atteindrait environ les deux tiers du poids brut.

Le chargement utile des voitures publiques attelées ne serait que du quart du poids brut.

Le chargement utile d'un camion-automobile serait d'environ moitié du poids brut. Il ne serait que du quart du poids brut, pour les autobus.

La circulation réduite, pour l'année 1913, aurait ainsi correspondu à un nombre à peu près égal (217,7 contre 259,1) de colliers réduits, entre la circulation animée et la circulation mécanique.

Le nombre des colliers animés de 1913, sans distinction de catégories, a été 271. En 1903, ce nombre n'était, au total, que de 262. On peut donc dire que la circulation animée s'est à peu près maintenue.

Quant à la circulation réduite totale, elle a passé de 225 colliers en 1903, à 476 colliers, 8 en 1913.

On en conclut que l'intervention de la circulation automobile, tout au moins pour les départements considérés, a contribué à doubler la circulation réduite. Cet accroissement est d'ailleurs dû, presque entièrement, aux automobiles particuliers, qui comptent pour 225,5 colliers, c'est-à-dire autant que la circulation totale de 1903.

Malheureusement, les circonstances de la guerre ne permettront pas, avant un certain temps, de tenir compte de cette statistique comme il conviendrait, parce que les résultats en seront très probablement faussés pendant un certain temps.

101. *Autres modes de comptage.* — On se sert quelquefois, dans certains cas particuliers, de modes de comptage plus simple et moins coûteux que le précédent :

— *Comptage par les cantonniers.* — Lorsqu'un comptage doit être constamment renouvelé, s'il s'agit par exemple des statistiques à établir pour l'application de l'article 14 de la loi du 21 mai 1836 (subventions industrielles aux chemins vicinaux), on utilise les cantonniers pour compter la circulation, dans les conditions suivantes :

Chaque canton est considéré comme une section de comptage. Le cantonnier observe et pointe la circulation à l'endroit même où il travaille.

Pour tenir compte de la circulation de nuit on adopte un coefficient approprié aux circonstances, après observation ; ce coefficient est généralement dans les environs de 1, 2.

Les pointages se font à peu près tous les 15 jours à des dates fixées par l'ingénieur en chef et englobant tous les jours de la semaine.

— *Comptage ambulant*. — M. Laterrade a imaginé un mode de comptage qu'il a appelé comptage ambulant (*Annales des Ponts et Chaussées*, 1876, premier semestre, n° 71). L'opération est faite par le cantonnier-chef, dans ses tournées, tout en marchant.

Le principe de la méthode est le suivant :

On admet que la circulation est égale dans les deux sens.

Si elle est égale à C, au total, elle serait $\frac{C}{2}$ dans chaque sens.

La constatation, lorsqu'elle est faite par un observateur fixe pendant un temps t, devrait être donnée dans chaque sens, par le produit $\frac{C}{2}t$, soit en tout Ct, et C lorsqu'on fait t égal à l'unité de temps, c'est-à-dire un jour.

Si, au lieu d'être immobile, l'observateur progresse avec une vitesse V ; si, d'autre part, la circulation marche à une vitesse v, la vitesse relative sera, pour l'observateur :

1° $v + V$, pour les voitures allant en sens inverse ;

2° $v - V$, pour les voitures allant dans le même sens ;

Si $v - V > 0$, les voitures dépassent l'observateur.

Si $v - V < 0$, elles sont dépassées par lui.

Le nombre des véhicules rencontrés, proportionnel au temps t de la tournée, doit être réduit proportionnellement à la vitesse relative, en remarquant que, pour l'observateur fixe, cette vitesse relative est v.

On aura ainsi :

1° Voitures allant en sens inverse de l'observateur :

$$\frac{C}{2} \times \frac{V + v}{v} t\,;$$

2° Voitures allant dans le même sens :

$$\frac{C}{2} \times \frac{v - V}{v} t,$$

ce qui donne bien Ct, au total.

Mais, pour qu'il en soit ainsi, il faut conserver à l'expression $v - V$ son sens algébrique, c'est-à-dire compter négativement les colliers pour lesquels on a $v - V < 0$, c'est-à-dire ceux que dépasse l'observateur.

En définitive, le cantonnier-chef compte positivement toutes les voitures venant en sens inverse — positivement aussi toutes celles qui, allant dans le même sens que lui, le dépassent — mais négativement celles qui, allant dans le même sens que lui, sont dépassées par lui.

En réalité, la circulation dans les deux sens peut être différente. On répète alors l'opération en sens contraire et on prend la moyenne.

L'expérience paraît avoir montré que cette méthode économique conduit à des résultats assez approchés.

SONDAGES

102. — Les sondages sont des opérations destinées à fournir l'épaisseur et la composition des chaussées empierrées. Elle se font tous les sept ans.

Le travail de sondage doit se faire au printemps (circ. du 4 mars 1898) de mars à juin, par beau temps et sur une chaussée sèche.

On creuse, tous les deux cents mètres, à une distance précise des bornes, alternativement à droite et à gauche, sur moitié de la largeur de la chaussée, des tranchées, en opérant ainsi :

1° Isoler une bande d'empierrement de 0 m. 50 de large, par une rigole creusée à pic sur tout son pourtour, et rejeter les débris de cette rigole ;

2° Mesurer l'épaisseur de la bande isolée, sur une de ses rives, en trois points : l'un au milieu de la longueur, les deux autres, de part et d'autre, à une distance égale au tiers de cette longueur ;

3° Détacher ensuite, soit du sous-sol, soit de la fondation, la bande empierrée qui sert d'assiette à la chaussée et qui a été isolée ;

4° Désagréger les plaques obtenues, à la main ou au maillet;

4° Trier les matériaux en pierres et détritus ;

6° Mesurer le volume de chaque lot à 1/100 près, à l'aide de caisses graduées de 0 m² 100 de capacité, où l'on régale les matières à la main, par couches.

Si la chaussée repose sur le terrain naturel, on le signale par la lettre N, si elle repose sur une fondation, par la lettre F.

Si la chaussée est formée de matériaux différents, on fait ressortir la différence entre la couche superficielle et le reste.

Il serait intéressant de noter la nature du liant, on ne le prescrit pas.

— On note sur un carnet de sondage, par sondage, la longueur de la bande, les épaisseurs mesurées et la moyenne, les volumes de la pierre et des détritus, la nature des matériaux du corps et de la surface, l'épaisseur moyenne des deux, et enfin la nature du sol (fondation, s'il y en a, terre argileuse, argile compacte, rocher, etc., etc.).

— La mise en œuvre des résultats obtenus se fait sur un registre qui comprend quatre parties.

Les deux premières se rapportent aux empierrements sur fondation et aux empierrements sans fondation. Elles donnent chacune les épaisseurs relevées, les proportions du détritus et de la pierre rapportées au volume de la bande, la nature des matériaux de la chaussée et de la surface. Pour les chaussées sans fondation on complète par la nature du sous-sol.

La troisième et la quatrième partie, applicables, l'une aux chaussée avec fondation, l'autre aux chaussées sans fondation, donnent les longueurs de chaussées classées par catégories :

1° de 0   à 0m.05 d'épaisseur
2°   0,051   0   10   —
3°   0,101   0   150   —
4°   0,151   0   200   —
5°   0,201   0   300   —
6°   0,301 et au-dessus.

Chaque tableau est présenté pour donner les moyennes, par section de routes, par route, puis pour l'ensemble des routes.

Les sondages donnent de précieuses indications, pour la gestion de l'entretien.

ESSAI DES MATÉRIAUX

102. *Les divers matériaux d'empierrement. Carrières.* — Les ingénieurs ont le plus grand intérêt à s'enquérir des matériaux qui doivent être employés tant à la construction qu'à l'entretien des chaussées. Je m'occuperai, dans ce qui va suivre, principalement des matériaux d'empierrement, parce que ces revêtements sont les plus répandus. Cependant certains essais, au choc et à l'usure par frottement notamment, présentent une certaine utilité pour les pavages.

La qualité des matériaux d'empierrement doit être en rapport avec les conditions à remplir. Je laisserai de côté ce qui a trait à la préparation (grosseur, forme, propreté, etc.) pour m'occuper des qualités naturelles (dureté, homogénéité, ténacité, fragilité, etc., nature des détritus fournis par l'usure).

Les matériaux les plus durs sont généralement les meilleurs, mais encore faut-il qu'ils ne soient pas trop cassants.

L'usure des pierres se produit de trois manières : Frottement, écrasement, choc.

Le frottement est le résultat du déplacement relatif des matériaux. Ce déplacement, très apparent dans les chaussées dont les pierres sont mobiles et imparfaitement liées, peut aussi se produire dans celles qui présentent une certaine compacité. Sous le passage d'une roue lourdement chargée, les pierres qu'elle rencontre, lorsqu'elles ne s'écrasent pas, s'enfoncent plus ou moins comme des coins, entre les pierres voisines, qu'elles déplacent un peu. Si la chaussée présente à un certain degré des qualités d'élasticité, elles peuvent revenir à leur place, bien qu'incomplètement, ainsi que l'indique parfois le frayé resté apparent. Dans ce mouvement, les pierres frottent les unes contre les autres et contre la matière d'agrégation qui les sépare, en s'usant, en s'émoussant et même en se brisant. Le craquement continu qui s'entend au passage des lourdes charges sur les empierrements est la manifestation de ces phénomènes. Cette cause d'usure par frottement réciproque est la plus importante.

L'écrasement se manifeste sous la pression excessive que certaines pierres ont à porter, surtout lorsque, mal reliées aux voisines, une pierre vient à supporter isolément toute la charge.

Le choc est produit par les roues à la rencontre des aspérités. Il résulte par conséquent du défaut d'uni de la surface. Il se produit aussi par le fer des chevaux.

Les meilleurs matériaux sont ceux qui résistent le mieux à ces trois genres d'usure.

Certains matériaux très durs, c'est-à-dire s'usant peu par le frottement et présentant une certaine résistance à l'écrasement, donnent des chaussées médiocres, parce qu'ils se brisent sous les chocs.

A mesure que les pierres s'usent, elles se réduisent en détritus qui forment la boue et la poussière. Ces détritus remplissent les interstices que les pierres laissent entre elles, ou, du moins, se mélange à la matière d'agrégation qu'on y a mis. La nature des détritus influe donc sur la qualité des chaussées. Ils peuvent être plus ou moins liants, c'est-à-dire prendre une cohésion plus ou moins marquée, et adhérer plus ou moins fortement aux pierres restées entières.

Les détritus sont liants, lorsque l'eau les transforme en boue plastique capable de devenir dure et compacte par dessiccation. Ils sont maigres lorsqu'ils présentent les propriétés contraires, et se tassent par dessiccation sans devenir plastiques ni adhérents aux matériaux.

Les principales espèces de matériaux sont les suivantes :

— *Calcaires.* — Présentent de grandes différences de dureté, depuis les marbres jusqu'aux marnes ; relativement aux autres espèces, ils sont tendres et donnent de la boue et de la poussière. Leur boue est liante. Ils conviennent mieux aux climats secs qu'aux climats humides. Ils donnent lieu à des chaussées assez douces qui sont appréciées par les automobilistes, pourvu que la circulation ne comporte pas de poids lourds.

— *Silex.* — Les silex sont durs, mais cassants ; ils s'usent peu par frottement, mais ils éclatent sous les chocs et par écrasement. Ils se détruisent donc assez vite ; leurs détritus ne sont pas liants et ne se mettent pas en pâte. Les chaussées qui en sont formées se désagrègent facilement. Ils ne peuvent être employés que dans des climats humides et encore ne conviennent-ils pas avec la circulation automobile.

Il existe toutefois des pierres meulières, silico-calcaires, qui, lorsqu'elles ne sont pas devenues caverneuses par l'action des agents atmosphériques, présentent de réelles qualités de résistance.

— *Quartz.* — Analogue au silex, mais moins cassant, donne de bonnes chaussées bien que le détritus ne soit pas liant, pourvu qu'on ait soin de choisir convenablement la matière d'agrégation employée dans les rechargements.

— *Grès.* — Les grès sonores et compactes sont de bons matériaux, ils sont durs et peu cassants. Leurs détritus sont maigres, mais moins que ceux du silex et du quartz. Les grès tendres et friables doivent être proscrits : ils forment de très mauvaises chaussées.

— *Quartsites.* — Les quartzites, que l'on rencontre dans

les terrains de transition, souvent alternant avec des schistes, constituent des matériaux très durs d'excellente qualité. Il faut craindre qu'on y mélange des schistes, ils peuvent alors manquer d'homogénéité, ce qui oblige à beaucoup d'attention dans les réceptions.

— *Trapp.* — Roche formée de porphyrite amphibolique. On le trouve à Raon-l'Etape (Vosges). Les matériaux qu'il donne sont durs et homogènes et ne se brisent pas facilement sous le choc. Les détritus ne sont pas liants, d'où la nécessité de bien choisir la matière d'agrégation.

— *Granits.* — Les granits et les roches analogues (gneiss, syénite) sont en général d'assez bons matériaux, durs, non cassants et donnant un détritus liant. Cependant tous les granits ne sont pas bons; quelques-uns, altérés sans doute par les agents atmosphériques, sont formés de roches friables et doivent être rejetés.

— *Porphyre.* — Les porphyres et les roches felspathiques homogènes, comme le pétrosilex et les eurites sont d'excellents matériaux. La nature de leur pâte leur permet de résister à l'usure, au choc et à l'écrasement.

— *Roches amphiboliques.* — Il en est de même des amphiboles, serpentines, ophites et diorites, moyennant un choix convenable.

— *Basaltes.* — Certaines roches volcaniques, comme les basaltes, sont résistantes et donnent un détritus liant; mais il convient de faire un choix, car certaines d'entre elles, plus ou moins modifiées, s'écrasent facilement et donnent de la poussière.

— *Divers.* — Je signale, pour mémoire, diverses roches, comme les schistes et les poudingues, qui ont des qualités très variables.

On utilise aussi les cailloux de rivière ou les cailloux quaternaires des vallées, qui ne sont généralement pas homogènes et sont constitués par la série des roches qui bordent la vallée. Ils ont l'inconvénient de n'avoir que des faces rondes lisses, qui se prêtent mal à l'agrégation.

On emploie dans le département de Meurthe-et-Moselle le laitier de hauts-fourneaux. On rejette les produits de ceux qui marchent par affinage : ils présentent l'aspect vitreux et se brisent. Les fourneaux marchant à l'allure Thomas donnent des laitiers plus calcaires, mais ils ne sont pas aussi compacts que ceux qui proviennent des fourneaux à allure de moulage, lesquels sont très propres à l'empierrement.

Le laitier de moulage fabriqué en Meurthe-et-Moselle contient entre 38 et 42 0/0 de chaux, 28 à 32 0/0 de silice, 18 à 24 0/0 d'aluminium, 1 à 2 0/0 d'alumine et une petite proportion de fer. Gris blanc, très compact, à arêtes coupantes, il présente une très grande résistance à l'écrasement.

Le meilleur laitier est celui qui est coulé en pains, pour être cassé après refroidissement. Celui que l'on coule sur plan incliné, par économie, forme des couches superposées. C'est un produit irrégulier, présentant des soufflures et des parties sableuses vitrifiées.

— *Carrières.* — Quelquefois on néglige trop de porter son attention sur le choix des matériaux, et on prend ce qu'on a à portée. Il importe à un haut degré que l'ingénieur intervienne personnellement pour déterminer ce choix. Le plus souvent, les lieux d'extraction sont tout à fait locaux et sont définis par le devis, à l'occasion de chaque renouvellement des baux d'entretien.

Avant la fin du bail, l'ingénieur doit faire une reconnaissance de tous les lieux d'extraction anciens et de tous les nouveaux susceptibles d'être admis, en notant, pour chacun d'eux, les diverses qualités de la pierre, la faculté de production de la carrière, le prix de revient, etc.

On verra, à propos du coefficient de qualité, qu'il y a souvent avantage à prendre des matériaux meilleurs, quoique plus chers. C'est une étude à renouveler à chaque fin de bail.

Dans d'autres cas, on trouve à portée, quelquefois même à une distance appréciable qui n'en prohibe pourtant pas l'emploi, des matériaux de grandes carrières qui livrent des produits, commerciaux en quelque sorte, et bien déterminés. Ces carrières doivent appeler l'attention des ingénieurs. On peut citer par exemple celle de Raon-l'Etape en France et celles de Lessines et de Quenast, en Belgique.

La plus importante, parmi ces carrières, est celle de Quenast, qui fournit plus de 30 millions de pavés, 250.000 mètres cubes de macadam, et 60.000 mètres cubes de ballast. Elle remonte à l'année 1800 et s'est peu à peu perfectionnée. La Société actuelle, constituée par M. Urban, date de 1864.

On y dispose d'une force de 500 chevaux et d'un réseau de voies ferrées qui relient la carrière à la gare Il existe 70 hectares à l'état de carrière, et la Société dispose de 200 hectares. L'extraction se fait jusqu'à 70 mètres de profondeur, sans qu'on soit près d'atteindre le fond. Ce sont de vastes criques à gradins gigantesques, où fourmillent d'innombrables travailleurs et où les wagonnets circulent d'une manière continue et d'eux-mêmes.

Il y a trois excavations unies par des tunnels. La première reçoit tous les produits par les voies. On exploite par étages séparés par de vastes gradins, au même niveau dans chaque excavation et munis de voies qui se raccordent. La largeur de voie est 0 m. 75 ; les wagonnets pèsent 390 kg. à vide et 990 kg. à charge ; ils s'accrochent automatiquement, par une fourche, à une chaîne flottante mue par une machine de 250 chevaux. Ils circulent seuls, sans arrêt, espacés de 10 mètres. Aux changements de direction, la chaîne est soulevée et échappe ; le wagon est tourné sur une plaque et changé de direction. Il sort par jour 5.300 wagons correspondant à 900.000 tonnes par an.

Autrefois, les trous de mine se faisaient à bras d'homme ; aujourd'hui, on utilise des perforatrices, formées d'un fleuret de 7 mètres de profondeur, d'un trépan en forme de bonnet de prêtre, avec ailettes évidées pour injection d'eau et évacuation des détritus. On bat ainsi 300 coups à la minute au moyen de l'air comprimé sous 3 kg. 5 de pression. Un trou de 7 mètres demande 10 heures de travail. L'outil est en bronze phosphoré.

Les mines sont enflammées simultanément.

Chaque bloc est livré à une brigade. Avec la refenderesse (marteau à 2 pointes, de 15 kg.), un ouvrier, monté sur le bloc, trace à la surface une ligne continue, plus marquée sur les arêtes ; puis, avec la masse (gros marteau à tête carrée de 25 kg.), l'abatteur frappe la tranche jusqu'à cassure, qui est presque toujours franche.

Le rompage et le refendage, c'est-à-dire la division en blocs plus petits, s'opèrent de même, avec des marteaux de poids moindre.

La pierre arrivée à ! dimension de pavés, on procède à l'épinçage, qui enlève toute saillie ou irrégularité.

La roche donne 50 0/0 de pavés et autant de déchets, qui sont utilisés comme empierrement ou ballast.

Le cassage du macadam se fait automatiquement. On utilise deux séries de trois concasseurs, commandées chacune par une machine de 120 chevaux et fournissant chacune, par journée de 10 heures, 600 mètres cubes de pierres cassées et de gravillon.

Les cylindres trieurs, munis de trous de diamètres croissants, classent la pierre qui tombe dans des wagons prêts à être expédiés.

104. *Coefficient de qualité.* — La qualité de la pierre dépend de trois éléments : Résistance à l'usure, au choc et à l'écrasement.

Si l'on disposait d'un liant parfait, on n'aurait pas à se préoccuper de l'usure ; si la chaussée était toujours unie, on pourrait négliger la résistance au choc. Par contre, la résistance à l'écrasement doit toujours être prise en considération ; elle doit être suffisante pour que les roues les plus lourdes n'écrasent pas la pierre ; mais on se rend compte que, une fois ce résultat obtenu, il est inutile d'aller au-delà.

Il paraît bien difficile de représenter par un seul coefficient l'expression de la qualité des matériaux d'empierrement. Cependant l'Administration a cherché à définir un coefficient unique de qualité, d'après le rendement effectif (circ. du 15 mars 1877).

On a posé en principe que la qualité varie en raison inverse de la quantité usée par unité de longueur de route et par unité de circulation réduite.

Si on admet le coefficient 20 pour le trapp de Raon, qui exige une consommation de 15 mètres cubes par kilomètre et par 100 colliers, on trouve que le produit constant de la consommation pour 100 colliers, par la qualité est égal à 300.

— Pour déterminer le coefficient unique de qualité, si on connaît la quantité de circulation, il suffit de pouvoir mesurer l'usure. Une circulaire du 15 mars 1877 a indiqué trois procédés :

Mesure directe des détritus recueillis (boue et poussière);

Les sondages ;

Les profils en travers comparés, à diverses époques.

Le premier procédé est incertain. Une bonne partie des détritus disparaît avec le vent et la pluie. Il y a aussi les produits apportés par la circulation (terres des champs, crottins, etc.).

Le second procédé, exposé dans la circulaire du 3 avril 1877, consiste à utiliser les sondages. On connaît la quantité de matériaux employés entre deux sondages consécutifs. Les sondages permettent de voir si elle a suffi à compenser l'usure ; s'il y a un écart, on peut le calculer d'après la variation de l'épaisseur. Le nombre de colliers est également connu. La qualité des matériaux se déduit facilement de la définition donnée à ce coefficient.

Pour ce qui est de la comparaison au moyen de profils en travers, l'Administration avait prescrit (circ. du 23 juillet 1878) de faire des essais de divers matériaux, sur des sections de route de 30 mètres de long. On l'entretenait et on notait le volume de pierre employé, puis on mesurait les profils en travers aux mêmes emplacements. On en déduisait l'usure, qu'on rapportait à 100 colliers. On pouvait utiliser la règle de Mary, pour constater les variations des profils en travers (circ. du 18 janvier 1879).

L'Administration a publié les coefficients de qualité applicables aux matériaux essayés et utilisés dans les divers départements, concurremment avec ceux que fournissent les méthodes de laboratoire dont il sera question ci-après.

— La connaissance du prix et de la qualité de divers matériaux permet de les comparer et de faire un choix.

Soit une première catégorie de matériaux, de prix p et de qualité Q, dont l'emploi coûte m francs. Pour une seconde catégorie, ces données seraient p', Q' et m'.

Les dépenses à faire seraient proportionnelles aux quantités :

$$\frac{p+m}{Q} \qquad \text{et} \qquad \frac{p'+m'}{Q'}.$$

On devra porter son choix sur la catégorie pour laquelle cette expression a la moindre valeur.

D'ordinaire, on néglige de considérer la dépense d'emploi, et on compare les quantités :

$$\frac{p}{Q} \qquad \text{et} \qquad \frac{p'}{Q'}.$$

Toutefois, on préfère multiplier ces fractions par la qualité moyenne de 10, on obtient ainsi :

$$\frac{10\,p}{Q} \qquad \text{et} \qquad \frac{10\,p'}{Q'}$$

expressions qui représentent ce qu'on appelle le prix du mètre cube ramené à la qualité 10.

On lira avec intérêt, sur ce sujet, le mémoire présenté par M. l'inspecteur général Monet dans les *Annales des Ponts et Chaussées* de l'année 1900. Il y relate les résultats obtenus dans la Marne, de 1880 à 1899, par la substitution des matériaux durs aux matériaux du pays. La qualité moyenne de la pierre, en passant de 9,8 à 14,8, avec des prix par mètre cube de 16 fr. 25 et 16 fr. 80, a fait baisser le prix des matériaux ramenés à la qualité 10 de 16 fr. 58 à 11 fr. 35. Ce changement a permis de grandes économies de main-d'œuvre et une notable augmentation de la fourniture.

105. *Essais de laboratoire.* — La détermination du coefficient de qualité, conformément à ce qui précède, présente de grandes incertitudes :

Les mêmes matériaux, avec des matières d'agrégation différentes, peuvent donner lieu à des consommations très variables. Cette consommation dépend aussi pour une très forte part, de l'uni de la surface ; si donc on dépense beaucoup pour conserver l'uni, on consomme moins de matériaux et inversement.

En dehors de ces critiques, inhérentes à la nature des choses, on peut en faire d'autres pour les méthodes de calcul. S'agit-il, par exemple, d'évaluer l'usure, par la règle de Mary, ou par les sondages, on compte cette usure par la diminution d'épaisseur. Mais cette diminution ne donne que très grossièrement l'usure. A égalité d'épaisseur, deux chaussées peuvent être très différentes. L'une peut avoir beaucoup de cailloux et peu de matière d'agrégation et inversement. Il aurait fallu, semble-t-il, ne tenir compte que de la disparition des matériaux qui ne peuvent être suppléés par la présence de la matière d'agrégation.

On a alors cherché à déterminer la qualité des pierres par des expériences de laboratoire, en considérant les trois aspects suivants :

Résistance à l'usure par frottement réciproque ;

Résistance au choc ;

Résistance à l'écrasement.

La première est généralement la plus importante, car on n'y peut remédier que partiellement par un bon choix de la matière d'agrégation, tandis qu'on évite les chocs en donnant un uni parfait à la chaussée, et qu'il est bien rare que les matériaux choisis ne résistent pas à l'écrasement.

— *Résistance à l'usure par frottement réciproque.* — On se sert pour cela de l'appareil Delval (circ. du 18 décembre 1878).

On prend 5 kg. de pierres cassées sans angles trop aigus ; on les introduit dans des cylindres en fer fermés par un couvercle boulonné. Ces cylindres sont montés sur un arbre horizontal avec lequel leur axe fait un angle de 30°. Lorsque l'arbre tourne, les pierres, jetées les unes contre les autres et contre les parois du cylindre, s'usent et produisent des détritus. Après une rotation de 10.000 tours, à raison de 2.000 tours à l'heure, on retire les matériaux dont les fragments sont brossés à l'eau, un à un, pour les débarrasser de toute poussière adhérente. On lave l'intérieur du cylindre avec une éponge mouillée, qu'on nettoie ensuite dans un vase rempli d'eau. Cette eau est réunie à celle du lavage du cylindre. Le tout est versé dans un vase en passant dans une passoire à trous de 1 mm. 6, pour séparer les petits éclats. Après repos, on décante et on sèche la poussière avant la pesée.

On peut, au-dessus de la passoire ci-dessus, en mettre une deuxième à trous de 10 millimètres, pour séparer les gros éclats, qui, pesés à part, indiquent la fragilité.

Pour obtenir des résultats comparables, il faut que les morceaux à essayer soient en nombre à peu près le même (de 43 à 45 dans le cas du cassage à 6).

D'après le poids des détritus, on attribue aux matériaux la qualité :

$$Q = \frac{A}{u};$$

A est une constante, et u le poids des détritus en grammes, par kilogramme de matériaux.

En opérant sur des pierres auxquelles on a attribué *a priori* la qualité 20, et connaissant u on peut trouver A. C'est ainsi qu'on a trouvé A = 400. Certains matériaux peuvent avoir, d'ailleurs, des qualités supérieures à 20.

Voici quelques résultats obtenus :

Diorite.	de 0 à 19					
Porphyre.	12	18	Porphyre de Que-			
Quartzite.	12	19	nast.	de 30 à 32		
Amphibole.	12	15	Trapp de Raon.	26	30	
Syénite.	11	13	Quartzite des Ar-			
Gneiss.	8	15	dennes.	23	26	
Granit.	8	12	Basalte de l'Avey-			
Grès.	10	13	ron.	21	27	
Basalte.	11	14	Granit des Vosges.	16	19,5	
Calcaire.	5	12				

— *Résistance au choc.* — La résistance au choc se mesure à l'aide d'une sonnette, dont le mouton tombe de 1 mètre sur des éprouvettes cubiques. Pour empêcher le mouton de rebondir et de frapper plusieurs coups, il y a un déclic que déclanche le premier choc et auquel le mouton reste suspendu en rebondissant. Les blocs cubiques ont 4 centimètres d'arête, et le mouton pèse 4 kg. 5. On compte le nombre de coups de mouton qui produit l'émiettement.

Voici quelques résultats obtenus :

Calcaire d'Euville	2 coups.
— de Comblanchien	22
Grès de la Ferté Alais (Seine-et-Oise). . . .	25
Grès de Fontainebleau et de l'Aisne	50 à 60
Porphyre de Saint-Raphaël	90
Granit des Vosges	95
Porphyre de Quénast.	130
Quartzites de Cherbourg — plus grand que. .	150
Trapp des Vosges — plus grand que. . . .	150

Ces essais intéressent surtout les pavages.

— *Résistance à l'écrasement.* — Cette épreuve est faite à la presse hydraulique, sur des cubes de 50 millimètres de côté.

— *Usure par frottement sur une meule sablée.* — Ces essais se font avec la machine Dorry. Une meule horizontale en fonte tourne autour d'un axe vertical; on y répand d'avance une quantité de sable donné, de poids déterminé.

L'échantillon présente à la meule une section de 40×60 millimètres qu'on charge de 250 kg. par centimètre carré. On mesure la diminution de longueur après 4.000 tours.

Voici quelques résultats obtenus :

Quartzites du Calvados.	0 cm.	36
Porphyre de Quenast	0	55
Grès de Jeumont	0	66
Granit des Vosges	0	66
Porphyre de Saint-Raphaël . . .	1	12
Grès de l'Yvette.	1	25

Cet essai intéresse surtout les pavages.

— *Essai à la perméabilité.* — On pèse la pierre sèche, puis après un séjour de 24 heures dans l'eau. La différence donne le poids de l'eau retenue, qu'on rapporte à l'unité de poids de la pierre sèche, ou à l'unité de volume.

— *Essai au froid.* — L'échantillon est trempé dans l'eau

dont on porte la température à — 20°. On l'abandonne ensuite jusqu'au retour à 0°. On examine alors les déformations susceptibles d'être appréciées.

106. *De la matière d'agrégation.* — La qualité de la matière d'agrégation a une influence considérable sur l'usure des chaussées. Je ne veux considérer ici que le cas des liants de boue. Quelles sont les qualités qu'il faut rechercher ?

1° La matière d'agrégation doit lier les matériaux pour former une chaussée monolithe, avec une cohésion suffisante ;

2° Si pour une cause quelconque, la cohésion vient à disparaître, cette cohésion doit se rétablir d'elle-même, par le simple jeu des agents atmosphériques.

Le choix judicieux de la matière d'agrégation s'impose dans tous les cas, surtout lorsqu'il y a une circulation automobile appréciable. Il faut admettre, d'ailleurs, que les empierrements à liant de boue demeureront longtemps avec une longueur prépondérante pour l'ensemble des routes en France.

La cohésion, tout en étant suffisante, ne correspond pas exactement à l'idée qu'on s'en fait avec les mortiers rigides du béton ou des maçonneries. Ce qu'il faut ici, c'est un mortier souple, à reprise indéfinie qui est indispensable à des matériaux soumis à des efforts constants qui tendent à les déplacer, à les rompre et à les écraser. Ces circonstances sont tout à fait différentes de celles d'un mur immobile en maçonnerie.

Le sable siliceux ne convient pas. Même après un cylindrage énergique, les pierres continuent à chavirer. Seul, le détritus provenant de l'écrasement de la pierre pourrait, dans certains cas, contribuer à la liaison. Mais les matériaux durs s'usent peu, et, en outre, il est irrationnel d'acheter des pierres à grand prix pour les écraser en partie en vue de se procurer du liant.

Les matières liantes se trouvent partout.

— Boue de route, débarrassée des matières organiques ;

— Terres de toute nature, produits de la décomposition des roches ignées ou sédimentaires ;

— Sédiments fins des rivières, à l'exclusion des menus graviers qui ont les inconvénients du sable et ne pourraient, à la rigueur, contribuer à la liaison qu'en s'écrasant.

— Terres arables, etc., etc.

Dans tous les cas, la condition à remplir est que la matière choisie ne soit pas trop chargée d'argile colloïdale (silicate d'alumine hydraté). Avec un excès de cette argile, le malaxage devient impossible par le répandage du liant; elle fait obstacle à la pénétration de la matière entre les pierres du rechargement.

Il est important de ne pas confondre l'argile colloïdale avec l'argile proprement dite, qui souvent en contient peu.

En dehors de l'analyse chimique, on peut faire les essais pratiques suivants :

1° Prendre 100 gr. de liant en poudre, le mêler à 15 ou 25 0/0 d'eau ou davantage et malaxer pour obtenir une pâte se nivelant d'elle-même ;

2° Verser dans une soucoupe, et niveler par secousses ;

3° Exposer à l'air pour une dessiccation lente, ne recourir en tout cas qu'à un feu extrêmement doux ;

4° S'assurer que la matière se transformera, non en un amas de grains libres comme avec du sable propre, mais en un mortier compact, relativement dur, et aussi exempt que possible de craquelures de dessiccation ;

5° Apprécier la résistance, en coupant le contenu de la soucoupe en deux, en rejetant l'une des parties et en essayant au pouce la solidité de l'arête de la coupure sur la partie qui reste.

S'il n'y a pas ou s'il y a peu de craquelures ; si la résistance est satisfaisante, les résultats seront bons. Cette résistance peut atteindre souvent celle d'un bon mortier de chaux hydraulique.

Dans un rechargement où l'on n'écrase pas la pierre, il peut y avoir 28 0/0 de vides. C'est ce vide qu'il faut combler. Comme on ne connaît pas le foisonnement de la matière sous l'action de l'eau, on ne sait souvent pas à l'avance le volume exact de liant que fournira la matière sèche. On peut admettre en moyenne 25 0/0 de liant mesuré à sec, pour un rechargement d'entretien et 35 0/0 dans un rechargement neuf.

La quantité d'eau à employer pour arrosage peut aller jusqu'à 350 litres par mètre cube de pierres cylindrées. Il n'est guère permis de descendre au-dessous de 200 litres.

Les observations qui précèdent sont dues à M. Ramu, Directeur des Carrières de Trapp à Raon-l'Etape.

TREIZIÈME LEÇON

DÉCOMPOSITION DES DÉPENSES D'ENTRETIEN.
PROJETS DE BUDGET. SOUS-RÉPARTITION DES CRÉDITS

DÉCOMPOSITION DES DÉPENSES D'ENTRETIEN

La décomposition des dépenses d'entretien a pour objet de rechercher comment ces dépenses se répartissent suivant les diverses catégories de main-d'œuvre ou de fournitures, en rapportant ces mêmes dépenses aux diverses unités de longueur, de volume ou de circulation, de manière à permettre certaines comparaisons en vue d'une bonne gestion de l'entretien.

107. *Anciens modes de décomposition.* — De tout temps, on s'est préoccupé de cet objet. La circulaire du 6 juin 1850 admettait *a priori* une consommation de 10 mètres cubes de pierres, par kilomètre et 100 colliers (Cette consommation atteint, en moyenne, 38 mètres cubes aujourd'hui).

La main-d'œuvre était divisée en deux parts ; l'une, proportionnelle à la fourniture, soit 2 journées d'ouvrier par mètre cube ; l'autre, proportionnelle à la longueur, soit 40 journées par kilomètre.

Si u désigne l'usure par kilomètre et C la circulation en centaines de colliers, on admettait :

$$u = 40\,C.$$

Si on désigne par p et p' le prix du mètre cube de pierres et le prix d'une journée de main-d'œuvre, et par S la dépense pour surveillance et autres frais généraux, par kilomètre, on trouvait pour la dépense kilométrique D :

$$D = (p + 2\,p')\,u + 40\,p' + S.$$

Ces instructions ont rendu de grands services. Elles ont été critiquées par Gasparin en 1833. Il est évident en effet qu'une consommation immuable de 40 mètres cubes par kilomètre et 100 colliers, sans tenir compte de la qualité des matériaux, ne saurait être admise dans tous les cas.

De nouvelles instructions ont été données (circ. du 30 octobre 1857, 15 juin 1862, 18 mars 1864, 15 mars 1877, qui a institué le coefficient unique de qualité, 11 mai 1879, 20 juin 1882, 19 janvier 1886, 5 avril 1893, 8 juillet 1893 et 12 octobre 1897).

On était arrivé à une décomposition rationnelle qui tenait compte de tous les éléments. Mais on a estimé que l'incertitude du coefficient de qualité et la complication des feuilles de travail tenues par les cantonniers ne pouvaient conduire à des résultats exacts. C'était à l'époque où l'on voulait simplifier l'Administration à outrance. On en est venu (circ. du 29 juin 1900) à une simplification telle que la décomposition des dépenses d'entretien n'avait plus aucun sens. L'Administration avait perdu tout moyen de suivre utilement la marche des dépenses. On ne disposait plus d'aucun moyen efficace de déterminer convenablement la répartition des crédits annuels. On fit alors un pas en arrière (circ. des 17 mars 1910 et 28 juin 1910).

Parmi les anciens modes de décomposition, il est intéressant d'examiner, en particulier, celle qui avait été définie par la circulaire du 5 avril 1893.

— *Circulaire du 5 avril 1893.* — Les instructions contenues dans cette circulaire s'appliquent à une série de tableaux, savoir :

Tableau I. Répartition de la main-d'œuvre par article :

Chaussées empierrées :

N° 1. Approvisionnement et cassage des matériaux ;

   2. Approvisionnement de matière d'agrégation ;

   3. Emplois et soins à la chaussée ;

   4. Total.

Chaussées pavées :

   5. Approvisionnement et préparation des pavés ;

   6. Approvisionnement du sable pour pavage ;

   7. Approvisionnement de matériaux pour bandes empierrées ;

   8. Repiquage, soufflage et entretien courant ;

   9. Relevé à bout ;

   10. Total.

   11. Fossés, accotements, talus ;

   12. Ouvrages d'art, trottoirs, plantations ;

   13. Dépenses diverses ;

   14. Frais généraux ;

   15. Améliorations et réparations d'avaries ;

   16. Total des cinq derniers articles.

   17. Report de l'article 4 ;

   18. Report de l'article 10 ;

   19. Total général.

   20. Prix moyen de la journée.

Pour remplir ce tableau, on se servait de feuilles de travail que tenaient les cantonniers. Chacune de ces feuilles constitue un tableau contenant autant de lignes qu'il y a de journées dans le mois à laquelle elle s'applique. Elle indique, s'il y a lieu, chaque jour, le nombre d'ouvriers auxiliaires qui ont été adjoints au cantonnier considéré. Les journées de cette main-d'œuvre, en y comprenant celle du cantonnier lui-même, étaient réparties, en journées ou fractions de journées entre les diverses colonnes de la feuille, portant chacune pour titre celui des diverses lignes du tableau I ci-dessus.

Le dépouillement annuel des feuilles de travail de tous les cantonniers permettait de mettre en regard de chacun des articles de ce tableau I le nombre de journées correspondant.

Pour obtenir la dépense, on opérait le dépouillement de tous les décomptes de cantonniers et de toutes les feuilles d'attachement d'auxiliaires et on additionnait globalement toute la dépense de main-d'œuvre, cantonniers et auxiliaires compris.

Ayant obtenu, par totalisation sur le tableau I, le nombre total des journées employées, on en déduisait le prix moyen de la journée de main-d'œuvre, en divisant la dépense globale par le nombre des journées. Ce chiffre est inscrit à l'article 20.

D'après ce prix moyen et par multiplication avec le nombre de journées inscrit à chacun des articles dudit tableau, on obtenait la dépense de main-d'œuvre par article, tout au moins approximativement.

Le tableau II, s'applique au relevé général des dépenses, savoir :

Numéros et nature des dépenses	Chaussées			Fossés, accotements, talus	Ouvrages d'art, trottoirs, plantations	Dépenses diverses	Frais généraux	Améliorations et réparations d'avaries	Total
	empierrées	pavées	Total						
1	2	3	4	5	6	7	8	9	10
1. Entreprises. . . .									
2. Tâches.									
3. Mémoires									
4. Cantonniers et auxiliaires									
5. Dépenses d'autre nature									
6. Total. . .	—	—	—	—	—	—	—	—	—

On le remplit en dépouillant les décomptes des entreprises, les états à la tâche et les mémoires. On complète en indiquant, pour les cantonniers et auxiliaires, les dépenses des articles 4, 10, 11 et suivants jusqu'à 15 du tableau I. On inscrit enfin les dépenses d'autre nature qui pourraient ne pas rentrer dans le cadre précédent.

Le tableau III sert à décomposer les dépenses faites sur les chaussées :

Numéros et nature des dépenses	Chaussées empierrées				Chaussées pavées				
	Approvisionnement		Emploi et entretien	Total	Approvisionnement			Soufflage, repiquage et entretien courant	Total
	matériaux	mat. d'agrég.			de pavés	de sable	Matériaux pour bande empierrée		
1	2	3	4	5	6	7	8	9	10
1. Entreprises. . . .									
2. Tâches.									
3. Mémoires									
4. Cantonniers et auxiliaires									
5. Dépenses d'autre nature									
6. Total. . .									

Il décompose les chiffres des colonnes 2 et 3 du tableau II, suivant les articles du tableau I de 1 à 10. Cette décomposition résulte du dépouillement des décomptes d'entreprises, des états à la tâche et des mémoires. Pour les cantonniers et auxiliaires, on reproduit ceux des articles de 1 à 10 du tableau I ; on complète par les dépenses d'autre nature qui ne rentreraient pas dans le cadre qui précède.

La totalisation de ces dépenses, article par article, donne finalement la décomposition de toutes les dépenses.

Les dépenses diverses s'entendent de celles qui, n'entrant

dans aucun autre article, sont spéciales à une route. Les frais généraux s'appliquent à l'ensemble des routes.

— La mise en œuvre de cette décomposition est faite conformément à trois tableaux :

Tableau A, comprend les renseignements généraux, longueur, fréquentation, et la dépense unitaire par unité de longueur et par 100 colliers des diverses colonnes du tableau II.

Tableau B, s'applique aux chaussées empierrées. Il donne notamment la qualité et le volume des matériaux par 100 colliers, ramené à la qualité 10, les dépenses unitaires de fourniture, etc. A l'égard de la main-d'œuvre, ces dépenses sont données par unité de longueur et par mètre cube employé. On en déduit aussi le nombre de journées employées par mètre cube, au moyen du prix moyen de journée inscrit au tableau I.

Tableau C, s'applique aux chaussées pavées et ramène les dépenses aux unités de longueur et de circulation.

— *Circulaire du 12 octobre 1897.* — Les instructions précédentes ne distinguaient pas entre les matériaux employés en rechargements cylindrés et ceux employés en emplois partiels. Cependant, dès cette époque, l'entretien par aménagement tendait à se généraliser. La circulaire du 12 octobre 1897 intervint pour ajouter de nouveaux articles à la sous-répartition, en vue de cette distinction. La main-d'œuvre pour chaussées empierrées comprenait ainsi les dépenses des rechargements, les dépenses des emplois partiels, les dépenses pour soins à donner à la chaussée.

Après avoir introduit les améliorations qui précèdent, on décida d'autres changements moins heureux.

On se souvient que le produit de la consommation de matériaux par kilomètre et par 100 colliers, par la qualité de la pierre, doit théoriquement correspondre à une constante. Autrement dit, la consommation de matériaux par 100 colliers, ramenée à la qualité 10, aurait dû être partout la même, soit 30 mètres cubes.

On a voulu vérifier si cette règle théorique correspondait bien à la réalité des faits.

A cet effet, on a envisagé une période aussi longue que possible, remontant à de très anciennes opérations de sondages. On a tenu compte du volume total des matériaux effectivement employés pendant cette période, en l'augmentant ou en le diminuant du volume correspondant à la diminution ou à l'augmentation de l'épaisseur des chaussées. On a pensé que l'on pouvait avoir ainsi la consommation annuelle normale et que, connaissant la qualité des matériaux employés, on pourrait vérifier la règle théorique dont je viens de parler.

Le calcul a été conduit, par département, de la manière suivante :

Soit V le volume des matériaux réellement employé dans la période ;

$\pm \varepsilon$, la variation constatée dans l'épaisseur des chaussées ;

S, la surface des empierrements ;

f, le foisonnement des matériaux en chaussée, pour l'exprimer en volume, comme s'il était en tas :

N, le nombre d'années de la période ;

L, la longueur des empierrements ;

Q, le coefficient de qualité moyenne ;

C, la fréquentation moyenne durant la période ;

A, le volume des matériaux par kilomètre et par 100 colliers ramené à la qualité 10.

Il est aisé de voir que la consommation kilométrique effective annuelle par 100 colliers, s'exprime par :

$$\frac{(V \pm \varepsilon S f)}{NL} \times \frac{100}{C} \, ,$$

d'où :

$$A = \frac{Q}{10} \frac{V \pm \varepsilon S f}{NL} \times \frac{100}{C} \, .$$

On aurait dû trouver le même chiffre de 30 mètres cubes partout, si la qualité des matériaux avait été exactement appréciée. Au lieu de cela, on a trouvé des nombres variant de 12 à 48. On a conclu en condamnant le système des coefficients de qualité.

Abandonnant ce coefficient, on a admis que la consommation de matériaux nécessaires pour maintenir l'épaisseur des chaussées, dans chaque département, par kilomètre et par

100 colliers devait être, abstraction faite de tout coefficient :

$$\frac{V \pm \varepsilon S f}{NL} \times \frac{100}{C}.$$

C'est à ce moment qu'on a imaginé les formules de la circulaire du 29 juin 1900, qui ne correspondaient plus à rien.

— Peut-être l'Administration a-t-elle fait preuve d'un découragement prématuré. La formule qui a donné la valeur de A contient bien d'autres données que Q. On y voit principalement V, ε, f et C.

A l'égard de la qualité Q, sur une aussi longue période que celle que l'on a envisagée, ce coefficient a pu être bien mal assis.

Pour ce qui est de la variation ε dans l'épaisseur des sondages, sait-on ce que valaient les anciennes opérations ? Dans les vérifications que l'on peut faire, à l'occasion d'une même série de sondages, on peut facilement constater que les différents agents apprécient souvent les choses tout autrement. Si on se reporte à des sondages successifs, on voit parfois, au même point, la chaussée, considérée une première fois comme ayant une fondation, n'en plus avoir dans la seconde constatation. En outre, cette quantité ε ne représente qu'une variation dans l'épaisseur. Une chaussée plus épaisse peut être fortement usée, si cette épaisseur ne contient plus guère que des détritus.

A l'égard du coefficient f, qui a été pris le même pour toute la France, l'incertitude est complète.

Enfin, il y a la circulation C. Il n'est pas besoin d'insister beaucoup pour comprendre combien il est difficile de se fier d'une manière complète aux renseignements des statistiques, surtout lorsqu'elles sont anciennes.

A la vérité, le coefficient de qualité présente des incertitudes évidentes, mais les résultats obtenus devaient-ils comporter une correction uniquement sur ce point ? Ne pouvait-on pas aussi porter son attention sur d'autres objets qui, bien que très faillibles, n'ont pourtant pas été condamnés en même temps.

L'incertitude du coefficient de qualité apparaît évidemment, en dehors de toute longue période, même si on l'applique à un moment donné.

La consommation est très différente, suivant la méthode d'entretien. Le coefficient de qualité ne peut avoir de signification que s'il se rapporte à un mode d'entretien et à un état d'entretien bien défini. Elle dépend beaucoup de la nature de la matière d'agrégation.

En outre, l'influence du personnel (cantouniers, subdivisionnaires, ingénieurs) est énorme. Tout le monde sait, par exemple, que deux cantonniers placés dans des situations identiques et dotés des mêmes ressources, peuvent obtenir des résultats diamétralement opposés.

On peut dire également que le coefficient de qualité devrait tenir compte de beaucoup d'éléments, tels que :

Résistance à l'usure par frottement réciproque ;

Qualité de la matière d'agrégation ;

Uni de la surface ;

Résistance à l'écrasement ;

Nature des diverses circulations, etc.

La question est donc extrêmement complexe. On peut se demander toutefois s'il n'aurait pas mieux valu continuer à tenir compte de la qualité, sous une forme ou sous une autre, en s'appuyant précisément sur le résultat des statistiques, pour opérer les redressements nécessaires.

— La circulaire du 12 octobre 1897 donne des renseignements sur les coefficients de qualité tels qu'ils étaient admis au moment où ils ont été abandonnés. Malgré les objections faites, ces renseignements peuvent néanmoins présenter encore un certain intérêt. J'en donne un extrait pour quelques départements.

	Circulation de 1869 à 1891	Qualité des matériaux	Consommation	
			Qualité 10	Qualité réelle
Ain	110 col.	10,33	28 m³	27 m³
Aisne.	237	16,12	31	19
Ardèche	156	9,80	22	22
Belfort	93	9,00	24	27
Doubs	131	6,03	15	25
Drôme	131	7,50	29	39
Gard	195	7,96	28	35
Gers	134	10,78	34	32
Isère	167	9,00	34	38
Marne	121	14,00	27	19
Rhône	371	16,33	20	12
Haute-Snône. . .	74	7,02	34	48
Vaucluse. . . .	239	7,09	20	28

108. *Mode actuel de décomposition.* — Le mode actuel de décomposition des dépenses d'entretien est réglé par les circulaires des 17 mars et 21 juin 1910. Il s'applique à une série de tableaux :

Le tableau A' donne :

— Longueurs et fréquentations, pavages et empierrements réunis ; dépenses ;

— Mêmes renseignements, pour les pavages seuls, en distinguant fournitures et main-d'œuvre ;

— Volume des matériaux d'empierrement, en distinguant celui qui est destiné aux rechargements ; dépense totale de cette fourniture et prix de revient par mètre cube ;

— Dépense de cylindrages, y compris matière d'agrégation ; le volume cylindré et la dépense par mètre cube cylindré, ainsi que le nombre de tonnes kilométriques employées pour la prise, par mètre cube ;

— Dépense totale des chaussées empierrées, pour emplois faits autrement qu'en cylindrages et soins à la route ;

— Dépense totale des chaussées empierrées, pour mise en œuvre et soins à la route, y compris cylindrages ;

— Enfin, dépense totale pour empierrements, fourniture et mise en œuvre ;

— Dépenses accessoires (ouvrages d'art, plantations, bornage) ;

— Autres dépenses (terrains, dommages, matériel, service médical) ;

— Dépense totale (pour la route ou pour le département) ;
— Prix moyen de la journée de cantonnier ;
— Longueur moyenne effective du canton ;
— La même longueur, en tenant compte des congés.

Le tableau A² s'applique aux moyennes et pourcentages.

Pour remplir les tableaux A¹ et A², on se sert d'un tableau A³ conçu dans le même ordre d'idées et qui est rempli chaque mois par le subdivisionnaire. Un tableau A⁴, avec une ligne par mois, récapitule les renseignements et permet de dresser sans peine le tableau A¹.

La circulaire du 28 juin 1910 indique que les ingénieurs doivent continuer à fournir les tableaux B et C de la circulaire du 29 juin 1900 (Travaux payés sur les fonds de deuxième catégorie), en mentionnant les concours obtenus.

Ces indications prennent une certaine importance depuis que, en vertu de la circulaire du 12 décembre 1905, les relevés à bout en pavés neufs ne sont plus imputés sur les fonds d'entretien, mais sur les fonds de deuxième catégorie.

— *Résultats de la décomposition de 1912.* — Pour toute la France :

— Longueur, pavages . . . 1.963 km. 3 ⎫
— Longueur, empierrements. 36.269 km. 2 ⎬ 38.235 km. 5
— Fréquentation, pavages . 555 c. 5 ⎫
—   — empierrements. 188 c. 8 ⎬ 210 c. 9

— Proportion de matériaux employés en rechargement 88 0/0
— Dépense en fourniture, par mètre cube. .   9 35
— Dépense par mètre cube cylindré . . .   2 77
— Tonnage kilométrique, par mètre cube cylindré . . . .   7 t. 96
— Prix moyen de la journée de cantonnier .   3 08
— Longueur réelle des cantons . . . . .   5.259 m.
— Longueur en tenant compte des congés. .   5.750 m.
— Dépense totale par kilomètre . . . . .   731 fr.
— Dépense totale par kilomètre et par 100 colliers . . . .   347 fr.
— Dépense des pavages par kilomètre . . .   757 fr.
— Dépense des pavages par kilomètre et 100 colliers . . . .   136 fr.
— Empierrements, volume des matériaux par km. . . . .   38 m³
— Empierrements, volume des matériaux par km. et 100 colliers . . . . . .   20 m³
— Empierrements, fournitures, proportion 0/0 à la dépense totale. 47 0/0
— Empierrements, fournitures, dépense par km. . . . .   360 fr.
— Empierrements, fournitures, dépense par km. et 100 colliers. . . . .   191 fr.
— Cylindrages, proportion à la dépense totale.   12 0/0
— Cylindrages, dépense par km . . . . .   95 fr.
— Cylindrages, dépense par km. et par 100 colliers . . . .   50 fr.
— Dépense de main-d'œuvre autre que cylindrages : proportion 29 0/0
— Dépense de main-d'œuvre autre que cylindrages : par km . . . .   220 fr.
— Dépense de main-d'œuvre autre que cylindrages : par km. et 100 colliers . . . .   117 fr.
— Dépense totale de main-d'œuvre, proportion 41 0/0
— Dépense totale de main-d'œuvre, par km.   316 fr.

— Dépense totale de main-d'œuvre, par km.
et 100 colliers . . . .   167 fr.
— Dépense totale, fourniture et main-d'œuvre,
proportion 88 0/0
— Dépense totale, fourniture et main-d'œuvre,
par km . . . .   675 fr.
— Dépense totale, fourniture et main-d'œuvre,
par km. et 100 colliers . . . .   358 fr.
— Travaux accessoires (ouvrages d'art, plantation, bornage), proportion 5 0/0
— Terrains, dommages, service médical, proportion 2 0/0
— Dépenses des cantonniers, proportion . .   29 0/0
— Dépenses des cantonniers, par km. empierrements et pavages . . . .   214 fr.
— Dépenses des cantonniers, par km. et par
100 colliers . . . .   101 fr.

— *Etats de viabilité.* — La circulaire du 25 août 1885 a prescrit de fournir, par une note de 0 à 20, l'état de viabilité des chaussées :

Mauvais, de	0 à	8
Laissant à désirer, de	9 à	14
Bon, de	15 à	20.

On inscrit, par appréciation directe, les divers coefficients, hectomètre par hectomètre, en distinguant les pavages et les empierrements.

La récapitulation est présentée dans un second tableau qui classe les parties de routes, par catégorie.

109. *Crédit normal d'entretien.* — Le calcul du crédit normal d'entretien correspond au mode d'entretien que l'on adopte. On le calcule en suivant pas à pas les diverses opérations que l'on s'impose.

Le crédit normal d'entretien est la somme d'argent strictement nécessaire pour maintenir l'uni et remplacer l'usure.

Mais il y a uni et uni, entretien et entretien. Il est clair que, pour un chemin vicinal ordinaire par exemple, on se contente d'un entretien relatif. Somme toute, le plus souvent, l'entretien correspond au crédit accordé par les pouvoirs publics.

Dans ce qui va suivre, je me bornerai à suivre les opérations que j'ai indiquées pour le mode actuel d'entretien des chaussées, en symbolisant ces opérations par des formules, qui, sans présenter par elles-mêmes un intérêt pratique absolu, ont tout au moins l'avantage de résumer les circonstances de cet entretien.

— Cas des pavages, par kilomètre.

I. Relevé à bout en pavés neufs :

Soit l, la largeur de la chaussée ;

n, le nombre d'années de la période d'aménagement ;

α, le nombre de pavés employés par mètre carré ;

ε, l'épaisseur de sable à employer, joint compris ;

ϖ, le prix du millier de pavés ;

σ, le prix du mètre cube de sable ;

ρ, la dépense de main-d'œuvre par mètre carré, démontage et pavage.

La surface à relever par kilomètre sera :

$$\frac{1000\,l}{n}.$$

La quantité de pavés nécessaire, en milliers de pavés, sera :

$$\frac{l\alpha}{n}.$$

Le volume du sable atteindra :

$$1000\,\frac{l\varepsilon}{n}.$$

La dépense sera donc exprimée par :

$$\frac{l}{n}\left(\varpi\alpha + 1000\,(\sigma\varepsilon + \rho)\right).$$

II. Relevé à bout en pavés de réemploi :

ϖ' désignant le prix de la retaille d'un millier de pavés, on a :

$$\frac{l}{n}\left(\varpi'\alpha' + 1000\,(\sigma\varepsilon + \rho)\right).$$

III. Repiquages appliqués à une fraction f de la surface totale :

$$fl\,(\varpi''\alpha'' + 1000\,(\sigma\varepsilon + \rho)).$$

IV. Soufflages, s'appliquant à une fraction f' de la surface totale et ne comportant, pour ainsi dire, pas de fourniture :

$$1000 \, f'l \, (\varepsilon'\sigma + \rho').$$

V. Dépense accessoire par mètre courant, par km, Δ.
— Application numérique :

$$n = 70 \text{ ans}, \quad l = 6 \text{ m.}, \quad \varpi = 400 \text{ fr.}, \quad \alpha = 36 \text{ pavés,}$$
$$\sigma = 5 \text{ fr.}, \quad \varepsilon = 0 \text{ m. } 10, \quad \rho = 1 \text{ fr.}, \quad \varpi' = 70 \text{ fr.},$$
$$\alpha' = 36 \text{ pavés}, \quad f = f' = 0,01, \quad \varepsilon' = 0 \text{ m. } 03, \quad \rho' = 0 \text{ fr. } 50,$$
$$\Delta = 160 \text{ fr.}, \text{ on trouve :}$$

I. Relevé à bout (pavés neufs) :

Fournitures $\dfrac{l}{n}(\varpi\alpha + 1000\sigma\varepsilon)$. 1.277 fr.

Main-d'œuvre $\dfrac{l}{n} 1000\rho$ . . .   86 fr. } 1.363 fr.

II. Relevé à bout (vieux pavés) :

Fournitures $\dfrac{l}{n}(\varpi'\alpha' + 1000\sigma\varepsilon)$. 259 fr.

Main-d'œuvre $\dfrac{l}{n} 1000\rho$ . . .   86 fr. } 345 fr.

III. Repiquaques :
Fournitures $fl(\varpi''\alpha'' + 1000\sigma\varepsilon)$. 37 fr.
Main-d'œuvre $1000 \, fl\rho$ . . .   30 fr. } 67 fr.

IV. Soufflages :
Fournitures $1000 \, f'l\varepsilon'\sigma$. . . 9 fr.
Main-d'œuvre . . . . .   30 fr. } 39 fr.

V. Dépense accessoire :
Main-d'œuvre . . . . .   160 fr.   160 fr.

Totaux.   . 1.582 fr.   392 fr.   1.974 fr.

Si on retire le relevé à bout, dont la dépense doit être prélevée sur les fonds de seconde catégorie, on trouve :

305 fr.   306 fr.   611 fr.

Cas des empierrements, par kilomètre :

I. Rechargement périodiq᷄ :
Soit U_1, le volume des matériaux par km., pour rechargements ;

f, la fraction du volume U_1, pour matière d'agrégation ;

p et p', les prix du mètre cube de pierre et de matière d'agrégation ;

m, la dépense de main-d'œuvre par mètre cube.

On aura :

$$U_1 (p + fp' + m).$$

II. Réparation des flaches spéciales :

$$U_2 (p + f'p' + m').$$

III. Emplois cylindrés :

$$U_3 (p + f''p' + m'').$$

IV. Soins à la chaussée à raison de n journées par mètre cube, le prix de la journée étant J.

$$nJ (U_1 + U_2 + U_3).$$

V. Dépenses accessoires au kilomètre. Δ.

Application numérique :

On supposera :

$$U_1 + U_2 + U_3 = 38 \text{ m}^3.$$
$$U_1 = 25 \text{ m}^3.$$
$$U_2 = 5 \text{ m}^3.$$
$$U_3 = 8 \text{ m}^3.$$

$$p = 9 \text{ fr. } 35, \quad m = 2 \text{ fr. } 77, \quad p' = 3 \text{ fr.}, \quad m' = 5 \text{ fr.},$$
$$m'' = 4 \text{ fr.}, \quad n = 1, \quad J = 3 \text{ fr. } 08.$$
$$f = f' = f'' = 0{,}25.$$

On trouvera :

I. Cylindrages :

Fournitures $U_1 (p + fp')$	232 50		
Main-d'œuvre $U_1 m$		69 25	321 75

II. Flaches spéciales :

Fournitures $U_2 (p + f'p')$	50 50		
Main-d'œuvre $U_2 m'$		25 »	75 50

III. Emplois cylindrés :

Fournitures $U_3 (p + f''p')$	80 80		
Main-d'œuvre $U_3 m''$		32 »	112 80

IV. Soins à la chaussée :

$nJ (U_1 + U_2 + U_3)$	»	117 04	117 04
V. Accessoires.	»	123 20	123 20
Totaux.	383 80	366 49	750 29

— On peut tirer de ce qui précède quelques observations :

Dans l'entretien des pavages, le relevé à bout compte à peu près pour les deux tiers du tout. Les dépenses pour fournitures comptent pour trois quarts.

Dans l'entretien des empierrements, la dépense pour fournitures forme à peu près la moitié.

Si l'on fait abstraction des relevés à bout, la dépense d'entretien des pavages n'est pas beaucoup inférieure à la dépense des empierrements. Cette constatation est intéressante parce que, les relevés à bout étant prélevés sur les fonds de deuxième catégorie, on peut, en confondant pavages et empierrements, calculer approximativement la dépense d'entretien d'après la longueur.

Ces résultats ne valent, je le répète, qu'autant que l'on adopte le système d'entretien admis. En tout cas, il est indispensable de prélever sur la fourniture tout ce qui est nécessaire pour la fourniture U_1. Ce prélèvement fait, il faut se préoccuper de la partie U_3. Ce qui reste formera la quantité U_1 qu'on peut employer en rechargements.

S'il ne restait rien, on ne ferait pas de rechargements, l'entretien se ferait périodiquement par emplois cylindrés.

S'il arrivait même que le terme U_2 absorbât toute la fourniture, on retomberait sur le point à temps.

PROJET DE BUDGET ET SOUS-RÉPARTITION DES CRÉDITS

110. *Projet de budget.* — Chaque année, les ingénieurs doivent adresser à l'Administration des propositions pour les dépenses à faire l'année suivante. Ces propositions doivent être présentées le 15 octobre sur une formule spéciale qui prend le nom de projet de budget ; elles s'appliquent à l'entretien et aux travaux neufs et de grosses réparations.

De ces dernières, je ne dirai rien. Les dépenses à prévoir sont définies dans des projets approuvés, les ingénieurs n'ont qu'à s'y conformer, en limitant toutefois leur demande à ce qui peut être dépensé et payé dans l'année.

En ce qui concerne l'entretien, la circulaire du 17 mars 1910 donne les instructions nécessaires.

La formule adoptée comprend trois tableaux :

1° Le premier renseigne sur la longueur des pavages et des empierrements, leur fréquentation, la surface des pavages et le nombre des cantonniers.

2° Le second tableau se présente sous la forme suivante :

		Années		
		$n-1$	n	$n+1$
I. Pavages	1° Fournitures de matériaux	»	»	»
	2° Mise en œuvre et soins	»	»	»
II. Empierrements	1° Fournitures de matériaux	»	»	»
	2° Mise en œuvre et soins.	»	»	»
III. Travaux accessoires		»	»	»
IV. Dépenses autres que celles ci-dessus. .		»	»	»
Totaux . . .		»	»	»
Dépenses pour cantonniers :				
1° Pavages		»	»	»
2° Empierrements		»	»	»
Totaux . . .		»	»	»

On inscrit, en regard de chaque article, les dépenses telles qu'elles ont été arrêtées l'année précédente (année $n-1$), telles qu'elles sont prévues pour l'année courante (année n) et enfin telles qu'on les propose pour l'année suivante (année $n+1$).

Ces divers articles peuvent d'ailleurs être rapprochés de la décomposition des dépenses d'entretien.

Les chiffres :

I. § 1	correspondent à la colonne	10	Tableau A'
I. § 2	—	11	—
II. § 1	—	16	—
II. § 2	—	23	—
III.	—	25	—
IV.	—	26	—

3° Le troisième tableau est une simple page blanche destinée à recevoir toutes les justifications nécessaires, notamment si les nouveaux crédits demandés sont différents de ceux des années antérieures.

Les projets de budget dont l'Administration est saisie sont examinés par la Commission des Routes nationales qui, d'après les données qui lui sont ainsi fournies, fait les propositions pour répartir, entre les divers départements, le crédit voté par le Parlement pour l'entretien des routes nationales. Le Ministre statue.

111. *Sous-répartition des crédits.* — Il appartient à l'ingénieur en chef de répartir les crédits qui sont alloués au département, entre les diverses routes et parties de routes de son service (décret du 28 décembre 1899).

Une circulaire, intervenue le 12 septembre 1910, a donné les instructions à suivre pour effectuer cette sous-répartition.

Chaque subdivisionnaire indique, sur un modèle qui porte le n° 1, les besoins et les prévisions de dépenses, conformément aux indications des colonnes de 1 à 6, ci-après transcrites; elles comprennent deux parties. La première s'applique à des travaux bien définis, dont il est possible de fixer à l'avance la quantité et le prix. La seconde concerne des objets divers, moins précis, souvent disséminés et qu'on ne peut apprécier que par assimilation.

Il appartient d'ailleurs à l'ingénieur en chef de fixer le cadre de ces propositions, pour en assurer l'homogénéité.

Les diverses colonnes de ce modèle n° 1 ont les titres suivants :

Col. **1.** Désignation des articles ;
       État des dépenses proposées ;
     2. Degré d'urgence ;
     3. Renseignements, observations, justifications ;
     4. Quantités ;
     5. Prix unitaires ;
     6. Dépenses ;
       Répartition du crédit :

> 7. Proposée;
> 8. Arrêtée;
> Compte rendu comparatif des dépenses prévues et faites :
> 9. Dépenses faites;
> 10. Observations du subdivisionnaire sur les différences;
> 11. Observations de l'ingénieur ordinaire;
> 12. Observations de l'ingénieur en chef.

Saisi des propositions du subdivisionnaire, conformément à ce qui précède, l'ingénieur ordinaire en fait la récapitulation sur une seconde formule qui porte le n° 2 :

> Col. 1. Désignation des subdivisions;
> Dépenses à faire dans l'année $n + 1$:
> 2. Propositions du subdivisionnaire;
> 3. Propositions de l'ingénieur ordinaire;
> Répartition du crédit accordé pour l'année $n + 1$:
> 5. Propositions du subdivisionnaire;
> 6.   —   de l'ingénieur ordinaire;
> 7. Observations de l'ingénieur ordinaire;
> 8. Répartition arrêtée par l'ingénieur en chef;
> 9. Observations de l'ingénieur en chef.

Il n'en remplit à ce moment que les trois premières colonnes et adresse cette formule 2, ainsi incomplète, à l'ingénieur en chef, en les accompagnant de toutes les formules n° 1.

L'ingénieur en chef, dès qu'il a reçu notification du crédit d'entretien global applicable au département, fixe la part de ce crédit qu'il désire se réserver pour parer à l'imprévu et à ses propres dépenses. Il répartit le reste entre les divers arrondissements d'après les renseignements qui lui ont été fournis, tant au moyen de la formule n° 2 que de la formule n° 1, formules qu'il retourne en notifiant à l'ingénieur le crédit global affecté à l'arrondissement.

L'ingénieur ordinaire, en conservant, s'il y a lieu ce qui lui est nécessaire, répartit à son tour le crédit attribué à son arrondissement, entre les diverses subdivisions de son service, et retourne la formule n° 1 à chaque subdivisionnaire, en même temps qu'il fait cette notification.

Le subdivisionnaire propose l'application de ce crédit, en inscrivant les sommes correspondantes dans la colonne 7 de la formule n° 1.

L'ingénieur ordinaire complète alors la formule 2, en inscrivant ce qui convient dans les colonnes 5, 6 et 7. Il adresse cette formule 2 à l'ingénieur en chef, en l'accompagnant des formules 1.

L'ingénieur en chef arrête alors la sous-répartition, en remplissant les colonnes 8 et 9 de la formule 2 et renvoie les formules à l'ingénieur ordinaire.

Celui-ci remplit alors la colonne 8 de la formule 1, qu'il adresse aux subdivisionnaires.

La sous-répartition est ainsi arrêtée. La formule 2 est alors retournée à l'ingénieur en chef qui la conserve.

Quant à la formule 1, elle demeure chez le subdivisionnaire jusqu'à la liquidation des dépenses. A ce moment, il en remplit les colonnes 9 et 10 et l'adresse à l'ingénieur ordinaire qui l'envoie à l'ingénieur en chef avec ses observations (col. 11).

L'ingénieur en chef la renvoie alors avec ses observations (col. 12).

L'utilité de ces formules est considérable. Si l'on veut bien suivre les prescriptions des instructions qui s'y rapportent, on comprend que l'entretien subit une direction et une impulsion qui sont indispensables, au lieu d'être abandonné au hasard. Elles habituent le personnel à être prévoyant.

CINQUIÈME PARTIE

ADMINISTRATION

QUATORZIÈME LEÇON

VOIRIE

112. Plans d'alignements ; Tracé des alignements ; Repères et légendes ; Echelle, format ; Nivellement ; Mémoire justificatif ; Modification d'alignements ; Chemins vicinaux, ruraux et voirie urbaine. — **113.** Permissions de voirie ; Règlement de voirie ; Arrêtés individuels ; Police de la voirie. — **114.** Occupations temporaires ; Distinctions à établir ; Arrêtés des 3 août 1878 et 20 octobre 1895 ; Arrêtés du 22 septembre 1906. — **115.** Droits perçus par les communes ; Droits de voirie ; Permis de stationnement ; Permis de dépôt temporaire ; Droits de place ; Permis de location sur la voie publique.

Les diverses questions de droit que peut soulever l'Administration des routes sont traitées dans le cours de droit administratif. Je n'y ferai donc qu'une allusion sommaire, uniquement pour permettre de comprendre la nature des opérations qui entrent dans les attributions des ingénieurs des services ordinaires.

112. *Plans d'alignements.* — L'origine de la législation sur les alignements se trouve dans l'édit de décembre 1607. Le Grand Voyer doit pourvoir à l'élargissement des rues, au moyen d'alignements convenables.

L'arrêt du Conseil du 27 février 1765 confirme l'ordonnance du 29 mars 1754, bureau des Finances de la généralité de Paris, et la rend applicable à toute la France. Les permissions de bâtir le long des routes doivent être données en se conformant aux plans levés et arrêtés par Sa Majesté.

Les anciens règlements ont été confirmés par la loi des 19-22 juillet 1791 (art. 29).

L'effet des plans d'alignements est, non seulement de fixer les limites à suivre pour les constructions neuves, mais ils imposent aussi une servitude à celles des constructions existantes qui sont en saillie sur ces alignements. Cette servitude consiste dans l'interdiction de faire aucun travail aux façades de ces constructions qui soit de nature à prolonger la durée de ces saillies. Les travaux ainsi défendus prennent le nom de travaux confortatifs.

— Les plans d'alignements sont approuvés par le chef de l'Etat.

Pour obtenir cette approbation, les ingénieurs doivent fournir :

1° Un plan figurant les alignements projetés, avec légendes pour les définir;

2° Un nivellement en long et en travers ;

3° Un mémoire justificatif.

Ce dossier doit être préalablement soumis au Ministre des Travaux publics, aussi bien pour les routes départementales que pour les routes nationales (circ. du 24 octobre 1845). Si cet examen ne révèle aucune difficulté, il est soumis à l'enquête du titre II de la loi du 3 mai 1841.

Complété par les résultats de l'enquête, le dossier est transmis par le Ministre au Conseil d'Etat, avec un projet de décret, pour en délibérer. Ensuite le décret est signé par le Président de la République (circ. des 27 décembre 1849 et 22 novembre 1853).

— *Tracé des aligrements* (Circ. du 24 octobre 1845). — Les alignements sont tracés dans le but principal de donner aux traverses la largeur qu'exige la facilité de la circulation. Il ne faut embellir que si on le peut sans aggraver notablement les servitudes.

En conséquence, il convient :

— De ne pas s'attacher à un parallélisme rigoureux ;

— D'éviter de faire avancer les constructions sur la voie publique ce qui réduirait sans utilité la largeur actuelle. Lorsqu'un redressement est indispensable, il faut combiner les alignements pour que la circulation ne soit pas entravée par l'exécution partielle du plan ;

— De prendre l'élargissement du côté où le dommage est moindre ;

— De maintenir, autant que possible, les alignements résultant d'autorisations régulières ;

— De conserver les façades qui diffèrent peu de l'alignement à suivre ;

— De choisir, pour définir les alignements, des repères fixes et bien déterminés, en évitant de briser la façade d'un bâtiment ;

— De ne pas proposer des alignements curvilignes, mais polygonaux, plus favorables aux constructions ;

— De se borner à fixer des limites de voirie, le long des places et promenades, et aux croisements des rues.

Ces instructions, complétées par celles de la circulaire du 22 novembre 1853, admettaient, à l'extrémité des traverses, des alignements de rase campagne parallèles à l'axe de la route. Aujourd'hui, la jurisprudence oblige, sauf le cas d'un accord avec les intéressés, à délivrer les alignements à la limite de la route, s'il n'y a pas de plan ; aussi ne présente-t-on plus d'alignements de rase campagne.

Les plans doivent mentionner par un trait noir pâle la limite de la route, du moins autant que cela est possible. On indique les talus par des hachures.

Toutes les lignes d'opération doivent être rapportées et cotées sur le plan.

La position de chaque maison est déterminée par le nu du mur de face. S'il existe un corps mobile, comme une devanture de boutique, il doit être ponctué. On doit figurer les saillies fixes, telles que pas, marches, escaliers, perrons, etc.

On ne doit adopter que les teintes conventionnelles ci-après :

— Noir pâle, pour les constructions à l'alignement ou portions de constructions en arrière ;

— Jaune, pour les constructions ou portions de constructions en saillie ;

— Bleu, pour les cours ou masses d'eau, dont on indique le sens d'écoulement par une flèche ;

— Tous les autres détails sont en noir ;

— Les lignes rouges sont réservées pour les nouveaux alignements, sans qu'il y ait lieu de les indiquer sur les façades à maintenir.

Chaque parcelle comporte le nom du propriétaire, et l'on emploiera pour les constructions les annotations suivantes, ou analogues :

B.   Construction en bois ;

P.   Construction en pierres ou moëllons ;

PT.   Construction en pierre de taille ;

0.E.   Rez-de-chaussée ;

1E.   Maison à un étage ;

2E.   —   deux étages ;

3E.   etc.

S.   Construction solide ;

M.   Construction médiocre ;

V.   Construction en état de vétusté.

— *Repères et légendes.* — Les repères et les extrémités de chaque alignement sont désignés par des chiffres rouges, impairs à gauche, pairs à droite.

On inscrit, près de chaque rive du papier, et au droit de chaque alignement, une légende indiquant d'une manière précise et détaillée la position des repères et le tracé de cet alignement. Ce texte sera précédé des chiffres indicateurs dudit alignement.

Ces définitions doivent être données géométriquement, sans condition surabondante. Toutes les cotes mentionnées dans les légendes pour déterminer les repères sont inscrites en rouge sur le plan.

Il convient de s'abstenir (circ. du 15 mars 1873) de figurer des pans coupés, en arrière des alignements, pour l'accès des rues qui ne seraient pas des routes nationales. Ces pans coupés font partie du système des alignements de ces rues.

— *Echelle, format.* — Le plan doit être accompagné d'une échelle au 5/1000, d'au moins 20 mètres.

Le format des plans était autrefois fixé à 25 × 35 centimètres avec plis alternatifs et soufflets. Il a été réduit à 21 × 31 centimètres (circ. du 6 juillet 1906).

— *Nivellement.* — Le plan doit être accompagné d'un nivellement en long et en travers.

L'échelle du nivellement en long est de 2/1000. Celle des profils en travers est de 5/1000.

Il convient, pour permettre d'établir la correspondance entre le profil en long et le plan, de mentionner sur celui-ci les numéros du profil en long.

Le nivellement est rapporté au niveau de la mer.

Les profils en travers sont rabattus du côté du point de départ.

— *Mémoire justificatif.* — Dans un mémoire justificatif, les ingénieurs doivent indiquer, au début, la forme, la composition, les dimensions et l'état de la chaussée, ainsi que le maximum des déclivités. Ils justifient ensuite les alignements proposés, notamment les retranchements, même sur les propriétés non bâties, en donnant les motifs qui n'ont pas permis de les éviter.

Lorsque plusieurs systèmes d'alignements sont en présence on les discute, mais on n'en présente qu'un seul à l'enquête. Si des modifications sont prescrites, c'est le seul système modifié qui est soumis à l'enquête.

— *Modification d'alignements.* — S'il s'agit de modifier d'anciens alignements approuvés, les changements doivent être figurés en bleu (circ. du 15 avril 1904). L'instruction est faite d'ailleurs conformément aux indications qui précèdent.

Lorsqu'au cours de l'instruction, la Commission d'enquête propose des modifications, il convient de les indiquer séance tenante sur le plan, pour faire cesser toute incertitude.

Le rapport après enquête résume, s'il y a lieu, ces changements analyse les résultats de l'enquête et conclut.

Tout plan d'alignement est fourni en trois expéditions.

— *Chemins vicinaux, ruraux et voirie urbaine.* — Les

plans d'alignement des rues qui ne dépendent pas des routes nationales doivent être dressés dans le même esprit. On peut consulter la circulaire (Intérieur) du 10 décembre 1839.

Les plans d'alignement des chemins de grande communication et d'intérêt commun sont approuvés par le Conseil général (loi du 10 août 1871, art. 44), et ceux des chemins vicinaux ordinaires, par la Commission départementale (loi du 10 août 1871, art. 86).

L'instruction comporte une enquête suivant l'ordonnance du 23 août 1835. Le Conseil municipal doit être appelé à délibérer.

Les plans des chemins ruraux s'instruisent comme ceux des chemins vicinaux (règlement général, loi du 20 août 1881, art. 80). Dès qu'une voie comporte un plan d'alignement, il semble qu'elle prend, par cela même, le caractère d'une véritable rue. Ce n'est donc guère qu'à titre exceptionnel que l'on peut conserver à la fois la compatibilité d'un plan d'alignement et d'un chemin rural.

Depuis le décret de décentralisation du 25 mars 1852, les plans d'alignement des rues qui dépendent de la voirie urbaine sont approuvés par le préfet, après examen par le Comité des Bâtiments civils du département.

— *Cas d'affranchissement des servitudes de voirie* (1). — En principe, l'approbation d'un plan d'alignement, à l'égard des routes, vaut déclaration d'utilité publique. Cependant (circ. du 26 octobre 1885), certains plans proposent des rescindements tels que la servitude d'alignement ne leur est pas applicable, en vertu de la jurisprudence. Il convient, lorsque ces circonstances se présentent, de stipuler cette réserve dans l'acte approbatif. Le reculement ne peut se faire alors que par voie d'expropriation.

En matière de voirie vicinale ou urbaine, les plans d'alignement entraînent bien la servitude de voirie pour les constructions en saillie, mais ils ne valent déclaration d'utilité publique que pour les terrains non bâtis. Un décret spécial est nécessaire pour prononcer cette déclaration à l'égard

(1) Voir, à ce sujet, le *Traité pratique des chemins vicinaux*, par Ernest Henry, 2e édition, pages 623 à 625. (Encyclopédie des Travaux publics).

des immeubles en saillie, si l'on décide de les rescinder avant
qu'ils aient atteint leur limite de durée.

Le Conseil général ou la Commission départementale, en
statuant sur les plans des chemins vicinaux, peuvent décider
que la servitude d'alignement ne sera pas applicable à certaines constructions déterminées, lorsqu'il s'agit de rescindements tels qu'ils doivent être assimilés à un véritable
redressement et non à un simple élargissement.

113. *Permissions de voirie.* — Les propriétaires riverains
des routes, des chemins vicinaux ou des rues possèdent certains droits tels que le droit d'accès, le droit de jour, le
droit d'écoulement des eaux pluviales et ménagères, le droit
de bâtir, etc. Ces droits sont réglementés par les lois en
vigueur. Cette réglementation se trouve résumée dans un
arrêté général pris par les préfets des départements, comme
suite aux instructions contenues dans une circulaire ministérielle du 27 novembre 1906. Cet arrêté général contient les
conditions auxquelles doivent être soumises les autorisations
individuelles.

— *Règlement de voirie.* — Les demandes pour construire le long des routes, modifier les façades existantes,
faire ou supprimer des plantations régulières, entreprendre
un travail quelconque sur la voie publique, doivent être
faites sur timbre et adressées au préfet.

S'il s'agit d'une construction neuve, tout propriétaire
riverain a droit à l'alignement, soit par avancement, soit par
reculement, s'il y a un plan d'alignement. A défaut, il ne
peut être astreint qu'à suivre la limite séparative de la route
et de la propriété riveraine.

S'il y a un plan approuvé et s'il s'agit d'un avancement,
les ingénieurs procèdent contradictoirement avec le pétition-
naire à l'estimation du terrain à abandonner. Le montant
de l'estimation, contrôlé par l'Administration des Domaines
et arrêté par le préfet, est acquitté par le permissionnaire,
ou, en cas de contestation, déposé à la Caisse des Dépôts et
Consignations. [Il ne peut occuper le terrain sans en avoir
acquitté le montant.

S'il s'agit d'un reculement, il est procédé comme ci-dessus au métré et à l'estimation. L'Administration ne peut prendre possession qu'après avoir payé l'indemnité au permissionnaire.

Les haies sèches peuvent être placées à l'alignement. Les haies vives doivent être établies à 0 m. 50 en arrière.

Tous travaux confortatifs sont interdits dans les parties de construction en saillie sur l'alignement. Certains travaux peuvent être autorisés, en les soumettant à des conditions spéciales, de manière que la durée de la saillie n'en soit pas prolongée.

De tout temps, les riverains ont été admis, moyennant autorisation, à établir certaines saillies sur le nu du mur de face de leur construction. La nomenclature en est donnée dans le règlement.

Les portes donnant accès sur la voie publique ne peuvent s'ouvrir au dehors de manière à faire saillie sur la rue. Les fenêtres et les volets qui s'ouvriraient au dehors doivent pouvoir se rabattre sur le mur auquel ils sont fixés.

L'emplacement des portes cochères est choisi en général pour ne pas gêner les plantations. S'il y a un trottoir, on doit établir une chaussée de 3 mètres de largeur; la bordure pourra être abaissée à 0 m. 05 de saillie, non compris deux raccordements de bordures de 1 mètre de chaque côté.

Les conditions à imposer pour les trottoirs sont fixées dans chaque cas particulier. Lorsque les demandes se produisent il est bon que les ingénieurs dressent un plan général de la rue sur lequel on fixe l'emplacement éventuel des bordures sur toute la longueur. Lorsqu'il existe des bornes, elles doivent disparaître en même temps que l'on établit le trottoir.

En ce qui concerne l'écoulement des eaux pluviales, elles doivent être recueillies dans des gouttières et amenées au sol par des tuyaux, puis jusqu'au caniveau par une gargouille, s'il y a un trottoir, et par un ruisseau pavé dans le cas contraire.

Dans certains cas, les permissions à donner pour des aqueducs ou tuyaux destinés à desservir un immeuble (distributions d'eau ou de gaz, etc.) ne doivent pas être données à des particuliers, mais à la commune. On lira avec intérêt, à cet égard, la circulaire ministérielle du 15 août 1893.

Les particuliers ne peuvent jouir des plantations d'une route sans autorisation. Les arbres qui font partie d'une plantation régulière, même hors de la route, ne peuvent être abattus sans autorisation.

Les conditions d'élagage sont déterminées par des arrêtés spéciaux, suivant les circonstances locales.

Les plantations nouvelles ne peuvent être exécutées que d'après un arrêté du préfet qui fixe les conditions essentielles à remplir.

Les permissions de voirie sont périmées au bout d'un an. Avant ce délai, les agents de l'Administration procèdent au récolement.

Il est de règle que les particuliers doivent réparer tous les dommages causés à la route du fait des travaux qu'ils ont été autorisés à faire. Ils doivent assurer à leurs frais l'entretien de leurs ouvrages, qui d'ailleurs peuvent toujours être supprimés, si l'intérêt public l'exige. Toute réserve est faite des droits des tiers et de la police de la petite voirie pour les parties de façades qui peuvent y correspondre.

— *Arrêtés individuels.* — Les permissions de voirie sont délivrées par le préfet, au moyen d'arrêtés individuels qui se réfèrent tous au règlement général dont il vient d'être parlé.

Le maire est consulté conformément à l'article 98, 3e alinéa, de la loi du 5 avril 1884.

Les sous-préfets peuvent donner l'alignement, s'il y a un plan approuvé (loi du 4 mai 1864).

Les arrêtés à prendre doivent être rendus sur la proposition des ingénieurs.

Des instructions détaillées ont été données à ce sujet par circulaire du 20 mars 1907, qui implique l'utilisation de onze formules, savoir :

1. Rapport, constructions neuves, aqueducs sur
   fossés, trottoirs, contenant : rapport, projet
   d'arrêté et récolement . . . .   Rose.
1 *bis*. Arrêté préfectoral, même cas . . . .   Rose.
2. Extrait de plan . . . .   Blanc.

3. Métré et estimation. . . . .   Blanc.
4. Rapport, construction à l'alignement, aqueducs sur fossés, trottoirs, contenant : rapport,
   projet d'arrêté et récolement . . . . . .   Blanc.
4 *bis*. Arrêté, même cas . . . .   Blanc.
5. Rapport, constructions en saillie, avec extrait
   du règlement . . . .   Jaune.
5 *bis*. Arrêté, même cas . . . .   Jaune.
6. Rapport, aqueducs et tuyaux. . . . . . .   Bleu.
6 *bis*. Arrêté, même cas . . . .   Bleu.
7. Procès-verbal de récolement spécial . . .   Blanc.

La formule n° 7 n'est utilisée que si la formule de rapport ou d'arrêté ne comprend pas elle-même la mention de récolement, ou encore si les travaux n'ont pas été exécutés conformément aux conditions de l'autorisation.

— *Police de la voirie*. — Je signale pour mémoire les divers modèles prescrits à cet égard par la circulaire du 24 juillet 1909. J'ajoute qu'il appartient au maire ou, à défaut, au préfet de poursuivre la réparation ou la démolition des bâtiments menaçant ruine, conformément à la loi du 21 juin 1898 sur le code rural.

— Les dispositions adoptées pour la voirie vicinale et la voirie urbaine ont beaucoup d'analogie avec ce qui précède. Il existe à cet égard des règlements généraux de voirie applicables à chaque département ou à chaque commune. Les autorisations sont données par le préfet sur la proposition de l'agent-voyer en chef, pour les chemins de grande communication ou d'intérêt commun, et par le maire, sur la proposition de l'agent-voyer cantonal, pour les chemins vicinaux ordinaires. Il appartient également aux maires de délivrer les permissions concernant la voirie urbaine.

114. *Occupations temporaires*. — Les permissions de voirie s'appliquent en général à des objets qui, bien que réglementés conformément à ce qui précède, constituent un droit pour les riverains. Dans ces cas, les pétitionnaires n'ont aucune redevance à payer, en général, sauf ce que l'on appelle les droits de voirie, qui peuvent être perçus par les communes, à l'occasion de la délivrance des alignements et des permissions de bâtir ou de réparer (circ. Intérieur du 2 avril 1841). Ces droits de voirie ne sont perçus qu'une seule fois, lors de la délivrance de la permission. Ils s'appliquent quelle que soit la catégorie de voie publique (loi du 5 avril 1884, art. 133, § 8). Ils ne doivent pas être confondus avec les droits de stationnement ou de location sur la voie publique. La perception n'est autorisée que s'il y a un tarif régulièrement établi, et ce tarif, proposé par le Conseil municipal, doit être approuvé par le préfet en vertu du décret de décentralisation du 25 mars 1852. Les ingénieurs n'ont pas à intervenir à l'occasion des droits de voirie. Les municipalités, dûment averties de toutes les demandes de permissions de voirie, conformément au 3ᵉ alinéa de l'article 98 de la loi du 5 avril 1884, sont ainsi mises à même, s'il y a lieu, d'exercer les droits de la commune.

En dehors des permissions qui peuvent être données aux riverains pour exercer leurs droits d'accès, de construire, d'écouler leurs eaux, etc., il en est d'autres qui ne résultent d'aucun de ces droits et qui peuvent même être données à des non-riverains. Le domaine public des routes étant inaliénable et imprescriptible, aucune occupation de ce domaine ne peut être accordée qu'à titre précaire et révocable. Elles donnent lieu à une redevance au profit du Trésor, en vertu des lois des 22 novembre-1ᵉʳ décembre 1790, 8 juillet 1791, 11 frimaire an VII, 9 germinal an X, 20 décembre 1872, ainsi que de toutes les lois de finances ultérieures.

Ces occupations sont désignées sous le nom d'occupations temporaires.

Mais il ne faut pas confondre ces occupations temporaires, qui donnent lieu à redevances au profit du Trésor, avec le stationnement ou la location sur la voie publique qui donnent lieu à la perception de droits au profit des communes. La distinction à faire a été caractérisée par un arrêt du Conseil d'Etat du 30 novembre 1882.

Il résulte de cet arrêt que la législation en vigueur n'a pas donné aux communes le droit à redevance à l'occasion des occupations qui entraînent une emprise sur le domaine public et en modifient l'assiette. Ce genre d'occupation (occupation temporaire) donne droit à redevance au profit de l'Etat, à l'exclusion des communes. Il s'agit alors d'installations qui adhèrent au sol dans les conditions prévues par les articles 518, 519 et 523 du Code civil, et qui doivent être considérées comme immeubles par destination, en raison de leur adhérence physique et de leur incorporation matérielle au sol.

— *Arrêtés des 3 août 1878-20 octobre 1895.* — Lorsqu'une demande d'occupation temporaire parvient à l'Administration, elle est instruite par les ingénieurs qui formulent les propositions pour les conditions techniques à imposer. Ces conditions sont d'ailleurs analogues à celles qui sont indiquées dans le règlement général de voirie. Ils formulent aussi des propositions pour la redevance à payer à l'Etat et joignent, s'il y a lieu, un plan à l'appui (Il peut même arriver que ces propositions soient faites après conférences mixtes).

Le dossier ainsi constitué est transmis au Directeur des Domaines, qui fixe la redevance annuelle, lorsqu'elle ne dépasse pas 1.000 fr. (arrêté du 20 octobre 1895), ou qui la transmet à son Administration avec ses propositions, dans le cas contraire. C'est alors le Directeur général qui statue, si la redevance est comprise entre 1.000 francs et 5.000 francs, et le Ministre, si elle dépasse 5.000 francs. Cette redevance peut d'ailleurs être revisée tous les cinq ans.

Le soumissionnaire doit présenter une soumission conforme, avec caution.

Si les ingénieurs estiment que la redevance doit être diminuée ou supprimée, ils font des propositions: Si l'accord se produit avec le Directeur des Domaines, le préfet statue, sinon les ministres décident suivant leur compétence respective. En cas de dissentiment entre les ministres, il est statué par décret.

— *Arrêtés du 22 septembre 1906.* — Lorsque des autorisations de même nature se reproduisent assez nombreuses, les conditions à imposer, soit dans le département, soit dans une commune, sont définies par un arrêté préfectoral, proposé d'un commun accord par les ingénieurs et l'Administration des Domaines, après avis des maires.

Ces arrêtés peuvent être revisés tous les cinq ans.

Ils permettent de simplifier l'instruction des affaires correspondantes, conformément aux formules types jointes à la circulaire du 17 avril 1908.

— Dans une même permission, un particulier peut obtenir à la fois une permission de voirie proprement dite et une permission d'occupation temporaire.

A l'égard des canalisations d'eau et de gaz, des instructions spéciales ont été données par l'Administration des Domaines du 28 février 1908.

Une loi spéciale du 8 avril 1910 a fixé à 1 franc la redevance annuelle applicable aux communes qui gèrent elles-mêmes leur distribution d'eau potable par des canalisations qui empruntent le domaine public de l'Etat. Une instruction particulière pour l'application de cette loi a été donnée par l'Administration des Domaines, le 5 août 1911.

115. *Droits perçus par les communes.* — En dehors des droits de voirie, dont j'ai parlé précédemment et à l'occasion desquels les ingénieurs n'ont pas à intervenir, il est d'autres cas où les communes peuvent être autorisées à percevoir certaines redevances. Il ne s'agit point alors d'occupation du domaine public comparable à ce qui a été défini sous le nom d'occupation temporaire, mais de permissions diverses auxquelles la loi attribue les dénominations suivantes :

1° Permis de stationnement ;

2° Permis de dépôt temporaire ;

3° Droits de place ;

4° Permis de location sur la voie publique.

Ces taxes peuvent être perçues par les communes, même lorsqu'il s'agit du domaine public de l'Etat (Loi du 5 avril 1884, art. 98, art. 133, §§ 6 et 7).

Les droits de place ne sont à considérer que si les foires ou marchés se tiennent sur le domaine public national. Dès lors, ils peuvent être assimilés à un permis de location sur la voie publique.

Le permis de dépôt temporaire ou de location sur la voie publique peut résulter d'une permission de voirie donnée par le préfet (échafaudages, etc., art. 20 du règlement de voirie, ou dans le cas d'un kiosque pour la vente de journaux par exemple).

Dans d'autres cas, les permis de stationnement, de dépôt temporaire, ou de location peuvent être donnés directement par les maires, mais sous la condition expresse de satisfaire à l'article 7 de la loi du 11 frimaire an VII, c'est-à-dire, en ce qui concerne le domaine de l'Etat, à la condition que l'Administration des Travaux publics ait reconnu que les emplacements à occuper peuvent l'être sans nuire à la circulation.

Les ingénieurs doivent donc intervenir pour déterminer les emplacements qu'il est possible d'occuper, et cette intervention ne se produit qu'une seule fois, à l'occasion de l'approbation des tarifs que la commune est autorisée à percevoir. Cette approbation appartient au Ministre de l'Intérieur qui, avant de la donner, doit consulter son collègue des Travaux publics et lui désigner, au moyen d'un plan précis, les emplacements que la commune demande à occuper. Le Ministre des Travaux publics statue sur ces emplacements, après avis des ingénieurs et du Conseil général des Ponts et Chaussées, et le Ministre de l'Intérieur approuve ensuite les tarifs (cir. Intérieur 15 mai 1884).

Ce n'est qu'après ces approbations que les municipalités peuvent régulièrement percevoir des droits de stationnement, de dépôt temporaire, ou de location sur la voie publique, aux emplacements régulièrement définis.

QUINZIÈME LEÇON

COMPTABILITÉ

116. *Organisation du service ordinaire.* — L'ingénieur en chef administre un département. Il a sous ses ordres des ingénieurs ordinaires qui sont à la tête d'un arrondissement, qui ne correspond pas toujours à l'arrondissement administratif. Chaque arrondissement d'ingénieur est partagé en subdivisions, conduites par un subdivisionnaire (sous-ingénieur ou conducteur).

Les ingénieurs disposent d'un personnel de bureau composé chacun d'un sous-ingénieur ou conducteur, chef de bureau, et d'un certain nombre d'adjoints techniques ou de dames employées.

L'ingénieur en chef a la direction du service. Il prend les décisions de sa compétence et correspond directement, pour les autres, avec le préfet ou avec le ministre, suivant les cas.

Les ingénieurs ordinaires sont placés entre l'ingénieur en chef, dont ils suivent l'impulsion, et les subdivisionnaires, qui sont sous leurs ordres.

Les travaux, l'Administration et la comptabilité sont assurés successivement à tous les degrés, conformément aux règles et traditions établies.

117. *Aperçu général sur la comptabilité.* — Les règles de la comptabilité publique sont réunies dans le décret du 31 mai 1862, modifié dans quelques-unes de ses parties par des lois ou décrets postérieurs.

L'article 881 de ce décret stipule que des règlements spéciaux sont rendus pour les différents services, dont les dispositions doivent être concertées avec le Ministre des Finances.

En ce qui concerne le Ministère des Travaux publics, le règlement ancien du 16 septembre 1843 n'a pas été revisé. La révision en est restée liée à celle du décret de 1862 qui est toujours à l'étude.

Toutefois, l'Administration a adressé aux ingénieurs en chef, par circulaire du 12 août 1878, un règlement provisoire, conforme au décret de 1862, en attendant cette révision. Mais, n'ayant pas été approuvé, il n'est pas opposable à l'Administration des Finances et doit simplement servir de règle aux ingénieurs.

Enfin, un règlement du 28 septembre 1849 fixe les rapports de l'Administration centrale des Travaux publics avec les agents placés sous sa direction.

— Aucune dépense ne peut être engagée sans qu'il existe un crédit spécial pour la payer et sans que la notification régulière en ait été faite suivant une sous-répartition.

Les crédits afférents au ministère des Travaux publics sont inscrits au budget de l'Etat, voté par le Parlement.

Ils comprennent, à l'égard du service ordinaire :

DÉPENSES ORDINAIRES

§ 1. — *Personnel.*

Chap. — Personnel des ingénieurs des Ponts et Chaussées, traitement.

Chap. — Personnel des ingénieurs des Ponts et Chaussées, allocations et indemnités.

Chap. — Personnel des sous-ingénieurs et conducteurs des Ponts et Chaussées, traitement.

Chap. — Personnel des sous-ingénieurs et conducteurs des Ponts et Chaussées, allocations et indemnités.

Chap. — Personnel des adjoints techniques et Dames employées, traitement.

Chap. — Personnel des adjoints techniques et Dames employées, allocations et indemnités.

Chap. — Frais généraux du service des Ponts et Chaussées.

§ 2. — *Entretien.*

Chap. — Frais de bureau des Ponts et Chaussées.

Chap. — Routes et Ponts, entretien et réparations ordinaires.

DÉPENSES EXTRAORDINAIRES

§ 3. — *Travaux.*

Chap. — Routes nationales. Construction de routes neuves et en lacune. Etude de routes de Tourisme.

Chap. — Rectifications de routes nationales.

Chap. — Routes nationales, réparations extraordinaires et travaux neufs.

Chap. — Parachèvement des Routes forestières de la Corse.

Chap. — Construction de Ponts.

Les crédits ne peuvent être employés que pour les dépenses effectuées pendant l'année. Chaque année correspond à un exercice. Il est toutefois accordé, après le 1er janvier de l'année suivante, un délai pour la liquidation des dépenses d'un exercice et pour leur paiement (jusqu'au 31 mars pour la liquidation et l'ordonnancement et au 30 avril pour le paiement).

Les crédits sont spéciaux par chapitre.

On ne peut accroître aucun crédit au moyen de ressources particulières, notamment en utilisant autrement que par un simple réemploi la valeur d'objets devenus inutiles.

Les dépenses doivent être faites, autant que possible, par voie d'adjudication (décret du 18 novembre 1882). Elles peuvent se faire exceptionnellement par voie de marché de gré à gré, ou en régie.

Aucune dépense ne peut être mandatée et payée sans la production de pièces justificatives établissant le service fait et les droits du créancier. Les pièces justificatives doivent être approuvées par l'ordonnateur secondaire, qui est l'ingénieur en chef (décret du 29 décembre 1898).

L'ordonnateur secondaire ne peut mandater sur les crédits mis à sa disposition qu'en vertu d'un acte appelé ordonnance ministérielle, par lequel le Ministre dispose sur le Trésor public des crédits inscrits au budget.

Ces ordonnances prennent le nom d'ordonnances de délégation, par opposition aux ordonnances de paiement en vertu desquelles le Ministre assure directement le paiement.

Le Ministre avise successivement l'ingénieur en chef des ordonnances de délégation qu'il délivre. Le paiement aux créanciers est effectué, par prélèvement sur ces ordonnances, au moyen de mandats délivrés par l'ordonnateur secondaire.

Les ordonnances ne valent que jusqu'au 1er avril de l'année suivante

Quant aux pièces justificatives à joindre à l'appui des mandats, elles sont énumérées au règlement du 16 septembre 1843.

Chaque jour, lorsqu'il y a des mandats à émettre, l'ingénieur en chef les envoie au Trésorier payeur général du département, accompagnés de certificats de paiement et des pièces justificatives, sous bordereau attribuant aux mandats une série unique de numéros par exercice : c'est le bordereau journalier de mandats. Le Trésorier vérifie la régularité des pièces justificatives et les conserve ; il retourne à l'ingénieur en chef le bordereau seulement, avec les mandats revêtus du vu bon à payer. L'ordonnateur en accuse réception en retournant le bordereau, et fait remettre les mandats aux parties prenantes. Les mandats peuvent alors être payés par la caisse publique indiquée sur chaque mandat. Le paiement ne peut se faire qu'au créancier lui-même.

Dans certains cas exceptionnels, le paiement peut être fait directement en numéraire par un agent du service, pour des opérations déterminées. Cet agent, appelé régisseur, est nommé par le préfet.

Une avance peut lui être faite sur mandat de l'ordonnateur, jusqu'à concurrence de 20.000 francs au maximum.

Il doit en justifier l'emploi, en envoyant, sous bordereau, les pièces justificatives analogues à celles qui sont jointes à l'appui des mandats ordinaires ; le tout doit être approuvé par l'ordonnateur. La justification doit être apportée au Payeur dans le délai d'un mois. L'excès de l'avance sur le montant des dépenses justifiées est reversé, s'il y a lieu, par le régisseur dans la caisse du Trésor.

Dans cette gestion, le régisseur est assimilé au payeur et soumis aux mêmes responsabilités.

118 *Comptabilité des Ponts et Chaussées.* — Le mode d'écriture et de comptabilité du service des Ponts et Chaussées résulte du règlement du 28 septembre 1849, et des circulaires des 28 décembre 1892, 29 décembre 1899, 31 mai 1907 et 23 octobre 1913.

— *Pièces justificatives.* — Les pièces justificatives doivent être visées par l'ordonnateur. Toutefois, cette signature n'est pas indispensable lorsqu'il s'agit de justifier une avance pour dépenses en régie : il suffit que l'ordonnateur vise le bordereau à l'appui des pièces justificatives.

Lorsque plusieurs paiements sont faits pour un même service, le mandat de solde doit rappeler les pièces jointes au premier acompte.

Les extraits de décisions produits à l'appui des paiements doivent énoncer les motifs qui établissent les droits du créancier.

Les extraits de marchés ou conventions produits à l'appui des mandats doivent mentionner les dispositions qui concourent à la liquidation de la créance, ainsi que la mention d'enregistrement, s'il y a lieu.

S'il y a cautionnement, les mandats de premier paiement doivent être appuyés d'une déclaration de l'ordonnateur donnant la date de la réalisation du cautionnement et la nature des valeurs y affectées.

Les pièces justificatives doivent être timbrées, conformément aux indications du règlement. Pour leur nomenclature, on se reportera au règlement lui-même.

Les paiements ne peuvent être faits que sur la quittance de la partie prenante.

Tout état joint à un mandat pour traitement du personnel doit faire connaître le grade ou l'emploi de l'ayant-droit, le montant annuel du traitement, le décompte pour le temps de service et, s'il y a lieu, les retenues pour le service des pensions civiles et le net à payer.

— *Principales espèces de dépenses.* — Les dépenses que les ingénieurs en chef des services ordinaires ont à mandater se rapportent aux objets suivants :

— Personnel : Traitements ;

            Allocations fixes ;

            Frais de tournées ;

            Indemnités ;

            Secours ;

— Entreprises ou marchés ;

— Fournitures et travaux en régie ;

— Travaux à la tâche ;

— Travaux à la journée ;

— Cantonniers ;

— Dommages et dépenses diverses ;

— Terrains.

— *Constatation des dépenses.* — Les dépenses sont engagées en principe par le subdivisionnaire, conformément à une sous-répartition des crédits qui lui est notifiée, sauf celles dont les ingénieurs rendent personnellement compte.

Toutes les dépenses, hormis les dépenses de personnel, sont constatées sur un journal tenu par le subdivisionnaire, ou par un agent du bureau pour les dépenses dont les ingénieurs rendent personnellement compte. Ce journal se nomme carnet d'attachement.

Ce carnet, qui fait mention de toutes les dépenses, peut ne pas toujours en donner tout le détail. Il peut, exceptionnellement, se référer à certains documents annexes, comme les feuilles d'attachements dans le cas des ouvriers à la journée, ou comme des carnets auxiliaires tenus par des surveillants ou agents inférieurs.

— *Travaux à l'entreprise.* — *a*. Travaux terminés.

Les subdivisionnaires doivent constater sans retard sur leur carnet les travaux terminés, et cela à une date quelconque, au fur et à mesure de leur achèvement.

Les constatations sont justifiées par des croquis et métrés sur la page de droite.

Les quantités sont portées, avec les prix, sur la page de gauche, le tout totalisé sans déduction du rabais.

Chaque attachement de travaux terminés doit être accepté par l'entrepreneur.

En ce qui concerne les fournitures de matériaux, empierrements ou pavages, la réception est faite par l'ingénieur lui-même, sauf le cas exceptionnel d'une délégation écrite. La constatation résulte alors directement du procès-verbal de réception accepté par l'entrepreneur, et le subdivisionnaire se borne à transcrire le procès-verbal sur son carnet, avec la mention d'acceptation et d'envoi.

b. Décompte provisoire.

Les paiements des entreprises se font ordinairement tous les mois. Il convient dès lors d'aboutir, à la fin de chaque mois, à la détermination des sommes qui peuvent être payées aux entrepreneurs. C'est l'objet d'un attachement d'ordre appelé décompte provisoire. Les attachements de décomptes provisoires d'une même entreprise portent des numéros d'ordre.

Chacun des attachements mensuels de décompte provisoire est composé de trois parties :

1° Travaux terminés ;

On commence par rappeler le montant global des travaux terminés portés au décompte qui porte le numéro précédent, en se référant au numéro du carnet qui porte l'inscription de ce décompte précédent.

Puis on dépouille, sur le carnet, la série des attachements des travaux terminés afférents à l'entreprise considérée, depuis le décompte provisoire précédent, en portant simplement le montant global des dépenses de chaque attachement, sans rabais, et en se référant au numéro du carnet portant l'attachement des travaux terminés correspondants.

On totalise alors le tout, on en déduit le rabais. Toutes ces inscriptions se font sur la page de gauche.

2° Travaux non terminés;

A l'égard des travaux non terminés, on établit, *ab ovo* et sans aucune référence au décompte précédent, la situation des travaux à la fin du mois considéré, au moyen de quantités et de prix, inscrits sur la page de gauche et sommairement justifiés sur la page de droite. On totalise et on déduit le rabais.

3° Approvisionnements;

L'entrepreneur peut avoir droit au paiement des matériaux approvisionnés par lui et non encore mis en œuvre. L'inscription des dépenses correspondantes se fait comme pour le paragraphe précédent. On totalise et on déduit le rabais.

Après inscription des dépenses correspondant à ces trois paragraphes, on en reporte le montant dans un tableau comportant une colonne par paragraphe et une quatrième pour le total. Sur une première ligne on porte, comme il vient d'être dit, les dépenses de chaque paragraphe et le total. Sur une seconde ligne, on porte les sommes à retenir pour la retenue de garantie (art. 44 des clauses et conditions générales), soit 1/10 pour les deux premiers et 1/5 pour le dernier. On totalise ces retenues dans la quatrième colonne du tableau, puis on retranche ce total de celui des dépenses constatées. Le chiffre obtenu représente ce qui correspond au droit de l'entrepreneur depuis le commencement de l'entreprise.

On fait mention, au-dessous, de la somme qui a été payée depuis le commencement des travaux et dont on retrouve le montant sur l'attachement du décompte précédent; on fa't la différence, qui représente la somme à payer.

Cet attachement est reporté sur une formule de décompte provisoire. modèle n° 4, qui s'y adapte intégralement.

— *Fournitures, dépenses en régie, travaux à la tâche.* —

L'article 22 du décret du 18 novembre 1882 porte qu'il peut être suppléé aux marchés écrits par des achats sur simple facture pour les objets qui doivent être livrés immédiatement, quand la valeur de chacun de ces achats n'excède pas 1.500 francs. La dispense de marché s'étend aux travaux ou transports dont la valeur présumée n'excède pas 1.500 francs et qui peuvent être exécutés sur simple mémoire.

L'article 23 du même décret stipule également que les dispositions relatives aux adjudications et marchés ne sont pas applicables aux travaux que l'Administration est dans la nécessité d'exécuter en régie, soit à la journée, soit à la tâche.

Dans ces cas, les fournisseurs présentent une facture signée par eux, portant mention des quantités, des prix et de la dépense.

Pour en prendre attachement, on reproduit intégralement, sur le carnet, la copie textuelle du mémoire présenté. Lorsque les quantités inscrites résultent d'un métré, ce métré doit figurer sur la page de droite. Dans ce cas, bien que le mémoire soit présenté et accepté par le fournisseur, il est bon de faire signer la justification inscrite au carnet, pour éviter, dans l'avenir, toute équivoque sur la nature et l'emplacement des travaux constatés.

Les inscriptions au carnet de travaux à la tâche se font, comme pour les mémoires, par la mention textuelle de ce qui est porté sur l'état des travaux à la tâche, avec acceptation des intéressés.

— *Travaux à la journée.* — Les travaux à la journée sont constatés sur des feuilles d'attachements. Ces feuilles comportent une ligne par ouvrier, avec mention du prix convenu. Il y a autant de colonnes que de journées dans la quinzaine ou dans le mois considéré.

Le surveillant qui tient la feuille se borne à pointer les absences des ouvriers dans chaque case. Toute case non pointée correspond à des présences qu'il faut payer. Afin d'éviter toute erreur, il est prescrit de pointer, jour par jour, toutes les cases de la ligne qui suit celle sur laquelle figure le nom du dernier ouvrier inscrit, de manière à permettre, s'il y a lieu, l'inscription d'un nouvel ouvrier qui prendrait du travail au cours de la période à laquelle s'applique la feuille de travail, sans qu'il reste aucune case antérieure non pointée.

Les surveillants, chefs-cantonniers, subdivisionnaires doivent vérifier la présence des ouvriers au cours de leurs tournées et signer la feuille d'attachement, pour constater ce contrôle.

On inscrit, sur le carnet, le montant de la feuille d'attachement, avec la mention du nom de celui qui l'a tenue. On indique sommairement, sur la page de droite, la nature du travail effectué par les ouvriers.

Le dépouillement du carnet et des feuilles d'attachement permet, au moment du paiement, de dresser le rôle des journées d'ouvriers, avec le prix et la dépense (circ. du 20 mars 1913), qui doit servir de pièce justificative pour le paiement.

— *Cantonniers*. — Au début de chaque année, lors du premier attachement, le subdivisionnaire porte sur la page de droite du carnet, nominativement pour chaque cantonnier, le total du traitement mensuel et autres allocations fixes, telles que indemnités de résidence, familiales ou autres attribuées à chacun. On totalise et on a ce que l'on nomme le salaire normal applicable à une route.

Cette constatation étant ainsi faite une fois pour toutes, pour l'année, le subdivisionnaire se borne, pour chaque nouvel attachement à porter le bloc du salaire normal, puis il ajoute, en la justifiant pour chaque cantonnier, s'il y a lieu, la somme qui doit être ajoutée pour déplacements, gratifications, etc. Il retranche de même les retenues pour congés ou autres, dans la limite du règlement. Toutes ces justifications s'inscrivent sur la page de droite. Le résultat forme le montant du décompte, que l'on porte alors sur la page de gauche.

Il n'est pas fait mention sur le carnet de la retenue pour la retraite, dont le subdivisionnaire n'est pas comptable. C'est à l'ingénieur ordinaire qu'il appartient de faire le nécessaire, comme il a été expliqué à propos des cantonniers.

Les attachements relatifs aux cantonniers permettent d'établir la pièce justificative qui porte le nom de décompte.

Bien que non comptable de la retenue pour la retraite, le subdivisionnaire la porte néanmoins sur le décompte, dans une colonne spéciale, pour faciliter le travail ultérieur-de l'ingénieur.

L'ingénieur en chef ne mandate, en faveur de chaque cantonnier, que le montant de la somme qui doit lui être payée, sans y comprendre la retenue pour la retraite. Ces retenues sont mandatées, en bloc, ainsi qu'il a été expliqué, au nom d'un régisseur comptable qui en effectue le versement à la Caisse des retraites, en faveur de chaque cantonnier.

— *Acquisitions de terrains, dommages, dépenses diverses.* — Les dépenses pour acquisitions de terrains, dommages et dépenses diverses font l'objet d'articles particuliers de la sous-répartition des crédits. Les dépenses diverses ne doivent pas être confondues avec les autres dépenses en régie. Ce sont celles qui comportent l'approbation du ministre ou du préfet (décret du 13 avril 1861). Lorsqu'elles se rattachent à une entreprise de travaux neufs, à laquelle correspond une somme à valoir déterminée, elles doivent être imputées sur cette somme à valoir. La constatation de ces dépenses se fait d'une manière analogue à ce qui a été dit pour les mémoires, c'est-à-dire qu'on reproduit sur le carnet les dispositions essentielles des pièces justificatives correspondantes pour obtenir le décompte des sommes dues, en vertu de l'acte translatif de propriété, en vertu du rapport évaluatif du dommage, ou de la décision du Conseil de préfecture s'il n'y a pas accord, etc.

— Les inscriptions sur le carnet sont faites au jour le jour, sans ordre. Chacune d'elles porte un numéro d'ordre. Les dépenses constatées devant être reportées sur un registre, appelé sommier, une colonne du carnet est réservée pour l'inscription du numéro d'ordre du sommier et permettre d'établir la correspondance entre les deux registres.

Sur la page de droite du carnet, on mentionne l'envoi, avec sa date, de chaque pièce de dépense à l'ingénieur.

Pour compléter ce que les indications précédentes peuvent

avoir d'insuffisant, on consultera les types annexées aux instructions ministérielles les plus récentes, ci-dessus indiquées.

— *Sommier du subdivisionnaire.* — Avant d'envoyer à l'ingénieur les pièces de dépenses relatives à sa comptabilité, le subdivisionnaire porte sur un registre, appelé sommier, toutes les dépenses constatées sur son carnet.

Ce sommier comprend deux parties :

— Sous-répartition des crédits;

— Série des comptes ouverts.

Il y a en principe autant d'articles à la sous-répartition qu'il y a de comptes ouverts. La désignation de ces articles reproduit exactement et dans le même ordre la succession des titres des divers comptes ouverts.

Les articles de la sous-répartition sont d'ailleurs ceux qui résultent de la notification spécialement faite, au point de vue comptable, sur la formule n° 8 annexée à la circulaire du 23 octobre 1913. On assure ainsi l'identité des crédits inscrits aux divers registres de comptabilité des ingénieurs et des subdivisionnaires. Cette correspondance est d'ailleurs repérée dans la première colonne de la sous-répartition du sommier où l'on trouve le numéro d'ordre et les lettres qui signalent les articles et sous-articles de la sous-répartition générale des crédits du département, arrêtée par l'ingénieur en chef.

La circulaire du 23 octobre 1913 donne le modèle des inscriptions à faire.

Les colonnes du tableau sont les suivantes :

1. Numéro des articles de la sous-répartition ;

2. Nature des dépenses ;

3. Crédits ouverts, suivant la sous-répartition primitive, par article ;

4. Crédits ouverts, suivant la sous-répartition primitive, par route ;

5. Crédits ouverts suivant la sous-répartition rectifiée, par article ;

6. Crédits ouverts, suivant la sous-répartition rectifiée, par route ;

7. Observations.

Les inscriptions se font successivement par chapitre et par catégorie, et, dans chaque chapitre ou catégorie, par route.

La série des comptes ouverts est portée sur la formule O.B; circ. du 23 octobre 1913, savoir :

1. Numéro d'ordre ;
2. Numéro du carnet ;
3. Indication des dépenses et pièces adressées ;
4. Date de l'envoi.

Entretien.

Situation des entreprises à la fin de chaque mois, somme à payer :

5. Bail d'entretien, empierrement n⁰ lot. M. N. entrepreneur, rabais, crédit ;
6. Cylindrage, M. X. entrepreneur, etc. ;
7. Goudronnage, M. X. entrepreneur, etc. ;
8. Colonne réservée ;
9. Cantonniers, crédit de ...
10. Dépenses en régie, crédit de ...
11. Dépenses diverses, crédit de ...
12. Colonne réservée.

Travaux neufs et de grosses réparations.

Situation des entreprises à la fin de chaque mois, somme à payer :

13. Réparation du pont de la Marne à Meaux, entreprise ... rabais... crédit...
14. Réparation du pont de la Marne à Meaux. Som. à valoir ... crédit ...
15. Convertissement d'empierrement en pavage, de ... à ... M. X. entrepreneur ... rabais ... crédit ...
16. Convertissement d'empierrement en pavage, de ... à ... Som. à valoir ... crédit ...
17. Colonne réservée ;
18. Colonne réservée ;
19. Observations.

Le subdivisionnaire fait le dépouillement de son carnet et inscrit chaque pièce de dépense sur son sommier, à raison de une ligne par pièce. Le montant est porté dans la colonne voulue, avec référence au numéro du carnet. Réciproquement, il inscrit sur le carnet le numéro d'ordre du sommier, et porte la mention d'envoi. Quand la comptabilité du mois est terminée, il totalise toutes les colonnes sur une même ligne, avec la mention, colonne 3, qu'il s'agit du total à la fin de tel mois.

— *Envoi des pièces de comptabilité à l'ingénieur.* — Les pièces de dépenses de la subdivision sont réunies dans un bordereau (modèle n° 1, circ. du 23 octobre 1913) pour être adressées à l'ingénieur.

Sur ce bordereau, le subdivisionnaire inscrit la mention des pièces adressées et le montant de la dépense pour chacune.

Deux colonnes sont réservées pour indiquer ultérieurement les dates et numéros des mandats.

Les pièces de dépenses peuvent être envoyées à l'ingénieur en plusieurs fois. Il faut alors autant de bordereaux que d'envois. Cela est d'ailleurs indispensable, dans certains cas, notamment pour le paiement des ouvriers qui doit être fait légalement tous les 15 jours.

La mention et la date de ces envois est portée, je le répète, à chacun des articles correspondants du carnet.

— *Situation mensuelle des dépenses.* — Afin d'assurer le contrôle et la correspondance sur les divers registres des ingénieurs et des subdivisionnaires, chacun de ceux-ci dresse une situation mensuelle, lorsque la comptabilité du mois est arrêtée (mod. n° 5, circ. du 23 octobre 1913).

Cette formule sert pour tous les mois de l'année ; elle est complétée en conséquence et fait la navette entre le subdivisionnaire, l'ingénieur ordinaire et l'ingénieur en chef. Elle porte toutes ces transmissions, à leur date. Chaque ligne correspond à un article de la sous-répartition, et les colonnes se rapportent aux dépenses de chaque mois sur chacun des articles.

— *Registre de l'ingénieur d'arrondissement.* — L'ingénieur d'arrondissement utilise, pour sa comptabilité, le modèle n° 6 de la circulaire du 23 octobre 1913, comprenant quatre formules A, B, C, E, savoir :

A. — *Crédits.*

1. Avis d'ouverture de crédit par l'ingénieur en chef, n° d'ordre :

2. Avis d'ouverture de crédit par l'ingénieur en chef, date ;

3. Affectation des crédits (pour permettre de totaliser par chapitre et catégorie) ;

4. Montant du crédit ;

Distribution des crédits par l'ingénieur :

5. Avis au subdivisionnaire, n° d'ordre ;

6. Avis au subdivisionnaire, date ;

7 à 15. Les diverses subdivisions de l'arrondissement ;

16. Totaux des crédits distribués ;

17. Crédits réservés ;

18. Observations.

Cette formule sert à inscrire simplement le crédit global notifié par l'ingénieur en chef, avec la répartition, également globale, par subdivision.

B. — *Sous-répartition des crédits.*

Cette formule présente la sous-répartition, par route, en suivant les articles de la sous-répartition du département.

Ces articles se réfèrent à la subdivision qui reçoit le crédit. S'il y a plusieurs subdivisions, il y a autant d'inscriptions que de subdivisions, par article.

C. — *Compte récapitulatif des dépenses des subdivisions.*

Chaque article de la sous-répartition comprend une route déterminée. On lui réserve une page de cette formule C. Les colonnes successives correspondent aux sous-articles de la sous-répartition. Chaque colonne est divisée en autant de parties qu'il y a de subdivisions intéressées. Quant aux inscriptions, elles indiquent, pour chaque sous-article et chaque subdivision, le montant de la dépense totale du mois. On totalise, chaque mois, afin d'obtenir la récapitulation des dépenses des subdivisions.

E. — *Compte ouvert aux dépenses dont l'ingénieur d'arrondissement rend personnellement compte.*

Cette formule est absolument analogue à celle des comptes ouverts du subdivisionnaire. Elle est remplie par le dépouillement du carnet tenu au bureau.

— *Livre auxiliaire des entreprises.* — Il peut être intéressant de suivre une entreprise qui dure plusieurs années. On utilise à cet effet le modèle n° 7 de la circulaire du 23 octobre 1913, organisé pour durer cinq ans. C'est l'ancien modèle n° 13 du règlement du 28 septembre 1849.

— *Bordereau de distribution des crédits aux subdivisionnaires.* — Ce bordereau, modèle n° 8, circ. du 23 octobre 1913, sert à notifier les modifications successives des crédits.

— *État des prévisions de dépenses.* — Pour permettre au ministre d'attribuer à l'ingénieur en chef les ordonnances de délégations nécessaires, l'ingénieur en chef doit les demander, en connaissance de cause. A cet effet, l'ingénieur ordinaire dresse un état de prévisions de dépenses, modèle n° 9, circ. du 23 octobre 1913.

Dans le cas de travaux importants, on utilise la formule 9 *bis*, qui reproduit l'ancien état sommaire, modèle n° 14 du règlement du 28 septembre 1849.

— *Transmission des pièces de dépenses par l'ingénieur d'arrondissement.* — L'ingénieur ordinaire se borne à transmettre à l'ingénieur en chef, sous bordereau modèle n° 1 dressé par le subdivisionnaire, les pièces de comptabilité qui lui ont été adressées par chacun d'eux, après avoir apposé les visas nécessaires et opéré toutes vérifications.

Il adresse dans les mêmes conditions les pièces de comptabilité qui se rapportent aux dépenses dont il rend personnellement compte.

— *Comptabilité de l'ingénieur en chef.* — Le livre de comptabilité de l'ingénieur en chef comporte toutes les écritures qui se rapportent aux opérations de ce chef de service, savoir :

Le modèle n° 10 de la circulaire du 23 octobre 1913 comporte les formules suivantes :

a. Compte de crédits ;

b. Compte des ordonnances de fonds ;

c. Compte récapitulatif des crédits ;

d. Compte récapitulatif des dépenses et des paiements ;

e. Journal de l'inscription des mandats de paiement ;

f. Compte ouvert aux dépenses du personnel ;

g. Compte ouvert aux dépenses des travaux d'entretien ;

g bis. Compte ouvert aux dépenses des travaux neufs et de grosses réparations.

a. Compte de crédits. — On y inscrit les crédits notifiés par le ministre, ainsi que la répartition des crédits par arrondissement.

b. Compte des ordonnances de fonds. — Dès que le ministre les notifie, on les inscrit sur cette formule *b*, par chapitre, on totalise par mois. La notification à l'ingénieur d'arrondissement n'est plus nécessaire, puisqu'il ne propose plus les paiements.

c. Compte récapitulatif des crédits. — Comprend la succession des articles de la sous-répartition, avec l'indication des numéros des articles et des lettres des sous-articles, la désignation successive des arrondissements et la référence aux comptes ouverts. Il comporte l'indication, à la fin de chaque trimestre, de la situation des crédits ouverts, par sous-article et par article, jusqu'à la situation définitive.

d. Compte récapitulatif des dépenses et des paiements. — On inscrit dans cette formule, mois par mois, le montant global des dépenses et des paiements par article de la sous-répartition, d'après les totaux des comptes ouverts (modèles *g* et *g bis*).

Ce compte a pour objet de vérifier, chaque mois, la concordance des dépenses et paiements du livre des comptes ouverts, du journal d'inscription des mandats, ainsi que des situations mensuelles des subdivisionnaires, récapitulées dans la situation sommaire de l'ingénieur en chef.

Cette situation sommaire établit la comparaison entre les crédits ouverts et les dépenses faites.

e. Journal d'inscription des mandats de paiement et des bordereaux d'émission. — Comporte l'indication de la date et du numéro d'ordre des mandats, dans l'ordre d'émission, le numéro du compte ouvert, la désignation de la partie prenante et enfin l'indication du numéro du mandat, qui est placée dans la colonne correspondant au chapitre du budget sur lequel il est imputé. On totalise pour l'ensemble des chapitres.

On peut se borner, pour certains mandats, à n'inscrire que le montant du bordereau journalier de mandats, pour le traitement du personnel par exemple, sans donner le détail par partie prenante.

Ce bordereau journalier de mandats (modèle n° 11) est un document qui renferme, en les désignant, les mandats que l'ordonnateur envoie au Trésorier payeur pour y apposer le vu bon à payer.

Ce bordereau est retourné par celui-ci à l'ordonnateur, avec les mandats revêtus de la mention ci-dessus. L'ordonnateur conserve les mandats pour les faire distribuer aux parties prenantes et retourne le bordereau au Trésorier comme accusé de réception des mandats.

Le journal d'inscription des mandats, sur le registre de l'ingénieur en chef, comprend une série de colonnes qui se rapportent au bordereau journalier de mandats. On y porte :

Le numéro du bordereau journalier ;

Le numéro d'ordre ;

La date de l'envoi au Trésorier ;

La date du retour.

f. Compte ouvert aux dépenses du personnel. — Ce compte comporte une ligne par mois. Les colonnes correspondent à la désignation de chaque agent. On y porte le traitement mensuel, ainsi que la retenue pour la retraite. On totalise, dans les colonnes subséquentes, les dépenses et les retenues en relatant les numéros et dates des mandats.

On note, dans la colonne d'observations, les mutations, décisions et renseignements divers.

Il y a un compte ouvert de ce genre, par chapitre du budget général.

g et g bis. Comptes ouverts aux dépenses de travaux. — Ce compte est établi par route et par arrondissement. Il comporte une série de colonnes conformes aux articles de la sous-répartition. L'inscription se fait d'après le bordereau, modèle n° 1 (envoi des pièces de comptabilité par le subdivisionnaire). Il y a une ligne par bordereau,

Une colonne totalise les dépenses et permet de comparer au crédit ouvert inscrit en tête de ladite colonne, crédit qui est conforme à l'article correspondant de la sous-répartition.

Les colonnes suivantes indiquent les numéros, dates et montants des mandats.

Enfin, trois colonnes indiquent la différence entre les dépenses et les paiements :

— Retenues sur le salaire des cantonniers ;

— Régie comptable ;

— Divers.

Une colonne d'observations donne les renseignements généraux sur les entreprises (indication du bail, du lot, dates de l'adjudication et de l'approbation, rabais, etc.).

— *Remise des mandats.* — L'ordonnateur est chargé de distribuer les mandats aux parties prenantes.

D'ordinaire, tous les mandats qui concernent une subdivision, conformément au bordereau modèle n° 1, sont retournés au subdivisionnaire. Ils sont renfermés dans un bordereau de remise de mandats, modèle E.

Ce bordereau (mod. n° 2, circ. du 23 octobre 1913) comporte l'indication détaillée des mandats, leur montant, par mandat, par article et sous-article de la sous-répartition et enfin, par chapitre.

Une colonne est réservée pour la signature de la partie prenante, ou pour l'indication du récépissé, avec date de la remise du récépissé.

Lorsque la partie prenante ne reçoit pas le mandat de la main du subdivisionnaire, il peut lui être adressé, par le chef-cantonnier ou par tout autre intermédiaire qualifié. L'intéressé doit alors signer un récépissé (mod. n° 3, circ. du 23 octobre 1913).

— *Situation définitive des crédits et des dépenses.* — Dressée par l'ingénieur en chef au 1ᵉʳ février de la seconde année, conformément au modèle n° 13 de la circulaire du 23 octobre 1913.

Les dépenses y sont détaillées par article de la sous-répartition et totalisées par parties de routes afférentes à un arrondissement.

Pour les dépenses extraordinaires, on totalise dans chaque chapitre, les travaux autorisés par une même loi, un même décret, etc.

— *Observations générales.* — L'ingénieur d'arrondissement vérifie la comptabilité du subdivisionnaire à tous points de vue. L'ingénieur en chef procède à des épreuves par sondage.

Parmi les pièces justificatives qui doivent accompagner les mandats, figurent ce qu'on nomme le certificat de paiement. Ce certificat, autrefois dressé par l'ingénieur ordinaire et visé par l'ingénieur en chef, est aujourd'hui délivré directement par l'ingénieur en chef. Il ne comporte plus aucun numéro d'ordre.

Ce certificat de paiement, pour les paiements autres que les acomptes d'entreprises et les avances au régisseur comptable, est apposé sur la pièce justificative proprement dite :

Rôles de journées ;

Décompte des cantonniers ;

Mémoires ;

Etats à la tâche, etc.

SEIZIÈME LEÇON

TENUE DES BUREAUX. INSPECTIONS

119. *Organisation.*

119. *Organisation.* — L'organisation du service, indiquée à propos de la Comptabilité, est suivie parallèlement pour les travaux et l'instruction des affaires.

Dans la plupart des cas, les affaires sont instruites successivement à tous les degrés de la hiérarchie. Chaque supérieur peut adopter d'autres conclusions que son subordonné, mais pas les supprimer, afin que l'autorité qui statue se trouve en présence de tous les avis.

Des instructions en date du 22 mars 1905, complétées le 26 octobre 1912 ont été données pour la tenue des bureaux des ingénieurs et des subdivisionnaires, la transmission des affaires, la conservation des dossiers, etc.

Afin de contrôler les opérations des ingénieurs, l'Administration a prévu un rouage particulier, c'est-à-dire l'organisation d'un service d'inspections générales, confiées chacune, sous la direction du Ministre, à des inspecteurs généraux qui doivent, une fois par an, inspecter et contrôler chacun des services qui leur sont confiés.

Ces inspecteurs ne sont pas chefs de service, leur action se traduit par un simple contrôle. Ils correspondent néanmoins avec les ingénieurs et peuvent ainsi exercer une action très réelle sur le service, d'autant plus qu'ils sont appelés, chaque année, après leur inspection, à donner des notes à tout le personnel.

Les inspecteurs généraux chargés d'une inspection, en dehors de leur tournée annuelle, doivent examiner les affaires qui leur sont adressées par le Ministre, notamment celles qui ont fait l'objet d'une instruction de la part des ingénieurs de leur circonscription. Ils dressent des rapports ou formulent un simple avis. Dans tous les cas, ils doivent présenter des conclusions précises.

En dehors des inspecteurs généraux qui précèdent, qui sont de deuxième classe, il y a des inspecteurs généraux de première classe, qui forment avec l'ensemble des premiers, le Conseil Général des Ponts et Chaussées. Les Directeurs du Ministère font partie de droit de ce Conseil.

L'assemblée est présidée par le Ministre ou, à défaut, par un vice-président nommé par le Ministre et choisi parmi les inspecteurs généraux de première classe. Le Conseil exprime son avis sur toutes les affaires qui lui sont soumises par le Ministre. Celles de ces affaires qui concernent un arrondissement d'inspection sont rapportées par celui des inspecteurs généraux de deuxième classe de qui il dépend. Les ingénieurs peuvent être entendus au Conseil pour les affaires qui concernent leur service.

Dans plusieurs cas, la consultation du Conseil général des Ponts et Chaussées est légalement obligatoire, par exemple dans les affaires mixtes ou celles qui concernent les voies ferrées d'intérêt local, etc.

Le Conseil général des Ponts et Chaussées n'examine pas

toutes les affaires en assemblée plénière. Pour hâter l'instruction, il est divisé en quatre sections qui se réunissent indépendamment les unes des autres.

La première section examine les affaires qui concernent les routes nationales ou départementales, les automobiles, les voies ferrées d'intérêt local, etc. On voit que cette section traite précisément les affaires qui concernent le service ordinaire des Ponts et Chaussées dont il est question dans ce cours ;

La seconde section traite ce qui a pour objet les rivières, canaux, forces hydrauliques, etc. ;

La troisième s'applique aux chemins de fer d'intérêt général ;

La quatrième traite des travaux maritimes.

Chaque affaire qui doit faire l'objet d'un avis du Conseil général des Ponts et Chaussées est transmise par le Ministre au Vice-Président, avec le dossier et, s'il y a lieu, le rapport de l'inspecteur général de l'arrondissement correspondant. Si le Ministre n'en a pas décidé préalablement, le Vice-Président statue sur la question de savoir si l'affaire sera renvoyée à la section correspondante ou soumise au Conseil général en assemblée plénière.

Le Ministre statue dans tous les cas sur les conclusions proposées, ou adresse, s'il y a lieu, l'avis du Conseil général à l'autorité compétente (Commission mixte, Conseil d'Etat, etc.).

Pour permettre aux inspecteurs généraux de 2e classe de remplir leur mission, ils reçoivent, chaque année, des divers ingénieurs en chef un certain nombre de documents, qui constituent ce que l'on nomme le compte d'inspection.

Les comptes moraux, qui passent périodiquement sous leurs yeux, les renseignent sur la marche des travaux.

TENUE DES BUREAUX

180. *Enregistrement des affaires.* — Cet enregistrement comporte la tenue de quatre registres, savoir :

— *Registre d'ordre et répertoires.* — Il est tenu dans les

bureaux des ingénieurs et des subdivisionnaires un registre d'ordre sur lequel on consigne toutes les affaires qui parviennent, ainsi que toutes celles qui sont expédiées.

Ce registre est unique, pour chaque fonctionnaire, pour tous les services ressortissant au Ministère des Travaux publics.

Toutefois, lorsque les bureaux des ingénieurs d'un même service sont réunis dans un local unique, il n'est tenu qu'un seul registre pour l'ensemble du groupement.

Le registre des ingénieurs, qui peut d'ailleurs comprendre plusieurs volumes, doit durer cinq années, avec une seule série de numéros d'ordre.

Au registre d'ordre est joint un répertoire dont les divisions correspondent à celles de l'inventaire des Archives, afin de faciliter ultérieurement le classement des affaires dans les Archives. A cet effet, la désignation des affaires doit être méthodiquement portée dans la case correspondante du registre, en procédant suivant les titres et sous-titres des différentes parties du répertoire, en passant du général au particulier, pour aboutir au titre spécial de l'affaire.

En même temps qu'une affaire est inscrite au registre, on appose sur les pièces du dossier un timbre spécial portant la désignation du service enregistreur, le numéro et la date inscrite au registre.

On porte dans les cases correspondantes du registre d'ordre les dates et analyses des lettres, rapports ou pétitions qui parviennent. On y porte également le nom des agents auxquels on les communique, ainsi que les dates des communications et des rentrées, les dates et analyses des propositions formulées, les dates et analyses des décisions prises ou des récolements faits.

On inscrit enfin dans la colonne observations, dès que l'affaire est placée dans les archives, la mention du carton, du dossier et de la liasse où elle pourra être trouvée.

Le subdivisionnaire ne tient pas de répertoire, qui est inutile, eu égard au petit nombre des affaires traitées dans une subdivision.

— *Registre matricule.* — Il est tenu, dans les bureaux

des ingénieurs, un registre matricule du personnel. Il contient, pour chaque agent, son état-civil, sa situation de famille, le service auquel il est attaché depuis une date déterminée et sa résidence. On ajoute les dates de nomination à chaque grade ainsi que les services militaires. On complète, chaque année, par l'indication des services de l'année, telle qu'elle est portée au compte d'inspection et sur les feuilles signalétiques. Quand un agent quitte un service pour un autre, celui-ci reçoit un extrait du registre (modèle n° 4) qui permet de reproduire la situation sur le registre du nouveau service.

— *Registre de tournées des ingénieurs*. — Ce registre comporte l'indication de la date et la désignation précise des tournées faites et de leur objet. Il renferme en outre la série des observations qui sont faites au cours de chaque tournée.

— *Registre des ordres de service aux entrepreneurs*. — Pour donner un caractère d'authenticité complet aux ordres de service adressés par les ingénieurs d'arrondissement aux entrepreneurs, on les inscrit textuellement sur un registre spécial, dans l'ordre où ils sont délivrés et moyennant une série de numéros consécutifs, avec leur date, la désignation des entreprises, ainsi que le nom de l'agent qui a fait la notification. Ce registre est accompagné d'un répertoire.

La formule n° 9 sur laquelle l'ordre est transcrit, pour être remise à l'entrepreneur, comporte un coupon à détacher, portant les circonstances de la notification. Ces coupures sont groupées par ordre, dans un carton, au bureau de l'ingénieur.

181. *Transmission et instruction des affaires*. — L'ingénieur en chef, en transmettant une affaire à l'ingénieur d'arrondissement, ou celui-ci au subdivisionnaire, soit pour lui demander des renseignements, soit à titre de communication, indique l'objet de la transmission, soit sur la pièce, soit sur le bordereau du dossier.

Lorsque l'ingénieur d'arrondissement se réserve d'instruire lui-même une affaire, il demande les renseignements dont il a besoin au subdivisionnaire, à l'aide de la formule 11 (ordre de service).

Quand il s'agit d'une simple communication, la pièce ou le dossier est retourné avec l'annotation constatant qu'il a été pris copie ou extrait de la pièce communiquée.

Les subdivisionnaires dressent les projets qui leur sont demandés par les ingénieurs. Ceux-ci se réservent la préparation des projets importants. Ils demandent alors, s'il y a lieu, au subdivisionnaire, les renseignements dont ils peuvent avoir besoin.

Les projets dressés par les subdivisionnaires portent successivement les mentions :

— Dressé par le subdivisionnaire soussigné ;
— Vérifié par l'ingénieur ordinaire soussigné ;
— Présenté par l'ingénieur en chef soussigné ;
S'ils sont préparés par l'ingénieur :
— Dressé par l'ingénieur ordinaire soussigné ;
— Vérifié et présenté par l'ingénieur en chef soussigné.

Les rapports et projets fournis sont toujours joints aux dossiers. Chaque pièce porte ou reproduit, en haut et à droite de la première page, sa date. Les rapports sont écrits sur la formule n° 12 et les lettres sur la formule n° 13.

Les minutes et les expéditions doivent être strictement identiques.

Les pièces d'une affaire sont numérotées par ordre de date et réunies dans un bordereau modèle n° 14, sur lequel on les inscrit avec leur numéro et leur date.

Le dossier est subdivisé, s'il y a lieu, en plusieurs dossiers distingués par les lettres A, B, C, etc. et renfermés dans un bordereau général, modèle n° 14 *bis*.

Le timbre d'enregistrement est apposé sur le bordereau, avec la date du départ du dossier.

— *État des affaires à l'instruction.* — Les délais nécessaires pour l'instruction des affaires sont fixés par l'ingénieur en chef. Pour les affaires de voirie, le délai est de 15 jours, sauf cas exceptionnel ; il est d'un mois au maximum pour les autres affaires.

L'ingénieur d'arrondissement adresse au subdivisionnaire, le 20 de chaque mois, et l'ingénieur en chef à l'ingénieur d'arrondissement, le 25, un état des affaires à l'instruction pour lesquelles les délais ont été dépassés (modèles n°ˢ 15 et 15 *bis*).

L'ingénieur d'arrondissement ou le subdivisionnaire indique sur ces états la situation et l'époque présumée du renvoi de chaque affaire. Ils y ajoutent celles qui leur ont été adressées par d'autres personnes que leur chef, ainsi que les procès-verbaux de contravention ou de délit, qui ont été adressés directement par l'ingénieur au sous-préfet ou à d'autres magistrats.

Ces états sont renvoyés dans les cinq jours.

129. *Conservation des papiers et archives.* — Le classement des papiers comprend deux parties :

— Papiers et dessins du service courant ;

— Archives.

— *Papiers et dessins du service courant.* — Chaque affaire, dès que l'ingénieur en a été saisi ou en a pris l'initiative, donne lieu à l'ouverture d'un dossier (chemise modèle n° 16). Le dossier est, s'il y a lieu, divisé en plusieurs liasses (chemises, modèle n° 17). Enfin, les affaires courantes simples, de même nature, comme les permissions de voirie, d'occupation temporaire, etc. ; les états périodiques, etc., sont réunies dans un même dossier, par année et par route.

On applique à chaque pièce un cachet carré donnant l'indication du bureau où elle se trouve, les numéros du carton, du dossier, de la liasse, de la pièce ou du bordereau qui la renferme. Les numéros des cartons et des dossiers sont laissés en blanc, pour n'être indiqués qu'au moment du passage aux archives.

Les dossiers des affaires en cours sont classés par nature d'affaires, suivant l'ordre qui sera indiqué ci-après pour le classement des archives et conservés dans des cartons dont la série est unique dans les bureaux fusionnés.

— *Archives.* — Font partie des archives des ingénieurs tous les dossiers dont l'instruction est terminée et qui ne sont pas d'un usage habituel.

Les archives des ingénieurs sont classées par dossiers suivant l'ordre fixé par la nomenclature de l'inventaire ci-après, et conservées dans des cartons.

Les chemises de dossiers portent un numéro d'ordre, avec indication de la section et du chapitre de l'inventaire ainsi que le numéro du carton. Avant de classer les dossiers, on supprime, s'il y a lieu, toutes les pièces inutiles et on inscrit sur chaque pièce, dans l'intérieur du cachet précédemment signalé, les numéros des cartons et des dossiers.

Chaque carton porte l'indication de son numéro, celle de la section et des chapitres de l'inventaire auxquels il s'applique, du numéro et du titre des dossiers qu'il renferme.

133. *Inventaire des archives et des objets appartenant à l'État.* — L'inventaire détaillé des archives et des objets appartenant à l'État est divisé en deux parties :

— Archives proprement dites (modèle n° 18) :

— Papiers et plans d'un usage habituel, livres, cartes et plans, instruments, mobilier, outils, machines et appareils appartenant à l'État.

— *Inventaire des archives proprement dites.* — Cet inventaire forme un volume à part. Les dossiers y sont portés par nature d'affaires, en suivant la nomenclature indiquée en tête du modèle n° 18.

En ce qui regarde le service ordinaire, cette nomenclature comprend :

PREMIÈRE SECTION

Service général.

1. Registre d'ordre ;
2. Inventaires anciens et répertoires ;
3. Comptes de tournées ;
4. Rapports annuels pour le Conseil général du département ;
5. Vœux et délibérations du Conseil général ;
6. Ouvriers blessés, accidents ;
7. Carrières ;
8. Affaires générales et diverses.

DEUXIÈME SECTION

Personnel.

9. Ingénieurs.

11. Sous-ingénieurs et conducteurs ;
13. Adjoints techniques et Dames employées ;
17 *bis*. Affaires générales et diverses.

TROISIÈME SECTION

Comptabilité du Trésor.

18. Carnets d'attachements ;
19. Sommiers ;
20. Registres des comptes ouverts ;
21. Livres de comptabilité ;
22. Décomptes ;
23. Etats de situation ;
23 *bis*. Affaires générales et diverses.

CINQUIÈME SECTION

Routes nationales.

29. Classement ;
30. Travaux d'entretien ;
31. Travaux neufs et de grosses réparations ;
32. Ouvrages d'art : — Entretien ;
— Reconstruction et grosses réparations ;
33. Plantations : — Nouvelles ;
— Entretien ;
— Vente d'arbres :
34. Poteaux et tableaux indicateurs ;
35. Cantonniers ;
36. Alignements, récolements, indemnités, vente de terrain ;
37. Etat des terrains — remis au Domaine ;
— Acquis aux riverains ;
38. Permissions de voirie, récolements ;

39. Contraventions de grande voirie ;
40. Police du roulage ;
41. Voies ferrées sur route ;
42. Statistiques ;
43. Affaires générales et diverses.

SEPTIÈME SECTION

Ponts suspendus et à péage.

§ 1. — *Ponts concédés.*

58. Actes de concession ;
59. Travaux neufs et de grosses réparations ;
60. Statistiques ;
61. Affaires générales et diverses.

§ 2. — *Ponts appartenant à l'Administration.*

62. Travaux d'entretien ;
63. Travaux neufs et de grosses réparations ;
64. Statistiques ;
65. Affaires générales et diverses.

Lorsque cela est nécessaire, par suite de la composition des archives, et pour donner plus de clarté au classement, on peut subdiviser les chapitres en plusieurs parties, qui forment des paragraphes, auxquels on donne des titres appropriés.

Avant de procéder au classement des archives, il faut se pénétrer du sens véritable qu'il faut attacher aux divers titres des chapitres et éviter, par suite d'interprétations différentes des personnes successivement préposées au classement, de placer des affaires de même nature, dans des chapitres différents.

Si l'on a à remanier des archives, il faut, avant de se mettre au classement nouveau, procéder à une reconnaissance pour savoir ce qui s'y trouve. On peut alors déterminer exactement la correspondance de chaque dossier avec la nomenclature et créer, dans les chapitres, les paragraphes qui s'adaptent aux affaires qui existent, en leur attribuant le titre qui convient.

Il n'y a, pour les deux sections de l'inventaire, qu'une seule série de uméros. On réserve, à cette fin, à la suite de chaque section, de chaque chapitre, ou de chaque paragraphe, le nombre de pages et de numéros suffisants pour recevoir les inscriptions afférentes à un grand nombre d'années.

— *Subdivisionnaires.* — Les subdivisionnaires doivent constituer des archives conservées dans des cartons, avec les minutes des rapports, projets et autres documents qu'ils sont appelés à produire. Ils ne tiennent aucun registre.

— *Fusion des archives.* — Quand les bureaux de l'ingénieur en chef et d'un ou plusieurs ingénieurs d'arrondissement sont installés dans des locaux contigus, l'ingénieur en chef conserve seul les archives.

— *Inventaire, 2ᵉ section.* —La seconde section de l'inventaire comprend :

1° Papiers et plans d'un usage habituel, classés comme il est dit pour les archives (modèle n° 19) ;

2° Les livres, cartes et plans qui ne se rapportent pas à des mémoires ou projets classés ;

3° Les instruments de précision (modèle n° 21), classés en séries conformément à une nomenclature donnée ;

4° Le mobilier (tables, bureaux, tablettes, cartons, appareils d'éclairage ou de chauffage, etc.) ;

5° Les outils, machines et appareils, à classer suivant une nomenclature donnée (modèle n° 23).

L'inventaire de l'ingénieur d'arrondissement renferme non seulement les objets dont il est effectivement détenteur dans ses bureaux, mais encore ceux qui sont entre les mains des subdivisionnaires ou des cantonniers, contre récépissés. Les subdivisionnaires tiennent à jour un extrait de l'inventaire, en ce qui les concerne et en ce qui concerne les cantonniers sous leurs ordres. Les outils confiés aux cantonniers sont mentionnés sur leur livret.

Les objets inventoriés reçoivent un timbre spécial avec l'indication du numéro de l'inventaire.

Les objets destinés à remplacer les objets similaires hors

d'usage, déjà inscrits sur l'inventaire, y sont portés sous le même numéro. Les indications relatives à l'objet remplacé sont rectifiées en rouge, s'il y a lieu.

L'instruction du 22 mars 1905 ne contient aucune indication en ce qui concerne la radiation éventuelle des objets portés à l'inventaire.

Dans sa séance du 5 mars 1914, le Conseil général des Ponts et Chaussées a exprimé l'avis que les radiations devaient être prononcées par l'ingénieur en chef, sur la proposition de l'ingénieur d'arrondissement, sauf pour les instruments de précision et les objets d'une valeur pécuniaire élevée, susceptibles d'être utilisés dans d'autres services, au sujet desquels il doit en être référé, soit à l'ingénieur en chef du service central des instruments, soit au ministre.

De la même manière, les instructions ne disent rien du récolement du matériel (sauf pour le matériel confié à un garde-magasin). Le conseil général a admis que le récolement général devait être fait en principe tous les ans dans les services qui, comme les services ordinaires, ne comportent pas un matériel considérable.

— Déplacement des objets portés à l'inventaire. — Les pièces faisant partie des archives des ingénieurs ne peuvent sortir de leurs bureaux qu'avec leur autorisation.

Les instruments, machines, outils ou autres objets portés à l'inventaire ne peuvent être déplacés que pour les besoins du service, sur l'ordre de l'ingénieur d'arrondissement et contre un reçu de la personne à laquelle ils sont remis (bulletin de déplacement, carnet à souches, modèle n° 24).

On inscrit alors sur l'inventaire, colonne d'observations, le numéro d'ordre du bulletin et, s'il y a lieu, la subdivision à laquelle l'objet est affecté.

Lorsque les objets sont rendus à l'ingénieur, il est remis à la personne intéressée un reçu détaché du bulletin de déplacement signé pour décharge. On passe un trait sur le numéro d'ordre inscrit dans la colonne observations de l'inventaire.

Les bulletins de déplacement doivent être classés par

ordre de date et soigneusement conservés jusqu'à la rentrée des objets.

Lorsqu'il est nécessaire de confier une partie des objets appartenant à l'Administration à un garde-magasin, celui-ci reçoit une copie certifiée de l'inventaire, par extrait. Tous les mouvements se font comme il vient d'être dit, sur l'ordre de l'ingénieur. Le récolement du magasin se fait tous les ans et les résultats de ce récolement sont adressés à l'ingénieur en chef.

Lorsqu'un agent quitte le service, les mesures à prendre sont celles qui sont indiquées à l'instruction du 22 mai 1905, à laquelle je ne puis que renvoyer. Je renvoie de même, pour ce qui regarde l'organisation des magasins de matières consommables, qui ne sont d'ailleurs guère en usage dans les services ordinaires.

COMPTES MORAUX ET COMPTES D'INSPECTION

124. *Comptes moraux.* — Pour permettre à l'Administration et aux inspecteurs généraux de suivre les travaux exécutés sur des ressources spéciales, la circulaire du 15 mai 1909 a prescrit l'usage d'une formule de compte moral qui est adressée tous les trimestres à l'inspecteur général, pour être transmise au ministre (circ. du 6 mai 1899). Ce compte moral est envoyé en double exemplaire, pour le premier trimestre, pour permettre à l'inspecteur général d'en conserver un exemplaire qu'il tient à jour les autres trimestres.

On établit un compte moral distinct par chapitre du budget. Les travaux de grosses réparations ne doivent pas être portés au compte moral.

La formule en usage comporte :
— Désignation des travaux ;
— Dépenses autorisées ;
— Dépenses faites au 31 décembre de l'année précédente ;
— Crédits alloués pour l'année en cours ;
— Dépenses faites dans les trimestres antérieurs ;

— Dépenses faites dans le trimestre en cours ;
— Dépenses totales ;
— Sommes qui paraissent devoir rester sans emploi ;
— Fonds de concours (versements effectués) ;
— Observations.

195. *Comptes d'inspection.* — Chaque année, les ingénieurs en chef doivent procéder à la visite des bureaux des ingénieurs d'arrondissement sous leurs ordres.

Ils doivent viser et arrêter tous les registres prescrits pour la tenue des bureaux, les inventaires, les registres du magasin, ainsi que les registres de comptabilité et les pièces élémentaires qu'ils jugent utile de consulter. Ils comparent notamment les situations définitives, les registres de comptabilité, les carnets et les sommiers des subdivisionnaires.

Ils rendent compte de ces vérifications dans deux procès-verbaux séparés, le premier se rapportant à la tenue des bureaux (mod. n° 30) et le second à la comptabilité (mod. n° 31).

Cette visite des ingénieurs en chef doit précéder celle de l'inspecteur général et la préparer.

Pour faciliter la tâche de celui-ci, les ingénieurs en chef préparent un dossier appelé compte d'inspection, qui doit être présenté conformément aux circulaires des 25 janvier 1895, 7 mai 1903, 18 mai 1905, 20 mai 1908, 30 avril 1914.

— Ils comprennent tout d'abord le compte relatif au personnel, où l'on détaille la consistance du service de chacun des ingénieurs et autres agents. Il est rédigé conformément aux circulaires des 25 janvier 1895 et 7 mai 1903.

Le même dossier comprend les feuilles signalétiques des ingénieurs, sous-ingénieurs et conducteurs, ainsi que les propositions d'avancement pour ces catégories de personnel.

— Le compte d'inspection proprement dit comprend deux parties, savoir :

Première partie :

Chapitre 1ᵉʳ. Renseignements généraux sur le service ;
—   2. Renseignements particuliers sur chaque route.

Deuxième partie :

Chapitre 1er. Renseignements statistiques ;
— 2. Etat des ouvrages ;
— 3. Travaux d'entretien ;
— 4. Travaux neufs et de grosses réparations ;
— 5. Observations de l'ingénieur en chef.

Les comptes d'inspection sont fournis en deux expéditions, dont une est conservée par l'inspecteur général ; la seconde est transmise par celui-ci au Ministre avec ses observations.

Les comptes de la première partie, qui ne changent guère, peuvent n'être pas produits tous les ans et être imprimés en brochures.

— A ces documents relatifs aux routes, s'ajoutent ceux qui concernent les voies ferrées d'intérêt local (circ. du 20 mai 1908).

Ils comprennent :
1. Renseignements statistiques ;
2. Etat d'entretien des lignes ;
3. Travaux neufs et de grosses réparations ;
4. Lignes en construction ou en projet ;
5. Observations de l'ingénieur en chef ;
6. Observations de l'inspecteur général.

— Enfin, la circulaire du 30 mai 1914 a institué un compte d'inspection applicable aux services publics d'automobiles subventionnés par l'Etat.

Il comprend :

Première partie :

— Renseignements sur les divers services en exploitation.

Deuxième partie :

1. Renseignements statistiques sur les services en exploitation ;
2. Renseignements sur les services en projet ;
3. Observations de l'ingénieur en chef et de l'inspecteur général.

TABLEAU INDICATEUR DES DOCUMENTS A PRODUIRE

186. — Pour assurer la marche régulière et normale du service, conformément à l'exposé sommaire qui vient d'être fait, il semble indispensable que l'ingénieur en chef arrête, en ce qui concerne l'ensemble de son service, un tableau des documents à produire :

1° Par l'ingénieur en chef : au ministre, au préfet, à l'inspecteur, etc., aux ingénieurs d'arrondissement, aux subdivisionnaires, etc. ;

2° Par l'ingénieur d'arrondissement : à l'ingénieur en chef, aux subdivisionnaires, etc. ;

3° Par le subdivisionnaire : à l'ingénieur d'arrondissement, aux chefs-cantonniers, etc.

Ces tableaux doivent comprendre l'indication de tous les documents ordinaires, avec les délais de production, ou avec les dates de production lorsqu'il s'agit de documents périodiques de toute nature, hebdomadaires, mensuels, semestriels, trimestriels, annuels.

De cette manière, tous les documents convergent et aboutissent en même temps à leur point d'aboutissement, ce qui permet d'entreprendre sans retard le travail auquel ils donnent lieu. On évite aussi les oublis, et l'ingénieur en chef peut apprécier l'exactitude de chacun.

Ces tableaux doivent être tenus à jour au fur et à mesure des changements qui se produisent. Ces changements doivent d'ailleurs être l'objet d'instructions de la part de l'ingénieur en chef.

SIXIÈME PARTIE

VOIES FERRÉES D'INTÉRÊT LOCAL

DIX-SEPTIÈME LEÇON

MESURES D'INSTRUCTION

127. Généralités. — 128. Autorisation d'enquête. — 129. Déclaration
d'utilité publique. — 130. Approbation des projets. — 131. Subvention de l'Etat. — 132. Construction. — 133. Exploitation. — 134.
Travaux complémentaires. — 135. Intérêt et amortissement de la participation. — 136. Partage des bénéfices. — 137. Prolongation du
régime de la loi du 11 juin 1880. — 137 *bis*. Exploitation directe ou
affermage des voies ferrées d'intérêt local.

127. *Généralités.* — Les voies ferrées d'intérêt local sont
régies par la loi du 31 juillet 1913, modifiée dans ses articles 33 et 37, par la loi du 22 avril 1916. La loi du 11 juin
1880 est abrogée, sauf les réserves indiquées dans l'article 49
de la loi nouvelle.

L'article 26 de la loi du 11 juin 1880 établissait une distinction entre les chemins de fer d'intérêt local et les tramways. Désormais, cette distinction n'existe plus, on ne distingue plus qu'une seule catégorie, dénommée voies ferrées
d'intérêt local.

L'Etat ne se réserve plus, comme autrefois, d'accorder

lui-même la concession de ces lignes, lorsqu'elles sont établies, en tout ou en partie, sur une voie du domaine public de l'Etat. Il appartient, à l'avenir, aux départements et aux communes, d'en assurer l'établissement et l'exploitation.

Le contrôle des voies ferrées est généralement confié aux ingénieurs des services ordinaires, sous la direction du préfet et sous l'autorité du ministre des travaux publics. Dans tous les cas, l'ingénieur en chef est obligatoirement consulté en diverses circonstances, par exemple, lorsqu'il s'agit d'autoriser l'ouverture de l'enquête ou de liquider la subvention de l'Etat. Il est donc nécessaire de faire ici un exposé sommaire de la question. Cet exposé sera nécessairement incomplet, non seulement en raison du peu de temps dont je dispose, mais encore par suite de ce que divers décrets réglementaires, prévus par la nouvelle loi, ne sont pas encore rendus (Forme des enquêtes, cahier des charges-type, justification des dépenses et des recettes, paiement des subventions, etc.).

Mais il convient d'observer qu'il ne s'agit ici que de donner un simple aperçu de la question, sans qu'il soit nécessaire de donner des précisions absolument rigoureuses, que les lacunes signalées ne permettent pas encore. D'ailleurs, les affaires relatives aux voies ferrées d'intérêt local sont toujours si complexes, qu'en tout état de cause, il sera toujours indispensable de se reporter au texte même des lois et règlements.

En outre, il existe un bon nombre de points communs, entre les voies ferrées d'intérêt local et les chemins de fer d'intérêt général. J'éviterai donc tout double emploi avec le cours de chemins de fer; je n'aborderai, en les résumant, que les dispositions les plus importantes, spéciales aux voies ferrées d'intérêt local.

186. *Autorisation d'enquête.* — Aucune voie ferrée d'intérêt local ne peut être établie sans une enquête préalable. Sous le régime de l'ancienne loi, il appartenait à l'autorité concédante (c'est-à-dire le plus souvent aux conseils généraux ou municipaux) d'autoriser l'ouverture de l'enquête.

Aujourd'hui, cette enquête ne peut être ordonnée qu'après une instruction préparatoire, dont l'objet est de s'assurer que la ligne en projet est viable. Il ne convient pas, en effet, si l'établissement d'une voie ferrée doit être refusé dans la suite, de faire naître de vains espoirs parmi les populations, en les consultant sur un projet irréalisable.

Lorsque le Conseil général d'un département veut établir une voie ferrée sur le territoire de plusieurs communes du département, ou prolonger une voie préexistante, il doit déterminer, après instruction par le préfet, sur le vu d'un avant-projet :

1° Les localités à desservir;

2° Les conditions générales de la construction et de l'exploitation;

3° Les tarifs maxima des taxes à percevoir;

4° Les voies et moyens à adopter en raison de la dépense et du trafic probables;

5° Le montant du concours que le département demande à l'État.

Cet avant-projet, quoique sommaire, doit cependant être suffisant pour permettre de se rendre compte des objections qui pourraient être faites par d'autres services publics voisins intéressés et pour montrer que l'entreprise est viable. Il doit être constitué dans le même esprit que l'avant-projet à soumettre à l'enquête, complété par les documents indispensables pour la déclaration d'utilité publique (1).

L'évaluation des recettes, des dépenses et du trafic se fait par les mêmes procédés que pour les chemins de fer.

J'aurai d'ailleurs à revenir sur les autres points à l'occasion de la constitution du dossier à préparer pour la déclaration d'utilité publique.

L'avant-projet sommaire ainsi constitué est transmis par le préfet au ministre des travaux publics, avec les rapports de l'ingénieur en chef du département et du chef du service départemental du contrôle, ainsi que son propre avis.

____

(1) En attendant le décret à intervenir, consulter le décret du 18 mai 1881.

Le ministre prend l'avis du Conseil général des Ponts et Chaussées, consulte le ministre de l'intérieur sur l'opportunité de l'enquête et sur les voies et moyens prévus. Il consulte également le ministre des finances, lorsque le concours de l'Etat est demandé, sur la forme et la quotité de ce concours.

En cas d'accord entre les ministres, le ministre des travaux publics notifie au préfet les conditions dans lesquelles l'entreprise peut être poursuivie et autorise, s'il y a lieu, la mise à l'enquête.

En cas de désaccord, l'enquête ne peut être autorisée que par un décret délibéré en Conseil d'Etat, sur le rapport du ministre des travaux publics.

Ces formalités doivent être terminées dans le délai de six mois à partir de la transmission du dossier par le préfet au ministre des travaux publics.

— Lorsque la ligne s'étend sur plusieurs départements, il est procédé par application des articles 89 et 90 de la loi du 10 août 1871.

Le Conseil général d'un département peut assurer seul l'établissement d'une section de ligne sur un autre département, sous les conditions inscrites dans l'article 6 de la loi.

Lorsqu'il s'agit d'une voie ferrée à établir par une commune sur son territoire, les attributions du Conseil municipal sont les mêmes que celles du Conseil général, pour une voie départementale. Toutefois, la Commission départementale doit être consultée.

L'établissement d'une ligne, sur le territoire de plusieurs communes, peut être poursuivi par un syndicat de communes (loi du 22 mars 1890); dans ce cas, les attributions du Conseil municipal et du maire sont exercées par le Comité et le président du syndicat; en outre, le Conseil général, consulté, doit faire connaître qu'il renonce à poursuivre l'exécution de la ligne pour son propre compte.

Une commune peut, d'ailleurs, assumer seule l'établissement d'une section de ligne sur une commune voisine, même dans un autre département, sous les conditions insérées dans l'article 9 de la loi.

199. *Déclaration d'utilité publique.* — Lorsque la mise à l'enquête a été autorisée, le Conseil général, le Conseil municipal ou le comité du syndicat, fixe le tracé général des voies ferrées, le mode de construction, ainsi que les dispositions nécessaires pour en assurer l'exploitation.

Il est constitué un avant-projet analogue à celui qui est défini par les articles 2 et 3 du décret du 18 mai 1881. Le Conseil compétent prescrit l'ouverture de l'enquête et autorise l'ouverture des conférences avec les services intéressés.

La forme de l'enquête, conformément au règlement à intervenir, se rapprochera de celle qui est indiquée dans les articles 4, 5, 6, 7, 8, 9 et 10 du décret précité du 18 mai 1881.

Lorsque l'enquête est terminée, le Conseil général ou le Conseil municipal arrête l'avant-projet, ainsi que les dispositions ou les traités nécessaires pour la construction et l'exploitation.

Ces traités consistent, en premier lieu et dans tous les cas, en un cahier des charges qui doit être, sauf dérogation fortement motivée, conforme au type approuvé par le Conseil d'État.

Ce type n'est pas encore sanctionné, mais on peut s'en faire une idée, sauf les modifications résultant des dispositions de la loi nouvelle, en considérant les types antérieurement admis pour les chemins de fer d'intérêt local et les tramways (décrets du 6 août 1881 modifiés les 13 février 1900 et 16 juillet 1907).

En cas de concession, on joint au cahier des charges une convention passée entre l'autorité concédante et le demandeur en concession (1). Un cautionnement doit être versé dans les conditions stipulées par l'article 26 de la loi et dont l'importance est fixée par le cahier des charges.

La convention définit, en principe :

1° L'objet et les conditions de la concession, en se référant au cahier des charges ;

2° Les conditions de la construction ;

______

(1) Un particulier ne peut être concessionnaire que provisoirement. Il est tenu de se substituer une société anonyme dans les conditions prévues par l'article 26 de la loi.

4° Les conditions de l'exploitation et le mode de calcul des recettes et des dépenses d'exploitation ;

5° Le mode de partage des bénéfices ;

6° Ce qui a trait aux travaux complémentaires ;

7° La création d'un fonds de réserve, pour grosses réparations, renouvellement de la voie et du matériel ;

8° Les dispositions relatives aux conditions du travail et à la retraite du personnel.

Lorsque le département ou la commune se réserve de demander d'exploiter directement la voie ferrée, la convention est remplacée par une délibération de l'assemblée compétente renfermant les indications ordinairement insérées à la convention.

Dans tous les cas, les mêmes assemblées indiquent clairement, dans leurs délibérations, les voies et moyens à adopter.

Le dossier d'enquête ainsi constitué et complété est transmis au ministre des travaux publics, avec un rapport des ingénieurs ; il est soumis à l'examen du Conseil général des Ponts et Chaussées et du Conseil d'Etat.

La loi ou le décret qui prononce l'utilité publique autorise le département ou la commune à pourvoir, soit directement, soit par voie de concession, à la construction et à l'exploitation conformément au cahier des charges.

Il approuve la convention, s'il s'agit d'une concession. S'il s'agit d'une exploitation directe, au lieu de se référer à une convention qui ne peut pas exister, il reproduit *in extenso* les stipulations correspondantes.

Lorsqu'une subvention est demandée à l'Etat, la loi d'utilité publique détermine, dans tous les cas, en vue de l'application du titre II de la loi :

1° Le maximum des dépenses de premier établissement ;

2° Le maximum des travaux complémentaires à exécuter pendant les dix premières années de l'exploitation ;

3° *a*. S'il s'agit d'une subvention en annuités :

Le maximum des charges annuelles pouvant incomber au Trésor, tant pour les travaux d'établissement proprement dits que pour les travaux complémentaires des dix premières années ;

b. S'il s'agit d'une subvention en capital :

Le maximum de cette subvention, tant pour les dépenses d'établissement que pour les travaux complémentaires des dix premières années.

Un tableau des droits perçus par les communes, pour permis de stationnement et location sur la voie publique, au moment de la concession, est annexé à la loi ou au décret déclarant l'utilité publique.

Les modifications apportées à ces droits, en cours de concession, ne sont pas applicables à ladite concession.

120. *Approbation des projets.* — Lorsque l'utilité publique est prononcée, le préfet, après avis du chef de service du contrôle départemental, soumet le projet d'ensemble de la ligne au Conseil général, qui statue définitivement.

Lorsque l'emplacement des stations et les conditions d'établissement des parties de la voie ferrée empruntant les voies publiques dans les traverses des lieux habités n'ont pas été soumis à l'enquête précédente, ils font l'objet, préalablement à la décision du Conseil général, d'une enquête nouvelle dans les formes déterminées par un règlement à intervenir.

Pour comprendre le sens de cette nouvelle enquête, il faut la considérer comme constituant, d'une part. l'enquête habituelle des gares et stations en matière de chemins de fer, et, d'autre part, l'enquête à laquelle il était procédé, en conformité de l'article 2 § 7, pour définir la position de la voie ferrée dans les traverses.

Si la ligne doit s'étendre sur plusieurs départements et s'il y a désaccord entre les Conseils généraux, le ministre des travaux publics statue.

S'il s'agit d'une ligne communale, la compétence ci-dessus attribuée au Conseil général appartient au Conseil municipal.

Le Conseil général ou le Conseil municipal statue sur les projets d'ensemble des travaux complémentaires.

Les projets de détail des ouvrages et des travaux complémentaires sont approuvés par le préfet, sur l'avis du chef du service du contrôle départemental.

Pour permettre l'application des dispositions qui précèdent, il est nécessaire de compléter par les quelques explications suivantes :

181. *Subvention de l'Etat.* — L'Etat peut, dans la limite du maximum, fixé annuellement par la loi de finances, allouer aux départements ou aux communes des subventions pour l'établissement ou le prolongement des voies ferrées destinées au transport des voyageurs et des marchandises de toute nature. Ces subventions peuvent être données en capital ou en annuités.

Elles sont calculées d'après les charges réelles correspondant aux dépenses de premier établissement, augmentées des dépenses faites pour les travaux complémentaires pendant les dix premières années de l'exploitation, le tout dans la limite d'un maximum fixé par la loi déclarative d'utilité publique.

Elles ne peuvent dépasser les maxima fixés par le tableau ci-après :

Pour un total de maxima de subventions allouées ou à allouer par les décrets de concessions compris entre les limites ci-après :	Quotité de la subvention par rapport aux charges annuelles réelles, suivant que la valeur du cen⸱me par kilomètre carré, lors de la déclaration d'utilité publique, est de :					
	> 7	7 à 6	6 à 5	5 à 4	4 à 2,5	< 2,5
	p. 100	p. 100	p. 100	p. 100	p. 100	p. 100
0 à 200 000 fr.	50	55	60	65	70	75
200.000 à 400.000 fr.	50	50	55	60	60	65
400.000 à 600.000 fr.	50	50	50	50	50	50
600.000 à 800.000 fr.	40	40	40	40	40	40
800.000 à 900.000 fr.	30	30	30	30	30	30
900.000 à 1.000.000 fr.	20	20	20	20	20	20
1.000.000 à 1.100.000 fr.	10	10	10	10	10	10
au delà de 1.100.000 fr.	»	»	»	»	»	»

La subvention de l'Etat ne peut, en aucun cas, contribuer à couvrir des insuffisances d'exploitation.

Lorsque la concession d'une ligne est faite par un syndicat de communes et que ce syndicat reçoit, pour cette ligne, une subvention du département, la subvention de l'Etat est calculée comme si la ligne était concédée par le département lui-même.

Lorsque des subventions sont déjà allouées au département ou à la commune, en vertu de la loi de 1880, le calcul des nouvelles subventions se fait en supposant les deux cents premiers mille francs inscrits à la troisième ligne du barème, les deux cents mille suivants à la seconde, les suivants à la première et le surplus à la quatrième. Les subventions nouvelles seront ensuite calculées en complétant successivement, à partir de la première ligne, les intervalles compris entre les limites indiquées à chaque ligne de la première colonne.

Toutefois, les départements et les communes peuvent toujours abandonner tout ou partie des subventions allouées antérieurement, en renonçant à réclamer la totalité ou une fraction des annuités à échoir. Dans ce cas, il n'est pas tenu compte des subventions abandonnées.

Lorsque la subvention de l'Etat est donnée en capital, aucun versement ne peut être fait avant qu'il ait été justifié d'une dépense au moins double en achats de terrains, travaux, approvisionnements sur place ou dépôt de cautionnement ; si la subvention de l'Etat est supérieure à 50 0/0, lorsque la part de la dépense à la charge du département ou de la commune aura été ainsi employée, les versements de la subvention de l'Etat seront continués sur la seule justification qu'une dépense d'égale somme a été régulièrement faite.

Pour l'application de cet article, l'évaluation des concours en nature (terrains, travaux, etc.) est arrêté provisoirement par l'ingénieur en chef jusqu'à ce qu'il ait été statué définitivement dans les formes déterminées pour la vérification des comptes, conformément au décret à intervenir.

Lorsque la subvention de l'Etat est donnée en annuités, ces annuités commencent à courir en même temps que les charges ou dépenses du département ou de la commune.

Leur durée est égale à celle de l'amortissement de l'emprunt départemental ou municipal pour la partie du capital d'établissement empruntée par le département ou la commune, et à celle de la concession pour la partie du capital constituée par tout autre procédé.

Toutefois, ces annuités ne peuvent, en aucun cas, avoir une durée supérieure à 50 années.

Pour l'application de ce qui précède, la conversion en capital des subventions en annuités, ou inversement, s'il y a lieu, est faite d'après le taux moyen d'intérêts des emprunts contractés par l'ensemble des départements au cours de l'année qui précède la date de la déclaration d'utilité publique, en tenant compte de l'amortissement calculé :

1° S'il s'agit de convertir des annuités en capital, sur la durée de ces annuités;

2° S'il s'agit de convertir un capital en annuités, sur la durée effective des emprunts locaux, ou des concessions, sans dépasser cinquante ans.

189. *Construction.* — La construction peut être assurée, soit par le concessionnaire, soit directement par le département ou la commune, soit partie par l'un, partie par l'autre.

La subvention de l'Etat est calculée, dans la limite fixée par la loi, d'après les dépenses réelles dûment justifiées résultant de marchés passés avec publicité et concurrence.

A l'égard des travaux ou fournitures faits par le concessionnaire, on peut également calculer les dépenses au moyen d'une série de prix annexé à l'acte de concession. Une prime d'économie peut être ajoutée aux dépenses du concessionnaire, si elles sont inférieures au maximum des travaux qui lui incombent, tel qu'il est inscrit sur l'acte de concession.

Lorsqu'il y a lieu à expropriation pour l'établisssement des voies ferrées d'intérêt local, elle est poursuivie conformément aux §§ 2 et suivants de l'article 16 de la loi du 21 mai 1836 sur les chemins vicinaux.

Dans tous les cas, la convention doit prévoir, de la part du concessionnaire, l'engagement de participer dans l'entreprise pour une somme égale au cinquième du capital de premier établissement.

Pour calculer la part ainsi engagée par le concessionnaire, il est tenu compte des capitaux qu'il a déjà dépensés pour d'autres voies ferrées que l'entreprise nouvelle prolongerait entre elles, ou qui constitueraient avec la nouvelle entreprise un réseau groupé dans une même exploitation. A tout moment, la part versée par le concessionnaire doit être au moins égale au cinquième des dépenses déjà faites pour l'ensemble du réseau.

133. *Exploitation.* — Les dépenses annuelles d'exploitation sont calculées :

Soit d'après leur montant réel et dûment justifié, dans les limites d'un maximum avec prime d'économie ;

Soit d'après une formule tenant compte à la fois des recettes de l'exploitation, du nombre des trains, et éventuellement de l'importance et de la nature des transports.

— Dans le premier cas, c'est-à-dire lorsque les dépenses d'exploitation à admettre dans les comptes sont fixées, d'après les dépenses réelles limitées à un maximum avec prime d'économie, ce maximum est généralement déterminé, par kilomètre, par une formule à deux termes :

$$F = A + B.R$$

dans laquelle A et B sont des constantes numériques et R la recette kilométrique brute, impôt déduit.

Si les dépenses réelles dépassent le maximum représenté par F, la dépense à admettre est ramenée à ce maximum F.

Si elles sont inférieures, on les majore d'une quantité égale à une fraction définie de la différence, et les dépenses à admettre en compte se composent des dépenses réelles ainsi majorées. Cette majoration constitue ce que l'on appelle la prime d'économie.

Je suppose que l'on veuille déterminer la valeur de F, de manière à représenter aussi exactement que possible la dépense réelle, on pourra opérer de la manière suivante :

Lorsque, par suite d'un changement dans l'importance du

trafic, la recette augmente de ΔR, la dépense augmentera
de ΔF, de manière que l'on ait, d'après la formule :

$$\Delta F = B.\Delta R.$$

L'augmentation de la recette ΔR est égale au produit du
trafic supplémentaire, par le tarif moyen. De la même
manière, l'augmentation de dépenses ΔF est égale au produit du même trafic, par le prix de revient moyen du transport.

On en conclut que le coefficient B est égal au quotient du
prix de revient des transports par le tarif moyen. Le prix de
revient doit d'ailleurs s'entendre ici en ne faisant pas entrer
en compte les dépenses qui ne résultent pas directement de
l'augmentation de trafic qui a valu l'accroissement ΔR. On
ne doit pas y comprendre les frais qui s'appliquent, par
exemple, à l'entretien de la voie, à l'entretien du matériel, au paiement du personnel des trains, etc., en un
mot, à toutes les dépenses qui auraient été effectivement
faites, même si le trafic n'avait pas changé.

C'est ainsi que, si le prix de revient du transport d'une
unité de trafic à un kilomètre est représenté par 0 fr. 04 et
le tarif moyen effectif de transport par 0 fr. 06, on aura :

$$B = \frac{0,04}{0,06} = \frac{2}{3}.$$

On voit, par ce qui précède, que, toutes choses égales d'ailleurs, le coefficient B croît avec les difficultés d'exploitation
de la ligne. On pourrait alors concevoir la prévision de tarifs
accrus en conséquence. Mais il y a une limite au-delà de
laquelle on ne peut aller sans entraver le trafic, ne serait-
ce qu'en raison des concurrences possibles, même par les
routes ordinaires. En fait, on prévoit généralement les tarifs
généraux qui figurent au cahier des charges types, et l'on
admet l'application de tarifs spéciaux inférieurs, lorsque les
facilités de la ligne le comportent.

Quoi qu'il arrive, le coefficient B doit toujours être sensiblement inférieur à l'unité. Supposer le contraire serait
admettre que le prix de revient des transports est, *à priori*,

supérieur aux tarifs, ce qui est évidemment inadmissible :
l'entreprise ne serait pas viable.

Le coefficient B sera donc déterminé, dans chaque cas
particulier, par l'examen attentif et préalable du trafic probable, des tarifs et des difficultés de l'exploitation spéciales à la ligne. On pourra d'ailleurs procéder par comparaison avec des voies ferrées existantes et analogues.

D'un autre côté, l'examen préalable du mode d'exploitation prévu, ainsi que du trafic à escompter, combiné avec
les tarifs, permettra de calculer la dépense probable F_1, qui
correspondra à la recette probable R_1. On devra avoir :

$$F_1 = A + B.R_1$$

B étant supposé connu, conformément à ce qui précède,
on en déduira A :

$$A = F_1 - B.R_1.$$

Dans les cas ordinaires, A varie de 800 à 1.200 ou 1.500,
et B de 1/2 à 3/4. Il y a intérêt à attribuer à B une valeur
suffisante, afin de permettre au concessionnaire de prélever
une fraction de la recette assez notable pour qu'il soit incité
à faire progresser le trafic.

Une remarque s'impose ici. La dépense probable F_1 est
liée au nombre journalier des trains prévu au cahier des
charges, il en est donc de même de A. Aussi stipule-t-on, à
la convention, que la formule :

$$F = A + BR$$

n'est applicable que pour ce nombre de trains et que la
constante A doit être augmentée d'une somme déterminée,
correspondant à peu prè au coût des trains qui seraient
imposés· par l'Administration. Cette majoration n'est d'ailleurs pas à prévoir pour les trains supplémentaires que le
concessionnaire mettrait en marche, de sa propre initiative,
attendu qu'ils seraient alors justifiés par un trafic susceptible
de dépasser l'accroissement de dépenses.

— Dans le second cas, c'est-à-dire lorsque les dépenses
d'exploitation à admettre dans les comptes sont fixées forfai-

tairement par une formule, on admet ordinairement la, formule dite à quatre termes :

$$F = a + \delta R + \alpha M + \beta T,$$

dans laquelle :

— a, δ, α, β sont des constantes;

— R, la recette brute totale annuelle, impôt déduit;

— M, la quantité annuelle kilométrique de marchandises transportées;

— T, le nombre annuel des trains kilométriques, rapporté au kilomètre.

Si l'on établit un parallèle entre cette formule et la formule à deux termes précédemment examinée, on constate que les seuls termes $\delta R + \alpha M$ dépendent du trafic. Les autres, $a + \beta T$, n'en dépendent pas, directement du moins. On pourra donc poser :

$$\delta R + \alpha M = B.R$$
$$a + \beta T = A$$

en attribuant à T, dans la dernière égalité, la valeur qui correspond au nombre minimum des trains fixé par le cahier des charges.

Cela posé, on se propose, moyennant cette formule forfaitaire, tout en laissant une grande initiative à l'exploitant, d'encourager particulièrement le transport des marchandises à faible tarif, en attribuant au concessionnaire, pour ces marchandises, une fraction de la recette d'autant plus forte que le tarif est plus faible, étant entendu qu'on lui alloue la recette totale pour celles des marchandises dont les tarifs descendraient jusqu'au prix de revient.

Soit donc μ le tarif applicable à une catégorie de marchandise donnée et μ' la part de ce tarif attribuée à l'exploitant. On posera :

$$\mu' = m\mu + n$$

m et n étant deux constantes. Si on en tire le rapport $\dfrac{\mu'}{\mu}$, on peut facilement constater qu'il décroît quand μ croît.

Pour satisfaire à la condition posée, il faut que, si le tarif

μ descend jusqu'au prix de revient μ_o, on trouve pour μ' la même valeur μ_o, cela entraîne :

$$\mu_o = m\mu_o + n.$$

On en tire n et on substitue dans l'expression de μ'.

$$\mu' = m\mu + \mu_o (1 - m).$$

Je désigne par θ le trafic qui correspond au tarif μ ; je multiplie l'égalité précédente par θ, on obtient :

$$\mu'\theta = m\mu\theta + \mu_o (1 - m)\,\theta.$$

Je fais la somme pour toutes les catégories de marchandises

$$\Sigma\mu'\theta = m\Sigma\mu\theta + \mu_o (1 - m)\,\Sigma\theta.$$

Le premier membre représente la part des recettes marchandises allouée à l'exploitant.

On remarque d'ailleurs que l'on a :

$$\Sigma\mu\theta = R^u \qquad R^u \text{ étant la recette des marchandises}$$
$$\Sigma\theta = M \qquad M \text{ étant le trafic des marchandises}$$

La part des recettes marchandises attribuée au concessionnaire devient ainsi :

$$mR^u + \mu_o (1 - m)\, M.$$

En ce qui concerne la recette voyageurs R^v, on en attribue une fraction à l'exploitant, et cette fraction est ordinairement la même que celle adoptée pour le trafic marchandises. D'où il suit, puisque

$$R^v + R^u = R$$

que le prélèvement attribué au concessionnaire sur la recette, pour correspondre au terme B.R de la formule à deux termes, peut s'écrire :

$$mR + \mu_o (1 - m)\, M.$$

Si donc on pose :

$$m = b \qquad \text{et} \qquad \mu_o (1 - b) = \alpha,$$

on aura :

$$bR + \alpha M,$$

comme dans la formule annoncée.

La seconde partie de l'allocation $\alpha + \beta T$, qui correspond à la constante A de la formule à deux termes, s'explique d'elle-même, d'après ce qui a été dit à propos de cette dernière. Le prélèvement ne peut être complet et égal à A que si le nombre de trains mis en marche atteint le minimum prévu au cahier des charges ; mais il peut aussi être supérieur, ce qui est de nature à inciter l'exploitant à augmenter le nombre des trains et, par suite, à rendre plus de services au public.

Bref, la formule forfaitaire définitive peut s'écrire comme il a été dit :

$$F = a + bR + \alpha M + \beta T.$$

— Voici d'ailleurs comment on peut prendre un aperçu rapide des valeurs qu'il convient d'attribuer aux diverses constantes a, b, α, β.

1° En ce qui concerne α, la valeur en a été précédemment donnée en fonction de b, soit :

$$\alpha = \mu_0 (1 - b),$$

je donnerai d'ailleurs ci-après le moyen de calculer b.

2° A l'égard de β, on considère que, pour justifier un nouveau train, il faut qu'il en résulte une augmentation de recettes égale à l'augmentation de dépense. Si donc on désigne par S le prix de revient d'un train kilométrique supplémentaire, on devra avoir, d'après la formule :

$$S = bS + \beta,$$

d'où :

$$\beta = S (1 - b).$$

La valeur de β est donc obtenue, comme celle de α, en fonction de b.

3° La valeur de b peut être estimée de la manière suivante :

Je considère la première des deux égalités écrites au début de cet exposé :

$$bR + \alpha M = B. R.$$

Soit μ le tarif moyen des marchandises. Je multiplie les deux termes par μ, et je remarque que le produit $\mu \times M$ n'est autre que la recette marchandises R^M. On pourra ainsi écrire :

$$\mu b R + \alpha R^M = \mu B R.$$

Or il est possible de prévoir le rapport K entre la recette marchandises et la recette totale R. Je poserai :

$$R^M = KR,$$

substituant et divisant par R, on trouvera :

$$\mu b + \alpha K = \mu B.$$

Je remplace α par la valeur ci-dessus donnée en fonction de b ; j'en déduis la valeur de b, en remarquant que l'on a :

$$\frac{\mu_0}{\mu} = B,$$

On trouve alors :

$$b = B \frac{1 - K}{1 - KB}.$$

Comme K est toujours compris entre 0 et 1, la valeur de b varie entre B et 0 ; celle de α, entre $\mu_0 (1 - B)$ et μ_0 ; et celle de β, entre S $(1 - b)$ et S.

4° Pour ce qui est enfin du calcul de la constante a, on le déduit de la seconde des deux équations écrites au début :

$$a + \beta T = A,$$

ce qui donne :

$$a = A - \beta T.$$

La valeur de T est obtenue d'après le nombre n des trains journaliers dans chaque sens prévu au cahier des charges. On fera :

$$T = 2 \times 365\, n = 730\, n.$$

Si on admet par exemple :

$$A = 1.200 \qquad B = \frac{2}{3} \qquad K = \frac{1}{2} \qquad S = 0,80$$

$$\mu_0 = 0,004 \qquad n = 3,$$

on trouvera :

$$F = 324 + \frac{R}{2} + 0{,}02\,M + 0{,}40\,T.$$

Il est d'ailleurs facile de comprendre que, si les valeurs de F obtenues, soit au moyen de la formule à deux termes, soit au moyen de celle à quatre termes, correspondent à des valeurs numériquement égales pour le fonctionnement normal du service, tel qu'il est prévu, le mode d'application est tout à fait différent, par suite de l'introduction des termes αM et βT. L'allocation ne saurait être complète que si le trafic M est assuré et le nombre des trains prévus réalisé. La formule à deux termes reste immuable, tandis que, avec la formule à quatre termes, le concessionnaire peut obtenir le droit à des prélèvements plus importants, tant en augmentant le trafic M des marchandises, qu'en mettant en mouvement un plus grand nombre de trains. Toutes ces circonstances sont évidemment à l'avantage du public.

— Quel que soit le mode de calcul adopté par la convention, pour l'évaluation de la dépense qui peut être portée dans les comptes, il faut remarquer que la loi du 31 juillet 1913 a formellement stipulé que les dépenses d'exploitation ne peuvent, en aucun cas, être prélevées sur les subventions. Le concessionnaire ne peut donc se couvrir que par des prélèvements sur la recette (à moins toutefois que le département ou la commune ne consente à donner à cet égard un concours supplémentaire, sans contre-partie de la part de l'État. Cette combinaison n'est d'ailleurs pas à recommander en général).

Il n'y a aucune difficulté, toutes les fois que la recette surpasse la dépense attribuée au concessionnaire : le prélèvement est alors possible dans son intégralité.

Dans le cas, au contraire, où la recette est inférieure à la dépense admise en compte, le concessionnaire ne peut prélever que cette recette ; il en résulte pour lui une perte, mais cette perte peut ne pas être définitive.

En ce cas, en effet, conformément à l'article 23 de la loi, la convention peut prévoir que, pendant une période et dans

des limites déterminées, les insuffisances seront portées à
un compte d'attente spécial et augmentées des intérêts simples à un taux déterminé, toujours inférieur à 4 0/0, et
pourront être couvertes au moyen des premiers excédents
de recettes, les années suivantes, avant que ceux-ci fassent
l'objet d'un partage.

Il y a lieu d'insister sur ce point que le compte d'attente
ainsi institué ne tient compte que des insuffisances de recettes
relativement aux dépenses à admettre dans les comptes.
Lorsque celles-ci sont calculées d'après les dépenses réelles
et limitées par un maximum forfaitaire, il peut arriver que
les dépenses réelles surpassent ce maximum ; dans ce cas,
le surplus est définitivement perdu par le concessionnaire.

184. *Travaux complémentaires.* — Lorsqu'il est nécessaire
d'exécuter des travaux complémentaires, après l'ouverture à
l'exploitation, notamment pour agrandir des gares, augmenter
le matériel roulant ou réaliser toute autre amélioration reconnue indispensable, il faut en obtenir l'autorisation.

S'il s'agit de travaux faits pendant les dix premières années
de l'exploitation, il est procédé comme pour la dépense de
premier établissement ; et le concours de l'Etat peut être
obtenu.

Les travaux complémentaires effectués en dehors de ceux
qui précèdent peuvent être portés au compte des dépenses
d'exploitation annuelles, dans les conditions déterminées
par la convention.

185. *Intérêt et amortissement de la participation.* — Le
département ou la commune peut s'engager à fournir l'intérêt de la part de capital fournie par le concessionnaire et à
la rembourser au moyen d'annuités échelonnées pendant
toute la durée de la concession.

En pareil cas, l'annuité dont il s'agit fait partie des charges du département dont il est tenu compte pour le calcul
de la subvention de l'Etat.

Si, au contraire, le concessionnaire fournit une partie du
capital, sans que le département ait à lui verser aucune

annuité correspondante, cette quote-part, qui est à la charge exclusive du concessionnaire, n'entraîne aucune charge pour le département et ne donne lieu à aucune subvention de l'Etat Elle est toutefois remboursée à l'exploitant, intérêt et amortissement, par prélèvement sur les excédents de recettes avant tout partage. Il en est de même quand le concessionnaire fait face, sans remboursement du département, à des dépenses pour travaux complémentaires.

186. *Partage des bénéfices.* — Lorsque l'Etat alloue une subvention, il a droit, tant que la ligne demeure en exploitation, à une participation dans l'excédent des recettes sur les dépenses d'exploitation, augmentées, s'il y a lieu, de l'intérêt et de l'amortissement du capital fourni exclusivement par le concessionnaire.

La convention détermine la part de cet excédent attribuée au concessionnaire. Le surplus est partagé entre l'Etat, les départements ou les communes, dans la proportion de leurs subventions.

Lorsque le concours alloué par l'Etat n'équivaut pas à plus du quart du capital d'établissement d'une ligne, la loi d'utilité publique peut spécifier que l'Etat renonce à toute participation dans le produit des recettes.

187. *Prolongement du régime de la loi du 11 juin 1880.* — L'article 49 de la loi du 31 juillet 1913, tout en abrogeant la loi du 11 juin 1880, a décidé que les dispositions de cette loi qui règlent les droits de propriété et les rapports financiers de l'Etat, des concédants, des concessionnaires et des rétrocessionnaires continueront à être appliquées aux voies ferrées préexistantes.

Les départements et les communes qui reçoivent déjà des subventions ne pourront en obtenir de nouvelles qu'à la condition de déclarer qu'ils acceptent que toutes leurs voies ferrées subventionnées soient soumises au régime de la loi du 31 juillet 1913, au fur et à mesure que les contrats de concession en cours seront remaniés ou viendront à expiration, sans que toutefois la quotité ou le mode de détermination de la subvention puisse être modifié.

Ces départements seront, à ce moment, ainsi que ceux qui, en dehors de toute demande de subvention, auront fait la même déclaration, substitués à tous les droits de l'Etat sur les tramways qui leur ont été concédés. L'Etat aura droit, sur toutes les voies d'intérêt local subventionnées, à la participation dans l'excédent des recettes, ainsi qu'il a été expliqué ci-dessus (art. 19 de la loi).

Pour l'application ainsi continuée de la loi du 11 juin 1880 aux anciennes lignes, je me borne, pour abréger, à renvoyer au décret du 20 mars 1882 et à la circulaire du 26 septembre 1907. On trouvera d'ailleurs, dans tous les services, des traditions bien établies, et des précédents, à propos de la liquidation des comptes des années antérieures.

237 bis. *Exploitation directe ou affermage des voies ferrées d'intérêt local.* — L'article 47 de la loi du 31 juillet 1913 a prévu l'intervention d'un règlement d'administration publique, pour fixer les dispositions à prendre en cas d'exploitation directe des voies ferrées d'intérêt local pour les départements ou les communes. Ce règlement est intervenu récemment, à la date du 26 juin 1915 ; en voici les dispositions essentielles :

— En ce qui concerne les réseaux départementaux, l'exploitation directe peut être autorisée par décret en Conseil d'Etat, sur la demande du Conseil général, à moins qu'elle ait été admise par l'acte d'utilité publique (art. 1er). Tout réseau ainsi exploité est doté de la personnalité civile et assujetti au même contrôle qu'un réseau concédé (art. 2). L'exploitation est confiée à une administration spéciale et régie par un cahier des charges annexé à l'acte d'autorisation (art. 3). Cette administration est chargée de l'exécution des travaux complémentaires du réseau; elle peut recevoir la mission de construire de nouvelles lignes, lorsqu'elle doit les exploiter (art. 4).

Le réseau est administré par un Conseil d'Administration et un Directeur, nommés par le préfet et agréés par le Ministre des Travaux publics (art. 5 et 6), conformément aux conditions définies aux articles 7 et 8. Le fonctionnement et la compétence du Conseil d'Administration, ainsi que les pouvoirs du Directeur, sont déterminés par les articles 9, 10, 11, 12, 13 et 14.

— Le régime financier résulte des dispositions contenues dans la troisième section du règlement :

S'il s'agit, pour l'Administration du réseau, d'assurer l'établissement de lignes nouvelles ou l'exécution de travaux complémentaires, l'emploi des fonds votés par le Conseil général se fait conformément au décret du 12 juillet 1893, cette Administration étant considérée comme régisseur (art. 15).

S'il s'agit de l'exploitation, le Conseil général détermine les sommes qui sont mises à la disposition du réseau, comme fonds de roulement (art. 16). Le budget départemental comprend, soit en recettes, soit en dépenses, le produit nèt ou le déficit de l'exploitation (art. 17).

Le budget est préparé par le Directeur et voté par le Conseil d'Administration. Il est approuvé par le préfet, après inscription au budget départemental des recettes ou dépenses prévues à l'article 17 (art. 18). La nomenclature de ce budget résulte des articles 19 et 20. Les sommes allouées par le département sont versées dans la caisse du réseau, sur le vu d'un état constatant et certifiant les besoins. Cet état, présenté par le Conseil d'Administration, est approuvé par le préfet, sur le rapport du Service du Contrôle (art. 21).

Il est constitué un fonds de réserve, pour grosses réparations et renouvellement de la voie, conformément à l'article 24 de la loi du 31 juillet 1913 (art. 22).

La période d'exécution du budget prend fin le 15 février (art. 23). Le Directeur contrôle les recettes et délivre les titres de perception. Il engage les dépenses conformément aux indications du Conseil d'Administration, en liquide et ordonnance le montant. Enfin, il tient écriture de ces opérations (art. 24).

La centralisation des recettes et des dépenses est assurée par un caissier nommé par le préfet (art. 25), avec le concours des agents que le Directeur désigne à cet effet et dans les conditions prévues par les articles 26, 27, 28 et 29.

Le compte de gestion du caissier est rendu dans les formes et délais prévus pour le compte de gestion départemental du Trésorier-payeur général (art. 30).

Le compte administratif du Directeur est soumis au Conseil d'Administration et arrêté par le préfet. Il est communiqué au Conseil général, pour permettre de faire, au budget départemental, les inscriptions prévues à l'article 17. Le préfet renseigne en même temps l'Assemblée départementale sur les résultats financiers de la construction et de l'exploitation du réseau, en tenant compte des charges d'établissement, des subventions et des fonds de concours reçus par le département (art. 31).

Le Directeur tient une comptabilité matière relative aux approvisionnements, au matériel, à l'outillage et au mobilier (art. 32).

Enfin, un arrêté, concerté entre les ministres des Travaux publics, de l'Intérieur et des Finances, détermine les détails de l'organisation administrative et financière à prévoir, pour chaque réseau (art. 33).

— Les dispositions qui précèdent sont applicables aux réseaux interdépartementaux. Toutefois, et par dérogation à ces règles, une convention doit intervenir entre les départements, notamment, pour déterminer la répartition des recettes et des dépenses, fixer la durée de l'exploitation commune, arrêter le nombre des membres du Conseil d'Administration et régler les pouvoirs respectifs de chacun des préfets ou du Ministre des Travaux publics (art. 34).

Les réseaux communaux ou intercommunaux sont également soumis aux mêmes règles que les réseaux départementaux ou interdépartementaux, sous la réserve de l'intervention des maires et des conseils municipaux, des présidents et des Comités de syndicats, conformément aux stipulations des articles 35, 36, 37, 38 et 39.

— Les départements, les communes ou les syndicats de communes peuvent être autorisés à affermer certains réseaux, dans les cas prévus par l'article 40 : — Réseaux concédés antérieurement et qui leur font retour en vertu de l'application des clauses du cahier des charges ; — lignes qui ont fait l'objet précédemment d'une exploitation directe ; — lignes nouvelles formant annexes d'un réseau concédé, dont la concession prend fin quinze ans avant la déclaration d'utilité publique de ces lignes nouvelles ; — ou enfin, lignes nouvelles formant annexes d'un réseau exploité par une compagnie fermière.

L'affermage est autorisé par décret rendu en Conseil d'Etat, sur la demande du Conseil général, du Conseil municipal ou du Comité du Syndicat. Il est soumis à un cahier des charges et à un traité annexés à l'acte d'autorisation (art. 41).

Le traité d'affermage détermine les droits et obligations de l'exploitant. Lorsqu'il n'est pas conclu avec une société anonyme préexistante, il stipule, pour le fermier, l'obligation de se substituer une société anonyme dans un délai de six mois. Il fixe notamment : — le montant et le mode de constitution du cautionnement ; les conditions de partage des recettes et des dépenses ; les modalités de la prise en charge et de la remise du matériel fixe et roulant ; les conditions à prévoir pour assurer le service à défaut de la compagnie fermière ; les cas et les conditions dans lesquels des prélèvements peuvent être effectués sur le cautionnement ; enfin, les cas et conditions dans lesquels la résiliation peut être prononcée par l'Administration contre le fermier (art. 42).

Le cautionnement à verser par la Compagnie fermière ne peut être inférieur à 5.000 francs par kilomètre. Il doit être complété immédiatement en cas de prélèvement fait par l'Administration en exécution du traité ou du cahier des charges. Il est remboursé à la Compagnie dans les six mois de l'expiration du traité, sous déduction des sommes nécessaires pour la remise en état du matériel et des installations. Il reste, au contraire, acquis au département ou à la commune si la résiliation a dû être prononcée aux torts du fermier (art. 43).

Le traité d'affermage ne peut pas comporter une durée supérieure à 30 ans. Il doit être limité, s'il y a lieu, au temps restant à courir sur la fin de la concession ou de l'affermage du réseau auquel on prévoit que la ligne considérée devra être rattachée. Le renouvellement du traité d'affermage est autorisé par décret rendu en Conseil d'Etat (art. 44).

DIX-HUITIÈME LEÇON

DISPOSITIONS TECHNIQUES SPÉCIALES

138. Largeur de la voie, gabarit, gares. — **139.** Courbes et déclivités. — **140.** Disposition des voies, parties accessibles aux voitures ordinaires. — **141.** Construction de la voie ferrée en accotement. — **142.** Construction de la voie en chaussée ; Voies sur traverses, en chaussée pavée ; Voies sur traverses, en chaussée empierrée ; Voies sur traverses, en chaussée pavée convertie en empierrement ; Voies sur traverses, en chaussée pavée ; Entretien et pavages ; Voies sans traverses, en chaussée empierrée ; Voie en chaussée élargie ; Appareils de voie ; Drainage des voies. — **143.** Sécurité et commodité de la circulation. — **144.** Matériel roulant.

Les dispositions techniques à adopter pour les voies ferrées d'intérêt local sont tout à fait analogues à celles des chemins de fer d'intérêt général ; je n'examinerai donc que quelques points particuliers plus spéciaux.

138. *Largeur de la voie, gabarit ; gares.* — On n'utilise guère, en France, que deux largeurs de voie. La voie large, avec un écartement d'environ 1 m. 44. La voie étroite, avec environ 1 mètre, entre les bords internes des boudins des rails. Cette dernière largeur est presqu'exclusivement adoptée pour les voies ferrées d'intérêt local.

Le gabarit du matériel est défini au cahier des charges. Avec la voie de 1 mètre, le type ancien, adopté par le Conseil d'Etat, indiquait, pour les caisses des véhicules et le chargement, un maximum de largeur de 2 m. 50 et 2 m. 80, en y comprenant toutes saillies. La hauteur des locomotives pouvait atteindre au maximum 3 m. 50 et celle du matériel 3 m. 30. Ces dispositions seront probablement maintenues par le nouveau type de cahier des charges qui sera arrêté en vertu de la loi du 31 juillet 1913.

Lorsqu'il y a deux voies, la largeur de l'entrevoie doit être telle qu'il y ait un intervalle d'au moins 0 m. 50 entre les parties des matériels qui peuvent se croiser, en tenant compte des courbes.

Si la voie ferrée est en déviation, la largeur des accote·ments, c'est-à-dire des parties comprises de chaque côté entre le bord extérieur du rail et l'arête extérieure du ballast, doit être, à moins de circonstances spéciales, d'au moins 0 m. 60.

On donne à la couche de ballast une épaisseur telle qu'il y ait une hauteur de 0 m. 15 sous les traverses, sans que la différence de niveau entre le dessus du rail et la plateforme puisse descendre au-dessous de 0 m. 30.

On doit ménager, au pied de chaque talus de ballast, une banquette de largeur telle que l'arête de cette banquette se trouve à 0 m. 90 au moins de la verticale de la partie la plus saillante du matériel roulant. Le matériel doit laisser une largeur libre d'au moins 0 m. 60, au droit des obstacles isolés.

Le nombre et l'emplacement des gares est arrêté après enquête. Les dispositions adoptées correspondent souvent à une exploitation par trains mixtes, afin d'assurer le service avec un minimum d'agents. Les principes de l'organisation des gares sont d'ailleurs analogues à ceux qui concernent les petites gares des grands réseaux.

130. *Courbes et déclivités.* — Les voies étroites permettent l'adoption de rayons de courbure beaucoup plus petits que les voies larges. Il est recommandé, en général, de ne pas descendre au-dessous de 75 mètres, si ce n'est, à la rigueur, dans les traverses où on peut descendre, à titre exceptionnel, à 40 mètres.

Généralement, hors le cas des sujétions spéciales des traverses, deux courbes de sens contraires doivent être séparées par un alignement droit d'au moins 40 mètres.

D'après les expériences faites par M. Desdouits, la résistance à la traction, spécialement due aux courbes, peut être pratiquement représentée par la formule :

$$\delta = \frac{500\,l}{R},$$

dans laquelle δ représente la pente qui donne une résistance équivalente, R le rayon de la courbe, et l la largeur de la voie.

Quant aux déclivités, elles doivent être telles que chaque train puisse être pratiquement remorqué par une machine. Il est rarement avantageux d'atteindre, au moins sur des longueurs importantes, des déclivités de 0,04. Toutefois, avec la traction électrique, on peut aller sensiblement plus loin.

140. *Disposition des voies, parties accessibles aux voitures ordinaires.* — Lorsque les voies sont posées sur la voie publique, dans une partie accessible aux voitures ordinaires, elles doivent être établies, sans saillie ni dépression sur le sol, et sans altérer le profil de la chaussée. Les rails peuvent être compris, soit dans un pavage, soit dans un empierrement.

J'ai donné, à l'occasion de l'étude des largeurs des chaussées, les diverses indications qui concernent la position des voies ainsi que les espaces à réserver en dehors du gabarit.

Dans les voies en chaussée, l'entretien de la partie comprise entre les rails, ainsi que deux bandes extérieures de 0 m. 50 de largeur, est à la charge de l'exploitant. Une circulaire du 14 juin 1912 prescrit de laisser faire cet entretien par les compagnies elles-mêmes, ou, si, par hasard, l'Administration consent à s'en charger en vertu d'un traité, cette intervention ne peut avoir lieu qu'à la demande de la Compagnie, étant entendu que l'opération se fait pour le compte et sous la responsabilité de celle-ci.

Les voies en chaussée doivent être en principe, sauf dispense révocable, pourvues de contrerails ou de rails à gorge (art. 5 du décret du 16 juillet 1907).

La largeur de l'ornière qui était autrefois, sous le régime de ce décret, de 0 m. 029 en alignement droit et de 0 m. 035 en courbe, a été portée à 0 m. 035 et 0 m. 041 dans ces deux cas, en vertu du décret du 7 juillet 1910.

141. *Construction de la voie ferrée, en accotement.* — Lorsque les voies sont posées sur l'accotement d'une route, ce qui doit être le cas ordinaire en rase campagne, elles ne présentent aucune particularité notable. On peut adopter des types analogues à ceux des chemins de fer en général. Les rails sont presque toujours du type Vignole. Il ne convient pas d'adopter des poids trop faibles. On ne descend guère au-dessous de 20 kg. par mètre courant. Ils sont posés sur traverses espacées de 0 m. 80, en voie courante, et de 0 m. 60, aux joints, et soutenus sur une couche de ballast ayant ordinairement 0 m. 35 d'épaisseur. Le ballast est arasé au niveau de l'accotement, redressé en forme de trottoir.

L'emplacement de la voie étant inaccessible aux voitures ordinaires doit être défendu, du côté de la chaussée, par une bordure surélevée. A plat terrain, si la circulation de la route n'est pas très importante, on peut généralement se contenter d'une bordure gazonnée, jalonnée par des pavés espacés de 1 mètre à 2 mètres. Dans les parties en pente, ou sur les routes assez fréquentées, il est indispensable de limiter le trottoir par une bordure continue avec demi caniveau pavé.

Dans tous les cas, la bordure doit être interrompue partout où cela est nécessaire pour livrer passage aux eaux superficielles, et éviter qu'elles détrempent la chaussée en séjournant contre les bordures, ou qu'elles la ravinent en s'écoulant le long de ces bordures. Il faut alors installer, sous la voie, de petits dalots pour conduire les eaux à l'extérieur de la route ou, plus simplement, des saignées ou petits caniveaux à deux revers placés dans l'intervalle de deux traverses et passant sous les rails.

Quant à la hauteur de la bordure, le cahier des charges, type actuel, fixe un minimum, ordinairement de 0 m. 12. Aucun maximum n'est assigné, et cependant une bordure trop élevée peut nuire à la chaussée. Certaines entreprises de voies ferrées peuvent être portées à exagérer cette hauteur en certains points, il est donc bon d'insérer un maximum dans le cahier des charges. Les riverains peuvent d'ailleurs avoir à souffrir d'une exagération de cette hauteur.

142. *Construction de la voie en chaussée*. — Lorsque les voies sont incorporées dans une chaussée, elles se présentent dans des conditions tout à fait différentes de celles des chemins de fer. Elles sont noyées dans le sol et ne peuvent être visitées et réparées qu'assez difficilement. De plus, elles sont soumises aux effets de la circulation ordinaire. Pour peu qu'elles fassent légèrement saillie sur la chaussée, ne serait-ce qu'accidentellement, elles peuvent être soumises à des efforts ou à des chocs anormaux auxquels elles doivent pouvoir résister.

Il en est de même de la chaussée, le long des rails. A ce point de vue, la meilleure voie est celle qui, tout en conservant une surface de roulement aussi parfaite que possible, est compatible avec une chaussée unie, durable et de niveau uniforme. Elle doit exiger peu de réparations, pour éviter des remaniements fréquents de la chaussée.

— *Voies sur traverses, en chaussée pavée*. — L'emploi des traverses en chaussées pavées est presque universellement abandonné ; c'est qu'en effet, pour être acceptables, ces traverses doivent être posées à une profondeur suffisante pour permettre la pose de pavés ayant la même queue que les voisins. Il faut donc intercaler, entre le rail et la traverse, un support assez élevé, généralement en fonte, comme dans les voies Humbert et Marsillon, conformément aux croquis ci-contre :

Voie Marsillon   Voie Humbert

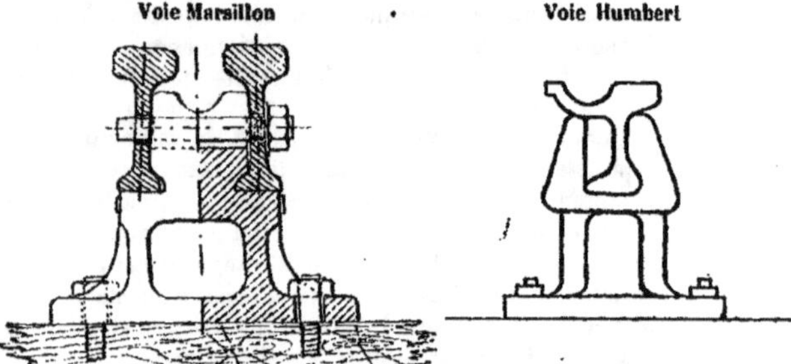

La voie Heude peut être posée dans des conditions ana-

logues, elle est constituée, en somme, par deux rails Vignole,
rail et contrerail, dont la section a été rendue dissymétrique :
Les patins ont été diminués du côté de l'ornière, afin d'obtenir pour celle-ci l'écartement voulu, et élargis, en sens
opposé, de façon que le plan extérieur tangent aux boudins
soit dans la ligne du bord du patin, et assez éloigné de l'âme
pour loger les têtes de boulons nécessaires aux assemblages,
et faciliter la pose du pavage juxtaposé.

Malgré tout, l'assiette du pavage manque d'homogénéité,
il se tient mal sous les trépidations dues au passage des roues.

Voie Vignole.   Voie Heude.

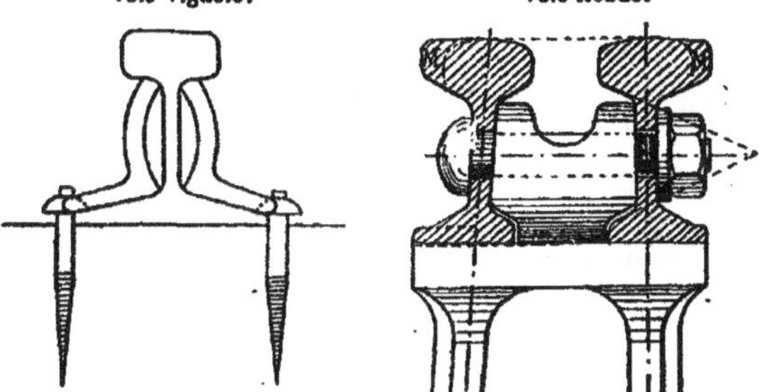

— Voies sur traverses en chaussée empierrée. — S'il s'agit
d'une chaussée empierrée, les inconvénients de la présence
des traverses sont moindres, au point de vue de la chaussée,
tant que la voie n'a besoin d'aucun soin ; mais, dès qu'on y
exécute des relevages ou des bourrages, la chaussée se trouve
complètement disloquée et absolument impropre au roulage,
tant qu'elle n'a pas été complètement réparée et cylindrée.

Néanmoins, on est quelquefois conduit à adopter la pose
sur traverses, en rails Vignole, pour les voies en chaussée
empierrée, notamment pour les tramways ruraux ou suburbains, pour lesquels la voie est généralement posée en accotement ou même en plateforme indépendante sur la plus
grande partie du parcours et où, par conséquent, il peut y
avoir intérêt et même nécessité, au point de vue du passage

du matériel roulant, à adopter le même type de voie pour les tronçons établis en chaussée.

Comme ballast, on emploiera de préférence la pierre cassée, à l'exclusion du sable ou grève fine. Les traverses, si elles sont en bois, doivent être injectées pour que le remplacement en soit moins fréquent. On peut recommander l'emploi des traverses métalliques, dont le bourrage parfait peut être plus long à obtenir, mais se maintient beaucoup mieux que celui des traverses en bois. En outre, les traverses en acier noirci devront être préférées aux traverses en acier ordinaire, qui résistent moins bien à l'action de la rouille.

Pour la même raison, les boulons et tirefonds devront toujours être soigneusement goudronnés et du type le plus robuste compatible avec le type de rail adopté.

En dehors des désordres causés à la chaussée par les réparations de la voie, la présence même des rails dans la chaussée favorise sa dégradation par la circulation ordinaire. L'étroit sillon livrant passage au boudin des roues des véhicules des trains est souvent le point de départ d'une véritable ornière, qui se produit rapidement sous le passage réitéré des chariots, retenus contre le rail par la saillie résistante qu'il présente au-dessus du sillon.

Il n'y a guère de remède absolu à cette situation. La présence même d'un contrerail n'est qu'un correctif souvent insuffisant. C'est une solution coûteuse eu égard au résultat obtenu, aussi l'emploi semble-t-il devoir en être limité à un seul des deux rails, celui qui est le plus rapproché de l'axe de la chaussée.

Il apparaît, en définitive, que les voies ne doivent être posées sur les chaussées qu'à titre exceptionnel, pour raccorder entre elles, sur de faibles longueurs, des voies établies sur siège spécial. On peut encore tolérer cette combinaison sur des chaussées très larges, comportant peu de circulation, et sur lesquelles les charrois peuvent se faire, à peu près normalement en dehors de la zone occupée par les rails.

— *Voie sur traverses, en chaussée pavée convertie en empierrement.* — Lorsqu'un tramway, dont la voie peut être établie, sur la plus grande partie de sa longueur, en rails Vignole posés sur traverses, soit en accotements, soit en chaussée empierrée, comprend un ou plusieurs tronçons à établir en chaussée pavée, il y a généralement intérêt, pour faciliter la circulation du matériel roulant, à conserver le même type de voie, à la traversée du pavage, avec ou sans contrerails. Comme les traverses de la voie sont incompatibles avec un bon pavage, il faut se résoudre à convertir en empierrement une bande de chaussée dont la largeur est déterminée par la longueur des traverses. Cette disposition a été admise pour le tramway de la banlieue de Laon, à la traversée d'Ardon.

Outre l'impossibilité de donner une stabilité suffisante aux pavés situés au-dessus des traverses, la construction du pavage présente encore une difficulté spéciale en ce qui concerne la pose et la forme des pavés contigus au rail, en raison de la différence de largeur entre le patin et le champignon des rails. Les pavés extérieurs doivent être démaigris à leur partie inférieure ; quant aux pavés intérieurs, ils ne peuvent s'appuyer sur le champignon, à cause de l'ornière à ménager pour le boudin des roues ; il faut les maintenir à l'aide d'une fourrure en bois fixée contre l'âme du rail et entaillée au droit des éclissages.

Quelquefois, on adopte une solution mixte. L'entrerail seul est pourvu d'un empierrement, et le pavage est établi extérieurement jusqu'au rail ; mais les pavés placés au-dessus des extrémités des traverses ne tiennent jamais et, dans certains cas, on les a remplacés, comme à Chartres, par des pavés en bois cloués sur les traverses. L'entretien de l'entrerail est facilité par l'emploi de rouleaux spéciaux, dits rouleaux à ornières, dont la largeur est inférieure à celle de l'écartement des rails.

— *Voies sans traverses, en chaussée pavée.* — Quand les circonstances exigent le maintien du pavage sur toute la largeur de la voie, et que l'on veut éviter les inconvénients des traverses, il faut adopter un type de voie comportant la pose de rails sur longrines, et le maintien de leur écartement à l'aide d'entretoises métalliques noyées dans le pavage.

L'espace nécessaire pour le passage du boudin des roues

est obtenu, soit par un contrerail, soit par une ornière ména-
gée dans le champignon du rail.

Avec le premier type, malgré un poids assez considérable
de métal, la raideur de la voie est généralement faible ; les
dispositifs employés pour conserver invariable la largeur de
l'ornière, malgré les chocs des voitures et la poussée des
pavages, sont assez coûteux de premier établissement et
d'entretien. Aussi donne-t-on de beaucoup la préférence au
rail à ornière qui, avec un poids moindre de métal, permet
d'obtenir une plus grande raideur verticale : de là le nom de
rail-poutre qu'on lui donne quelquefois.

Les longrines sur lesquelles on fait poser les rails varient
suivant les pays et les villes. Pour cette partie de la construction, les usages locaux semblent intervenir au moins
autant que les considérations techniques.

Si la longrine en béton est très en vogue en Allemagne, en
Belgique, en Angleterre et dans les pays scandinaves, qui
semblent donner la préférence à une assise aussi rigide que
possible de la voie ferrée, un grand nombre de réseaux,
en France, en Espagne et en Italie, s'en tiennent aux constructions dans lesquelles la forme est constituée par des
matériaux plus ou moins élastiques, tels que le ballast, gravier fin ou sable, simplement bourrés sous les rails, l'assise
en béton n'étant employée qu'avec les pavages de luxe ou
avec l'asphalte.

Lorsque les rails posent sur une longrine en béton, on
constate presque toujours une dégradation plus ou moins
importante sous le joint, même quand on interpose une
semelle en béton d'asphalte ou des plaques d'asphalte comprimé, des cales en bois ou en feutre. A en juger par les
essais innombrables pour consolider les joints, on peut presqu'affirmer que l'assise rigide ne diminue pas beaucoup les
difficultés qu'on éprouve à maintenir les joints. D'un autre
côté, la consolidation d'un joint affaissé, sur une voie avec
assise élastique peut incontestablement se faire avec plus
de facilité qu'avec une assise rigide, puisque, dans le premier cas, il s'agira d'un simple bourrage, alors que, dans le
deuxième, la réparation de la longrine désagrégée nécessi-

tera une réfection relativement importante, toujours difficile à exécuter en cours d'exploitation.

Il faut invoquer, en faveur de l'assise élastique, la réduction notable des vibrations qui sont un des grands ennemis de la voie. On se rend compte de la différence, rien qu'au bruit que font les voitures en passant sur des voies posées suivant chacun des deux systèmes.

J'estime qu'il y a lieu de réaliser la plus grande homogénéité possible dans la forme qui doit supporter le rail et la chaussée. Pour les chaussées de luxe, il est entendu qu'il est indispensable d'emprisonner le rail dans l'ensemble de la forme et de la couverture, avec lesquels ils doivent faire bloc. Dans les autres cas, il convient d'employer du ballast ou du sable. Il faut éviter l'emploi de matériaux de qualité et de nature différentes. Ainsi, si on fait reposer le sable pour le bourrage sur une couche de gros ballast, les interstices de celui-ci ne tardent pas à se garnir de sable ; sous l'influence de l'eau et des chocs, le dessous des patins se dégarnit peu à peu, et il se produit des tassements dommageables à la voie et à la chaussée.

Pour la pose des rails, il faut donner la préférence à du menu gravier ou du sable bien grenu, quartzeux, bien lavé. Avec une épaisseur de 0 m. 20, on obtient une assise d'une élasticité remarquable, qui se maintient pendant de longues années.

Dans les parties de voies en pente, le sable peut être exposé à être entraîné par les eaux qui s'infiltrent dans la chaussée ; on atténue cet inconvénient en établissant, de distance en distance, de petits barrages imperméables en terre ou en béton qui s'opposent à la formation de courants longitudinaux, toujours nuisibles.

Les profils de rails-poutres sont assez nombreux. En France, le plus répandu est le rail à ornière Broca, dont le poids par mètre courant varie de 30 à 50 kg. L'augmentation du profil a été surtout motivée par le désir de réaliser des joints plus robustes, mais l'expérience a démontré que l'amélioration obtenue était minime au regard de l'augmentation correspondante du prix de la voie. Il est parfaitement possible de ne pas dépasser 42 à 45 kg. pour un rail de 175 à 180 millimètres de hauteur, 130 à 150 millimètres de patin, 50 millimètres de largeur de roulement, avec une gorge de 35 à 41 millimètres, c'est-à-dire pour un rail répondant aux conditions de travail les plus dures.

Rail Broca.

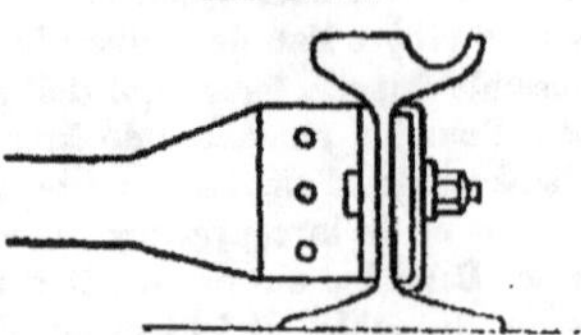

Quant à la longueur des barres, tout le monde est d'accord, en principe, pour la désirer aussi grande que possible, en vue de diminuer le nombre des joints. On considère que la longueur de 12 à 15 mètres ne peut guère être normalement dépassée. Néanmoins on peut aller, à la rigueur, jusqu'à 18 mètres. Le transport et la manutention deviennent difficiles, avec les profils lourds, dès qu'on dépasse 12 mètres. Quant aux profils légers, ils sont sujets à se déformer.

Il convient de rechercher, pour les rails, un métal très dur. La voie en chaussée répond à des conditions différentes de celles des chemins de fer. Pour faciliter l'exacte juxtaposition de deux rails contigus, il faut attribuer une grande importance à la régularité du profil, surtout aux extrémités.

Le point faible des voies sur longrine, c'est le joint du rail, et cela à cause de la continuité et de la régularité de la résistance de la surface d'appui. Dans les voies sur traverses, on peut donner un écartement moins grand aux traverses, aux abords des joints; avec les voies sur longrine, aucun renforcement du support ne peut être efficace, le rail n'étant qu'appuyé sur la longrine.

La question des joints se lie non seulement à la bonne tenue de la voie ferrée, mais elle intéresse aussi au premier chef la chaussée elle-même. C'est par les joints que s'écoulent les eaux pluviales qui suivent les ornières du rail. Ces eaux, en détrempant le sol autour du joint, sont une cause de rapide dislocation pour la voie et pour la chaussée. Il y a donc intérêt à juxtaposer les rails bout à bout, pour diminuer autant que possible ces infiltrations.

Il a été parfaitement reconnu, du reste, que le jeu de quelques millimètres qu'on laissait subsister autrefois entre deux rails-poutres consécutifs, est plus nuisible qu'utile. Tous les réseaux paraissent avoir une tendance à le supprimer. Un rail noyé dans un pavage subit des variations de température beaucoup moindres que les rails de chemins de fer complètement exposés aux rayons du soleil. De plus, la voie étant solidement maintenue dans sa position par le revêtement même de la chaussée, peut aisément résister aux soulèvements et aux déformations latérales qui tendraient à se produire sous l'action d'une pression longitudinale intense, occasionnée par une dilatation exceptionnelle des rails.

Pour renforcer les joints, on a d'abord imaginé des dispositifs consistant dans des formes spéciales plus robustes d'éclissage. Les résultats obtenus suffisent dans les cas ordinaires, mais le succès est encore bien incomplet pour les lignes à trafic intense. Cela tient à ce que les surfaces de contact des rails et des éclisses, telles qu'elles sont prévues par les épures géométriques, ne peuvent être réalisées. Il en est autrement pour les chemins de fer où la portée des pièces en contact, qui n'est jamais parfaite au début, par suite des inégalités de laminage, s'améliore graduellement par le resserrage continu des boulons d'éclissage. Les chocs dus au passage des essieux, qui n'agissent au début que sur quelques points de contact, produisent un matage du métal sur ces points et, par le resserrage graduel des boulons, les surfaces de contact s'étendent toujours davantage, pour former finalement un assemblage aussi parfait que s'il résultait d'un assemblage soigné.

Pour une voie de tramway noyée dans la chaussée, les choses se passent tout autrement. Les joints n'étant pas accessibles, on ne procède pas au resserrage graduel des boulons. Dans ces conditions, la portée, forcément imparfaite, de l'assemblage primitif, non seulement ne s'améliore pas, mais devient même de plus en plus mauvaise, puisque le jeu produit par le premier matage ne fait qu'augmenter avec la violence des chocs qui, portant sur les mêmes points, finissent par amener une déformation permanente des éclisses et des abouts des rails. Il est trop tard alors pour resserrer les boulons.

Parmi les solutions adoptées pour le renforcement des joints, ont peut citer le joint Ambert formé par un manchon en acier coulé, enveloppant les patins des rails et les maintenant serrés par deux clavettes plates, sous le patin, coincées à haute pression ; il n'y a pas de boulons Le joint Arbel, employé à Marseille, est constitué par un sabot porte-rails et deux mors mobiles qui s'appuient à la fois sur le patin et contre l'âme du rail ; ces mors sont serrés sur des clavettes. Le joint Malaun, appliqué sur une grande échelle à Vienne et à Berlin. Le champignon du rail est interrompu et remplacé par l'éclisse, qui forme pont entre deux rails consécutifs.

Il n'est pas facile de se prononcer sur la valeur de ces divers systèmes. Ce qui est certain, c'est que, pour supprimer la difficulté, là où elle est insurmontable, on tend à supprimer tout à fait les joints. On a d'abord emprisonné le joint dans une masse de métal coulé (système Falk), enfin on en est venu à souder directement les rails par divers moyens et à former une file continue sans joints. Mais ce sont là des procédés coûteux, inapplicables aux tramways modestes.

143. *Entretoises et pavages.* — Il n'y a pas grand chose à dire des entretoises qui maintiennent les rails à leur écartement normal. On leur donne ordinairement une section rectangulaire de 10 millimètres d'épaisseur environ, ce qui permet de les loger dans un joint de pavage, sans qu'il soit nécessaire d'en augmenter sensiblement la largeur.

Leur espacement varie généralement de 2 mètres à 2 m. 50. Dans certains cas, on se borne à leur donner deux extrémités filetées qui traversent les âmes des rails, dont l'écartement est maintenu par des écroux extérieurs. Ce mode d'attache, un peu primitif, a le défaut de ne s'opposer qu'insuffisamment au déversement des rails. On lui préfère généralement le système qui consiste à couder à angle droit les deux extrémités de l'entretoise et à boulonner sur la face intérieure des âmes des rails les bouts ainsi repliés. Mais, pour des voies soignées, il est encore mieux de fixer les entretoises aux rails à l'aide de deux petites cornières rivées à chaque extrémité.

Sauf dans les branchements, on donne aux entretoises une direction normale à l'axe de la voie. Il en résulte que, dans les courbes, les entretoises ne sont pas parallèles entre elles. C'est une sujétion pour l'exécution du pavage de l'entrerails.

Dans les courbes de grand rayon, la différence peut être rachetée par les joints, mais, quand la courbure de la voie est accentuée, il faut appareiller les pavés et employer les moins larges du côté de la file intérieure, ou se résoudre à disposer les ranges parallèlement à l'axe de la voie.

Quant à l'échantillon des pavés à adopter en ranges transversales, dans l'entrevoie, il y a intérêt à le choisir tel que la hauteur des pavés soit sensiblement égale à celle du rail, que la largeur permette d'insérer un nombre entier de ranges entre deux entretoises, tout en conservant aux joints leur largeur normale, et que la longueur, joints compris, soit également une partie aliquote de l'écartement des rails, en tenant compte de la nécessité, pour garder la découpe des joints, d'employer des boutisses de la longueur d'un pavé et demi, à l'exclusion de demi-pavés.

Pour le pavage extérieur, on peut employer un échantillon identique à celui du pavage de l'entrerail. C'est ce qu'on fait généralement quand on tient à distinguer la zone de pavage à entretenir par le concessionnaire de la voie ferrée. Mais on crée ainsi, en bordure de cette zone, deux joints longitudinaux continus, qui peuvent être le point de départ de deux ornières. Aussi est-il préférable, au point de vue de la viabilité, de prolonger les ranges du reste de la chaussée, avec des pavés de même échantillon, en évitant, à la clôture des ranges, l'emploi de demi-pavés qui ne tiennent jamais convenablement.

— *Voies sans traverses en chaussées empierrées.* — Lorsque le sous-sol est résistant et qu'on ne se trouve pas dans les circonstances indiquées précédemment pour justifier l'emploi d'une voie sur traverses, il ne faut pas hésiter à employer dans les chaussées empierrées les types de voie sans traverses dont il vient d'être question pour les chaussées pavées. Tout ce qui a été dit au sujet de la longrine de support et au renforcement des joints s'applique aux voies à ornière en chaussée empierrée.

Cependant, le profil des rails peut être différent, on peut leur donner une hauteur moindre en augmentant la largeur du patin. Le rail, moins bien soutenu latéralement que dans les pavages, obtient ainsi plus de stabilité. Pour la même raison, il convient de donner plus de rigidité à l'assemblage des entretoises et des rails. Le mode d'attache par cornières est le seul acceptable dans ce cas. Enfin, l'âme des rails devra aussi être plus robuste qu'en chaussée pavée.

Une voie ainsi constituée coûte généralement moins cher qu'une voie sur traverses, même sans contrerails, et se prête mieux au maintien d'une bonne viabilité.

— *Voie en chaussée élargie.* — Lorsque la largeur de la voie publique ne permet, ni d'installer la voie ferrée entièrement dans la chaussée existante, ni de la poser sur accotements inaccessibles aux voitures ordinaires, il faut se résoudre à élargir la chaussée pour y installer la voie ferrée. Dans certains cas, il peut paraître suffisant, pour la circulation ordinaire, d'arrêter la chaussée contre le rail le plus voisin de l'axe. C'est une disposition mauvaise au point de vue de la voie ferrée. L'entrerail n'étant pas pourvu d'un revêtement de chaussée, généralement peu perméable, absorbe toutes les eaux superficielles qu'y déverse la chaussée, ce qui nuit à la stabilité de la voie et oblige à de fréquents relevages, au détriment de la bonne viabilité de la route.

Il est donc préférable, à tous points de vue, d'élargir la chaussée jusqu'au rail extérieur. La voie est ainsi mieux protégée contre les infiltrations, tout en étant à l'abri des efforts latéraux dissymétriques auxquels elle est soumise, quand la chaussée s'arrête contre le rail le plus voisin de l'axe.

— *Appareils de voie.* — Les appareils de voie susceptibles d'être employés, sur les voies ferrées qui empruntent les routes, sont :

Les croisements ;

Les changements ;

Les plaques tournantes.

Les appareils noyés dans la chaussée sont particulièrement dangereux lorsqu'ils sont établis en rails Vignole avec contrerails. Les bicyclettes ou les voitures à jantes étroites sont exposées à tomber dans les espaces vides assez profonds qui permettent le mouvement des aiguilles. Pour réduire ces vides au minimum, il faut que les aiguilles soient effilées, non sur une partie de leur longueur comme dans les cas ordinaires, mais sur la totalité de cette longueur. Il n'y a pas de remède au danger qui résulte de la profondeur du creux. Aussi convient-il, d'une façon générale, d'employer de préférence les appareils construits avec les rails à ornière qui s'accommodent beaucoup mieux avec la circulation routière.

Avec les rails à ornière, la plupart des réseaux emploient des aiguilles en rails assemblés à deux flèches conjuguées, avec enclanchement par ressort ou contrepoids, munis, le cas échéant, d'appareils de manœuvre par rappel ou par poussée, combinés avec la boîte centrale contenant un mécanisme universel permettant de modifier la position du calage par simple renversement d'un contrepoids ou d'un levier à ressort.

Les flèches sont généralement cintrées avec un rayon de courbure de 25 à 50 mètres, pour adoucir le mouvement des voitures à l'entrée et à la sortie des aiguillages.

On emploie sur une vaste échelle, pour le corps des appareils, l'acier au manganèse fondu d'une pièce. Les flèches sont en même métal, qui est si tenace qu'il ne peut être attaqué que par la meule.

Les cœurs et les croisements ont subi des perfectionnements analogues, notamment par l'emploi de fourrures démontables placées dans les gorges et qui permettent, en soutenant le boudin des roues, de ménager les pointes de cœur.

D'une manière générale, les parties de chaussées occupées par les appareils se tiennent mal, non seulement à cause de la présence des organes eux-mêmes, mais aussi par suite des soins d'entretien et de réparations dont ils doivent être l'objet fréquemment.

Plus encore que pour la voie, il y a le plus grand intérêt à ce qu'ils soient construits d'une façon simple et robuste, avec des matériaux de premier choix. Ils doivent être protégés contre la circulation des voitures et disposés pour être facilement encadrés dans le pavage. Les angles très aigus seront donc supprimés et occupés par des masses métalliques. Les liens à établir dans l'épaisseur des pavages seront orientés dans un petit nombre de directions pour faciliter l'appareillage des pavés.

Pour les voies établies sur accotements accessibles aux piétons, mais inaccessibles aux voitures ordinaires, on peut faire usage des appareils courants. Toutefois, il est bon de protéger les appareils de manœuvre et de connexion des aiguilles, par un plancher en chêne arasé au niveau des rails et soutenu par des longrines s'appuyant sur les traverses de support des coussinets.

En général, la viabilité s'accommode mal des plaques tournantes sur la voie publique. Les locomotives à vapeur, ainsi que beaucoup de types d'automotrices, sont disposés de façon à pouvoir marcher dans les deux sens. Mais certaines automotrices à vapeur ou à pétrole doivent généralement tourner au terminus, où une demi-lune est en outre nécessaire pour le changement de la machine de tête à queue. Dans ce cas, si la situation le permet, il vaut mieux renoncer à la plaque tournante et transformer la demi-lune en boucle ou en triangle américain. Il est d'ailleurs certains types d'automotrices qu'on ne peut songer à faire tourner sur des plaques.

— *Drainage des voies.* — La présence des voies ferrées

sur les chaussées amène des écoulements d'eau parfois considérables, par les ornières, dans les parties basses des réseaux ; aussi est-on conduit à recevoir ces eaux dans un récipient qui les écoule dans les fossés ou les égouts.

148. *Sécurité et commodité de la circulation.* — Pour obvier au danger et à la gêne que cause à la circulation routière le passage des trains sur la voie publique, le règlement du 16 juillet 1907 et le cahier des charges limitent la longueur des trains, prescrivent l'éclairage pendant la nuit et obligent d'en signaler l'approche au moyen d'appareils avertisseurs sonores. Une vitesse maximum est prescrite par l'Administration, ainsi que les dispositions pour le freinage des véhicules.

Aucun moyen efficace ne paraît avoir été trouvé pour satisfaire aux prescriptions réglementaires prescrivant que les machines à vapeur ne doivent dégager aucune odeur, ni répandre sur la voie publique escarbilles, flammèches, cendres, huile ou graisse, ni dégager aucune fumée.

144. *Matériel roulant.* — Les questions qui se rapportent au matériel roulant proprement dit sont étrangères à ce cours, je me bornerai donc à quelques observations qui intéressent la construction de la voie.

On a pensé, au début, qu'il suffisait, pour assurer l'échange du matériel d'une ligne à une autre, d'avoir la même largeur de voie. C'est une illusion qu'on a dû abandonner en raison de la variété des dispositions du matériel roulant : tampons, mode de traction, etc. et surtout de la différence des cotes de calage des roues, c'est-à-dire la distance entre les plans intérieurs des boudins des roues d'un même essieu. Il en résulte souvent un transbordement inévitable quand on passe d'un réseau à un autre.

Les exploitants sont souvent peu disposés à favoriser les échanges de matériel. Ils ne sont pas fâchés, parfois, de s'opposer indirectement à cet échange, en adoptant des dispositions en conséquence. Mais ce n'est pas l'intérêt du public, qui s'exagère pourtant beaucoup l'importance de cette question de transbordement.

Le rôle que joue la cote de calage se conçoit aisément, lorsqu'on réfléchit que le matériel doit pouvoir passer dans les voies et dans les appareils qui sont munis de contrerails. Ce passage est ainsi fonction non seulement de l'écartement des boudins des rails, mais aussi de celui des contrerails. La difficulté est surtout grande lorsqu'on utilise des rails à gorge. Si la cote de calage de certain matériel est trop faible, le passage est impossible.

On ne s'est guère aperçu de ces difficultés, tant que les réseaux des voies ferrées d'intérêt local sont restés isolés les uns des autres. C'est en 1904 que la question paraît avoir été signalée pour la première fois par M. Heude, dans un article paru dans la *Revue des chemins de fer* de la même année.

Pour l'avenir, l'Administration, en déterminant l'unité technique des voies ferrées d'intérêt local, a porté remède à la situation. Son intervention s'est produite pour la première fois par une circulaire du 8 juillet 1908. Le décret du 7 juillet 1910 étant venu modifier la largeur des ornières, il a fallu modifier ces dispositions primitives. C'est ce qui résulte d'une nouvelle circulaire du 15 juillet 1913, à laquelle je ne puis mieux faire que de renvoyer.

SEPTIÈME PARTIE

CHEMINS VICINAUX ET RURAUX

DIX-NEUVIÈME LEÇON

GÉNÉRALITÉS

155. *Généralités.* — Pour exposer un peu complétement la matière applicable aux chemins vicinaux, il serait nécessaire de donner au sujet un assez long développement. J'insisterai ici, un peu plus particulièrement, sur les circonstances qui différencient le service vicinal du service ordinaire des Ponts et Chaussées. Je n'aborderai pas l'examen des questions qui se rattachent naturellement au cours de droit administratif, si ce n'est dans la limite restreinte, nécessaire pour faire comprendre mes quelques explications. Pour le surplus je renverrai au *Traité pratique des chemins vicinaux* d'Ernest Henry, ainsi qu'à l'excellent résumé qu'en a fait M. Heude.

— *Principaux textes à considérer.* — La loi du 21 mai 1836 constitue la base de la législation vicinale. Elle a été modifiée dans quelques-unes de ses parties par la loi du 10 août 1871 sur les Conseils généraux (art. 44, n°s 7 et 86).

L'article 21 de la loi du 21 mai 1836 a spécialement délégué au préfet, après communication au Conseil général du département, le pouvoir de prendre un arrêté portant règlement général des chemins vicinaux, pour réglementer les matières énumérées à cet article. Ce règlement a, par suite, force de loi.

La loi du 8 juin 1864 permet d'incorporer dans la voirie vicinale les rues qui forment le prolongement des chemins vicinaux.

La loi du 21 juillet 1870 permet de remettre aux communes, sous certaines réserves, une partie des prestations vicinales, en faveur des chemins ruraux.

La loi du 10 juillet 1901 assujettit les automobiles à la prestation.

Les lois du 31 mars 1903 et 19 juillet 1905 permettent aux

Conseils municipaux, sous certaines conditions, de transformer la prestation en centimes communaux.

Enfin, la loi du 12 mars 1880, modifiée par celle du 15 mars 1900, autorise l'allocation par l'Etat de subventions en faveur des travaux neufs des chemins vicinaux, conformément au décret du 3 juin 1880, modifié par celui du 4 juillet 1895.

A côté de ces textes législatifs ou réglementaires, on trouve une instruction générale sur les chemins vicinaux, rendue exécutoire par arrêté du Ministre de l'Intérieur du 6 septembre 1870.

Cette instruction doit être considérée comme un guide d'ordre intérieur pour régler les rapports des divers rouages du service. Le Ministre n'ayant reçu aucune délégation de la loi pour prendre un tel arrêté, les dispositions qu'il contient ne sont pas opposables aux tiers, si ce n'est sur les points, très nombreux d'ailleurs, pour lesquels l'instruction générale reproduit les dispositions légales ou réglementaires. Des références indiquent le texte auquel il convient de se reporter :

— Loi du 21 mai 1836 sur les chemins vicinaux ;

— Loi du 8 juin 1864, rues formant le prolongement des chemins vicinaux ;

— Loi du 21 juillet 1870, remise de prestations aux chemins ruraux ;

— Loi du 10 août 1871, sur les Conseils généraux ;

— Loi du 5 avril 1884, sur l'organisation municipale ;

— Loi du 5 avril 1882, sur la suppression des plus imposés ;

— Loi du 4 juin 1888, sur les ouvriers français ;

— Loi du 29 décembre 1892, sur les dommages causés par les travaux publics ;

— Loi du 21 juin 1898, sur le code rural ;

— Loi du 24 février 1900, plaques de vélocipèdes, rôles supplémentaires de prestations ;

— Loi du 13 juillet 1900, maximum des centimes extraordinaires communaux ;

— Loi du 13 juillet 1906, sur le repos hebdomadaire ;

— Décret du 12 juillet 1893, sur la comptabilité départementale ;

— Règlement général sur les chemins vicinaux (art. 21 de la loi du 21 mai 1836) ;

— Instruction générale des Finances du 20 juin 1859, sur la comptabilité communale ;

— etc.

Certaines dispositions de l'instruction générale s'appuient sur la jurisprudence des tribunaux.

— *Le service vicinal*. — On désigne sous le nom de service vicinal l'organisme qui est chargé, sous la direction du préfet, de construire, d'entretenir et d'administrer les chemins vicinaux.

On distingue les chemins en trois catégories :

1° Les chemins de grande communication, qui sont expressément prévus par la loi du 21 mai 1836 ;

2° Les chemins d'intérêt commun, qui tirent leur origine de l'article 6 de la loi du 21 mai 1836, et que la jurisprudence assimile aujourd'hui d'une manière complète aux chemins de grande communication. Il n'existe que les deux différences suivantes. En premier lieu, les chemins d'intérêt commun ne sont pas soumis à la police du roulage (loi du 30 mai 1851, articles 1, 3, 15, 28) qui ne mentionne que les chemins de grande communication. En second lieu, la quote part des communes dans les dépenses des chemins de grande communication est limitée (loi du 21 mai 1836, art. 8, dernier alinéa) aux deux tiers des ressources spéciales, alors qu'aucune limite n'est indiquée pour les chemins d'intérêt commun par l'article 6 de la loi du 21 mai 1836 ;

3° Les chemins vicinaux ordinaires qui sont expressément prévus par la loi du 21 mai 1836.

Tous les chemins vicinaux sont, en principe, des chemins communaux : le sol est la propriété des communes, il est imprescriptible.

Les chemins de grande communication et d'intérêt commun sont administrés par le préfet. Les ressources en argent qui leur sont applicables, quelle qu'en soit l'origine, sont centralisées et simplement incorporées au budget départemental. Lorsque le préfet gère ces chemins, il le fait, non pas au nom du département, mais comme représentant l'ensemble des communes intéressées à chaque chemin.

Les chemins vicinaux ordinaires sont administrés par les maires, sous la surveillance du préfet (loi du 5 avril 1884, art. 85). Les ressources qui leur sont applicables sont inscrites au budget communal.

Le ministre de l'Intérieur n'exerce, à l'égard du service vicinal, qu'une simple action de contrôle; c'est le préfet qui est le véritable chef du service vicinal.

Pour le seconder dans sa tâche, il nomme des agents voyers (art. 11 de la loi du 21 mai 1836), c'est-à-dire des agents techniques qui dressent les projets, surveillent les travaux et liquident les dépenses. Ils prêtent également leur concours pour l'Administration de la voirie vicinale, et interviennent auprès des maires pour les chemins vicinaux ordinaires.

Aucune dépense ne peut être payée sur les ressources vicinales, sans être certifiée par les agents voyers.

Ces derniers étant rémunérés sur les fonds des travaux (art. 11 de la loi du 21 mai 1836), c'est-à-dire sur les fonds communaux augmentés de subventions départementales, ne doivent pas être considérés comme des fonctionnaires départementaux, au sens de l'article 45 de la loi du 10 août 1871 ; en conséquence, ce n'est pas au Conseil général, mais au préfet, qu'il appartient de fixer les conditions d'admission aux fonctions d'agent voyer.

Cependant, les préfets n'ont plus aujourd'hui tous les pouvoirs que leur reconnaissait la loi du 21 mai 1836. C'est le Conseil général qui classe les chemins de grande communication et d'intérêt commun, qui en fixe les limites et déclare l'utilité publique des travaux, sauf le cas de terrains bâtis. La Commission départementale exerce les mêmes attributions à l'égard des chemins vicinaux ordinaires.

Il y a, dans chaque département, un agent voyer en chef ; dans chaque arrondissement, un agent voyer d'arrondissement; dans chaque canton, un agent voyer de canton.

L'agent voyer en chef a la direction du service vicinal,

mais il n'est pas chef de service, dans le sens de l'article 52 de la loi du 10 août 1871. C'est le préfet qui est le chef de service, et c'est par son intermédiaire que doivent passer toutes les communications avec les autorités constituées.

Tous les agents voyers sont sous les ordres de l'agent voyer en chef, qui procède lui-même, quand il le juge utile, aux opérations prescrites à ses subordonnés par le règlement. Les agents voyers d'arrondissement ont la même faculté à l'égard des agents voyers de canton sous leurs ordres.

L'organisation du service des agents voyers présente, comme on le voit, certaines analogies avec celle du service ordinaire des Ponts et Chaussées.

— *Fusion des services de voirie.* — L'article 46 de la loi du 10 août 1871, sur les Conseils généraux, porte que le Conseil général de chaque département désigne les services auxquels est confiée l'exécution des travaux sur les chemins de grande communication et d'intérêt commun (n° 7) (1); il désigne également (n° 6) ceux qui sont chargés de la construction et de l'entretien des routes départementales.

Il est résulté de ce qui précède des organisations extrêmement variées d'un département à l'autre.

Les deux combinaisons extrêmes sont les suivantes :

A. Les services de voirie (Ponts et Chaussées et Service vicinal) sont tout à fait distincts, les routes nationales sont confiées aux agents des Ponts et Chaussées) (service ordinaire des Ponts et Chaussées) et les chemins vicinaux à des agents voyers nommés par le préfet (service vicinal). Quant aux routes départementales, elles peuvent être attribuées, suivant la décision spéciale du Conseil général, soit au service ordinaire des Ponts et Chaussées, soit au service vicinal.

B. Tous les services de voirie sont confiés aux agents des Ponts et Chaussées, dont une partie est payée sur les fonds du Trésor et une autre sur les ressources vicinales, incor-

(1) Cette disposition n'est d'ailleurs que la reproduction de celle qui résultait de la législation antérieure.

porées au budget départemental. Le préfet commissionne alors comme agents voyers tous ceux des agents des Ponts et Chaussées qui participent au service actif de la voirie vicinale.

Entre ces deux situations extrêmes, il y a place pour une infinité d'autres arrangements, qu'il n'est guère possible d'envisager en détail, mais dont on peut comprendre la variété, conformément aux explications suivantes :

— Au premier degré de toutes ces combinaisons, on trouve celle qui consiste, tout en laissant distincts les deux services, à confier leur direction au même chef, c'est-à-dire à l'ingénieur en chef qui devient ainsi, en même temps, agent voyer en chef.

— Au degré intermédiaire, les divers agents du service actif participent à la fois au service des Ponts et Chaussées et au service vicinal ; ce sont, tantôt des agents des Ponts et Chaussées (Ingénieurs, sous-ingénieurs, conducteurs, et même adjoints techniques), tantôt des agents voyers. Les premiers sont alors commissionnés par le préfet comme agents voyers et les seconds par le ministre des travaux publics, comme agents des Ponts et Chaussées, pour permettre aux uns comme aux autres leur intervention dans chacun des services auxquels ils sont attachés (circulaires du 12 avril 1907, travaux publics — 7 juillet 1907, intérieur). Les traitements sont imputés, pour les uns sur les fonds du Trésor, pour les autres sur les ressources vicinales.

Dans certains cas, le cadre des agents voyers proprement dits n'est pas numériquement fixé d'une manière immuable ; il peut comprendre des agents des Ponts et Chaussées, en service détaché et payés sur les ressources vicinales. Avec cette organisation, il est possible, tout en maintenant les situations acquises par les agents voyers en service, d'arriver à l'unification complète du personnel, comme dans la combinaison B.

Parfois, au contraire, le cadre des agents des Ponts et Chaussées et celui des agents voyers proprement dits est numériquement fixé d'une manière immuable. Il arrive alors que le recrutement des agents voyers est maintenu et que chacun de ceux qui disparaissent est remplacé par un nouvel agent du même ordre. Il peut être spécifié, tout en respectant la proportion numérique des cadres, que les divers arrondissements ou les diverses subdivisions pourront être indifféremment attribués, soit à des agents des Ponts et Chaussées, soit à des agents voyers. Cette combinaison est la meilleure, parce qu'elle donne plus de latitude au préfet pour l'affectation du personnel, soit pour le bien du service, soit pour la convenance particulière de chacun. Dans d'autres cas, on détermine à l'avance ceux des arrondissements ou celles des subdivisions qui doivent être confiées exclusivement à des agents des Ponts et Chaussées et réciproquement à des agents voyers.

En dehors du service actif, il y a les bureaux des ingénieurs et ceux des agents voyers d'arrondissement ou de l'agent voyer en chef.

Ces bureaux peuvent être tout à fait distincts et simplement juxtaposés; il y a, d'un côté, celui qui traite uniquement des questions qui concernent le service des Ponts et Chaussées et, de l'autre, celui qui s'occupe des affaires exclusivement vicinales.

Ils peuvent aussi être entièrement fusionnés en un seul bureau, soit pour le département, soit pour chaque arrondissement. On y traite alors indistinctement toutes les affaires, quelle que soit leur origine. Un même agent peut être chargé, par exemple, de faire en même temps la comptabilité du service des Ponts et Chaussées et celle du service vicinal, et cet agent peut être, suivant les circonstances, soit un agent des Ponts et Chaussées, soit un agent voyer. On admet alors une sorte d'équivalence de fonctions entre les conducteurs des Ponts et Chaussées et les agents voyers cantonaux, d'une part, et entre les adjoints techniques ou dames employées et les agents voyers auxiliaires ou surnuméraires, d'autre part.

La même équivalence de fonctions, lorsque les postes actifs ne sont pas immuablement attribués aux agents de l'une ou de l'autre catégorie, est admise pour les agents du service actif qui sont de même ordre, afin de permettre les permutations qui peuvent être commandées, soit par l'intérêt du service, soit par la convenance du personnel. C'est ainsi qu'un ingénieur ordinaire, par exemple, peut être remplacé, le cas échéant, par un agent voyer d'arrondissement et inversement. Cependant, pour ces emplois d'arrondissement, il arrive, le plus souvent, que les mêmes postes sont généralement toujours attribués soit à des ingénieurs, soit à des agents voyers d'arrondissement.

En dehors du personnel proprement dit, il y a les chefs cantonniers qui dirigent chacun une brigade de cantonniers ordinaires. Comme pour les subdivisions, les brigades peuvent être distinctes dans chaque service ou bien complètement fusionnées.

Les diverses organisations que l'on rencontre dans les départements résultent parfois, surtout lorsqu'elles sont anciennes, d'une simple situation de fait.

Dans d'autres cas, après la décision du Conseil général, statuant en vertu de la loi du 10 août 1871, le préfet a pris un arrêté portant règlement sur le personnel des agents voyers. Ce règlement, tout en consacrant la décision prise par l'assemblée départementale, règle en outre les diverses questions qui rentrent exclusivement dans la compétence du préfet.

Il arrive généralement que les dispositions ainsi déterminées sont préalablement soumises au Conseil général. Cette mesure peut être rendue nécessaire, notamment par la circonstance que les traitements des agents voyers sont fixés par le Conseil général (art. 11 de la loi du 21 mai 1836) et que la même assemblée, en réglant le budget départemental, fixe en même temps les crédits applicables aux dépenses du personnel des agents voyers, crédits qui, quoique prélevés sur les ressources propres au service vicinal, sont néanmoins incorporées au budget départemental.

Quelle que soit la combinaison adoptée, il est aisé de comprendre qu'il y a des avantages d'ordre général à recourir, dans la plus large mesure, à la fusion des deux services de voirie en un seul.

Le premier avantage consiste à n'avoir qu'une seule et même direction. Les affaires semblables et connexes sont nombreuses ; l'uniformité dans la tradition ne peut que

produire les meilleurs effets. Le public comprend difficilement que des questions analogues puissent être traitées
d'une manière différente suivant qu'il s'agit d'un service ou
d'un autre. Dans tous les cas, lorsqu'il y a fusion des services, la direction appartient à l'ingénieur en chef. En dehors
de toute question de personne, nul ne conteste qu'il y ait là,
en général, un avantage et une garantie. C'est ce qu'a
reconnu le ministre de l'intérieur, dans sa circulaire du
24 juin 1836, lorsqu'il a recommandé de mettre à profit le
zèle et les lumières des ingénieurs des Ponts et Chaussées
partout où ils peuvent accepter d'être chargés du service
vicinal.

Dès que la fusion s'étend à tous les agents du service actif,
le public, quelquefois très hésitant pour savoir à qui il doit
s'adresser pour traiter telle ou telle question qui l'intéresse,
sait toujours auprès de quel agent il doit se renseigner. Il
s'habitue à le mieux connaître et de ces relations, d'autant
plus étendues qu'elles s'appliquent à l'ensemble de la voirie,
naissent les plus grandes facilités pour traiter les affaires.

Les subdivisions, comprenant toutes les voies de communication du territoire correspondant, sont naturellement
plus ramassées ; d'où il suit que le centre en est plus à
portée du public intéressé, ce qui contribue à faciliter le
service.

Au surplus, l'unité dans la gestion facilite l'Administration
à tous points de vue. En voici des exemples, parmi beaucoup
d'autres :

Le subdivisionnaire, dans ses tournées, soit qu'il soit
amené à suivre une route ou un chemin vicinal, se trouve
toujours dans son service. Tous les parcours qu'il fait ont un
effet utile.

L'outillage (rouleaux compresseurs, tonneaux d'arrosage,
balayeuses, traîneaux chasse-neige, etc.) trouve son emploi
intégral, sans avoir à parcourir, en pure perte, des longueurs
parfois considérables pour se rendre en deux points différents
d'une même voirie.

Les affaires connexes qui nécessitent des conférences, parfois longues et difficiles, lorsque les services sont distincts,

se trouvent singulièrement facilitées avec la fusion. Dans les conférences mixtes, notamment, la position du service vicinal se trouve fortifiée. Il arrive en effet, si les services sont séparés, que les agents voyers ne participent pas à ces conférences où ils sont simplement entendus. Les conclusions à formuler appartiennent nécessairement et toujours à des agents délégués du Gouvernement qui ne peuvent être des fonctionnaires locaux et sont, dans l'espèce, les ingénieurs des Ponts et Chaussées (décret du 12 décembre 1884, modifiant les articles 12 et 16 du décret du 16 août 1853 et l'article 3 du décret du 8 septembre 1878, circulaire du ministre de l'intérieur du 22 janvier 1885). Avec la fusion, c'est aux agents chargés du service vicinal qu'il appartient de formuler eux-mêmes ces conclusions, puisqu'ils sont en même temps chargés du service des Ponts et Chaussées.

Enfin, et toujours au point de vue général, la fusion entraîne nécessairement avec elle des économies, aussi bien pour le Trésor que pour le budget local.

L'origine de ces économies est facile à comprendre. Il est naturellement plus économique de n'avoir à rétribuer qu'un seul chef de service au lieu de deux. Le budget local ne prend à sa charge, en faveur de l'ingénieur en chef, qu'une simple indemnité, toujours inférieure au traitement qu'il aurait fallu allouer à l'agent voyer en chef spécial. L'Etat, de son côté, bénéficie d'une retenue correspondante qui est opérée sur le traitement normal de l'ingénieur en chef, retenue qui est actuellement de 40 0/0 de l'indemnité locale.

A l'égard des ingénieurs et des agents voyers d'arrondissement, il saute aux yeux que, toutes les fois que la fusion s'étend aux arrondissements, le nombre total des agents de cet ordre est nécessairement moindre que dans le cas de services séparés. En outre, partout où il y a ingénieur ordinaire dont le traitement est imputé sur les fonds du Trésor, il y a à compter sur une économie spéciale, tant pour l'Etat que pour le département, économie qui résulte de considérations identiques à celles qui viennent d'être exposées pour l'ingénieur en chef.

Pour ce qui est des subdivisions, il n'est pas besoin d'insister pour faire comprendre que le nombre total des subdivisions est nécessairement moindre, lorsque la fusion s'étend à tous les agents du service actif, que dans le cas des services distincts. La réduction peut donc porter proportionnellement sur les agents payés sur les fonds du Trésor et sur ceux dont le traitement est imputé sur le budget départemental. D'où une diminution des charges respectives de l'Etat et du département.

Si la fusion s'étend, en outre, au bureau de l'agent voyer en chef ainsi qu'à ceux des arrondissements, ces bureaux peuvent subir certaines réductions, car il y a certaines opérations qui n'absorbent guère plus de temps lorsqu'elles se font à la fois pour les deux services que quand elles s'effectuent séparément. C'est encore là un avantage dont profitent proportionnellement l'Etat et le Département.

Ce qui a été dit pour les subdivisionnaires s'applique intégralement au cas des chefs cantonniers, lorsque les brigades comprennent à la fois les routes et les chemins.

148. *Assiette des chemins.* — La Commission départementale prononce le classement des chemins vicinaux ordinaires, et le Conseil général celui des chemins de grande communication et d'intérêt commun. Ils fixent en même temps la largeur à donner à la plateforme.

S'il s'agit d'un chemin vicinal ordinaire, le classement est précédé d'une reconnaissance par le maire et l'agent voyer, dont le procès-verbal est préalablement déposé à la mairie pendant 15 jours. Le Conseil municipal doit également donner son avis.

S'il s'agit d'un chemin à ouvrir, le classement est précédé des formalités indiquées ci-après pour le redressement des chemins.

S'il s'agit de classer un chemin de grande communication ou d'intérêt commun, le Conseil général statue, après avis des Conseils municipaux et d'arrondissement.

Lorsqu'un chemin n'a pas la largeur fixée par le classement, l'agent voyer dresse un plan parcellaire qui indique la plateforme et la limite des emprises comprenant les ouvrages accessoires. Ce plan, accompagné d'un état parcellaire, est soumis à une enquête dans la forme prescrite par la circulaire du 20 août 1825, modifiée par celle du 15 mai 1884, ou bien de l'ordonnance du 23 août 1835. Le Conseil municipal délibère et le Conseil général ou la Commission départementale statue suivant la catégorie de chemin.

La décision prise pour élargissement entraîne avec elle la translation de la propriété (sauf le cas de propriétés bâties) et la commune peut prendre possession préalablement au règlement de l'indemnité, moyennant une simple notification faite dix jours à l'avance, réserve faite du cas où il existe des arbres fruitiers ou de haute futaie (instruction générale, art. 21).

Si l'indemnité ne peut être réglée à l'amiable, elle est fixée par le juge de paix après expertise (IG. 23).

Lorsqu'il s'agit d'ouvrir ou de redresser un chemin, les agents voyers dressent un plan, un nivellement et un rapport, qui sont l'objet d'une enquête dans la forme de l'ordonnance du 23 août 1835. Le Conseil municipal délibère, et le Conseil général ou la Commission départementale statue, suivant le cas, pour prononcer la déclaration d'utilité publique.

Le plus souvent, on fait coïncider l'enquête d'utilité publique et l'enquête parcellaire, de manière à permettre l'application, s'il y a lieu, des formalités prévues par la loi du 3 mai 1841, sauf application de l'article 16 de la loi du 21 mai 1836.

Lorsqu'il s'agit de terrains bâtis, aussi bien pour élargissement que pour ouverture ou redressement, l'utilité publique est prononcée par décret.

Les aliénations et échanges de terrains sont réglés conformément au chapitre VII de l'instruction générale.

Les formalités pour l'étude des projets et pour l'occupation temporaire des propriétés privées sont celles qui résultent de la loi du 29 décembre 1892.

Les plans d'alignement sont dressés dans le même esprit que ceux des routes (circulaire du 10 décembre 1839, intérieur). Ils sont approuvés par le Conseil général, pour les chemins de grande communication et d'intérêt commun, et par la Commission départementale, pour les chemins vicinaux ordinaires. Préalablement à leur approbation, ils sont l'objet d'une enquête dans la forme de l'ordonnance du 18 février 1834, s'il s'agit de chemins de grande communication ou d'intérêt commun, ou de l'ordonnance du 23 août 1835, pour les chemins vicinaux ordinaires. Toutefois, dans le premier cas, on considère, comme on l'a déjà vu, que l'ordonnance de 1834 présente un appareil trop compliqué, peu favorable à la consultation du public intéressé, et on lui substitue l'ordonnance de 1835, plus conforme au but poursuivi.

RESSOURCES DU SERVICE VICINAL

147. *Nomenclature des ressources*. — Dans les travaux des routes nationales, les ingénieurs n'ont pas à se préoccuper de l'origine des ressources qui sont mises à leur disposition. Le ministre leur notifie les crédits nécessaires, pour chacun des chapitres du budget. Le mandatement des dépenses peut alors se faire dans la limite des ordonnances de délégations envoyées par le ministre.

Il n'en est pas de même au service vicinal. Les agents voyers collaborent à la création des ressources et à la formation des budgets communaux et départementaux. Il est indispensable qu'ils se pénètrent des dispositions de la loi du 10 août 1871 (modifiée par celles du 12 août 1875, 29 juin 1899, 8 juillet 1899, 9 juin 1907, 30 juin 1907) et du décret du 12 juillet 1893 sur la comptabilité départementale (modifié par ceux des 20 janvier 1900 et 2 décembre 1907). Ils doivent également connaître les dispositions de la loi du 5 avril 1884 sur l'organisation municipale (modifiée et complétée par celles du 22 mars 1890 et du 7 avril 1902) ainsi que de l'ordonnance du 28 janvier 1815, de la circulaire (intérieur) du 20 avril 1834, et de l'instruction du ministre des Finances du 20 juin 1859.

Les ressources applicables aux chemins vicinaux sont les suivantes (IG. 63) :

1° *Ressources créées par les communes.*

a) Ressources ordinaires (loi du 21 mai 1836, art. 2) :
— Revenus ordinaires ;
— Prestations en nature ;
— Centimes spéciaux ordinaires ;
b) Ressources extraordinaires :
— Centimes spéciaux extraordinaires (loi du 5 avril 1884, art. 141) ;
— Impositions extraordinaires autorisées par décisions spéciales ;
— Emprunts ;
— Allocation sur les fonds libres, sur les produits de coupes extraordinaires de bois, de ventes de terrains, etc.

2° *Ressources éventuelles.*

c) Souscriptions particulières ;
d) Subventions industrielles (loi du 21 mai 1836, art. 14) ;
e) Subventions départementales :
— Sur centimes spéciaux et sur centimes facultatifs (loi du 21 mai 1836, art. 8, et loi annuelle de finances) ;
— Sur imposition extraordinaire, ou sur emprunts autorisés par décisions spéciales ;
f) Subventions de l'Etat :
— Sur les fonds créés en vertu de la loi du 12 juin 1880 ;
— Sur d'autres fonds.
A ces ressources s'ajoutent les restes en caisse ou à recouvrer, à la clôture de chaque exercice, sur les fonds affectés au service vicinal l'année précédente.

a) *Ressources ordinaires communales.* — Les ressources applicables au service vicinal comprennent, en premier lieu, un prélèvement sur les revenus ordinaires disponibles au budget de la commune. On considère qu'il y a insuffisance des revenus ordinaires lorsque ceux-ci ne permettent pas de couvrir les dépenses auxquelles elles sont destinées et dans lesquelles sont comprises les dépenses obligatoires (loi du 5 avril 1884, art. 136).

Lorsque les dépenses prévues au budget communal ne

peuvent être couvertes par les ressources qui sont à la disposition du Conseil municipal, celui-ci peut voter des centimes en nombre suffisant pour couvrir la différence. Ce sont les centimes pour insuffisance de revenus. L'établissement de ces centimes est autorisé par le préfet lorsqu'il s'agit de dépenses obligatoires, et par décret dans les autres cas.

Lorsque les ressources spéciales du service vicinal (cinq centimes spéciaux et trois journées de prestations) sont insuffisantes, ce qui est assez général, les communes mettent à la disposition du service vicinal un prélèvement sur les centimes pour insuffisance de revenus, prélèvement qui est indiqué sous la rubrique de revenus ordinaires, malgré cette origine, dont les agents voyers n'ont pas à se préoccuper. Les prélèvements de cette nature, en faveur des chemins vicinaux, ne sont pas obligatoires pour les communes. Cependant, lorsque celles-ci se sont engagées à les fournir pour des chemins de grande communication ou d'intérêt commun, afin d'obtenir le classement par exemple, les communes peuvent être imposées d'office.

Il ne faudrait pas croire que les ressources provenant des centimes communaux pour insuffisance de revenus soient négligeables. Elles dépassent souvent de beaucoup les cinq centimes spéciaux créés par la loi du 21 mai 1836.

Les prestations en nature constituent une ressource que les communes sont obligées de voter, lorsque cela est nécessaire. Elles sont établies par journées suivant les divers éléments de travail imposables :

— Journée d'homme valide, entre 18 et 60 ans (IG. 76) ;
— Journée de bête de trait, de somme ou de selle (IG. 76) ;
— Journée de charrette ou voiture attelée (IG. 76) ;
— Journée de voitures automobiles ou tracteurs et voitures attelées (loi du 10 juillet 1901).

Les prestations doivent être, en principe, acquittées en argent d'après un tarif de journées fixé par le Conseil général (Loi du 10 août 1871, art. 46, § 7 ; loi du 10 juillet 1901). Mais les prestataires peuvent opter pour l'exécution des travaux en nature. Les conseils municipaux ne peuvent voter qu'un nombre entier de journées, dans la limite de trois au maximum.

Les cinq centimes spéciaux, lorsque les besoins de la vicinalité les rendent nécessaires, constituent, comme les prestations et les revenus ordinaires disponibles, une ressource que les Conseils municipaux sont obligés de voter.

— *Prestations.* — Le contrôleur des contributions directes, assisté du maire, des répartiteurs et du receveur municipal, rédige un état matrice des contribuables soumis à la prestation (IG. 81) et comprenant, avec le nom de chaque contribuable, le nombre des divers éléments imposables (IG. 84). Cet état est approuvé par le préfet, il est tenu à jour et renouvelé tous les quatre ans.

L'état matrice sert de base à la rédaction des rôles par le Directeur des contributions directes, d'après le nombre de journées votées par le Conseil municipal et le tarif voté par le Conseil général. Il peut être dressé des rôles supplémentaires (loi du 24 février 1900).

Le Directeur ayant rédigé le rôle, prépare des avertissements pour inviter chaque contribuable à opter ou non pour l'exécution en nature (IG. 87, 88, 89). Les déclarations d'option en nature sont reçues à la mairie sur un registre spécial (IG. 91), pendant un mois (IG. 92), après lequel le receveur municipal dresse un extrait de rôle comprenant seulement ces options en nature. Les non-options sont recouvrées par lui en argent (IG. 97).

Les demandes en dégrèvement sont instruites en conformité de l'article 94 de l'instruction générale.

— *Taxe vicinale.* — Les Conseils municipaux peuvent remplacer la prestation par des centimes communaux (loi du 31 mai 1903, art. 5. Loi du 19 juillet 1905, art. 5). Ces centimes sont soumis à des règles particulières sur lesquelles il y a lieu d'appeler l'attention.

Le rôle de la prestation ayant été arrêté par le Directeur des contributions directes, comme il a été dit, le remplacement de la prestation par des centimes peut porter :

— Soit sur la totalité ou sur une partie de la prestation individuelle considérée isolément ;

— Soit, après que celle-ci a été entièrement convertie, sur la totalité ou une partie de la prestation animaux et voitures.

Le remplacement ne peut se faire que par journées entières.

Il suit de là que les communes peuvent adopter l'une des combinaisons suivantes au nombre de six.

— Transformation de 1 journée de prestation individuelle ;

— Transformation de 2 journées de prestation individuelle ;

— Transformation de 3 journées de prestation individuelle ;

— Transformation de 3 journées comme ci-dessus avec 1 journée, animaux et voitures ;

— Transformation de 3 journées comme ci-dessus avec 2 journées, animaux et voitures ;

— Transformation de 3 journées comme ci-dessus avec 3 journées, animaux et voitures.

La partie de la prestation non transformée cumulée avec la taxe, donnent un produit équivalent au montant du rôle de prestations, mais, ce qui correspond à la taxe est remplacé par des centimes ou fractions de centimes communaux. Il en résulte, pour cette partie, que l'impôt à répartir entre les contribuables ne se fait plus suivant les éléments d'exécution imposables, hommes, animaux, voitures, mais bien suivant la base des quatre contributions directes.

La délibération du Conseil municipal qui vote la transformation est exécutoire par elle-même, tant que le nombre des centimes de remplacement est inférieur à vingt. Dans le cas contraire, il faut une autorisation du Conseil général.

La confection des rôles est soumise à des règles particulières, selon que les communes ont ou n'ont pas un receveur municipal spécial. On se reportera à cet égard aux circulaires du Directeur général des contributions directes du 4 novembre 1903 et du 31 juillet 1905.

Tout propriétaire ou usufruitier qui met à la charge de ses fermiers la contribution foncière des biens qu'ils tiennent à ferme ou à loyer, peut également mettre à leur charge la taxe vicinale afférente à ces biens (loi du 4 août 1844, art. 6, et du 19 juillet 1905, art. 5). Cette répartition ne peut se faire qu'à la demande des intéressés.

Les contribuables reçoivent un avis gratis comprenant un bulletin d'option en nature à détacher et à adresser au maire (circulaire du Directeur général de la Comptabilité publique du 4 février 1904, et du Directeur général des contributions directes du 3 juillet 1903).

Les rôles sont publiés le 1er novembre (circ. du Directeur général des C. D. du 4 novembre 1903). Le recouvrement des rôles incombe aux receveurs municipaux. Après la publication faite à leur diligence, ils envoient les avertissements (décret du 27 juin 1876, art. 6).

Les redevables peuvent se libérer en nature, lorsqu'ils ont opté pour ce mode de libération, pourvu que la taxe soit supérieure à un franc (loi du 31 mai 1903, art. 5, § 4).

Le délai d'option est d'un mois à dater de la publication du rôle (circ. du 3 novembre 1903, intérieur). A l'expiration de ce délai, le receveur municipal vérifie le registre d'option, et dresse un extrait de rôle qu'il envoie au service vicinal (circ. du 20 décembre 1903, intérieur; circ. du Directeur général de la Comptabilité publique du 4 février 1904 et 19 février 1906), pour ce qui doit être exécuté en nature.

Les non-options sont recouvrées par le comptable.

b) *Ressources extraordinaires communales.* — Les trois centimes extraordinaires spéciaux que les Conseils municipaux peuvent voter en vertu de l'article 141 de la loi municipale du 5 avril 1884, sont exclusivement réservés aux chemins vicinaux ordinaires. Ils sont facultatifs.

La dénomination « extraordinaire » qui leur est attribuée est peu en rapport avec les faits, car la plupart du temps, ils sont affectés à l'entretien et aux réparations. On pourrait donc les remplacer par un nombre égal de centimes pour insuffisance de revenus. Toutefois, le ministre de l'intérieur (circ. du 3 août 1867) les a exclu du maximum pour insuffisance de revenus, pour lequel les centimes doivent être approuvés, soit par le préfet, soit par décret.

Les emprunts sont votés directement par le Conseil municipal, lorsque la durée du remboursement n'excède pas trente ans et qu'ils sont gagés sur les ressources ordinaires du budget ou sur des centimes extraordinaires n'excédant pas le maximum fixé par le Conseil général (loi du 5 avril 1884, art. 141, modifié par la loi du 7 avril 1902).

Les emprunts qui n'excèdent pas trente ans doivent être approuvés par le préfet, lorsqu'ils sont gagés sur des centimes extraordinaires dont le *nombre excède la limite fixée* par le Conseil général, ou sur d'autres ressources extraordinaires.

Les emprunts dont la durée dépasse trente ans doivent être approuvés par décret.

— *Ressources éventuelles.* — Les ressources éventuelles comprennent les souscriptions particulières. Lorsqu'elles s'appliquent aux chemins vicinaux ordinaires, elles doivent être acceptées par le Conseil municipal et approuvées par le préfet (IG. 101). Si elles s'appliquent aux chemins de grande communication ou d'intérêt commun, elles sont acceptées par le préfet. Ces souscriptions ne doivent contenir aucune condition.

Les communes peuvent faire des offres pour contribuer à des dépenses afférentes à des travaux de chemins vicinaux ordinaires sur le territoire d'une commune voisine, ou encore en faveur des chemins de grande communication ou d'intérêt commun. Ces offres doivent être approuvées par le Conseil municipal de la commune intéressée dans le premier cas, sous l'approbation du préfet, et par le préfet dans le second cas.

Lorsque les offres ont été acceptées, elles constituent pour elles des engagements obligatoires (IG. 105); elles se placent sous la rubrique revenus ordinaires dans les budgets vicinaux.

Je traiterai à part les questions qui se rattachent aux subventions industrielles, ainsi que celles qui correspondent aux subventions allouées par l'État en vertu de la loi du 12 mars 1880.

Quant aux ressources que les départements consacrent à la vicinalité, elles se distinguent en ressources ordinaires et ressources extraordinaires.

Les premières se prélèvent sur les centimes ordinaires

sans affectation spéciale (loi du 10 août 1871, art. 58, § 1,
modifié par la loi du 30 juin 1907), sur les centimes pour
insuffisance de revenus (même article § 2) et sur les centimes
spéciaux ordinaires (même article § 3).

Il convient de remarquer une anomalie depuis longtemps
constatée, c'est que, sur les centimes ordinaires sans affectation spéciale, 8 seulement portent sur les quatre contribution, les autres ne portent que sur les deux premières.

Les recettes du budget départemental extraordinaires sont
celles qui figurent à l'article 59 de la loi du 10 août 1871,
modifié par celle du 30 juin 1907. Une partie de ces ressources peut être affectée aux dépenses extraordinaires de
la vicinalité.

RÉPARTITION DES RESSOURCES ET FORMATION
DES BUDGETS

148. *Ressources des chemins de grande communication et
d'intérêt commun.* — Les chemins de grande communication
et d'intérêt commun sont à la charge des communes. Le
département fournit seulement des subventions. Les communes sont donc appelées, en première ligne, à fournir les
ressources qu'elles doivent attribuer à ces chemins, ressources qui consistent :

1° En un prélèvement sur les ressources spéciales prévues
par l'article 2 de la loi du 21 mai 1836 (revenus ordinaires
disponibles, prestations et centimes spéciaux). Ce prélèvement forme ce qu'on appelle communément les contingents
communaux.

Ces contingents peuvent en principe s'appliquer aussi bien
à la construction qu'à l'entretien (loi du 21 mai 1836, art. 7),
alors que les ressources spéciales ne sont applicables qu'à
l'entretien des chemins vicinaux ordinaires (loi du 21 mai
1836, art. 2).

2° Les ressources extraordinaires communales qui peuvent
être offertes par les communes pour certains travaux déterminés.

3° Les subventions départementales et autres ressources éventuelles.

— *Contingents communaux.* — Le Conseil général désigne les communes qui sont appelées à fournir des contingents pour les chemins de grande communication et d'intérêt commun (loi du 21 mai 1836, art. 7; loi du 10 août 1871, art. 46, § 7). Ces communes sont celles que l'assemblée départementale considère souverainement comme intéressées à ces chemins, alors même que leur territoire ne serait pas traversé.

Les contingents sont fixés, chaque année, par le Conseil général, après avis des Conseils municipaux et d'arrondissement.

Après avoir prélevé, s'il y a lieu, la part des revenus ordinaires communaux disponibles applicables aux chemins de grande communication et d'intérêt commun, le Conseil général détermine, si ces revenus ne suffisent pas, le prélèvement à opérer sur les prestations et les centimes spéciaux ordinaires communaux. Ces prélèvements ne peuvent être de plus de deux tiers, séparément sur chacune de ces ressources, à l'égard des chemins de grande communication (Loi du 21 mai 1836, art. 8). Pour les chemins d'intérêt commun, les contingents peuvent absorber la totalité des ressources spéciales (décret du 12 juillet 1893, art. 53).

Pendant longtemps les contingents ont été fixés en nombres de journées et de centimes; aujourd'hui, on préfère les exprimer par la valeur correspondante en somme d'argent, en prenant la précaution de se tenir un peu au-dessous de la limite, afin de ne pas la dépasser dans le cas où les ressources effectivement réalisées seraient inférieures aux prévisions (décharges, non valeurs, etc.).

L'importance des contingents doit être proportionnée à l'intérêt que les chemins présentent pour chaque commune, en tenant compte des ressources et des besoins de ces communes.

A l'égard du prélèvement à faire sur les revenus ordinaires, il convient de remarquer que certaines communes s'engagent quelquefois, pour obtenir le classement dans la grande vicinalité, à offrir une participation à l'entretien en dehors de leurs ressources spéciales. Lorsque ces offres de concours sont acceptées, elles constituent un engagement dont elles ne peuvent se dégager, sans le consentement du Conseil général (IG. 105), alors même qu'elles devraient recourir à des centimes pour insuffisance de revenus pour y faire face. Ces offres communales figurent alors dans les contingents communaux, sous la rubrique revenus ordinaires.

— *État des contingents.* — Chaque année, avant le mois d'avril, les agents voyers d'arrondissement préparent l'état des contingents applicables aux chemins de grande communication et d'intérêt commun pour l'année suivante (état modèle n° 1, IG. 64). Cet état comprend deux parties. Dans l'une, les contingents sont présentés par chemin. On considère pour chacun des chemins la succession des communes intéressées et on inscrit dans les colonnes correspondantes la part des revenus, des prestations et des centimes spéciaux que l'on propose d'assigner.

Comme on connaît la somme totale nécessaire pour entretenir chaque chemin dans l'arrondissement, la subvention départementale s'obtient en retirant de cette somme l'ensemble des contingents proposés. C'est pourquoi, dans certains services, on a pris l'habitude d'indiquer le montant de cette subvention dans la colonne d'observations.

La part des contingents communaux, qui provient des revenus ordinaires et des centimes spéciaux, étant fournie en argent, il ne peut y avoir de ce côté aucune difficulté. Il n'en est pas de même de la prestation dont une partie peut être exécutée en nature au gré du contribuable. Il ne faut donc prendre sur la prestation que la quantité dont il sera possible d'assurer l'emploi. Pour cela, on suppute, d'après les résultats des années antérieures, quelle sera la part des contingents sur prestations qui pourra faire l'objet de non-options, ainsi que celle qui, ayant fait l'objet d'une option, ne sera néanmoins pas réellement exécutée en nature par le redevable (non-exécution). Ce qui reste doit pouvoir être employé en nature. Il convient dès lors de se rendre

30

compte de la possibilité d'utiliser ce reste, généralement à des transports de matériaux.

La seconde partie de l'état des contingents est dressée par commune et comprend, pour chacune, deux divisions, l'une pour les chemins de grande communication, l'autre pour les chemins d'intérêt commun.

On y inscrit les indications afférentes aux revenus ordinaires susceptibles d'être affectés aux chemins de grande communication et d'intérêt commun (ces ressources pouvant provenir, soit de véritables revenus ordinaires, soit de centimes pour insuffisance de revenus résultant d'offres communales). On inscrit également la valeur escomptée de la totalité du rôle de prestations pour l'année suivante, d'après les résultats acquis pour l'exercice antérieur. De la même manière, on marque la valeur totale présumée des cinq centimes spéciaux.

Ces indications étant données pour l'ensemble de la commune, on inscrit dans les colonnes correspondantes les contingents demandés pour chacun des chemins auxquels la commune est intéressée, en distinguant les prélèvements sur revenus, sur prestation et sur centimes. En totalisant à part ce qui a trait aux chemins de grande communication et d'intérêt commun, on peut vérifier, pour chacune des catégories, si la limite légale n'est pas dépassée (2/3 des prestations et des centimes pour les chemins de grande communication, et la totalité de ce qui reste pour les chemins d'intérêt commun).

La valeur du centime communal présente, en général, une certaine fixité d'une année à l'autre. Il en résulte qu'il n'est généralement pas à prévoir de difficulté sur ce point, pourvu que le contingent sur centime soit fixé quelque peu au-dessous de la limite. Il n'en est pas de même pour la prestation et il faut se donner une plus grande marge.

En outre, aux termes de l'article 96 de l'instruction générale, le préfet détermine, à la fin de chaque année, à quels chemins sont applicables les décharges, remises et non-valeurs (modèle n° 8).

L'imputation d'une partie de ces réductions aux chemins

de grande communication et d'intérêt commun présente de sérieux inconvénients, parce qu'elle laisse en suspens jusqu'à une époque tardive le montant définitif des contingents. C'est pourquoi, dans un bon nombre de départements, on applique toutes ces réductions à la part des prestations qui est réservée aux chemins vicinaux ordinaires, sauf à tenir compte de cette circonstance dans la détermination des contingents, afin que ceux-ci ne dépassent pas la proportion limite des ressources réelles.

Tant que la situation des chemins auxquels une commune est intéressée ne change pas, les contingents varient peu d'une année à l'autre. On peut donc s'inspirer des résultats obtenus les années antérieures.

S'il s'agit, pour un motif quelconque, de déterminer les contingents nouveaux à appliquer, par exemple s'il s'agit du classement d'un nouveau chemin, on peut s'inspirer des observations suivantes :

1° Les contingents totaux, pour chaque catégorie, tant sur prestation que sur centimes, ne doivent pas dépasser la limite légale ;

2° La partie du contingent sur prestation, présumée exécutable, en nature, doit pouvoir être utilement employée à des travaux nécessaires aux grands chemins, tels que transports de matériaux, cylindrages à traction animale, prestataires, manœuvre pour entretien, etc. ;

3° La partie des ressources réservée à la commune pour l'entretien des chemins vicinaux ordinaires à l'état de viabilité doit être suffisante pour assurer cet entretien. Toutefois, comme il est avéré que les ressources spéciales de la vicinalité sont insuffisantes dans la presque totalité des cas, on fera cette vérification en admettant que les ressources vicinales sont complétées par un prélèvement sur les revenus ordinaires (centimes pour insuffisance de revenus), dans la limite d'un nombre de centimes communaux que le Conseil général peut fixer dans une décision de principe, par exemple en prenant un nombre de centimes comparable à celui que s'impose le département pour la vicinalité.

— *Vote des contingents par les communes.* — Chaque

année, dans la session de mai, les Conseils municipaux sont appelés à voter les contingents, pour l'année suivante, des chemins de grande communication et d'intérêt commun (IG. 66).

— *Budget et subvention départementale.* — Après la session de mai des Conseils municipaux et avant la session d'août du Conseil général, l'agent voyer d'arrondissement présente à l'agent voyer en chef un projet de budget pour chacun des chemins de grande communication et d'intérêt commun (modèle n° 11), applicable à l'exercice suivant. Ce projet de budget indique le détail des dépenses à effectuer pour chaque chemin, en regard des ressources qu'on propose d'y appliquer, et qui comprennent non seulement l'entretien (contingents communaux et subvention départementale etc.), mais encore les travaux de grosses réparations et les travaux neufs.

Au vu de ces indications, l'agent voyer en chef formule ses propositions, pour être soumises au Conseil général (détermination des contingents, de la subvention départementale, etc.) (modèle n° 12, IG. 122). Il propose en même temps les crédits nécessaires pour les dépenses générales (traitement du personnel, frais d'impression, etc.).

Après les propositions ainsi formulées par l'agent voyer en chef, le préfet dresse le budget départemental qui peut renfermer, en ce qui concerne la vicinalité :

1° Les contingents communaux (et en outre, s'il y a lieu, les souscriptions particulières, les subventions industrielles dont je parlerai dans la suite, et les autres ressources éventuelles) ;

2° Les subventions allouées par le département pour l'entretien, les grosses réparations et les travaux neufs des chemins de grande communication et d'intérêt commun ;

3° Les subventions à accorder par l'Etat en vertu de la loi du 12 mars 1880, dont je parlerai plus loin.

— *Répartition des non-options.* — Au moment où le Conseil général arrête les contingents et le budget départemental, c'est-à-dire au mois d'août de l'année précédente, le montant des rôles n'est connu qu'approximativement. Néanmoins, on peut admettre que, le contingent étant déterminé en somme ferme et maintenu à une marge suffisante au-dessus de la limite, ce contingent pourra être effectivement réalisé. Mais il subsiste une autre indétermination, relativement à la quote part des non-options acquittables en argent qui sera attribuée aux divers chemins.

La valeur des non-options n'est connue que dans le courant de décembre, après la clôture des registres d'option. Il s'agit de les répartir. C'est là une opération qui est assez mal définie par les lois, règlements et instructions. M. Henry propose de suivre la marche suivante, qui est d'ailleurs appliquée en maints endroits.

Il admet que la Commission départementale est investie du pouvoir de répartir les non-options entre les divers chemins, par l'article 81 § 1 de la loi du 10 août 1871. Néanmoins, pour lever tous les doutes à cet égard, il conseille de faire donner à cette commission, une délégation par le Conseil général dont la compétence ne saurait être douteuse.

Les agents voyers présentent alors, pour être soumis à la Commission departementale, dans la réunion de janvier de chaque année, un état spécial pour la répartition des non-options entre les divers chemins.

— *Etat de répartition des ressources normales.* — Aussitôt que la distribution des non-options se trouve faite, les agents voyers dressent, pour être arrêté par le préfet, un état pour la répartition par commune, entre les divers chemins, des ressources normales créées par l'article 2 de la loi du 21 mai 1836, en distinguant, pour chaque chemin de grande communication et d'intérêt commun, et pour l'ensemble des chemins vicinaux ordinaires, les ressources afférentes aux revenus ordinaires, aux prestations, en séparant les options en nature des non-options, et enfin aux cinq centimes (modèle n° 14, IG. 126).

C'est en vertu des indications de cet état, combiné avec la formule n° 11 (budget) qui a été également approuvée par le préfet, que les agents voyers sont en mesure, dès le début de l'année, d'engager les dépenses afférentes aux grands chemins.

— *Spécialité des ressources vicinales.* — Les ressources créées par l'article 2 de la loi du 21 mai 1836 sont spéciales aux chemins vicinaux (sauf les exceptions prévues par l'article 21 de la loi du 31 juillet 1913 sur les voies ferrées d'intérêt local, et par la loi du 21 juillet 1870, en faveur des chemins ruraux, moyennant certaines conditions).

Il en est de même des autres prélèvements, tels que revenus ordinaires, qui sont également spécialisés en vertu de leur affectation, tant qu'un changement n'a pas été régulièrement opéré (IG. 131).

— *Budget supplémentaire.* — Comme il a été dit, les dépenses sont engagées d'après les indications des formules n° 11 et n° 14, qui sont conformes à celles du budget départemental primitif.

A la clôture de l'exercice précédent, les fonds devenus libres sur cet exercice sont cumulés, suivant leur origine, avec ceux de l'exercice en cours, pour former ce qu'on appelle le budget supplémentaire départemental, qui comporte en conséquence une modification des crédits du budget primitif.

Le budget primitif avait été voté en session d'août de l'année précédente, le budget supplémentaire est voté à la session d'avril de l'année en cours. Ils sont tous deux arrêtés, en leur temps, par des décrets.

Dans certains cas, il est nécessaire de modifier à d'autres époques certains articles du budget. Ces changements sont désignés sous le nom de décisions modificatives. Elles doivent être votées par le Conseil général et arrêtées par décret.

On conçoit facilement l'importance que présente le budget supplémentaire départemental, au point de vue de la vicinalité. A l'époque où il est voté, l'importance des ressources est mieux connue qu'une année avant, lorsqu'on arrêtait l'état des contingents, etc. En outre, en raison de la spécialité des ressources, tout ce qui reste des crédits afférents à la vicinalité forme un reliquat qui leur reste applicable l'année suivante, en raison de cette fiction que les dépenses imputées sur les crédits du budget départemental sont considérées comme étant prélevées d'abord sur la subvention départementale ; dès lors ce reliquat constitue un reste des ressources spéciales qui ne peuvent être détournées de leur affectation.

Pour permettre au préfet de dresser le budget supplémentaire du département, les agents voyers préparent, aussitôt après la clôture de l'exercice, c'est-à-dire après le mois de février, le budget supplémentaire particulier de chaque chemin (IG. 126, modèle n° 15). On y inscrit en ressources les restes en caisse, les sommes restant à recouvrer de l'exercice précédent et les ressources qui ont pu être créées depuis la rédaction du budget primitif.

On porte en dépenses les sommes restant dues à la clôture de l'exercice précédent et celles qui, n'ayant pas été employées, doivent conserver une affectation spéciale.

Enfin, on propose l'emploi des ressources nouvelles et de celles qui, étant libres sur les prévisions du budget du chemin, peuvent recevoir une autre destination.

Le budget supplémentaire devient ainsi le véritable budget des chemins de grande communication et d'intérêt commun, dès qu'il a reçu l'approbation du Conseil général et la sanction du décret approbatif.

149. *Chemins vicinaux ordinaires. — Budget primitif.* — A l'égard des chemins vicinaux ordinaires, l'article 65 de l'instruction générale prescrit à l'agent voyer cantonal de dresser, chaque année, du 1er au 15 avril, un état sommaire indiquant :

— Les dépenses à faire pendant l'année suivante, tant pour l'entretien que pour l'achèvement de ces chemins ;

— Les ressources qui pourront être affectées à ces dépenses (modèle n° 2, qui comprend aussi la proposition d'emploi du reliquat de l'exercice précédent, dont j'aurai à m'occuper tout à l'heure).

Cet état (modèle n° 2), vérifié par l'agent voyer d'arrondissement et présenté par l'agent voyer en chef, est transmis au maire pour être soumis au Conseil municipal dans sa session de mai, avec l'arrêté de mise en demeure d'avoir à voter l'emploi des prestations et des cinq centimes spéciaux, conformément à l'article 5 de la loi du 21 mai 1836 (modèle n° 3) Cet état (modèle n° 2) comprend également les contingents des chemins de grande communication et d'intérêt commun, conformément aux chiffres inscrits sur l'état des contingents (modèle n° 1).

La délibération du Conseil municipal (modèle n° 3) est transmise à la préfecture dans les quinze jours qui suivent la clôture de la session de mai, elle est notifiée à l'agent voyer en chef.

Il convient de remarquer que c'est à la session de mai que les Conseils municipaux sont appelés à voter le budget communal primitif. C'est donc à l'aide des indications de la formule n° 2 que les assemblées municipales déterminent les ressources applicables à la vicinalité en regard des dépenses correspondantes à prévoir; or, le modèle n° 3, qui est le seul notifié aux agents voyers, ne mentionne pas explicitement le crédit destiné aux chemins vicinaux ordinaires; le Conseil municipal fait seulement connaître qui déterminera ultérieurement l'emploi des ressources.

Ce n'est qu'à la session de novembre (IG. 124) que le Conseil municipal est appelé à délibérer sur l'emploi des ressources afférentes à l'année suivante, d'après le budget préparé par l'agent voyer cantonal, de concert avec le maire et vérifié par l'agent voyer d'arrondissement (modèle n° 13).

— *Budget additionnel.* — Avant la session de mai, ainsi que je l'ai dit, les agents voyers dressent le modèle n° 2 qui comprend, outre les propositions d'emploi des ressources prévues pour l'année suivante, celles qui s'appliquent à l'utilisation, pendant l'année courante, du reliquat provenant des ressources non dépensées l'année précédente.

Le Conseil municipal est dès lors saisi de la question et statue en tenant compte des indications de la formule 3 (IG. 66). D'un autre côté, la même assemblée arrête, dans la même session de mai, le budget additionnel.

Comme les chapitres additionnels peuvent s'appliquer à d'autres ressources qu'à celles du reliquat, notamment pour des prélèvements sur revenus ordinaires, et que la formule n° 3 ne s'applique qu'au reliquat, il en résulte que l'agent voyer n'est pas avisé de ces ressources.

— *Autorisations spéciales.* — Les Conseils municipaux peuvent ouvrir des crédits par des autorisations spéciales, qui doivent être notifiées à l'agent voyer ainsi qu'au receveur municipal.

— *Inconvénients de l'organisation réglementaire.* — Le budget communal primitif est arrêté au cours de la session de mai. Il est notifié au receveur municipal dès son approbation et dans sa forme définitive. A ce moment, l'agent voyer n'a connaissance que du contenu de la formule nº 3, qui ne mentionne explicitement aucun crédit et par laquelle le Conseil municipal annonce qu'il déterminera ultérieurement l'emploi des ressources. Ce n'est qu'à la session de novembre qu'il est appelé à se prononcer à ce sujet, conformément à la formule nº 13 qui donne la répartition du crédit voté au budget primitif. C'est au moyen de cette formule nº 13 que l'agent voyer est en mesure de connaître les crédits de la petite vicinalité. Le receveur municipal n'a pas connaissance de la formule nº 13.

Ainsi, les crédits ne sont pas notifiés de la même manière au receveur municipal et à l'agent voyer, et les documents dont ils sont saisis sont arrêtés à la session de mai pour le premier, moyennant le budget général, et à la session de novembre pour le second, moyennant la formule nº 13 qui se présente sous une forme différente.

Ces deux agents doivent dresser à la fin de chaque exercice le compte-rendu des opérations, de manière à faire ressortir le reliquat, qui doit être le même pour chacun d'eux. On constate qu'il n'en est jamais ainsi.

— *Combinaison pour y obvier.* — Pour éviter les inconvénients signalés, il est indispensable que les renseignements soient fournis au comptable et à l'agent voyer dans des termes identiques.

A cet effet, dans quelques départements, la Marne et l'Aisne notamment, le service vicinal dispose de deux formules qui sont les extraits textuels des budgets primitifs et additionnels de la commune, formules qui remplacent les modèles nᵒˢ 2, 3 et 13. Il y a toutefois une légère différence entre ces formules et le budget général, en ce sens que la formule du budget primitif utilisée contient, en tête, le prélèvement sur l'ensemble des revenus ordinaires de la commune. Cet article ne correspond naturellement à aucun article du budget général. De la même manière, dans la formule du budget additionnel utilisée, le prélèvement sur les fonds libres ne correspond pas davantage à un article du budget additionnel général.

En ce qui concerne le prélèvement sur les ressources normales, le receveur municipal en est expressément avisé par la formule n° 14 (Règlement général, art. 72).

Dans ces conditions, les Conseils municipaux sont saisis au moyen de deux formules qui sont la reproduction du budget général, au cours de la session de mai, c'est-à-dire dans la session même où sont arrêtés les budgets primitifs et additionnels. L'assemblée municipale ne peut donc que reproduire les chiffres mêmes des budgets généraux.

Enfin, pour que le receveur municipal, qui peut, à la rigueur, perdre de vue les documents sur lesquels il peut trouver les prélèvements sur les revenus ordinaires (budget primitif), ou les prélèvements sur les fonds libres (budget additionnel), on prend la précaution d'insérer, dans la contexture des budgets généraux primitifs et additionnels, des indications suffisantes, en regard des dépenses des chemins vicinaux.

— *Observation.* — Il convient de remarquer que les budgets communaux comprennent toutes les ressources de provenance communale applicables aux chemins de toute catégorie, y compris celles qui sont susceptibles d'être exécutées en nature. Ces ressources, en ce qui concerne les contingents des chemins de grande communication et d'intérêt commun, ne sont portées en dépense qu'en bloc, en vertu d'un titre de recouvrement dressé par le préfet, qui invite le receveur municipal à en effectuer le versement dans la caisse du département.

Il est d'ailleurs entendu qu'on ne porte au budget du département que les ressources susceptibles d'être fournies en argent. Les titres de recouvrement dressés par le préfet, au fur et à mesure que les ressources à réaliser se précisent, ne contiennent que des ressources en argent (non-options et non-exécutions).

EXÉCUTION DES TRAVAUX

150. *Généralités.* — Les travaux des chemins de grande communication et d'intérêt commun sont exécutés sous la surveillance des agents voyers et sous l'autorité du préfet. Ceux des chemins vicinaux ordinaires sont effectués sous l'autorité des maires. Dans tous les cas, aucune dépense en nature ou en argent, quelle qu'en soit l'importance, ne doit être admise dans les comptes qu'après avoir été reconnue, vérifiée et certifiée par les agents du service vicinal (IG. 131).

151. *Prestations et travaux en nature.* — *Epoques d'exécution de la prestation.* — Les travaux des prestations sont exécutés chaque année aux époques fixées par le règlement préfectoral (art. 20). Un arrêté spécial détermine, chaque année, l'époque des travaux des prestations applicables aux chemins de grande communication et d'intérêt commun, époque qui peut être changée par un nouvel arrêté, à la demande du maire et du Conseil municipal et sur le rapport des agents voyers.

Les prestations ne peuvent être exécutées que dans l'année pour laquelle elles ont été votées.

Les époques doivent être choisies pour ne pas gêner la culture. Il y a intérêt à ne pas trop retarder l'exécution, faute de quoi les prestations non exécutées ne pourraient être recouvrées en argent en temps utile.

. — *Prestations à la journée.* — Les prestations peuvent être exécutées, soit à la journée, soit à la tâche.

La durée du travail, dans le cas des prestations à la journée, est fixée par le règlement général (article 21). Lorsque les prestataires doivent se rendre hors de la commune, le temps employé, à l'aller et au retour, est compté dans la journée.

— *Etat d'indication, modèle n° 16.* — On se souvient que,

à la clôture du registre des options, le receveur municipal doit faire parvenir un extrait de rôle (modèle n° 6), applicable à la prestation à exécuter en nature. D'autre part, la partie des ressources normales afférentes aux diverses parties des chemins a été fixée par l'état de répartition (modèle n° 14).

C'est alors que l'agent voyer cantonal et le maire se concertent, chaque année, pour déterminer :

1° La répartition des travailleurs entre les divers chemins ;

2° Les jours d'ouverture et de clôture des travaux de prestation, pour chaque chantier.

C'est dans ces conditions que l'agent voyer de canton est appelé à dresser, pour chaque chemin de grande communication et d'intérêt commun, et pour les chemins vicinaux ordinaires, un état (modèle n° 16), qui porte le nom d'état d'indication et qui comprend la liste des prestataires appelés, avec la nature et le nombre de journées qui leur sont demandées (IG. 134).

Cinq jours au moins avant l'époque fixée pour l'ouverture des travaux, le maire fait parvenir à chaque contribuable un bulletin (modèle n° 17), portant réquisition de se rendre, muni des outils indiqués, tel jour, à telle heure, à tel endroit (IG. 135). Si un prestataire est empêché, il doit prévenir 24 heures à l'avance, et sa prestation pourra être remise à un autre moment (IG. 135).

La surveillance des ateliers est confiée à un surveillant désigné de concert par le maire et l'agent voyer, ce surveillant est ordinairement le cantonnier (IG. 137). On lui remet l'état d'indication. Il fait l'appel, note les absents, et tient note du compte des journées effectuées par chacun (IG. 138).

A la fin de chaque journée, le surveillant indique au dos du bulletin de réquisition, le nombre et l'espèce des journées ou fractions de journées exécutées. Il acquitte les journées faites dans la colonne d'émargement de l'état d'indication (modèle n° 16, IG. 142).

A la fin des travaux, l'état n° 16, émargé pour les travaux faits, est remis à l'agent voyer cantonal.

La réception des travaux faits sur les chemins de grande

communication et d'intérêt commun est faite par l'agent voyer cantonal en présence du maire. Pour les chemins vicinaux ordinaires, elle est faite par le maire.

L'agent voyer inscrit alors le décompte résumé des travaux faits à la dernière page de l'état n° 16, et porte le résultat en dépense sur son carnet d'attachement. Il émarge en même temps, d'une manière correspondante, l'extrait de rôle (modèle n° 6), après quoi, il adresse l'état n° 16 à l'agent voyer d'arrondissement qui, après inscription sur son registre de comptabilité, le transmet au receveur municipal, par l'intermédiaire du receveur des finances.

Le receveur municipal émarge alors, sur le rôle général de la commune, les parties de cotes exécutées en nature ; il totalise et inscrit le montant en un seul article sur son registre à souches. C'est ainsi que, pour les travaux en nature, on constate les dépenses.

Quant aux journées ou parties de journées qui n'ont pas été exécutées en nature (non-exécutions), le receveur municipal en opère le recouvrement dans la caisse communale. Il convient alors de faire verser par la commune, en recettes, au budget départemental, les prestations non exécutées sur les chemins de grande communication et d'intérêt commun. A cet effet, l'agent voyer d'arrondissement adresse à l'agent voyer en chef, pour chaque chemin de grande communication et d'intérêt commun, un état modèle n° 18, faisant connaître par commune, d'après le relevé des états n° 16, le montant des prestations demandées et celui des prestations exécutées. Cet état n° 18 est adressé par l'agent voyer en chef au préfet pour servir de titre de recette au Trésorier général, pour encaisser les non-exécutions au budget départemental (IG. 147).

— *Prestations à la tâche* — Les communes peuvent adopter, conformément à l'article 4 de la loi du 21 mai 1836, un tarif pour la conversion en tâches des journées de prestations. Dans ce cas, le préfet, pour les chemins de grande communication et d'intérêt commun, et le maire, pour les chemins vicinaux ordinaires, décident si ce tarif sera appliqué à tout ou partie des travaux de prestation (IG. 144).

— *Délai d'exécution*. — Avec l'exécution en tâches, les prestataires ont plus de latitude qu'avec l'exécution à la journée. On donne à chacun une tâche à exécuter et le délai pendant lequel il doit l'être ; à cet effet, et pour fixer ce délai, le maire et l'agent voyer se concertent.

— *État d'indication*, *modèle n° 16 bis*. — Après entente avec le maire, l'agent voyer dresse la liste des contribuables qui sont appelés à travailler sur chaque chemin, avec indication de la cote ou partie de cote afférente au chemin, la quantité de travail à effectuer, les prix du tarif correspondant et enfin la dépense.

Le maire adresse à chaque contribuable un bulletin (modèle n° 17 *bis*) indiquant les travaux à faire, leur emplacement, ainsi que le délai d'exécution (IG. 145).

La réception des travaux, après le délai fixé, est faite, le prestataire dûment convoqué, par le maire assisté de l'agent voyer. La partie du travail en nature est constatée et émargée. La partie non exécutée est recouvrable en argent. On suit à ce moment les mêmes règles que pour la prestation à la journée.

— *Taxe vicinale*. — Les redevables de la taxe vicinale peuvent se libérer en nature, pourvu que la taxe ne soit pas inférieure à 1 franc, conformément à la loi du 31 mars 1903 (art. 5, § 4).

Les options se font dans une forme analogue à la prestation (circ. intérieur, du 3 novembre 1903). La libération en nature est soumise aux dispositions qui régissent la prestation. Elle s'effectue, soit en journées, soit en tâches, d'après un tarif de conversion approuvé par la Commission départementale, sur la proposition du Conseil municipal (loi du 31 mars 1903, art. 5, §§ 5 et 6).

A cet effet, un état d'indication des travaux à exécuter en nature (modèle n° 16 A, en cas de suppression totale de la prestation, circ. du 3 novembre 1903 ; n° 16 B, en cas de suppression partielle, circ. du 30 mai 1906) est dressé par l'agent voyer cantonal. Le maire fait remettre à chaque contribuable un avis gratis (1° journées, n° 17 A, en cas de remplacement total ; n° 17 B, en cas de remplacement partiel, circ. du 20 mars 1905 ; 2° tâches, n° 17 *bis* A et n° 17 *bis* B).

Le travail exécuté, l'état d'indication mentionnant les travaux exécutés est adressé, avec un extrait (modèle n° 16 C, circ. du 30 mai 1906), par l'agent voyer d'arrondissement au receveur des finances qui le fait parvenir au percepteur ou au receveur municipal.

Au fur et à mesure de la réception des pièces, le percepteur émarge sur les rôles les cotes exécutées en nature et mentionne sur les mêmes rôles les cotes qui, déclarées acquittables en travaux, doivent être recouvrées en argent pour non-exécution.

Dans le cas où la prestation coexiste avec la taxe, l'exécution partielle est toujours présumée en acquit de la taxe.

Les extraits (n° 16 C) sont portés en recettes au titre des contribution s directes et non pas au compte de la commune comme pour les prestations. En fin de dizaine, lorsque ces extraits ont été centralisés par le Trésorier payeur général, celui-ci soumet à la signature du préfet un mandat portant attribution aux communes des taxes acquittées en nature. Le mandat signé, le trésorier en avise les comptables intéressés. Chacun d'eux se charge alors, en recette, des taxes vicinales acquittées en nature au compte de la commune et en fait simultanément dépense au même compte (circulaire du Directeur général de la Comptabilité publique du 19 février 1906).

A l'égard des cotes exigibles en argent, on considère que la taxe, qui est constituée par des centimes additionnels, doit être recouvrée comme en matière de contributions directes.

— *Remarque.* — Avec la prestation en nature, la base de l'impôt est l'élément même de travail, compté par unité de temps d'emploi, la journée. Dans ces conditions, la jurisprudence s'était nettement établie ; on ne pouvait demander au contribuable que des travaux susceptibles d'être faits en nature avec les éléments pour lesquels il était imposé et pour la durée correspondante.

Avec la taxe vicinale, les éléments d'exécution disparaissent à la base de la répartition de l'impôt qui résulte des contributions directes. Le service vicinal ne dispose d'aucun élément pour connaître les moyens d'exécution en nature dont le redevable dispose, de sorte que, s'il opte pour l'exécution en nature, on ne peut savoir la nature du travail à demander.

Jusqu'ici aucune difficulté n'a été signalée, probablement parce que la taxe vicinale est généralement recouvrée en argent, soit comme non-option ou comme non-exécution.

— *Souscriptions particulières en nature.* — Les souscriptions particulières sont acceptées par le Conseil municipal sous l'approbation du préfet, pour les chemins vicinaux ordinaires, et par le préfet, pour les chemins de grande communication et d'intérêt commun, sur la proposition de l'agent voyer en chef (Loi du 21 mai 1836, art. 7, IG. 101. Décret du 12 juillet 1893, art. 54). Lorsque ces souscriptions sont acquittables en nature, il est procédé à l'exécution comme en matière de prestations.

Pour ce qui est de la partie à recouvrer en argent, s'il s'agit de travaux applicables aux chemins de grande communication et d'intérêt commun, le recouvrement s'opère directement dans la caisse départementale, à l'aide d'un titre de recouvrement délivré par le préfet et par les soins du Trésorier payeur général. S'il s'agit de chemins vicinaux ordinaires, le recouvrement se fait conformément à l'article 154 de la loi du 5 avril 1884 (IG. 102).

— *Subventions industrielles.* — Lorsqu'un chemin vicinal est dégradé extraordinairement dans les conditions prévues par l'article 14 de la loi du 21 mai 1836, par un industriel, celui-ci peut être imposé à payer soit en nature, soit en argent, à son choix, le montant des dépenses qui correspondent aux dégradations qui lui incombent. Dès que le montant de ces dégradations est déterminé, conformément à ce qui sera expliqué, soit à la suite d'un accord amiable avec approbation de la Commission départementale (IG. 115), soit par voie contentieuse (IG. 113), il est procédé à l'exécution des travaux, comme en matière de prestation.

Le recouvrement de la partie acquittable en argent s'opère

d'une manière analogue à ce qui a été dit pour les souscriptions particulières.

151. *Travaux à prix d'argent. — Dispositions générales.* — Les travaux à prix d'argent doivent être exécutés par adjudication

Toutefois, il peut être traité de gré à gré :

1° Pour les ouvrages ou fournitures dont la dépense n'excède pas 3.000 francs ;

2° Pour ceux dont l'exécution ne comporterait pas les délais d'une adjudication ;

3° Pour ceux qui, par leur nature, ou leur spécialité, exigeraient des conditions particulières d'aptitude de la par · de l'entrepreneur ;

4° Pour ceux, enfin, pour lesquels l'adjudication n'aurait pas abouti.

Les travaux peuvent aussi être exécutés en régie, soit en cas d'urgence, soit lorsque les autres modes d'exécution sont reconnus impossibles ou moins avantageux. Une autorisation n'est pas nécessaire lorsqu'il s'agit d'une dépense inférieure à 300 francs (IG. 149. Décret du 12 juillet 1893, art. 102).

Les projets de travaux sont approuvés par le préfet, sur l'avis du Conseil général, pour les chemins de grande communication et d'intérêt commun, et par le préfet, pour les chemins vicinaux ordinaires (IG. 150). Les entrepreneurs sont soumis aux clauses et conditions générales annexées au règlement général (art. 39).

Les projets de travaux exécutés en vertu de la loi du 12 mars 1880 sont soumis à des règles spéciales édictées par l'instruction du 25 mars 1893.

L'approbation des budgets n° 11 et l'approbation des projets entraîne l'autorisation d'exécuter en régie les travaux qui sont imputés pour cet objet dans la formule n° 11, et sur la somme à valoir, dans le second cas.

Les adjudications sont soumises à des règles analogues à celles qui sont prescrites pour les travaux des Ponts et Chaussées. Elles sont détaillées aux articles 152 et suivants de l'instruction générale. Le bureau qui procède aux adjudications est présidé par le préfet ou son délégué, lorsqu'il s'agit de chemins de grande communication et d'intérêt commun ; il est assisté de deux conseillers généraux ou d'arrondissement. Il est présidé par le maire ou son adjoint, assisté de deux conseillers municipaux, dans le cas des chemins vicinaux ordinaires.

Les marchés de gré à gré sont passés dans les formes prescrites par les articles 165 et suivants de l'instruction générale.

Les travaux en régie donnent lieu à l'application des mesures prévues par les articles 169 et 170.

Les réceptions sont faites, pour les chemins de grande communication et d'intérêt commun, par l'agent voyer, en présence de l'entrepreneur dûment convoqué (IG. 171). Pour les chemins vicinaux ordinaires, elles sont faites par le maire, en présence de l'agent voyer, l'entrepreneur dûment convoqué (IG. 172).

Il est dressé procès-verbal de ces réceptions (IG. 173).

— *Cantonniers.* — Les cantonniers des chemins de grande communication et d'intérêt commun sont nommés par le préfet, ceux des chemins vicinaux ordinaires par le maire, sur la proposition de l'agent voyer en chef dans le premier cas, et de l'agent voyer cantonal dans le second. Ils sont soumis à un règlement arrêté par le préfet, qui est analogue à celui des cantonniers des routes nationales.

COMPTABILITÉ. TENUE DES BUREAUX

155. *Comptabilité de l'agent voyer cantonal.* — L'agent voyer cantonal tient un carnet d'attachement (modèle n° 19, IG. 177 et suivants) tout à fait analogue à celui du subdivisionnaire des Ponts et Chaussées. Les inscriptions des dépenses des diverses natures s'y fait de la même manière, en ce qui concerne les travaux à prix d'argent. Pour les dépenses en nature, on porte la récapitulation des états, modèle n° 16, à l'égard des prestations et taxes, le résumé des travaux faits en nature, à l'égard des souscriptions en nature et des subventions industrielles.

Toutes les dépenses constatées par l'agent voyer cantonal sont reportées sommairement dans un registre analogue au sommier du subdivisionnaire, appelé livre de comptabilité de l'agent voyer cantonal, et qui comprend trois parties : chemins de grande communication, chemins d'intérêt commun, chemins vicinaux ordinaires.

Les deux premières parties sont semblables et comprennent un répertoire, puis, pour chaque chemin, un compte dans lequel on inscrit, en trois divisions séparées : entretien, grosses réparations, travaux neufs, le montant total de chaque pièce de dépense (IG. 188).

La troisième partie s'applique aux chemins vicinaux ordinaires et comprend un répertoire des communes, puis, pour chacune de celles-ci, un compte (n° 26 d) sur lequel on inscrit, en trois divisions, comme ci-dessus, le montant de chaque pièce de dépense.

En outre, le registre comprend, par commune, un compte récapitulatif des certificats de paiement et des mandats délivrés (n° 26, E, IG. 189).

Un compte, pour ordre, de l'emploi de la prestation applicable aux différentes catégories de chemins est établi par l'agent voyer cantonal (n° 26 F), à la fin de son registre (IG. 190).

A la fin de chaque mois, l'agent voyer cantonal adresse les pièces de dépenses à l'agent voyer d'arrond:sement (IG. 191).

A la fin de chaque trimestre, il adresse également un état sommaire par commune, indiquant la situation des dépenses des chemins vicinaux ordinaires (n° 31, IG. 192).

A la fin de l'année, il dresse, pour les chemins vicinaux ordinaires, les décomptes des entreprises qui n'ont pas fait l'objet d'une réception provisoire ou définitive, et les notifie aux entrepreneurs, conformément aux clauses et conditions générales (IG. 193).

Enfin, à la clôture de l'exercice et pour les chemins vicinaux ordinaires, il dresse des états faisant connaître, pour toutes les communes de la subdivision :

1° Les ressources constatées (n° 33) ;

2° Les dépenses effectuées (n° 34) ;

3° L'état d'avancement des chemins (n° 35 et 35 *bis*) ;

4° Des renseignements statistiques (n° 36).

Ces états sont adressés le 10 mai à l'agent voyer d'arrondissement, qui les certifie et les transmet le 25 mai à l'agent voyer en chef, qui les vérifie et les transmet à son tour au préfet, pour être soumis au Conseil général (IG. 194).

158. *Comptabilité de l'agent voyer d'arrondissement.* — L'agent voyer d'arrondissement centralise et coordonne les résultats fournis par l'agent voyer cantonal. Il dresse à la fin de chaque mois, pour les chemins de grande communication et d'intérêt commun :

1° Le décompte des cantonniers ;

2° L'état récapitulatif des dépenses en régie ;

3° Les propositions de paiement aux entrepreneurs.

Il les envoie visés par lui à l'agent voyer en chef avec les pièces de dépense, le tout sous bordereau.

En ce qui concerne les chemins vicinaux ordinaires, il vise les pièces qui lui sont adressées par le subdivisionnaire et les lui retourne pour être adressées au maire, en vue du mandatement (IG. 201).

La réception des matériaux donne lieu à un procès-verbal, comme dans le service des Ponts et Chaussées.

Tous les faits de comptabilité concernant l'arrondissement sont classés dans un registre qui comprend trois parties, pour chaque catégorie de chemins.

Les deux premières parties (chemins de grande communication et d'intérêt commun) sont identiques. Elles comprennent un répertoire formant table des matières, et une série de comptes ouverts, entreprises, régie, cantonniers, indemnités de terrains, etc., dommages, dépenses diverses, un compte-rendu par chemin de l'emploi de la prestation (IG. 203).

A la fin de chaque trimestre, l'agent voyer d'arrondissement dresse des états sommaires des dépenses afférentes aux chemins de grande communication et d'intérêt commun, pour les adresser à l'agent voyer en chef (IG. 201).

A la fin de l'année, il dresse pour les chemins de grande communication et d'intérêt commun, les décomptes des entreprises qui n'ont pas fait l'objet d'une réception provisoire ou définitive ; il les notifie aux entrepreneurs et les adresse à l'agent voyer en chef (IG. 205).

A la clôture de l'exercice, il prépare, par ligne, pour les chemins de grande communication et d'intérêt commun, les états nos 33, 34, 35 et 36, analogues à ceux dressés par le subdivisionnaire pour la petite vicinalité, et les adresse à l'agent voyer en chef.

157. *Comptabilité de l'agent voyer en chef.* — L'agent voyer en chef centralise les faits de dépenses qui résultent des pièces fournies par les agents voyers d'arrondissement et celles dont il rend personnellement compte. Il les inscrit sur un registre qui comprend trois parties : chemins de grande communication, chemins d'intérêt commun, dépenses dont il rend personnellement compte.

Les deux premières, qui sont identiques, comprennent :

1° La situation des dépenses, par chemin et par arrondissement ;

2° Le journal des certificats de paiement délivrés par l'agent voyer en chef, avec inscription des mandats délivrés correspondants ;

3° L'état, par chemin, des certificats délivrés, avec distinction de l'objet de la dépense et de son imputation.

La troisième partie comprend :

1° Un état des dépenses du personnel des agents voyers ;

2° Un état des dépenses diverses dont l'agent voyer en chef rend personnellement compte (IG. 207).

L'agent voyer en chef tient, pour les chemins de grande communication et d'intérêt commun, un livre spécial des comptes ouverts aux entreprises.

Les certificats de paiement, délivrés par l'agent voyer en

chef, sont adressés au préfet, accompagnés des pièces justificatives (IG. 209).

A la fin de l'année, l'agent voyer en chef dresse un tableau sommaire des certificats délivrés pour les entreprises de grosses réparations et de travaux neufs en cours d'exécution sur les chemins de grande communication et d'intérêt commun.

A la fin de chaque exercice, il dresse :

1° Une situation comparative des crédits ouverts et des dépenses faites pour les chemins de grande communication et d'intérêt commun, avec distinction des chapitres du budget sur lesquels ils sont imputés ;

2° Un état des dépenses dont il rend personnellement compte ;

3° Une série d'états nᵒˢ 33, 34, 35 et 36, adressés au préfet pour le Conseil général ;

4° Des états présentant, pour les chemins du département, les ressources de l'exercice, la nature et l'origine des non-valeurs, les dépenses de l'exercice et la situation des chemins à la fin de l'année (nᵒˢ 59, 59 *bis*, 60, 61 et 62). Ces états, visés par le préfet, sont adressés au ministère de l'intérieur.

458. *Comptabilité du maire et du receveur municipal.* — La comptabilité du maire est définie aux articles 211 à 222 de l'instruction générale. Celle du receveur municipal, aux articles 223 à 237.

Parmi les documents fournis par ce dernier, il faut signaler le compte modèle nᵒ 68 (IG. 234), qui est dressé par le comptable à la fin de l'exercice.

Ce compte fait état du reliquat de l'année *n* — 1, et des ressources définitives de l'année *n*. Il comprend les dépenses de cet exercice et aboutit au reliquat à la fin de l'année *n*, disponible pour l'année *n* + 1.

Il est indispensable, avant de dresser les états nᵒˢ 33 et 34, que les agents voyers cantonaux se concertent avec les receveurs municipaux pour assurer la concordance de leur comptabilité avec le compte nᵒ 68, de manière que, si l'on constate des différences, on en découvre l'origine, en opérant ensuite les rectifications nécessaires.

159. *Justification des recettes et des dépenses.* — Ces justifications font l'objet des articles **238** à **240** de l'instruction générale.

160. *Comptabilité du préfet et du trésorier général.* — Cette comptabilité est réglée par les décrets des **12** juillet 1893, 30 janvier 1900 et **2** décembre 1907. On en trouve la reproduction aux articles **241** à **256** de l'instruction générale.

161. *Tenue des bureaux.* — A l'égard de la tenue des bureaux du service vicinal, je ne vois rien de particulièrement intéressant à signaler. Je me borne à faire remarquer l'analogie qu'il y a, pour cette partie du service, avec celui des Ponts et Chaussées.

VINGTIÈME LEÇON

SUBVENTIONS INDUSTRIELLES

162. *Généralités.* — On désigne sous le nom de subventions industrielles les subventions spéciales qui résultent de

l'application de l'article 14 de la loi du 21 mai 1836, ainsi
conçu :

« Toutes les fois qu'un chemin vicinal, entretenu à l'état
« de viabilité par une commune, sera habituellement ou
« temporairement dégradé par des exploitations de mines,
« de carrières, de forêts ou de toute autre entreprise indus-
« trielle appartenant à des particuliers, à des établissements
« publics à la couronne ou à l'Etat, il pourra y avoir lieu
« à imposer aux entrepreneurs ou propriétaires, suivant que
« l'exploitation ou les transports auront lieu pour les uns
« ou pour les autres, des subventions spéciales, dont la
« quotité sera proportionnée à la dégradation extraordinaire
« qui devra être attribuée aux exploitations.

« Ces subventions pourront, au choix des subvention-
« naires, être acquittées en argent ou en prestations en
« nature, et seront exclusivement affectées à ceux des che-
« mins qui y auront donné lieu.

« Elles seront réglées annuellement, par les Conseils de
« préfecture, après des expertises contradictoires et recou-
« vrées comme en matière de contributions directes.

. . . . . .

« Ces subventions pourront aussi être déterminées par
« abonnement; elles seront réglées, dans ce cas, par le
« préfet en Conseil de préfecture ».

Ces dispositions ont été en partie changées par des lois
subséquentes :

En vertu de l'article 86 de la loi du 10 août 1871, ce n'est
plus le préfet qui approuve les abonnements, mais la Commission départementale.

En outre, la procédure à suivre, en cas de règlement contentieux, est maintenant régie par la loi du 22 juillet 1889.

163. *Entretien à l'état de viabilité.* — Pour permettre
d'imposer des subventions, il est nécessaire que le chemin
soit, non pas dans un état de viabilité déterminé, ce qui
serait difficile à définir, mais simplement qu'il ait été l'objet
d'un entretien tendant à obtenir une certaine viabilité.

Pour éviter toute contestation à cet égard, il est prescrit

de faire publier et afficher, au début de janvier de chaque année, un tableau des chemins vicinaux entretenus à l'état de viabilité (IG. 106, 107 et 108), qui permet aux intéressés de faire la contestation. Néanmoins, le droit de constatation reste ouvert à tout industriel dont les transports ne commencent pas au début de l'année (IG. 109).

164. *Les subventions industrielles s'appliquent à tous les chemins vicinaux*. — Les subventions industrielles s'appliquent non seulement aux chemins vicinaux ordinaires, mais encore aux chemins de grande communication et d'intérêt commun, car l'article 14 est placé dans la partie du texte de la loi qui s'applique à tous les chemins.

Lorsque le préfet agit, dans ce cas, il le fait, non pas au nom du département, mais au nom de l'ensemble des communes intéressées à chaque chemin.

165. *Transports assujettis aux subventions*. — Les transports susceptibles d'être imposés sont ceux qui s'appliquent aux exploitations de mines, carrières, forêts ou de toute autre entreprise industrielle, peu importe que ces transports soient habituels ou temporaires.

En dehors des exploitations nommément désignées dans la loi, on peut comprendre toutes les entreprises industrielles, c'est-à-dire celles qui ont pour objet la transformation des matières premières, à l'exclusion des entreprises purement agricoles ou commerciales. Ce sont, par exemple, les moulins à farine, les sucreries, les distilleries, les entreprises de travaux publics, les forges et hauts-fourneaux, les filatures, les scieries, les féculeries, les fours à chaux, les plâtreries, les briqueteries, les tuileries, les fabriques de poterie, les verreries ou cristalleries, les brasseries, les huileries, les fabriques de produits alimentaires, les fabriques de produits chimiques, etc.

166. *Le droit à l'usage normal des chemins*. — Tous les transports afférents aux établissements industriels ne sont pas nécessairement imposables. Il a été jugé notamment, pour le transport des charbons en provenance de mines et destinés aux communes voisines, pour les besoins des habitants, qu'il n'y avait pas lieu à subvention spéciale. De même dans une exploitation forestière, il convient d'exonérer le transport du bois de chauffage pour les communes voisines ; dans un moulin, le transport des farines nécessaires aux boulangers du voisinage ; dans les sucreries, le transport des pulpes depuis l'usine jusque chez le cultivateur, etc.

Dans certains cas, on tient compte à l'industriel, pour le calcul des sommes à réclamer, des impôts qu'il paie en faveur de la vicinalité, sous forme de prestations ou de centimes, mais seulement pour la partie qui excéderait les réductions consenties en vertu du précédent alinéa.

167. *Dégradations extraordinaires*. — La loi attribue aux dégradations passibles de subventions le qualificatif d'extraordinaires. Une dégradation ne peut être extraordinaire qu'autant qu'elle correspond à une dépense importante pour sa réparation.

On peut admettre, pour fixer les idées, qu'une dégradation est extraordinaire quand elle dépasse, par exemple, 20 francs par kilomètre. Mais une dégradation qui, tout en répondant à la précédente condition, n'atteindrait pas au total un chiffre supérieur à 25 francs, ne pourrait pas être qualifiée extraordinaire.

168. *Débiteurs de la subvention*. — Les débiteurs, d'après la loi, sont les industries pour lesquelles les transports sont effectués, alors même que les dits transports seraient faits par des tiers.

Lorsque les transports se font d'une industrie à une autre, toutes deux passibles de subventions, on paraît admettre qu'ils doivent être comptés à celle des deux qui effectue le transport.

169. *Détermination du montant de la subvention*. — S'il arrive parfois qu'il soit possible de déterminer directement la dépense qui correspond aux dégradations commises par un industriel, notamment quand celui-ci est le seul qui utilise le chemin, cela est le plus souvent impossible quand il y a un grand nombre d'industriels qui s'en servent en même temps. Cette observation présente une certaine portée, principalement pour les chemins de grande communication et d'intérêt commun, lorsque les dégradations sont réparées d'une manière continue, comme il est indispensable pour maintenir la bonne viabilité, dans l'intérêt public. Il serait regrettable de ne pas réparer les dégradations, si on le peut, uniquement dans le but d'en laisser la trace ; ces dégradations seraient d'ailleurs aggravées par suite du défaut d'uni ; avec certaines industries, les sucreries notamment, ce serait la ruine complète de la chaussée et l'impossibilité pour qui que ce soit de faire usage du chemin.

Aussi la jurisprudence admet-elle que l'on répartisse la dégradation totale constatée, en tenant compte des réparations effectuées, au prorata du nombre des colliers chargés afférents à chaque industriel, en prenant en considération :

1° Le chargement ;

2° La saison pendant laquelle s'effectuent les transports ;

3° Les autres circonstances particulières qui peuvent avoir une influence sur les dégradations, telles que marche par convois, largeur de jante, etc.

Mais il convient d'observer que la circulation générale, en dehors des industriels, contribue, elle aussi, aux dégradations sans donner lieu à subvention. Il importe donc d'en tenir compte.

— *Calcul de la dégradation totale.* — Lorsque les chaussées sont plus ou moins partiellement réparées, au fur et à mesure des dégradations, voici comment on peut faire le calcul de la dégradation totale afférente à toute la circulation.

En ce qui concerne les dépenses de main-d'œuvre, le cantonnier doit tenir une feuille de travail sur laquelle il porte, dans des colonnes séparées, l'emploi des journées faites tant par lui que par les auxiliaires qu'il emploie, en distinguant celles qui s'appliquent à la chaussée de celles qui sont indépendantes de la circulation et qui sont afférentes aux accotements, fossés, ouvrages d'art, plantations, trottoirs, caniveaux, etc. On en déduit facilement la dépense de main-d'œuvre imputable à la circulation.

A l'égard des dépenses faites à la tâche ou sur mémoire, on fait un dépouillement analogue, en ne prenant que celles qui s'appliquent aux réparations de dégradations dues à la circulation.

On tient compte enfin de la quantité de pierres consommées en notant — la fourniture faite dans l'année — à laquelle on ajoute le volume restant sur route à la fin de l'année précédente — et dont on retranche la quantité restant au début de l'année suivante.

L'ensemble de toutes ces dépenses constitue l'évaluation des dépenses effectivement faites pour la chaussée. Ce serait exactement ce que l'on cherche, si la chaussée se trouvait absolument dans le même état, au début et à la fin de l'année considérée.

Il est clair qu'il ne saurait en être ainsi, du moins en général, surtout avec l'usage de la méthode d'entretien par aménagement. C'est pourquoi, au début de l'année, on fait l'évaluation des travaux qui seraient à faire pour donner à la chaussée son bombement. On fait le même travail à la fin de l'année, travail qui sert tout naturellement l'année suivante. On ajoute alors aux dépenses constatées les dépenses restant à faire à la fin de l'année, mais on en retranche, par contre, celles qui restaient à faire au début de la même année.

Le chiffre ainsi obtenu donne la dégradation totale occasionnée aux chaussées par la circulation. Toutefois, il peut être nécessaire de le corriger :

1° Lorsque, dans le cours de l'année, on a procédé à des travaux d'amélioration qu'on ne saurait mettre au compte des dégradations dues à la circulation. Il en serait ainsi notamment si l'Administration avait fait des travaux de transformation de chaussée. Il convient alors de retrancher les dépenses concernant ces améliorations.

2° Lorsque l'on a pu constater à part de profondes dégradations, occasionnées uniquement par un industriel déter-

miné. Ces dégradations, évaluées à part, doivent être retran
chées de l'ensemble et portées au compte de cet industriel.

— *Répartition de la dépense.* — Pour répartir cette
dépense entre les intéressés, en tenant compte de la circulation générale qui est à la charge de l'entretien du chemin,
on compte le nombre de colliers chargés afférents à chacun
d'eux. Ces comptages se font ordinairement par les cantonniers, ainsi qu'il a été expliqué.

On ne considère que les voitures chargées. Pour tenir
compte du chargement, on prend comme unité le chargement moyen d'un collier de circulation générale, tel qu'on
le constate dans le pays. J'admets, pour fixer les idées, que
la charge utile y soit de 750 kgs. On adopte alors, pour
chaque industriel, un coefficient de chargement qui dépend
des habitudes de chacun d'eux. Si le chargement d'une industrie est de 1.000 kgs, comme cela est communément pour le
transport des betteraves de sucrerie, le coefficient de chargement sera 1,33. Il deviendra alors possible, par une simple
multiplication, de calculer la circulation de chaque industriel, évaluée en colliers équivalents de la circulation
générale.

Pour vérifier les chiffres des comptages, on peut se procurer directement des renseignements sur les quantités de
matières transportées, soit en s'adressant aux industriels
eux-mêmes, soit par tout autre procédé.

S'il s'agit de transport de betteraves pour une sucrerie, par
exemple, il sera en général aisé de connaître l'étendue des
cultures dont les betteraves ont parcouru le chemin. Sachant
le poids récolté à l'hectare, on en déduira le poids de la
récolte et par suite le nombre des colliers correspondants.

Mais il faut encore tenir compte de la saison pendant
laquelle se font les transports. On distingue les saisons de
l'année en deux parties, la bonne et la mauvaise saison. On
admet, à ce point de vue, qu'on se trouve en mauvaise saison
quand les chaussées se ramollissent sous l'influence de l'humidité. L'agent-voyer en chef détermine, chaque année,
d'après l'observation, les dates où commencent et finissent
la bonne et la mauvaise saison, pour une région déterminée.

Dès lors tous les colliers, qu'ils appartiennent à l'industrie ou à la circulation générale, lorsqu'ils ont circulé pendant la mauvaise saison, sont affectés d'un coefficient de saison, auquel on attribue souvent la valeur 2.

On obtient ainsi, en définitive, le nombre des colliers réduits afférents à chacun. On multiplie ce nombre par la longueur parcourue par chacune des séries de transport. On en fait la somme pour obtenir le nombre de colliers kilométriques à considérer.

Le quotient de la dépense à répartir par le nombre des colliers kilométriques obtenus donne la dégradation par collier kilométrique réduit. C'est ce qu'on nomme le coefficient unique.

En appliquant ce coefficient au nombre de colliers kilométriques de chaque industriel, ainsi qu'au nombre de colliers kilométriques de la circulation générale, on obtient la part de dépense qui incombe à chaque industriel, ainsi qu'à l'entretien proprement dit du chemin.

Il est recommandé de comprendre dans la circulation de chaque industrie le nombre des colliers pour lesquels il doit y avoir exonération, conformément à ce qui a été expliqué. Mais ces colliers doivent être portés à part, de manière à pouvoir calculer la dégradation correspondante et la retrancher de la subvention à réclamer. On fait ainsi ressortir, pour chaque industriel, pour combien on lui compte l'usage normal du chemin.

Deux cas peuvent alors se produire.

Si la somme ainsi déduite surpasse la quote-part qui résulte des impositions que paie l'industriel pour les chemins, on s'en tient à cette réduction, puisqu'elle tient un compte suffisant de son droit à l'usage normal du chemin.

Si, au contraire, elle est inférieure, on retranche la différence de la subvention à réclamer.

Pour ce qui est de la circulation générale, on augmente sa quote-part de toutes les réductions ainsi faites en faveur des industriels.

Il convient d'observer que cette répartition se fait sur des sections de chemin déterminées à l'avance par l'agent voyer en chef et présentant une certaine homogénéité, quant aux transports, sans avoir une longueur excessive.

On voit, par cet exposé sommaire, combien est compliquée la répartition dont je viens de parler. Elle comporte des appréciations délicates, mais qui sont inévitables et inhérentes au sujet. Les dossiers à établir, pour chaque section de chemin, doivent être soigneusement examinés à tous les degrés, particulièrement par l'agent-voyer en chef, pour consacrer l'unité d'appréciation dans le même département. Lorsqu'il n'y a rien de spécial dans les dégradations, le coefficient unique peut osciller entre 0 fr. 025 et 0 fr 075.

Il est à remarquer que le décompte à établir conformément à ce qui précède, ne peut guère se faire par fraction d'année, comme le prévoit l'article 109 de l'instruction générale, dès qu'un chemin est fréquenté par plusieurs industriels. Il est assurément plus facile et plus exact de procéder par exercice, parce qu'on est plus certain des dépenses accusées par la comptabilité.

État de proposition des subventions à réclamer. — L'état des subventions à réclamer pour chaque section de chemin de grande communication ou d'intérêt commun, ou pour chaque commune à l'égard des chemins vicinaux ordinaires, comprend tous les éléments qui ont servi de base au calcul, conformément à ce qui précède. Il est dressé par l'agent-voyer cantonal au début de l'année suivante et transmis au préfet pour approbation, en ce qui concerne les chemins de grande communication et d'intérêt commun, et au maire par l'agent-voyer d'arrondissement pour les chemins vicinaux ordinaires, en vue de son acceptation par le conseil municipal.

L'état des subventions, dans le premier cas, est retourné à l'agent-voyer en chef, puis à l'agent-voyer cantonal. La notification en est faite par ce dernier et par extrait aux industriels intéressés.

En ce qui concerne les chemins vicinaux ordinaires, il est procédé à une notification analogue.

Chaque industriel est en même temps invité à faire connaître, dans le délai de 15 jours :

1° S'il accepte le chiffre de la subvention réclamée ;

2° Dans l'affirmative, à déclarer s'il entend s'acquitter en nature ou en argent.

Pour faciliter cette option, le bulletin de notification indique la quantité de pierres qui doit être fournie en nature, d'après le prix du devis d'entretien du chemin.

Si le redevable accepte, la subvention est réglée définitivement par la Commission départementale (I. G. 115) ; s'il n'accepte pas, ou ne répond pas, le règlement ne peut se faire que par voie contentieuse devant le Conseil de préfecture, conformément à la loi du 22 juillet 1889 sur la procédure devant les conseils de préfecture. Dans ce cas, le dossier à fournir au conseil contient non seulement l'état de propositions, mais encore toutes les pièces justificatives qui établissent les diverses données sur lesquelles le calcul est appuyé.

Le règlement contentieux, en raison des expertises, demande toujours un temps assez long. Comme il est intéressant de pouvoir disposer des ressources le plus tôt possible ; il y a un grand intérêt à régler amiablement les subventions. En vue d'encourager les industriels dans cette voie, les conseils généraux ou municipaux décident souvent que, en cas d'entente amiable, la subvention sera réduite dans une proportion déterminée, qui atteint d'ordinaire un septième.

Pour ce qui est de l'acquittement de la subvention, quel que soit le mode de règlement, il se fait, soit en nature comme en matière de prestation, soit en argent.

Le produit des subventions industrielles reste uniquement affecté aux parties de chemins dégradées par l'industriel. C'est pour cela que beaucoup d'entre eux préfèrent s'acquitter en nature, pour être certains que cette condition légale est bien remplie.

Il arrive que, pour des industries très stables, on consente en faveur de certains industriels des abonnements forfaitaires pour plusieurs années. Cela n'est guère possible que si l'on est en présence d'un très petit nombre d'industries, dans des conditions analogues.

32

S'il y a d'autres redevables dont les transports varient d'une année à l'autre (fabriques de sucre par exemple), non seulement on risque de se tromper, mais, ce qui est plus grave, on n'intéresse pas l'industriel à éviter les dégradations, puisque dans tous les cas il n'a à payer que l'abonnement consenti. L'état des chemins dépend beaucoup du souci que les industriels apportent à ménager les chaussées. Des transports de sucrerie faits sans responsabilité peuvent les détruire en un rien de temps.

LOI DU 12 MARS 1880

170. *Loi du 12 mars 1880.* — On a vu que, parmi les ressources éventuelles du service vicinal, figurent les subventions de l'Etat. La distribution de ces subventions s'opère en vertu de la loi du 12 mars 1880, conformément à un règlement d'administration publique du 3 juin 1880, dont les barèmes ont été changés par décret du 4 juillet 1895.

Les détails d'application sont réglés par une instruction spéciale du ministre de l'intérieur du 25 juillet 1898.

La loi ci-dessus visée a pour objet l'achèvement des chemins vicinaux, elle s'applique aux travaux neufs des chemins de toutes catégories.

171. *Travaux susceptibles d'être subventionnés.* — L'instruction du 25 juillet 1898 caractérise ainsi qu'il suit les travaux susceptibles d'être subventionnés :

1° La construction d'une chaussée sur des chemins qui, bien que livrés à la circulation et réputés à l'état de viabilité, n'ont jamais été régulièrement empierrés ;

2° Les rectifications ayant pour objet d'adoucir les déclivités supérieures à celles généralement admises dans la région, lorsque leur existence constitue un obstacle réel pour le roulage ;

3° L'élargissement, sur les points où il est impérieusement

commandé par la circulation (quand l'élargissement est motivé par l'établissement d'une voie ferrée, la dépense ne peut être subventionnée (circ. intérieur du 20 mars 1907).

4° La transformation des tabliers métalliques ;

5° La reconstruction des ponts détruits par une cause accidentelle, ou qui sont parvenus à leur limite de durée.

La même instruction exclut :

a. Les rechargements de chaussées ;

b. L'établissement des trottoirs et caniveaux pavés ;

c. Les convertissements de chaussées ;

d. La construction d'égouts ;

e. Les rescindements d'immeubles ne rentrant pas dans le cas du § 3 ci-dessus.

172. *Obligations à imposer aux départements et aux communes.* — Pour bénéficier des subventions, les départements et les communes sont tenus :

1° De consacrer à la vicinalité l'intégralité des ressources spéciales ordinaires (loi du 21 mai 1836, art. 8) ;

2° D'appliquer aux travaux à subventionner la partie des ressources disponibles, après entretien des chemins construits ou à l'état de viabilité (décret du 3 juin 1880, art. 3) :

3° De couvrir au moyen de ressources extraordinaires la part contributive mise à leur charge par les tableaux A et B annexés au décret du 4 juillet 1895 (loi du 12 mars 1880, art. 4).

Les communes doivent en outre :

1° Affecter aux travaux à subventionner, à titre de ressources ne donnant pas droit à subvention :

· *a.* L'excédent disponible des recettes ordinaires (Loi du 5 avril 1884, art. 133 ; décret du 3 juin 1880, art. 3) ;

b. Les fonds libres de la vicinalité ;

c. La valeur des délaissés et, enfin, la portion des souscriptions particulières excédant la quote-part de la commune (instruction du 25 juillet 1898, art. 6) ;

2° Assurer l'entretien normal et permanent de tous leurs chemins vicinaux ordinaires construits ou à l'état de viabilité (Décret du 3 juin 1880, art. 5. Circulaires des 11 juin 1887 et 6 août 1888).

173. *Programme préparatoire.* — Chaque année, à la session d'avril, le préfet présente au conseil général un état comprenant :

1° Les travaux qui lui paraissent devoir être subventionnés sur les chemins de grande communication et d'intérêt commun pendant l'année suivante ;

2° Les demandes formées par les conseils municipaux dans leur session de février, pour les chemins vicinaux ordinaires (modèle n° 3).

C'est sur ces données que le Conseil général arrête le programme préparatoire des travaux à subventionner l'année suivante en se basant sur le montant total de la subvention de l'Etat dont le ministre notifie annuellement l'importance, quelque temps avant la session d'avril.

174. *Programme ferme.* — Chaque année le Conseil général arrête, à la session d'août :

1° Les travaux à faire sur les chemins de grande communication et d'intérêt commun en faveur desquels il sollicite la subvention de l'Etat (modèle n° 1) ;

2° Sur la proposition des Conseils municipaux, les travaux à subventionner des chemins vicinaux ordinaires (modèle n° 2).

Ces deux tableaux constituent le programme ferme qui doit absorber la subvention de l'Etat notifiée par le ministre.

Tous les projets inscrits au programme ferme doivent avoir fait l'objet de projets réguliers, dressés conformément au programme arrêté par le ministre le 20 mars 1893.

Pour éviter la dissémination des ressources, les projets doivent s'élever à 5.000 francs au moins, à moins qu'il soit possible de terminer les travaux avec une dépense moindre.

Lorsqu'un travail comporte une dépense trop importante, on présente un avant-projet pour l'ensemble et un projet d'exécution pour la section à comprendre dans le programme.

Les projets portés au programme doivent y être compris pour la dépense totale prévue, à moins que :

1° Il ne s'agisse d'un projet indivisible ;

2° Le délai de 3 ans fixé par la loi du 15 mars 1900 ne soit manifestement insuffisant.

Dans ces deux cas, le projet doit être porté pour au moins un quart de sa valeur, et on ne peut comprendre au programme qu'un seul projet de cette nature.

En ce qui concerne les chemins vicinaux ordinaires, on ne subventionne de nouveaux chemins que si l'on a fini ceux qui sont commencés, ou tout au moins s'ils sont poussés jusqu'à une voie viable ou jusqu'à un centre important (décret du 3 juin 1880, art. 5 ; instruction spéciale, art. 23 et 24).

Pour permettre l'utilisation des rabais et des autres disponibilités, le conseil général peut constituer un programme éventuel (instruction, art. 17).

175. *Parts contributives.* — Les parts contributives de l'Etat, du département et des communes sont déterminées d'après les dépenses des travaux subventionnés, déduction faite des ressources ne donnant pas droit à subvention.

Elles sont calculées :

1° Pour le département, à l'égard des chemins de grande communication et d'intérêt commun, en raison inverse du centime par kilomètre carré ;

2° Pour les communes, en raison inverse du centime communal par hectare.

Le tout, conformément aux barèmes A et B annexés au décret du 4 juillet 1895, qui a modifié sur ce point le décret du 3 juin 1880.

L'instruction du 25 juillet 1898, article 7, donne l'indication des ressources auxquelles on reconnaît le caractère extraordinaire, pour l'application de la loi du 12 mars 1880.

Des substitutions peuvent s'opérer, entre les quote-parts des départements et des communes (loi du 12 mars 1880, art. 6 ; instruction, art. 25).

176. *Exécution du programme.* — Le programme arrêté

par le Conseil général est transmis au ministre (décret du
3 juin 1880, art. 9), avec les projets pour l'exécution des
travaux, projets qui sont alors soumis au Comité consultatif
de la vicinalité. Les travaux ne peuvent être adjugés que
lorsqu'ils ont été admis au programme par le ministre. Les
procès-verbaux d'adjudication, ou la copie des traités de gré
à gré, doivent être envoyés au ministre (instruction, art. 58).

Lorsque des modifications sont reconnues nécessaires en
cours d'exécution, les agents voyers présentent un rapport
exposant :

1° L'objet des modifications ;

2° Les considérations qui les justifient ;

3° Les voies et moyens proposés pour couvrir la dépense.

A ce rapport on doit joindre dessins, métrés, estimations.
L'Administration supérieure statue et autorise, s'il y a lieu, le
rattachement au programme (instruction, art. 67).

En principe, les travaux doivent être terminés dans l'année
du programme. La loi du 12 mars 1880 avait néanmoins
admis (art. 7) la prolongation pendant une année. Un nouveau délai d'un an en sus est alloué en vertu de la loi du
15 mars 1900. Passé ce délai de 3 ans, la partie de subvention non réclamée tombe (instruction, art. 100).

177. *Subventions extraordinaires.* — Des subventions
extraordinaires peuvent être accordées en vertu de l'article 9
de la loi du 12 mars 1880, lorsqu'il s'agit de travaux d'une
importance exceptionnelle et quand la quote-part normale
dépasserait l'effort compatible avec la situation financière des
intéressés.

Lorsqu'il s'agit de chemins vicinaux ordinaires, le département doit prendre à sa charge, dans la dépense, sa quote-
part, après déduction de la subvention extraordinaire (circ.
du 20 mars 1907).

Le délai d'exécution est porté à 4 ans pour les travaux
inscrits sur deux programmes (instruction, art. 39, modifié
par la circulaire du 12 novembre 1900).

178. *Dispositions de comptabilité.* — Les subventions de
l'État, pour les chemins de grande communication et d'inté-

rêt commun, sont portées, en recette et en dépense, au budget du département. Il en est de même de la subvention du département.

Pour les chemins vicinaux ordinaires, les subventions sont rattachées au budget communal (instruction, art. 106, modifié par la circulaire du 12 novembre 1900).

179. *Compte-rendu des opérations du programme.* — Le ministre de l'intérieur rend compte chaque année de la distribution des subventions, dans un rapport adressé au Président de la République, ainsi que des dépenses faites et de l'état d'avancement de la vicinalité.

A cet effet, dès le versement de la subvention, et sans attendre la fin de la période d'exécution du programme, l'agent voyer en chef établit le compte-rendu des opérations effectuées, sur quatre formules annexées à l'instruction du 25 juillet 1898. En tout cas, l'envoi doit parvenir au plus tard dans les trois mois qui suivent la troisième année du programme. Il est accompagné d'un rapport, conformément aux indications de la circulaire du 5 mars 1900.

CHEMINS RURAUX

180. *Loi du 20 août 1881.* — Le programme de l'enseignement comporte un examen sommaire de la loi du 20 août 1881 sur les chemins ruraux. Ce sera l'objet de cette dernière partie du cours.

La longueur des chemins ruraux, en France, paraît être de 1.600.000 kilomètres.

181. *Définition du chemin rural.* — Les chemins ruraux sont des chemins affectés à l'usage du public et qui n'ont pas été classés comme chemins vicinaux (Loi du 20 août 1881, art. 1). Ils sont la propriété des communes.

L'affectation à l'usage du public s'établit notamment par

la destination du chemin, jointe au fait d'une circulation
générale continue, ou encore des actes réitérés de surveillance ou de voirie (art. 2).

Tout chemin affecté à l'usage du public est présumé rural
jusqu'à preuve contraire (art. 3).

Les rues qui forment le prolongement des chemins ruraux
ne peuvent être considérés comme formant une dépendance
de ces chemins. Elles font partie de la voirie urbaine.

182. *Chemins ruraux reconnus.* — Le Conseil municipal
sur la proposition du maire, désigne les chemins ruraux qui
doivent être l'objet d'une reconnaissance, qui est prononcée
par la Commission départementale, après enquête suivant les
formes de l'ordonnance du 23 août-9 septembre 1835, sur
l'avis du Conseil municipal (art. 4). Le dossier de reconnaissance doit être accompagné d'un plan donnant notamment le
détail de toutes les parcelles riveraines, avec le numéro du
cadastre et le nom du propriétaire (Règlement général,
art. 2).

Les arrêtés de la commission départementale valent prise
de possession (loi, art. 5), et les chemins ruraux reconnus
deviennent imprescriptibles (loi, art. 6). La possession ne
peut être contestée que dans le délai d'un an.

Les chemins ruraux reconnus sont soumis à un règlement
général analogue à celui des chemins vicinaux (loi, art. 8).

183. *Ressources applicables aux chemins ruraux.* — Les
chemins ruraux reconnus peuvent être entretenus, en cas
d'insuffisance des revenus ordinaires, soit à l'aide d'une
journée de prestation, soit à l'aide de centimes extraordinaires (loi, art. 10). Le plus souvent, les communes se bornent
à utiliser, s'il y a lieu, l'excédent des journées de prestations vicinales (loi du 21 juillet 1870).

Les chemins ruraux reconnus peuvent recevoir des subventions industrielles dans les mêmes conditions que les chemins
vicinaux ordinaires (loi, art. 11).

La création des ressources se fait comme pour les chemins

vicinaux ordinaires, elles sont incorporées au budget communal.

184. *Ouverture et redressement. Elargissement.* — La fixation de largeur et de limite est prononcée par la commission départementale, comme pour les chemins vicinaux ordinaires, sauf que la décision d'élargissement n'entraîne pas transfert de la propriété, mais elle vaut déclaration d'utilité publique.

A défaut d'entente amiable il faut recourir à l'expropriation. En cas de terrain bâti, l'utilité publique est prononcée par décret. L'indemnité, dans tous les cas, doit être préalable.

185. *Les décisions portant reconnaissance peuvent être rapportées.* — Il suffit de suivre les mêmes formes que pour la reconnaissance. Les terrains sont aliénés conformément aux stipulations de l'article 17 de la loi.

186. *Syndicats pour élargissement, ouverture et redressement, réparation ou entretien des chemins ruraux reconnus.* — Les travaux des chemins ruraux reconnus déclarés d'utilité publique peuvent donner lieu à la constitution de syndicats, soit sur l'initiative du maire, soit à la demande de trois intéressés (loi, art. 19 et 31).

187. *Chemins ruraux non reconnus.* — Ces chemins ne font pas partie du domaine public de la commune. Ils font partie du domaine privé. Ils sont prescriptibles dans les conditions du droit commun.

Les riverains ne sont pas assujettis aux mesures de police qui résultent du règlement général, qui n'est applicable qu'aux chemins reconnus. Ils peuvent donc construire, à leurs risques et périls, le long des chemins ruraux non reconnus. Ils ne peuvent être ni élargis, ni redressés, sans une reconnaissance.

188. *Chemins et sentiers d'exploitation.* — Les chemins et sentiers d'exploitation sont ceux qui servent exclusivement à la communication entre divers héritages, ou à leur exploitation. Ils sont, en l'absence de titres, présumés appartenir aux propriétaires riverains, chacun au droit de soi, mais l'usage en est commun à tous les intéressés, et peut en être interdit au public.

Les propriétaires sont tenus, les uns envers les autres de contribuer, dans la proportion de leur intérêt, aux travaux nécessaires à leur entretien ou à leur mise en état de viabilité.

Les chemins et sentiers d'exploitation ne peuvent être supprimés que du consentement de tous les propriétaires intéressés.

Toutefois, ceux-ci peuvent toujours se dégager de leurs obligations en renonçant à tous leurs droits d'usage et de propriété.

TABLE DES MATIÈRES

PREMIÈRE LEÇON

INTRODUCTION

PREMIÈRE PARTIE

EXPLOITATION

DEUXIÈME LEÇON

TRACTION DES VOITURES, ACTION SUR LES CHAUSSÉES

TROISIÈME LEÇON

INFLUENCE DE LA SUSPENSION

BANDAGES PNEUMATIQUES

QUATRIÈME LEÇON

INFLUENCE DES COURBES

CINQUIÈME LEÇON

DEUXIÈME PARTIE

CONSTRUCTION

CHAUSSÉES EN GÉNÉRAL

SIXIÈME LEÇON

CONSTRUCTION DES EMPIERREMENTS

SEPTIÈME LEÇON

CONSTRUCTION DES PAVAGES ET CHAUSSÉES DIVERSES

HUITIÈME LEÇON

PROJETS

NEUVIÈME LEÇON

TROISIÈME PARTIE

ENTRETIEN

DIXIÈME LEÇON

CANTONNIERS

ONZIÈME LEÇON

OUVRAGES ACCESSOIRES ET OUTILLAGE

DOUZIÈME LEÇON

QUATRIÈME PARTIE

STATISTIQUE ET BUDGETS

TREIZIÈME LEÇON

DÉCOMPOSITION DES DÉPENSES D'ENTRETIEN

PROJET DE BUDGET ET SOUS-RÉPARTITION DES CRÉDITS

QUATORZIÈME LEÇON

CINQUIÈME PARTIE

ADMINISTRATION

QUINZIÈME LEÇON

COMPTABILITÉ

SEIZIÈME LEÇON

TENUE DES BUREAUX. INSPECTIONS

DIX-SEPTIÈME LEÇON

SIXIÈME PARTIE

VOIES FERRÉES D'INTÉRÊT LOCAL

DIX-HUITIÈME LEÇON

DISPOSITIONS TECHNIQUES SPÉCIALES

DIX-NEUVIÈME LEÇON

SEPTIÈME PARTIE

CHEMINS VICINAUX ET RURAUX

VINGTIÈME LEÇON

SUBVENTIONS INDUSTRIELLES

LOI DU 12 MARS 1880

CHEMINS RURAUX

ENCYCLOPÉDIE DES TRAVAUX PUBLICS (suite)

OUVRAGES DE PROFESSEURS A L'ÉCOLE NATIONALE SUPÉRIEURE DES MINES

M. AGUILLON. *Législation des mines, française et étrangère.* 40 fr. On vend séparément :
— La *Législation en France, dans les colonies et protectorats,* 2e édition (très augmentée), 1 très fort volume (1.011 pages plus un supplément de 152 pages) . . . . 25 fr.
Le *supplément* seul . . . . 5 fr.
— Les *Législations étrangères.* . . . . 15 fr.
M. PELLETAN. *Lever des plans et nivellement souterrains* (Voir ci-dessus : *Durand-Claye*).
M. CHESNEAU. *Lois générales de la Chimie,* 1 vol. avec 37 figures. . . . . . 7 fr. 50
MM. VICAIRE et MAISON, *Cours de Chemins de fer de l'Ecole des Mines* : 582 p., 493 fig. 20 fr.

OUVRAGE D'UN PROFESSEUR A L'ÉCOLE NATIONALE DES EAUX ET FORÊTS

M. THIÉRY. *Restauration des montagnes,* avec une *Introduction* par M. LECHALAS père. 2e édition augmentée. Vol de 480 pages, avec 127 figures et 5 tables graphiques . . . . 10 fr.

OUVRAGES DE DIVERS AUTEURS

M. CHARPENTIER DE COSSIGNY, ingénieur civil des mines, lauréat de la Société des agriculteurs de France. *Hydraulique agricole,* 2e édit., 1 vol., avec 160 figures . . 15 fr.
M. DEGRAND, inspecteur général honoraire des ponts et chaussées. *Ponts en maçonnerie* (Voir ci-dessus : *J. Résal*).
M. DONIOL, inspecteur général des ponts et chaussées en retraite. *Réglementation des chemins de fer d'intérêt local, des tramways et des automobiles.* 1 vol. avec figures. 10 fr
— *Complément à l'ouvrage ci-dessus* . . . . 3 fr.
M. le Dr DUCHESNE, ancien président de la Société de médecine pratique. *Hygiène générale et Hygiène industrielle,* ouvrage rédigé conformément au programme du Cours d'hygiène industrielle de l'Ecole centrale. 1 vol. de 740 pages, avec figures . . 15 fr.
M. L. FARGUE, inspecteur général des ponts et chaussées en retraite. *Hydraulique fluviale. La forme du lit des rivières à fond mobile,* 1 volume de 187 pages avec 15 planches hors texte et de nombreuses figures dans le texte . . . . 9 fr.
M. HENRY (Ernest), inspecteur général des ponts et chaussées. *Théorie et pratique du mouvement des terres,* d'après le procédé Bruckner. 1 vol., 2 fr. 50. — *Ponts métalliques à travées indépendantes : formules, barèmes et tableaux.* 1 vol. de 639 pages, avec 267 figures, 20 fr. — *Traité pratique des chemins vicinaux,* 2e édit., volume de près de 900 pages 25 fr.
M. Maurice KOECHLIN, ingénieur. *Applications de la statique graphique.* 1 vol., avec 311 figures et 1 atlas de 34 planches, seconde édition, revue et très augmentée, 30 fr. — *Recueil de types de ponts pour routes.* 1 vol. de 300 pages et un atlas. . . . 25 fr.
M. LALLEMAND, de l'Institut, inspecteur général des mines. *Nivellement de précision* (Voir ci-dessus *Durand-Claye*).
M. LAVOINNE. *La Seine maritime et son estuaire,* 1 vol., avec 49 figures. . . . 10 fr.
M. LECHALAS père, inspecteur général des ponts et chaussées. *Hydraulique fluviale.* 1 vol. avec 78 figures. 17 fr. 50. — *Des conditions générales d'établissement des ouvrages dans les vallées* (Voir ci-dessus : *J. Résal et Degrand;* c'est l'introduction à leur *Traité des Ponts en maçonnerie*).
M. LECHALAS fils, ingénieur en chef des ponts et chaussées. *Manuel de droit administratif.* Tome I, 20 fr.; tome II, 1re partie, 10 fr.; tome II, 2e partie . . . . 10 fr.
M. LÉVY-LAMBERT, ingénieur, chef de service au chemin de fer du Nord. *Chemins de fer à crémaillère,* 2e édition. 1 vol. de 470 pages avec 136 fig. 15 fr. — *Chemins de fer funiculaires, Transports aériens,* 2e édit. 1 vol. de 526 p., avec 212 fig. 15 fr.
M. LEVAVE, ancien ingénieur auxiliaire des travaux de l'Etat, agent-voyer en chef de la province d'Oran. *Chemins de fer. Notions générales et économiques.* 1 vol. de 617 pages, avec figures . . . . 15 fr.
M. P. NIEWENGLOWSKI, ingénieur au corps des mines. *Précis d'électricité,* 1 vol. de 200 pages avec 64 figures . . . . 6 fr.
M. E. PONTZEN, ingénieur civil (l'un des auteurs de *Les chemins de fer en Amérique*) : *Procédés généraux de construction : Terrassements, tunnels, dragages et dérochements,* 1 vol. de 572 pages, avec 234 figures (médaille d'or à l'Exposition de 1900). . 25 fr.
M. TARBÉ DE SAINT-HARDOUIN, inspecteur général des ponts et chaussées, ancien directeur de l'Ecole de ce corps. *Notices biographiques sur les ingénieurs des ponts et chaussées,* un vol. . . . . 5 fr.
M. N. DE TÉDESCO, ingénieur. *Recueil de types de ponts pour routes en ciment armé.* 1 vol. de 307 pages avec atlas . . . . 25 fr.